动态环境下绿色供应链
微分博弈策略及协调研究

刘 丽 著

U0299818

中国建筑工业出版社

图书在版编目（CIP）数据

动态环境下绿色供应链微分博弈策略及协调研究 /
刘丽著. -- 北京：中国建筑工业出版社，2025. 1.
ISBN 978-7-112-30815-6

Ⅰ. F252. 1

中国国家版本馆 CIP 数据核字第 2025F3Q509 号

本书贯穿考虑产品绿色度的动态性，引入品牌商誉、绿色技术创新和政府补贴，结合不同市场环境，基于微分博弈、最优控制、随机过程和供应链契约等理论，从长期动态视角研究不同场景下绿色供应链的最优决策及协调问题。

责任编辑：徐仲莉　王砾瑶
责任校对：李美娜

动态环境下绿色供应链微分博弈策略及协调研究

刘丽　著

*

中国建筑工业出版社出版、发行（北京海淀三里河路9号）

各地新华书店、建筑书店经销

北京红光制版公司制版

建工社（河北）印刷有限公司印刷

*

开本：787毫米×1092毫米　1/16　印张：14　字数：300千字

2025年1月第一版　　2025年1月第一次印刷

定价：**60.00** 元

ISBN 978-7-112-30815-6

（43833）

前　言

在绿色发展背景下，越来越多的企业与供应链各节点企业加强协同合作，共同构建绿色供应链。供应链企业既通过绿色技术创新生产绿色产品，提升市场竞争力，也借助广告宣传向消费者传递产品的绿色性能，塑造良好的品牌商誉。此外，政府会对企业的绿色研发或生产活动提供补贴支持。绿色技术研发和广告宣传是一个长期的动态过程，而企业决策具有滞后效应，因此，本书考虑产品绿色度的动态性，引入品牌商誉、绿色技术创新和政府补贴，结合销售模式、渠道结构、制造商竞争等因素，基于微分博弈研究不同场景下绿色供应链的最优决策及协调问题。具体内容如下：

（1）引入品牌商誉，考虑产品绿色度和品牌商誉的动态性，利用价格加成系数刻画三级绿色供应链各环节价格之间的关系，探讨不同决策模型的均衡策略及利润，发现产品绿色度和品牌商誉随时间推移趋于稳态，二者的变化轨迹取决于各自初始值和稳态值的大小关系；双边成本分担契约能够协调供应链，增加环境效益和社会福利。

（2）紧接着聚焦于销售端，考虑转售模式和平台模式，基于微分博弈研究不同销售模式下绿色供应链成员分别采取独立广告和联合广告的均衡策略，以及设计不同销售模式下的协调契约。研究表明，低佣金比例的平台模式且联合广告是制造商和零售商的最优选择，能够显著提升产品绿色度和品牌商誉，增加成员利润和社会福利。

（3）引入绿色技术创新过程，研究双渠道绿色供应链投资策略及协调问题，发现决策者对绿色技术创新进行预期能够激励企业增加绿色技术投资和广告投资；两部定价—双边成本分担契约在技术创新成功前后均能完全协调供应链，且固定费用和成本分担比例可以不变；消费者线上渠道偏好程度增加会导致供应链绩效先减少后增加。

（4）进一步探讨由共享供应商和两个制造商组成的绿色供应链在技术创新成功前后的投资策略，并设计双边成本分担契约，发现绿色竞争能够激励制造商进行绿色技术投资；随着绿色竞争强度增大，共享供应商会减少对制造商绿色技术投资成本的分担比例，但两家制造商对共享供应商绿色技术投资成本的分担比例之和固定不变。

（5）最后研究不同补贴方式下绿色供应链动态定价与投资策略，发现在相同政府补贴支出下，绿色研发补贴方式更优；当产品绿色度初始值较低时，企业采取渗透定价并增加绿色技术投资；当产品绿色度初始值较高时，政府补贴系数存在一个阈值，使得企业策略由撇脂定价并减少绿色技术投资转为渗透定价并增加绿色技术投资。

本书相关研究得到河北省自然科学基金资助项目（G2023210006）和河北省高等学校社科研究 2024 年度项目（SQ2024138）的资助。

由于编写时间比较仓促，编者学识和专业水平有限，本书中存在不足及疏漏之处在所难免，敬请读者批评指正！

刘 丽

2024 年 8 月

目 录

1 绪 论

1.1 研究背景

1.1.1 现实背景

（1）在绿色发展相关政策和绿色消费需求的双重驱动下，实施绿色供应链管理是企业可持续发展的必然选择。

工业革命以来，人类依赖于化石能源、生物能源等自然资源创造了巨大的物质财富，生产力得到极大的提升，社会经济得以快速发展。然而，自然资源的过度使用导致严重的生态环境问题，并且威胁了人类的生存环境与健康。例如，全球变暖加大了极端高温、强降水、干旱等极端气候事件的发生频率[1,2]；根据生态环境部发布的《2021中国生态环境状况公报》显示，我国339个地级及以上城市中环境空气质量超标城市占比35.7%；其中雾霾污染对我国3/4以上粮食区域造成负面影响[3]。2015年，在党的十八届五中全会上，我国正式提出了"绿色发展理念"，其中绿色发展是对工业革命以来粗放式增长范式的变革[4]，是资源消耗较低、污染排放较少的可持续发展模式。随后，我国相继出台了一系列政策引导和支持绿色发展，如图1.1所示。

图1.1 我国绿色发展相关政策的简要汇总

与此同时，随着"绿色、低碳、环保"理念深入人心，消费者在购物过程中更加关注产品的绿色属性，并且可能或已经将绿色环保意识转换为绿色消费行为[6]。研究表明，越来越多的消费者倾向于购买绿色产品[7,8]。例如，在 2021 年"双十一"期间，阿里巴巴首次推出"绿色会场"，吸引了 50 万种绿色产品入驻，截至 11 月 7 日有超 360 万人购买绿色产品[9]。再如，中国汽车工业协会统计数据显示，我国新能源汽车的销售量从 2015 年的 33.1 万辆增加至 2021 年的 352.1 万辆，翻了约 9.64 倍，如图 1.2 所示。《公民生态环境行为调查报告（2021）》显示，2021 年绿色消费的人数占比相比 2020 年增加了近 20%。这意味着我国的绿色产品消费市场已初具规模。然而，2022 年国家发展改革委等部门联合印发的《促进绿色消费实施方案》指出，现阶段我国绿色产品的市场占有率仍然较低，绿色消费需求仍待进一步激发和释放，并且明确提出到 2025 年"绿色低碳产品市场占有率大幅提升"，到 2030 年"绿色低碳产品成为市场主流"两个目标。

综上所述，在绿色发展相关政策和绿色消费需求的双重驱动下，我国消费领域产业链和供应链势必发生更新迭代。企业要想实现可持续发展，应当顺势而为，积极实施绿色供应链管理，加快供应链的绿色转型[10]。例如，比亚迪股份有限公司（简称比亚迪）、珠海格力电器智能制造有限公司（简称格力）和海尔智家股份有限公司（简称海尔）等国际领先企业早已实施绿色供应链管理，并因此塑造了良好的品牌形象，获得竞争优势。

图 1.2　2015～2021 年中国新能源汽车销售量及增长率

（2）绿色技术研发是企业实施绿色供应链管理的有效措施之一，科学制定绿色技术投资水平是企业赢得市场竞争优势的关键[11]。

为了满足消费者对绿色产品的青睐，企业往往需要通过绿色技术研发来提高产品的绿色度。例如，比亚迪多年来一直深耕于电池、电机和电控三大技术的研发，用于生产新能源汽车，为消费者的绿色出行提供解决方案。再如，格力、美的集团股份有限公司（简称美的）和海尔等家电企业一直致力于研发更加节能环保的空调、冰箱等家用电器，为消费者的绿色家居提供选择。产品绿色度能够反映产品的绿色环保属性，绿色度越高，代表产品的绿色环保性能越强，对环境的危害越小[12,13]。然而随着科技的进步，绿色产品的市场准入门槛也在不断提高[14]。这意味着，随着时间推移，以前绿色度较高的产品，会退化成绿色度较低的产品，甚至会因达不到市场准入门槛而退出市场。例如，2020年7月1日新版空调能效标准《房间空气调节器能效限定值及能效等级》GB 21455—2019正式实施，这使得所有低能效、高耗电的定频空调和三级能效变频空调被淘汰。

事实上，为了生产出更加符合绿色标准的产品，企业会长期、持续地进行绿色技术投资，从而实现绿色产品的升级迭代。例如，格力和比亚迪的年报数据显示，2018～2020年，两家企业每年分别投入约60亿元和80亿元资金用于产品研发。经过多年的绿色技术研发与积累，企业可以形成自身核心技术，即实现绿色技术创新[15]，增强企业的市场竞争力。然而，绿色技术研发所需资金往往是高额的，会给企业带来巨大的成本负担，尤其是对中小企业而言[16]。在实践中，企业的绿色技术投资水平较低，会导致企业的绿色产品升级速度较慢，市场份额流失；而企业的绿色技术投资水平较高，一旦研发失败会给企业的发展带来重创[17]。为了激励企业增加绿色技术投资，政府会对企业的研发和生产提供直接或间接的绿色补贴[12]。例如，政府会对生产节能家电、新能源汽车等绿色产品的企业提供绿色补贴。因此，绿色技术研发是一个长期的动态过程，确定科学的绿色技术投资水平对于企业发展至关重要。

（3）广告宣传也是企业实施绿色供应链管理的有效措施之一，合理确定广告投资水平是企业塑造良好品牌商誉、获取经济利润的关键。

在运营管理过程中，企业可以通过广告向消费者传递绿色环保理念，宣传产品的绿色性能，如可降解、可回收、低污染和高能效等，引导消费者购买绿色产品[18,19]。例如，2021年苏宁易购成立"净肺工程3.0"联盟，与美的、海尔、格力和TCL科技集团股份有限公司（简称TCL）等制造商合作，大力推广新国标、高能效、高品质的健康空调机型，并且投资1000万元作为专项宣传资金。实践和研究均表明，广告是效果最显著、形式最常见的营销方式，可以树立企业的绿色环保形象，构建良好的品牌商誉[20]。例如，农夫山泉股份有限公司（简称农夫山泉）凭借"我们不生产水，我们只是大自然的搬运工"成功改变了消费者对农夫山泉矿泉水的认知，塑造了绿色品牌形象，并由此迅速从众多饮用水品牌中脱颖而出[21]。再如，北京新能源汽车股份有限公司（简称北汽新能源）参与冠名央视文化情感类综艺节目《朗读者》，获得了极大的曝光度和社会关注度，并借势宣传"绿色出行、共卫蓝天"的理念，迅速提升了品牌影响力。

良好的品牌商誉可以为企业带来巨大的潜在经济利润[22]。然而在信息爆炸时代，消费者每天会接收到海量的信息，但对信息的遗忘也非常迅速，由此企业的品牌商誉会随着消费者遗忘或消费者转向其他品牌而衰减[23]。为了维护和提升品牌商誉，企业需要长期、持续地进行广告投资，加大广告宣传力度。因此，广告宣传是一个长期的动态过程，确定科学的广告投资水平对于企业的长久发展具有重要意义。

（4）合作和协调是绿色供应链管理实施的基础[24]。然而随着科技的进步和市场环境的变化，绿色供应链的内外部环境愈加复杂，供应链内企业合作与协调的难度加大。

为了更有效地实施绿色供应链管理，有必要实现供应链各个环节的绿色化[25]，因此供应链上下游企业需要通过合作来实现供应链整体效益的优化和可持续发展，即合作和协调是绿色供应链管理实施的基础。在实践中，上海汽车集团股份有限公司（简称上汽集团）与上游供应商宁德时代新能源科技股份有限公司（简称宁德时代）就动力电池系统的研发达成战略合作协议；一汽-大众汽车有限公司（简称一汽大众）自 2012 年起启用"绿色合作伙伴行动计划"，为下游零售商分担绿色成本，共同贯彻环保理念[26]；格力与下游零售商共建省级区域销售公司，形成"利益共同体"，共享收益。然而随着互联网技术、电子商务技术、5G 技术、大数据技术等的不断进步，以及国内外社会环境的变化，企业实施绿色供应链管理所面临的内外部环境愈加复杂，如图 1.3 所示。

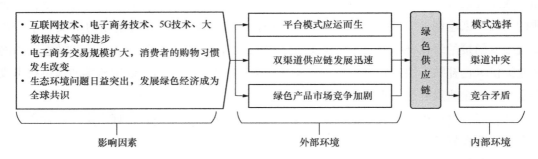

图 1.3　绿色供应链的内外部环境变化

其一，平台模式应运而生。在传统零售中，零售商通过向制造商批发产品再转售给消费者获利，这种销售模式被称为转售模式。根据国家统计局数据，近年来我国电子商务交易规模持续扩大，在 2020 年达到 37.21 万亿元，与 2015 年相比增长了 70.77%。随着电子商务的快速发展，平台模式应运而生。在平台模式中，零售商为交易双方提供平台，按销售收入或数量从促成交易中获取一定比例的佣金[27]，例如淘宝、拼多多等。目前，为了扩大市场份额，一些零售商既提供转售模式，也提供平台模式，由制造商选择入驻方式，例如京东、苏宁易购和亚马逊等。在转售模式下，零售商具有销售环节的产品定价权和所有权，而在平台模式下，制造商具有销售环节的产品定价权和所有权[28,29]。由于定价权和所有权的不同，两种销售模式会对供应链成员的决策产生不同的影响，也会影响供应链成员的合作方式。面对模式选择，绿色供应链成员如何科学决策和实现供应链协调是绿色供应链管理的议题之一。

其二，双渠道供应链发展迅速。根据国家统计局和国家邮政局数据，2020 年我国网上零售交易规模达到 11.76 亿元，与 2015 年相比翻了 2 倍多；快递业务总量达到 835 亿件，乡村网点覆盖率达到 98%。由此可见，我国的网络零售业和快递业得到迅猛发展，与此同时，消费者的购物习惯也发生了变化，即消费者开始由单一的传统线下渠道的消费方式转变为线上和线下双渠道并存的消费方式。因此，为了占据更多的市场份额以及增加利润，越来越多的制造商在原有线下渠道的基础上开设线上直销渠道，通过双渠道向消费者销售产品，例如格力、美的、IBM 等企业。然而在双渠道环境下，制造商在线上渠道直销产品和零售商在线下渠道销售产品具有竞争关系，引起了渠道冲突[30]。在绿色供应链管理背景下，面临渠道冲突，双渠道绿色供应链内企业如何进行绿色技术投资和广告投资，如何实现合作与协调是值得关注的问题。

其三，绿色产品市场竞争加剧。近年来，为了扭转经济发展态势，赢得新一轮全球竞争的"制高点"，诸多国家将发展绿色经济作为新的增长极，走绿色经济复苏之路。例如，法国于 2020 年 9 月推出《国家经济复苏计划》，致力于清洁能源技术创新、农业转型、减排新技术等的研究与发展。研究表明，当前每增加 1 元的绿色投资，可以减少未来 1.5～2.6 元的减排成本[31]。由此可见，能源转型和绿色技术创新成为全球经济体系调整的重要方向和投资的重点领域，随之绿色产品市场的竞争愈加激烈。对于制造企业而言，为了赢得市场竞争优势，企业需要积极开展绿色技术研发活动，通过绿色技术创新提升产品质量。从绿色供应链管理视角来看，仅依靠单个企业进行绿色技术创新是不够的，需要供应链上下游企业甚至同层企业进行合作。因此，在竞争环境下，实现绿色供应链内企业的合作与协调对于绿色供应链的发展具有重要意义。

1.1.2 理论背景

绿色供应链管理（Green Supply Chain Management，GSCM）源于环境恶化、资源短缺和政府法规等外在因素影响，依托供应链管理和绿色制造等理论，以实现环境危害最小化和资源利用效率最大化为目标，是一种兼顾环境影响和资源效率的现代管理模式[32,33]。其中，绿色供应链（Green Supply Chain，GSC）又称为环境意识供应链或者环境供应链，是在 1996 年美国密歇根州立大学的"环境负责制造"项目中首次被提出的。在此基础上，Hall[34]、朱庆华[35]和王能民等[36]基于可持续发展视角提出，绿色供应链管理是指企业在产品全生命周期中考虑和强化环境因素，对产品进行生态设计，并且通过供应链上下游企业合作来实现供应链综合效益的优化。

绿色供应链是由不同企业共同构成的，包括供应商、制造商和零售商等，企业间有合作，也有竞争。随着供应链的长度和宽度不断拓展，供应链内企业间的关系越来越错综复杂。研究表明，集中决策下的均衡策略可以实现绿色供应链系统整体达到最优[37,38]，但该均衡策略对各供应链成员而言不一定是最好的；若供应链成员都追求自身利润最大化，那么绿色供应链系统的利润可能会遭受损失，即产生"双重边际效应"。而解决"双重边际效应"[39]最有效的方法是设计对各供应链成员均具有约束力的契约合同，既保证系统利润，又对供应链各成员执行契约合同形成激励措施[40]。

采用微分博弈、最优控制和供应链契约等理论来研究绿色供应链的均衡策略以及协调问题得到众多学者的关注和认可[37,41]。其原因如下：第一，绿色供应链中各个节点企业通常是独立的经济利益主体，各方利益诉求具有一定的冲突性，符合博弈问题中博弈参与者经济理性的假设；第二，绿色供应链中各个节点企业的利益诉求、主导地位、处理原则等不同，有必要采用博弈论进行分析；第三；在实施绿色供应链管理过程中，绿色技术研发和广告宣传是一个长期的动态过程，有必要利用微分博弈理论进行分析，而最优控制理论是求解微分博弈问题的常用手段；第四，推动绿色供应链上下游企业合作，实现绿色供应链协调，有必要采用供应链契约理论进行分析。

1.2 研究问题

综上所述，面对生态环境问题日益凸显、绿色发展相关政策频繁出台和绿色消费需求不断增长，企业实施绿色供应链管理势在必行。在实践中，企业的生产经营活动往往是长期可持续的，而企业决策具有滞后效应，所以有必要基于长期动态视角研究绿色供应链企业的生产运营决策问题。复杂的市场环境，例如平台模式应运而生、双渠道供应链发展迅速、绿色产品市场竞争加剧等，给企业实施绿色供应链管理带来挑战。实践和研究均表明，合理的供应链决策和协调契约设计是提升绿色供应链运营效果的关键。因此，本书在国内外相关研究的基础上，考虑产品绿色度的动态性，引入品牌商誉、绿色技术创新和政府补贴，结合不同市场环境，基于微分博弈、最优控制、随机过程和供应链契约等理论，从长期动态视角研究不同场景下绿色供应链的最优决策及协调问题。进一步，本书将研究问题分解为以下方面：

（1）引入品牌商誉的绿色供应链投资策略制定。如何刻画产品绿色度和品牌商誉的动态性？供应链上下游企业如何确定绿色技术投资水平和广告投资水平？

在实际购买过程中，消费者对于产品绿色度大多是无法直接感知的，而长期形成的品牌商誉会影响消费者的购买行为，进而影响市场需求。对于绿色供应链而言，品牌商誉的形成不仅依赖于上游企业通过绿色技术投资来提高产品绿色度，还依赖于下游企业对绿色产品的宣传活动，即供应链上下游企业实施的一系列绿色实践都对品牌商誉的提升作出了贡献。因此，为了回答第一个问题，本书首先借鉴已有研究来刻画产品绿色度和品牌商誉的动态性以及市场需求函数；其次构建由供应商、制造商和零售商组成的三级绿色供应链，从全局视角探讨供应链上下游企业如何确定绿色技术投资水平和广告投资水平；然后聚焦于销售端，从局部视角探讨不同销售模式下供应链上下游企业是否采取联合广告，以及销售模式和联合广告对投资策略和供应链绩效的影响（对应本书的第3章和第4章）。

（2）引入绿色技术创新的绿色供应链投资策略制定。如何刻画绿色技术创新过程？供应链上下游企业如何制定技术创新成功前后的投资策略，实现资源合理配置？

在实际研发过程中，绿色技术创新的实现需要长期的绿色技术研发与积累，但是创新成功便能显著提高产品的绿色性能。为了实现绿色技术创新，企业应当积极引进更多的科研人员，增加绿色研发经费，然而过多的绿色技术投资会给企业的生产运营管理带来沉重负担。因此，为了回答第二个问题，本书首先利用随机到达过程来刻画绿色技术创新过程，进而得到产品绿色度的动态变化过程；其次针对由制造商和零售商组成的双渠道绿色供应链，考虑线上线下渠道竞争，研究供应链中下游企业在技术创新成功前后的投资策略；然后针对由共享供应商和竞争性制造商组成的绿色供应链，考虑制造商之间的横向竞争，研究供应链中上游企业在技术创新成功前后的投资策略（对应本书的第 5 章和第 6 章）。

（3）不同场景下的绿色供应链协调契约设计。考虑市场环境的复杂性，如渠道结构复杂化、销售模式多样化、绿色产品市场竞争加剧等，应当如何设计契约来协调不同场景下的绿色供应链，加强供应链上下游企业的协同合作，实现绿色价值共创？

在实际运营管理过程中，随着科技的进步和社会环境的变化，企业所面临的市场环境日趋复杂。例如，随着互联网技术和电子商务模式的发展，平台模式应运而生，比如淘宝、拼多多和京东等，与此同时，越来越多的制造商在原有传统零售渠道的基础上，开设网络直销渠道，形成线上线下渠道并存的双渠道销售结构。另外，受生态环境恶化的影响，世界各国更加重视发展绿色经济，由此导致绿色产品市场竞争日益激烈。然而，已有研究大多是基于静态视角研究绿色供应链的协调问题，且多以两级单渠道绿色供应链为研究对象。因此，为了回答第三个问题，本书结合不同渠道结构、销售模式和竞争情形，从长期动态视角分别研究了不同场景下绿色供应链的协调契约设计问题（对应本书的第 3 章～第 6 章）。

（4）引入政府补贴的绿色供应链动态定价与投资策略制定。探究政府采取哪种补贴方式更有利于激励企业增加绿色技术投资，从而提升经济、环境和社会效益？政府补贴方式和补贴力度对企业定价和投资策略有何影响？政府是否需要采取补贴退坡策略？若有需要，政府补贴退坡对供应链企业的定价和投资策略有何影响？

在绿色实践活动中，为了缓解企业因绿色技术投资而面临的资金障碍，政府往往会对制造企业提供绿色补贴，常见的补贴方式有单位生产补贴和绿色研发补贴。因此，为了回答第四个问题，本书从长期动态视角研究绿色供应链成员在单位生产补贴和绿色研发补贴两种补贴方式下的动态定价与投资策略，探讨政府补贴方式和补贴力度对企业定价及投资策略的影响，以及从经济利润、环境效益和社会福利角度分析政府补贴效果，探寻最优的政府补贴方式。另外，结合新能源汽车补贴背景，探讨政府补贴是否具有可持续性，研究政府应当如何设计补贴退坡策略，以及分析政府补贴退坡对企业定价和投资策略的影响（对应本书的第 7 章）。

1.3 研究意义

1.3.1 现实意义

第一，为供应链企业立足新发展阶段、贯彻新发展理念、构建新发展格局提供实践指导。在新发展阶段，供应链企业要落实"创新、协调、绿色、开放、共享"的新发展理念，兼顾经济利润和环境效益，消除生产、流通、消费等各个环节之间的障碍，推动供应链的高质量发展。本书的研究为供应链企业实施绿色供应链管理，坚持绿色技术创新，采取联合广告，实现供应链协调提供了实践指导，有助于企业提高产品绿色度，打通供应链各个环节，实现合作共赢，增进环境效益和社会福利。

第二，为动态环境下绿色供应链内企业制定投资、定价策略提供科学、合理的决策建议。首先，本书将绿色技术投资和广告投资纳入统一框架中，从长期动态视角研究企业的投资策略能够更加贴近实际，同时促进供应链企业间的运营决策和营销决策相互协调配合；其次，本书将绿色技术创新过程纳入供应链管理研究中，可以为企业合理配置技术创新成功前后的资源提供管理建议；最后，探讨政府补贴对企业动态定价与投资策略的影响，能够为企业采取恰当的定价和投资策略提供实践指导。

第三，为实现不同场景下绿色供应链的动态协调提供契约合同及合作策略。为真正实现绿色供应链管理，需要供应链上下游企业协同合作，实现供应链各个环节的绿色化。本书分别基于"单渠道""双渠道""不同销售模式""制造商竞争"等场景，从长期动态视角研究绿色供应链的协调问题，为供应链上下游企业间的垂直合作和同层企业间的水平合作提供实施方案，有助于绿色供应链的长期发展。

1.3.2 理论意义

现有针对静态环境下绿色供应链管理的相关研究已经较为充分，并且取得了较多的研究成果。然而，企业实施绿色供应链管理是一项长期的工程，从长期动态视角研究绿色供应链管理的文献还相对较少，而且研究对象以两级单渠道绿色供应链为主。因此，本书研究动态环境下绿色供应链的最优决策及协调问题具有一定的理论意义。

首先，本书从长期动态视角出发，针对供应商、制造商和零售商等主体，考虑产品绿色度、品牌商誉、绿色技术创新、销售模式和渠道结构等现实因素，将绿色技术研发和广告宣传纳入绿色供应链管理研究中，研究绿色供应链内企业的最优决策与协调问题，可以进一步丰富运营管理和市场营销在绿色供应链管理领域的应用。

其次，本书借助微分博弈和最优控制理论，构建不同决策情形下绿色供应链成员的微分博弈模型，通过求解可以得到最优绿色技术投资水平和广告投资水平，以及产品绿色度和品牌商誉的变化轨迹；揭示在不同销售模式、不同渠道结构和竞争情形下，绿色供应链上下游企业间和同层企业间博弈的内在规律，并且基于供应链契约理论设计动态协调契约，可以进一步丰富绿色供应链投资策略与协调的动态博弈理论。

最后，本书从长期动态视角研究不同政府补贴方式下的绿色供应链定价与投资策略，探讨最优政府补贴方式，揭示动态环境下政府补贴对供应链企业动态定价和投资策略的影响机制，进一步丰富政府补贴下绿色供应链管理的相关研究成果。

1.4 研究内容及关联性分析

1.4.1 研究内容

本书的研究内容包含以下五个部分：

（1）加成定价下考虑品牌商誉的三级绿色供应链投资策略及协调。考虑产品绿色度和品牌商誉的动态性，引入价格加成系数刻画零部件采购价格、绿色产品批发价格和销售价格三者之间的关系，采用微分博弈研究由供应商、制造商和零售商组成的三级绿色供应链的投资策略与协调问题。探讨并对比分析集中决策模型、无成本分担契约的分散决策模型和有成本分担契约的分散决策模型的均衡结果，以及设计双边成本分担契约对供应链进行协调。最后借助数值算例，对比分析不同决策模型下的均衡策略和供应链绩效，验证双边成本分担契约的有效性，以及对产品绿色度、品牌商誉、环境效益和社会福利的最优轨迹进行分析。

（2）不同销售模式下考虑联合广告的绿色供应链投资策略及协调。构建由制造商和零售商组成的绿色供应链，考虑产品绿色度和品牌商誉的动态性，基于微分博弈探讨由不同销售模式（转售模式和平台模式）和不同广告投资方式（独立广告和联合广告）组成的四种决策模型的投资策略及利润，并进行对比分析；然后以集中决策模型为基准，分别设计转售模式和平台模式下的供应链协调契约。另外，将研究拓展至不同销售模式下的双渠道绿色供应链，研究双渠道环境下供应链的广告合作策略。

（3）双渠道情形下考虑绿色技术创新的供应链投资策略及协调。将研究拓展至双渠道绿色供应链，引入绿色技术创新过程，并且利用随机到达过程刻画绿色技术创新的突破性和不确定性；基于微分博弈研究集中、分散决策模型下制造商和零售商在技术创新成功前后的投资策略及利润，并且进行对比分析；然后设计两部定价—双边成本分担契约对双渠道绿色供应链进行协调；最后借助数值算例验证该联合契约的协调性，进一步探讨绿色技术创新和消费者线上渠道偏好对供应链企业的投资策略、产品绿色度和品牌商誉的影响，以及分析经济利润、环境效益和社会福利的最优轨迹，进而为企业合理配置技术创新成功前后的资源提供管理建议。

（4）制造商竞争下考虑绿色技术创新的供应链投资策略及协调。构建由单个共享供应商和两个制造商组成的绿色供应链，其中共享供应商和两个制造商均进行绿色技术投资，制造商之间存在绿色竞争关系；引入绿色技术创新过程，利用随机到达过程刻画绿色技术创新的突破性和不确定性；基于微分博弈研究集中、分散决策模型下共享供应商和竞争性制造商在技术创新成功前后的投资策略及利润，并进行对比分析；然后设计双边成本分担契约以协调供应链，并且验证该契约的协调性；最后分析绿色技术创新和绿色竞争强度对供应链企业的投资策略、产品绿色度和经济利润的影响，从而为制造企业的绿色技术创新合作和投资策略制定提供管理建议。

（5）不同政府补贴方式下的绿色供应链动态定价与投资策略。构建由单个制造商和单个零售商组成的绿色供应链，考虑两种政府补贴方式：单位生产补贴和绿色研发补贴，基于微分博弈研究不同政府补贴方式下绿色供应链的定价决策和投资策略，并进行对比分析；然后借助数值算例探讨政府补贴对企业动态定价和投资策略的影响，以及分析消费者绿色偏好系数、企业运营低效系数和政府补贴系数对销售价格和绿色技术投资水平的影响；在相同政府补贴支出下，对比分析两种补贴方式下的销售价格和绿色技术投资水平，以及在经济利润、环境效益和社会福利三个方面的补贴效果。此外，还分析了政府补贴退坡策略以及该策略对企业定价和投资的影响，旨在为政府科学制定补贴政策提供对策建议，为企业合理定价和投资提供管理建议。

1.4.2　研究内容的关联性分析

本书贯穿考虑产品绿色度的动态性，以最优决策和供应链协调为研究主线，引入品牌商誉、绿色技术创新和政府补贴，再结合销售模式、渠道结构和制造商竞争等因素，从长期动态视角探讨绿色供应链的投资策略、定价策略及协调问题。具体来说：

首先，考虑到绿色产品的市场需求受品牌商誉影响，而品牌商誉的积累依赖于供应链上下游企业的绿色实践，第（1）部分引入品牌商誉，同时考虑产品绿色度和品牌商誉的动态性，从全局视角研究三级绿色供应链的投资策略及协调问题；进而第（2）部分聚焦于销售端，考虑不同销售模式和广告投资方式，从局部视角研究制造商和零售商的投资策略及协调问题。其次，考虑到绿色技术创新是实现绿色供应链发展的根本途径，第（3）部分引入绿色技术创新过程，研究供应链中下游企业（制造商和零售商）在技术创新成功前后的投资策略及协调问题，进而第（4）部分研究供应链中上游企业（共享供应商和竞争性制造商）在技术创新成功前后的投资策略及协调问题。最后，考虑到政府对绿色发展的补贴支持，第（5）部分引入政府补贴，研究政府补贴方式、补贴力度对绿色供应链企业动态定价和投资策略的影响。

1.5 研究方法与技术路线

本书从长期动态视角出发，以微分博弈、最优控制、随机过程和供应链契约为理论基础，借助优化建模、比较分析、数值仿真等方法研究动态环境下绿色供应链的最优决策及协调问题。本节将重点阐述研究过程中应用的研究方法，并绘制技术路线。

1.5.1 研究方法

本书所涉及的主要研究方法如下：——

（1）文献研究法。借助于多种数据库，广泛检索、收集和了解国内外有关绿色供应链管理、基于微分博弈的供应链管理、供应链协调等的文献，梳理和分析国内外研究现状及发展趋势，从而形成本书的理论分析框架，奠定本书研究的理论基础。

（2）优化建模法。综合运用博弈论、微分博弈、最优控制和契约设计等理论和方法进行定量研究，通过数学建模构建不同研究场景下绿色供应链的微分博弈模型，并采用最优控制理论建立 HJB 方程（哈密顿-雅可比-贝尔曼方程）推演求解微分博弈模型的最优均衡解，以及利用供应链契约理论设计契约以协调绿色供应链，缓解双重边际效应。

（3）比较分析法。比较分析是一种常见的、重要的科学探索方法，在本书的模型构建、均衡结果分析和参数分析中均使用了该方法。例如，为了分析广告合作的影响，在构建模型的过程中会建立独立广告模型和联合广告模型进行对比分析。

（4）数值仿真法。在模型解析解的基础上，本书借助 Matlab 软件对相关参数进行赋值，通过数值算例进一步验证所得命题和推论的有效性和科学性，并且以图表的形式更加清晰、直观地展现不同决策模型下的均衡结果以及相关参数的灵敏度分析。

1.5.2 技术路线

本书的技术路线如图 1.4 所示。

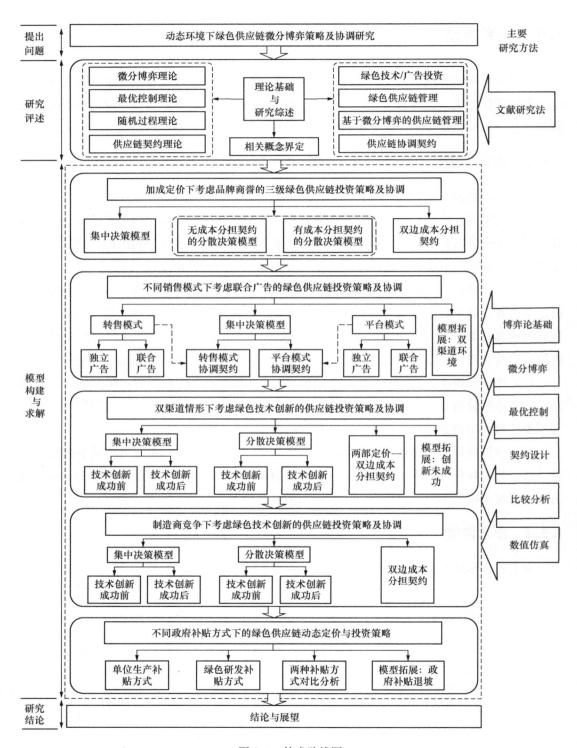

图 1.4　技术路线图

2 理论基础与研究综述

第 1 章从现实和理论两个角度出发，阐述了动态环境下绿色供应链最优决策及协调问题的研究背景和研究意义，明确了研究问题和研究方法，确定了主要研究内容。在此基础上，本章首先对本书所涉及的相关理论进行阐述，然后对绿色供应链管理的相关概念进行梳理和界定，最后对国内外相关研究成果进行梳理、分析和评述。通过本章对相关理论、相关概念和相关研究成果的总结和评述，为本书后续章节的研究工作提供理论依据。

2.1 理论基础

本书所涉及的理论主要有微分博弈理论、最优控制理论、随机过程理论和供应链契约理论，下面对这 4 种理论分别进行简要阐述。

2.1.1 微分博弈理论

博弈论（Game Theory）又称为对策论，是研究当多个决策主体存在利益关联或冲突时，各决策者根据所掌握的信息做出合理决策的理论，并且被广泛应用于经济、政治、能源、环境和军事等领域[42]。博弈论包含局中人、策略和收益等基本要素，并且按照不同的分类方法划分为静态博弈和动态博弈、合作博弈和非合作博弈、完全信息博弈和不完全信息博弈等[43]。由于绿色供应链管理涉及供应商、制造商和零售商等多个企业的共同决策，并且各个企业的利益诉求往往不同，所以需要采用博弈论来研究绿色供应链管理问题。在现实中，由于企业的生产运营期间是长期性、持续性的，所以决策者经常需要处理跨期甚至是连续时间下的决策问题。例如在绿色供应链管理领域，产品绿色度会因绿色投资、科技进步、绿色标准提高、生产设备落后等而随着时间动态变化[41]，品牌商誉会因产品质量、广告投资、消费者遗忘或转移等而随着时间动态变化[44]。在这些场景下，一般的静态优化和博弈方法难以满足决策者的需要。

相对于一般的静态博弈，微分博弈（Differential Game）又称为微分对策，是最优控制理论和博弈论的结合，能够在时间连续的系统内，处理多个决策者参与的连续动态博弈，更加适用于研究动态环境下多主体多目标的决策问题。微分博弈理论起源于 20 世纪 50 年代的美国空军双方追逃问题。Isaacs 最早提出综合最优控制理论和博弈论来解决军事追逃问题，并且于 1965 年出版了世界上第一本微分博弈著作《微分博弈》，这标志着微分博弈理论的正式诞生。随后，微分博弈理论引起全球诸多学者的广泛关注。1971 年，数学家弗里德曼采用两个近似离散对策序列对微分博弈进行了精确定义，奠定了微分博弈理论的数学基础。随着研究和实践的不断深入，微分博弈的应用范围已经拓展至经济学、管理科学、环境科学等多个领域，成为处理双方或多方连续动态对抗冲突、竞争和合作问题的科学、有效的决策工具。

微分博弈的精确定义如下：如果离散型动态博弈的每个决策时间段的时差收窄至趋于零，那么该博弈就成为一个在连续时间上决策的动态博弈，即微分博弈。将微分博弈记为 $\Gamma(x_0, T-t_0)$，其中 x_0 表示博弈的初始状态，t_0 表示博弈的开始时间，T 表示博弈的结束时间。微分博弈的函数表现形式为：

$$\max_{u_i(t)} \int_{t_0}^{T} F_i[t, x(t), u_1(t), u_2(t), \cdots, u_n(t)]\mathrm{d}t + Q_i[T, x(T)] \tag{2.1}$$

式（2.1）表示在一个有 n 人参与、博弈期为 $[t_0, T]$ 的微分博弈中，参与人 i（$i \in \{1, 2, \cdots, n\}$）在 t 时刻做出的策略 $u_i(t)$ 形成的目标函数。其中 $u_i(t)$ 称为控制变量，$x(t)$ 称为状态变量，$\int_{t_0}^{T} F_i[t, x(t), u_1(t), u_2(t), \cdots, u_n(t)]\mathrm{d}t$ 表示参与人 i 的积分型性能指标，$Q_i[T, x(T)]$ 表示参与人 i 的终值型性能指标。在博弈期间，控制变量会影响状态变量，并且二者都影响 $F_i[t, x(t), u_1(t), u_2(t), \cdots, u_n(t)]$。在博弈期结束时，参与人 i 的终值型性能指标与当时的状态变量 $x(T)$ 有关。状态变量 $x(t)$ 满足的动态变化方程为：

$$\dot{x}(t) = f[t, x(t), u_1(t), u_2(t), \cdots, u_n(t)], \ x(t_0) = x_0 \tag{2.2}$$

特别指出，函数 $F_i[t, x(t), u_1(t), u_2(t), \cdots, u_n(t)]$ 和 $f[t, x(t), u_1(t), u_2(t), \cdots, u_n(t)]$ 都是可微的。也就是说，微分博弈模型就是有微分约束的最优化问题。

在微分博弈模型中，控制变量 $u_i(t)$ 反映了参与人 i 的策略，状态变量 $x(t)$ 反映了所有参与人所处的系统环境；而且状态变量 $x(t)$ 通常随着时间 t 和控制变量 $u_i(t)$ 的变化而变化，变化的系统状态会影响参与人的性能指标。在本书中，供应链成员的绿色技术投资水平和广告投资水平为控制变量，产品绿色度和品牌商誉为状态变量，供应链成员的利润函数最大化为供应链成员的性能指标。

在实际解决问题过程中，微分博弈的均衡解是决策者关注的重点。常规求解微分博弈的方法所应用的技术主要是极大值原理和贝尔曼动态最优化原理，并且这两种原理都属于最优控制理论的范畴。

2.1.2　最优控制理论

最优控制理论是现代控制理论的一个主要分支，着重研究使控制系统的性能指标实现最优化的基本条件和综合方法。这方面的开创性工作主要是极大值原理和贝尔曼动态最优化原理，下面将对这两种原理进行简要介绍。

1. 极大值原理

极大值原理（Maximum Principle），又称为最大值原理，是由苏联数学家庞特里亚金于 1958 年提出并加以严格的数学证明，相关结论和证明过程发表于后来出版的《最优过程的数学理论》这一著作中。极大值原理是对分析力学中古典变分法的推广，通常用于求解工程领域的最优控制问题，特别是航天和航空技术问题。后来，Isaacs 等将博弈论和最优控制理论结合来解决军事追逃问题，发现极大值原理可以用来求解微分博弈问题，通过构造哈密尔顿（Hamilton）函数的方式得到微分博弈的均衡解。

接下来，考虑只有单一决策者的动态最优化问题：

$$\max_{u(t)} \int_0^T F[t,x(t),u(t)]\mathrm{d}t \tag{2.3}$$

其中，$F[t,x(t),u(t)]$ 表示决策者在 t 时刻的收益，$u(t)$ 为决策者在 t 时刻的策略，$x(t)$ 为该系统的状态变量，并且满足如下动态变化过程：

$$\dot{x}(t) = f[t,x(t),u(t)], \, x(0) = x_0 \tag{2.4}$$

假设该最优化问题的哈密尔顿函数为：

$$H[t,x(t),u(t),\lambda(t)] = F[t,x(t),u(t)] + \lambda(t)f[t,x(t),u(t)] \tag{2.5}$$

其中，$\lambda(t)$ 是一个动态的乘子函数，它实质上是动态的拉格朗日乘子。

该最优化问题的解必须满足三个条件：①最优性条件 $\dfrac{\partial H[t,x(t),u(t),\lambda(t)]}{\partial u(t)} = 0$，②可行性条件 $\dot{x}(t) = \dfrac{\partial H[t,x(t),u(t),\lambda(t)]}{\partial \lambda(t)}$，③横截条件 $\dot{\lambda}(t) = -\dfrac{\partial H[t,x(t),u(t),\lambda(t)]}{\partial x(t)}$。

2. 贝尔曼动态最优化原理

贝尔曼动态最优化原理（Principle of Optimality），又称为最优性原理，是由美国数学家贝尔曼提出的，其原有表述为：一个过程的最优策略具有这样的性质，即无论其初始状态和初始决策如何，其以后续决策对以第一个决策所形成的状态作为初始状态的过程而言，必须构成最优策略。贝尔曼动态最优化原理是通过构造哈密顿-雅可比-贝尔曼（Hamilton-Jacobi-Bellman，HJB）方程来求解连续时间下的最优化问题，例如库存问题、资源分配、生产计划和投资问题等，现已成为经济学、管理科学、环境科学等领域研究的重要工具。

接下来，考虑只有单一决策者的动态优化问题：

$$\max_{u(t)} \int_{t_0}^T F[t,x(t),u(t)]\mathrm{d}t + Q[T,x(T)] \tag{2.6}$$

其中，$F[t,x(t),u(t)]$ 为决策者在 t 时刻的收益，$Q[T,x(T)]$ 表示决策者在博弈结束时的终端支付；$u(t)$ 表示控制变量，$x(t)$ 表示状态变量，并且满足如下动态变化过程：

$$\dot{x}(t) = f[t, x(t), u(t)], \ x(t_0) = x_0 \tag{2.7}$$

定义一个值函数 $V[t, x(t)] = \max\limits_{u(t)} \int_{t_0}^{T} F[t, x(t), u(t)] + Q[T, x(T)]$，并且满足边界条件 $V[T, x(T)] = Q[T, x(T)]$。若 $V[t, x(T)]$ 是一个连续可微的函数，则其满足以下方程：

$$-V_t'[t, x(t)] = \max\limits_{u(t)} \{F[t, x(t), u(t)] + V_t'[t, x(t)] \cdot f[t, x(t), u(t)]\} \tag{2.8}$$

那么上述最优化问题（2.6）的一个最优解为 $u^*(t) = \phi[t, x(t)]$，此处：

$$\phi[t, x(t)] = \arg\max\limits_{u(t)} \{F[t, x(t), u(t)] + V_t'[t, x(t)] \cdot f[t, x(t), u(t)]\} \tag{2.9}$$

其中，方程（2.8）被称为哈密顿-雅可比-贝尔曼方程（HJB 方程），$V[t, x(t)]$ 表示 $[t, T]$ 时间内决策者的收益累积值（值函数），$t \in [t_0, T]$。

运用 HJB 方程求解最优化问题的解题思路如下：首先，根据 $F[t, x(t), u(t)]$ 和 $Q[T, x(T)]$ 确定值函数 $V[t, x(T)]$ 的形式，并且得出 $V[t, x(T)]$ 需要满足的 HJB 方程；其次，对 HJB 方程求决策变量 $x(t)$ 的一阶条件，可以得出 $u^*(t) = \phi[t, x(t)]$，此时的 $\phi[t, x(t)]$ 中必然含有 $V_x'[t, x(t)]$。再次，将上一步骤得出的 $\phi[t, x(t)]$ 代入 HJB 方程中，并将等式两边整理成相同的函数形式。根据等式两边函数的形式结构，猜测 $V[t, x(T)]$ 的函数形式。在微分博弈问题中，$V[t, x(T)]$ 通常为 $x(t)$ 的一次函数或者二次函数，那么假设 $V[t, x(T)] = a(t)x(t) + b(t)$ 或者 $V[t, x(T)] = a(t)x^2(t) + b(t)x(t) + c(t)$，其中 $a(t)$、$b(t)$ 和 $c(t)$ 为待定系数。最后，根据函数同次方的系数必相等的原则，可以确定 $a^*(t)$、$b^*(t)$ 和 $c^*(t)$，进而得到决策者的最优策略 $u^*(t)$ 和最优值函数 $V[t, x(T)]$。

综上所述，常规的求解微分博弈的方法主要有两种：Hamilton 函数法和 HJB 方程法。前者是利用极大值原理直接求解控制策略，可以用于求解开环策略、反馈策略以及马尔可夫策略下的纳什均衡解；后者是构建 HJB 方程，通过待定系数法间接求解控制策略，主要用于求解反馈策略下的纳什均衡解。本书根据贝尔曼动态最优化原理，运用 HJB 方程法求解绿色供应链成员的目标泛函在不同决策情形下的纳什均衡解。

2.1.3 随机过程理论

随机过程（Stochastic Process）是一连串随机事件动态关系的定量描述。随机过程理论与位势论、微分方程、复变函数论、力学等有密切的联系，是在自然科学、工程科学及社会科学各领域研究随机现象的重要工具，现已被广泛应用于天气预报、天体物理、运筹决策、经济数学、安全科学、人口理论及计算机科学等领域的研究中。

随机过程的定义如下：假设 $(\varOmega, F, P)$ 为概率空间，T 是给定的参数集，如果对于每个 $t \in T$，都有一个随机变量 $X(t, \omega)$ 与之对应，那么称随机变量族 $\{X(t, \omega), t \in T\}$ 是

(Ω, F, P) 上的随机过程，简记为随机过程 $\{X(t), t \in T\}$，T 称为参数集，通常表示时间。

通常将随机过程 $\{X(t), t \in T\}$ 理解为一个系统，$X(t)$ 表示该系统在 t 时刻所处的状态，$X(t)$ 中所有状态组成的集合称为相空间或者状态空间，记作 I。按照参数集 T 是离散型还是连续时间型，可以将随机过程分为离散时间随机过程或者连续时间随机过程。如果状态空间 I 可列，那么该随机过程就是离散状态的随机过程。

在供应链管理领域，学者们综合应用随机过程、最优化控制和随机微分方程等来求解随机控制问题。例如，马德青和胡劲松[45]、朱怀念等[46]将随机维纳过程引入供应链管理研究中，前者考虑废旧品回收率是一个随机过程，研究了闭环供应链的最优定价和回收努力投入策略，后者考虑知识创新量是一个随机过程，研究了产学研协同创新主体间的知识共享问题。胡劲松等[47]、王威昊等[48]将随机到达过程引入供应链管理研究中，前者考虑技术创新是一个过程且实现时间具有不确定性，研究了技术创新下绿色食品供应链的动态均衡策略，后者考虑产品伤害危机是一个过程且实现时间具有不确定性，研究了供应链企业在产品伤害危机下的动态广告策略。相似的随机到达过程刻画方式也被 Rubel 等[49]、Lu 和 Navas[50]、Mukherjee 和 Chauhan[51]等文献采用。随机维纳过程可以刻画一些小的、持续的冲击，而随机到达过程可以刻画一些不经常发生的突发事件。在本书中，利用随机到达过程刻画绿色技术创新过程，研究绿色技术创新下供应链企业在技术创新成功前后的投资策略及协调问题。

2.1.4 供应链契约理论

供应链契约理论由 Pasternack 首次提出，旨在通过设计供应链契约来引导供应链协调，实现供应链绩效最优[52]。供应链契约是指在生产运营过程中，供应链内各决策主体在利益驱动下，以合同、协议的形式签订的一组转移支付的契约来协调供应链，消除双重边际效应，达到有效提升整体绩效的目的。在现实中，面对日益激烈的市场竞争环境，诸多企业开始认识到自身的利润与供应链成员间的合作和供应链的协调程度密切相关。然而，供应链内各成员通常是以自身利润最大化为目标，难以实现集中管理。这时，供应链成员就需要通过签订契约合同，使每个成员的目标与供应链系统的目标一致，从而实现供应链绩效最优，并且保证供应链成员自身的利益优化[53]。

近年来，关于供应链契约的研究内容较为丰富且仍在不断更新。结合实践和供应链契约的研究现状可知，常见的供应链契约主要包括批发价格契约、收益共享契约、两部定价契约、成本分担契约和联合契约等，具体内容介绍如下：

（1）批发价格契约（Wholesale Price Contract）是指零售商根据制造商制定的批发价格以及结合市场需求来确定产品的订购量，并且负责处理库存产品[54]。长期以来，批发价格契约是众多契约中最常见、最简单的契约模式之一，具有便于管理和管理成本较低的优势。不足的是，已有许多文献证明了由于存在双重边际效应，批发价格契约不能实现供应链协调，导致供应链效率较低[55]。然而在供应链协调的相关研究中，许多学者将批发价格契约作为比较基准，以此判断设计的协调契约的协调效果。

（2）收益共享契约（Revenue Sharing Contract）是指制造商提供给零售商一个较低的批发价格，同时零售商将自身的销售收入按照一定比例返还给制造商，从而弥补制造商的利益损失[56]。研究表明，收益共享契约可以协调供应链成员之间的利益分配，增加供应链整体绩效，并且在录像带租赁业、电子商务等领域都得到广泛应用[57]。例如，王文隆等[58]在制造商低碳努力的条件下，设计了带补偿的收益共享契约来协调双渠道供应链，但补偿额依赖于制造商和零售商的相对议价能力。

（3）两部定价契约（Two-tariff Contract）是指制造商和零售商为使双方利润均有所提升而签订的一种协议，该协议约定制造商给予零售商的批发价格低至其产品的边际生产成本，零售商则向制造商支付一定份额的固定费用，其大小由制造商和零售商协商决定[59]。例如，常珊等[60]研究发现，在制造商实施可扩张的产能策略下，两部定价契约可以实现供应链协调，但批发价格和转移支付与初始产能水平状态有关。

（4）成本分担契约（Cost Sharing Contract）是指两个以上企业之间协商达成一个协议，用以确定各方在研发、生产或获得资产、劳务和权利等方面承担的成本和风险，并确定这些资产、劳务和权利的各参与者的利益的性质和范围[61]。例如，郭炜恒和梁樑[38]、周艳菊等[62]基于成本分担契约实现供应链上下游企业共担减排技术成本。Zhou 等[63]发现在双渠道情形下，无论制造商采取差别定价还是非差别定价，制造商为零售商提供服务成本分担契约总是能够有效激励零售商提高售前服务水平。

（5）联合契约（Joint Contracts）是指企业采取两种或两种以上契约组成的组合契约。例如，肖群和马士华[64]构建了由供应商和风险厌恶型零售商组成的两级供应链，考虑零售商提供需求预测信息投入，研究发现传统的收益共享契约只能在一定条件下实现供应链协调，并且适用范围较小，然而由信息预测成本分担与收益共享组成的联合契约可以在较大适用范围内实现供应链协调，并且消除风险态度和双重边际对零售商决策的影响。Geng 和 Mallik[65]研究发现，在制造商生产能力有限的情况下，通过收益共享和转移支付组成的联合契约可以实现零售商主导的双渠道供应链协调。

随着研究和实践的深入，学者们针对不同场景设计了不同类型的契约以协调供应链。为了应对复杂的市场环境，本书在借鉴上述供应链契约的基础上，设计契约以实现动态环境下的绿色供应链协调，进一步丰富供应链契约理论的研究。

2.2 相关概念界定

本节将对动态环境、绿色供应链管理、绿色产品、产品绿色度和绿色技术创新等相关概念进行梳理和界定，为本书第 3 章至第 7 章的研究奠定基础。

2.2.1 动态环境分析

在实践中，企业的生产经营活动不是静态的，而是动态变化的，以应对不断变化的动态环境。目前，企业实施绿色供应链管理面临如下动态环境：

（1）动态的技术环境。技术波动是指产业技术变革和发展的速度。目前，世界范围内科学技术的飞速发展、技术进步与技术变革、不同技术领域的交叉与融合等导致各行各业的技术波动加大。例如，随着互联网技术、移动通信技术、电子商务技术等技术的成熟，电子商务零售已经成为零售业的主要销售渠道之一。

（2）动态的市场环境。技术波动导致行业竞争格局的动态性，因为新技术使一些企业成为新技术行业的领导者，而使用陈旧技术的企业会被取代。绿色技术创新可以重塑市场格局，引领技术发展方向，推动产业技术进步。例如，新能源汽车技术使特斯拉、比亚迪等车企成为新能源汽车领域的领导者，而传统的燃油汽车企业不得不转型生产新能源汽车。另外，外部环境的变化会导致绿色产品的市场价格波动。

（3）动态的企业环境。一方面，企业的绿色技术研发和广告宣传活动是一个长期的动态过程。为了应对绿色竞争，企业纷纷加大绿色产品的研发投入强度和广告宣传力度。但是，绿色技术研发和广告宣传的效果不是即刻的，存在累积效应，比如产品绿色度和品牌商誉。另一方面，外部技术环境和市场环境动荡加剧时，企业倾向于与其合作伙伴通过合同协议进行联盟。也就是说，供应链上下游企业或者同层企业合作和竞争的相互作用，随着环境的变化和时间的推移也在发生变化。

（4）动态的政策环境。在新发展阶段，国家的政策在不断更新。一是环境规制政策。我国对环境治理提出了新的要求，这使许多企业（比如水泥生产企业）的污染治理成本大幅增加。二是政府补贴政策。在绿色产品市场发展初期，政府通过绿色补贴来鼓励企业开展绿色技术研发和生产活动，以及引导消费者购买绿色产品，比如节能家电补贴政策、新能源汽车补贴政策。然而，当绿色产品市场发展到一定阶段，政府会减少绿色补贴，或者提高绿色补贴的门槛，比如新能源汽车补贴退坡政策。

在上述动态环境背景下，本书利用产品绿色度动态变化方程、品牌商誉动态变化方程、绿色技术创新过程等来刻画动态环境，结合企业销售模式变化、渠道结构变化、绿色产品市场竞争加剧和政府补贴等环境因素，基于微分博弈研究绿色供应链的投资策略、定价策略及协调问题，旨在为动态环境下绿色供应链企业制定科学、合理的生产运营决策提供对策建议，为绿色供应链上下游企业的协同合作提供契约机制。

2.2.2 绿色供应链管理

绿色供应链（Green Supply Chain，GSC），又称为环境意识供应链，最早是由美国密歇根州立大学的制造研究协会在1996年进行的一项"环境负责制造"的研究中提出的。

Beamon[66]提出绿色供应链的重点是延伸传统供应链，通过绿色研发、节约资源、减少有害物质排放以及提高产品再利用率等措施，最大限度地减少产品在整个生命周期中对生态环境的侵害。此后，绿色供应链管理受到社会各界的广泛关注。

Govindan 等[32]认为绿色供应链管理是在产品的整个供应过程中既考虑环境影响又考虑资源效率的一种现代管理模式。但斌和刘飞[67]提出绿色供应链管理是符合时代发展要求的新兴发展模式，主要目标是实现供应链业务流程的绿色化，进而实现环境保护和资源的合理配置。马祖军[68]提出绿色供应链管理是现代企业的一种可持续发展模式，它以供应链管理为技术，涉及供应商、制造商、零售商和消费者等多方主体，目标是实现产品从原材料采购、生产、营销、使用到报废等整个过程中，对环境的副作用最小，资源利用效率最高。基于可持续发展视角，Hall[34]、朱庆华[35]、王能民等[36]、Jung 和 Klein 等[69]提出绿色供应链管理是指企业在产品全生命周期中应考虑和强化环境因素，对产品进行生态设计，并且通过供应链上下游企业间的合作以及企业内各部门的合作实现供应链整体效益的优化和可持续发展。Zhu 和 Sarkis[70]将绿色供应链管理划分为五个维度：内部环境管理、绿色采购、与消费者合作、回收投资和生态设计。Gawusu 等[71]认为环境、经济和社会因素决定了绿色供应链管理的概念，并且企业实施绿色供应链管理必须要平衡经济利润和环境效益以保持竞争力，以及遵守环境法规。在此基础上，Shi 等[72]指出绿色供应链管理与传统供应链管理的不同之处是，绿色供应链管理需要兼顾经济、环境和社会三重效益。王丽杰和郑艳丽[73]提出绿色供应链管理具有如下特征：可持续发展的供应链管理模式、"全过程"的供应链管理、以绿色制造理论为基础建立的同盟关系。

通过梳理现有文献对绿色供应链管理的表述可以得出，绿色供应链管理是一种将环境管理和供应链管理相结合的管理方式，以供应链管理技术和绿色制造理论为基础，以遵守环境法规为前提，涉及供应商、制造商、零售商和消费者等多方决策主体，通过加强供应链上下游企业的合作来实现供应链全环节的绿色化。

2.2.3 绿色产品及其绿色度

1. 绿色产品

绿色产品（Green Product），又称为生态产品或者环境意识产品，是企业实施绿色供应链管理的基础。在现实中，加强绿色产品的研发和生产是企业增强绿色竞争力与保障长期发展力的关键。然而由于产品种类繁多，涉及食品、服装、家电、包装、交通、建筑等各个领域，不同类型的产品的绿色标准不同，目前学术界对绿色产品尚未有统一的定义，关于什么是绿色产品的争论仍在进行中[74]。

Reinhardt[75]认为绿色产品是指与同类产品相比，能够提供更大的环境效益或者带来更小的环境成本的产品。向东等[76]基于全生命周期视角提出，绿色产品是指在满足消费者功能需求的基础上，在其寿命循环过程（原材料制备、产品设计和生产、包装和物流、安装和使用维护、回收处理和再利用）中能够经济性地节约资源和能源、减小或消除环境污染，并对生产者和消费者健康具有良好保护的产品。这一定义强调了产品要在整个生命周期中展现环保属性。付允等[77]提出绿色产品在满足消费者对产品功能和使用价值需求的基础上，还要实现与环境的兼容性。曾東等[78]认为绿色产品是绿色技术发展的最高阶段，既要求减少设计、采购、生产、销售以及消费等全过程的能源消耗和环境污染，又要求实现最终产品对消费者的无危害化。这一定义给出了绿色产品与绿色技术发展之间的关系。Srivastava[79]提出绿色产品是指在研发设计时就考虑环境保护，在使用寿命结束时易拆解、易回收、可循环再利用的产品。这一定义强调了产品"生态设计"的重要性。张浩等[80]认为绿色产品是指依赖于相关科学技术，在整个生命周期内对环境影响降至最低的产品，比如节能家电、采用可回收再利用包装的产品、可降解材料制品、有机食品等。黎建新等[81]认为绿色产品是指社会公认（表现在绿色认证或其他方式认证）或者消费者主观感知的具有节约资源和能源、对环境和健康有益（或无害）等环保属性（全部或之一）的产品。这一定义指出绿色产品的认证来自两个方面：社会公认和消费者主观感知，以及绿色产品的环保属性表现在三个方面：节约资源和能源、保护环境和保证使用者的安全与健康。

根据上述关于绿色产品的定义可以总结出，绿色产品是指依赖于绿色技术创新，在其整个生命周期中，具有节能降耗、资源利用率高、对生态环境危害小、对人类健康无危害化等特征的新型产品。在日常生活中，绿色产品大致可以划分为两类：一类是有利于人体健康和生命安全的产品，比如绿色食品；另一类是节能降耗产品，比如节能家电和新能源汽车。在本书中，绿色产品主要是指节能降耗产品。

2. 产品绿色度

如何衡量产品的绿色程度，即产品的环境友好性，是企业研发和生产绿色产品的关键，也是消费者购买绿色产品的重要参考依据，由此衍生出"绿色度"概念。狭义的产品绿色度是指产品在整个生命周期中对环境的友好程度（包括能源消耗程度、资源利用率、碳排放量等），而广义的产品绿色度是指产品的环境友好性、经济合理性和技术先进性的综合评价。总体来说，产品绿色度反映了人与自然的友好程度，而且表现为产品绿色度越高，产品对自然资源和生态环境的负面影响越小[82]。

为了监督和激励制造企业在产品的设计、生产、包装和运输、销售、回收等活动中提高产品绿色度，政府有关部门或者行业协会需要建立标准的产品绿色度综合评价体系。一些学者对产品绿色度综合评价体系进行了研究。向东等[83]认为绿色度是评价产品绿色特性（包括技术先进性、环境友好性和经济合理性）的综合指标，并且提出了基于产品系统的产品绿色度综合评价方法。张雪平和殷国富[84]运用灰色系统理论，基于层次灰色关联分析技术构建了产品绿色度综合评价指标体系。柳键和周辉[85]选取指标时侧重于产品"绿色"的本质特征，减弱了对经济性和技术先进性的考量。

随着绿色技术和社会环境的发展，不同国家和不同行业对不同类型的绿色产品的绿色度要求也在不断变化。具体而言，对于有利于人体健康和生命安全的产品，其绿色度可以根据产地环境标准、生产技术标准、产品标准、包装和储藏运输标准、产品价值等进行综合评价。以绿色食品为例，根据产地环境、有害物质含量、营养物质含量和产品外观等进行综合评价，绿色食品标准分为 AA 级和 A 级两个技术等级。对于节能降耗绿色产品，其绿色度应该从产品设计、原材料采购、生产、包装和运输、使用及回收等整个生命周期进行综合评价。以新能源汽车为例，可以通过整车生产过程的碳排放量、整车百公里能源消耗量、整车百公里碳排放量、动力电池系统能量密度、可回收再利用水平等指标来综合判断新能源汽车在其整个生命周期过程中对生态环境的影响，进而得出新能源汽车产品的绿色度。综上所述，由于产品种类繁多，差异性较大，学术界目前尚未有公认统一的产品绿色度评价体系。

在实践中，由于目前我国尚未有权威的产品绿色度评价标准，消费者可以通过能效标识、碳标签等简单的等级指标来了解产品的绿色度。在理论研究方面，朱庆华和窦一杰[12]、江世英和李随成等[86]均假设产品绿色度是连续的，比如不同的连续的能效比数值或者碳标签数值对应一个绿色度水平，而且将产品绿色度作为决策变量进行研究。朱桂菊和游达明[41]、Zhu 等[87]考虑时间因素对产品绿色度的影响，将产品绿色度作为状态变量进行研究。在本书中，将产品绿色度作为状态变量进行研究。

2.2.4 绿色技术创新

1. 绿色技术创新的概念

20 世纪五六十年代至今，绿色技术先后被界定为"末端技术""清洁生产技术""深绿色和淡绿色技术""生态技术""环境友好型技术""全生命周期绿色技术"等，即绿色技术的内涵和特征随着时代的发展不断地演化与改变。目前，绿色技术主要是指遵循生态原理和生态经济规律，节约资源和能源，避免、消除或减轻生态环境污染和破坏，生态负效应最小的"无公害化"或"少公害化"的技术、工艺和产品的总称[88]。绿色技术创新是制造企业绿色转型的必要途径，是绿色发展的重要动力，是推进生态文明建设和高质量发展的重要支撑，正成为全球新一轮工业革命和科技竞争的重要新兴领域，其的有效驱动得到学术界和工业界的广泛关注。

根据研究视角和研究侧重点的不同，国内外学者对绿色技术创新的界定不同。Fussle和 James[89]最早提出绿色技术创新，认为其是增加企业价值和减少环境污染的新工艺或新产品。这一定义给出了绿色技术创新具有"经济"和"环境"两个方面的绩效目标。Huber[90]认为绿色技术创新是指企业通过采取新技术来减少产品产出过程中的资源消耗量，使产出过程更加清洁、高效。这一定义强调了新技术，认为企业的绿色技术创新应该是使用新技术来提高产品生态方面的生产效率，而不是采用长期存在的次优技术。Chen 等[91]

认为绿色创新包括绿色产品创新和绿色工艺创新，涉及节能、污染防治、废物回收、绿色产品设计以及企业环境管理等方面的技术创新。这一定义对绿色产品创新和绿色工艺创新进行了区分。焦长勇[92]认为绿色技术创新是指绿色技术从思想形成到产品研发和生产，再到产品推向市场的全过程，伴随整个产品创新过程。这一定义强调了绿色技术创新存在于构想、研发和实践三个方面。汪明月等[93]提出狭义的绿色技术创新仅代表企业在产品生产、服务提供全过程中，在环境技术、环境工艺和环境产品方面的创新，而广义的绿色技术创新是指能够实现资源节约和环境保护的所有技术创新行为。中国环境与发展国际合作委员会进一步强调了绿色技术创新不仅存在于技术层面，还存在于绿色理念层面[94]。此外，绿色技术创新有别于一般的技术创新，具有双重外部效应，包括技术溢出的正外部效应和产出的社会属性[95]。汪明月和李颖明[96]则指出技术从本质上来说没有灰色和绿色之分，只是人为地从技术和生态两个维度根据技术对生态环境的影响作用来判断技术的绿色属性。

综上所述，虽然众多学者对绿色技术创新的表述各有侧重，但从总体上看都具有服务于绿色发展、服务于人与自然共生的属性。因此，绿色技术创新属于一般技术创新的范畴，是绿色时代下技术创新的崭新形态，是传统技术创新的拓展和提升，强调在经济高质量发展的同时尽可能减少对生态环境的危害[97-99]。此外，企业进行绿色技术创新可以改善环境声誉，获得竞争优势，增加经济绩效，减少环境负影响，以及减少来自政府和社会层面的压力[100,101]，其中环境规制[102,103]、市场导向[104]、企业绩效[105]、知识产权保护[106]和政府研发资助[107,108]等是影响企业绿色技术创新的因素。

2. 绿色技术创新形成过程及特征

随着研究的不断深入，学者们开始注意到在研究过程中不仅要考虑绿色技术创新的影响因素和创新结果，还要重视绿色技术创新的形成过程或者形成机理。对此，蒋军锋等[109]将技术创新划分为渐进性技术创新和突破性技术创新，并且提出渐进性技术创新是对现有技术的改良和利用，而突破性技术创新能够实现技术性能的重大跃迁。其中，突破性技术创新具有发散性和非线性特征，旨在获得新技术或新产品[110]，但其实现时间具有不确定性[111]。绿色技术创新属于一般技术创新的范畴，同样可以划分为渐进性绿色技术创新和突破性绿色技术创新。借鉴苏屹等[112]的研究，从知识聚合角度分析绿色技术创新形成过程。具体来说：根据尖点突变模型，将绿色技术创新的形成表示为 $F(x) = x^4 + mx^2 + nx$，其中 $F(x)$ 表示绿色技术创新的变化态势；x 表示系统内部知识，是绿色技术创新的状态变量；m 和 n 分别表示系统外部知识引起的负熵和系统内部知识引起的熵增，均为控制变量。基于此，可以得到基于尖点突变的绿色技术创新形成过程，如图 2.1 所示。

图 2.1 中，Q 点所在的折叠曲线将平衡曲面划分为三个区域：下叶、中叶和上叶，三者分别表示旧知识所处的稳定状态、新旧知识之间所处的不稳定状态、新知识所处的稳定状态。线 AB 表示绿色技术创新过程，H 为引入系统外部知识的节点，V_2 为绿色技术创新发生突变的节点；其中突变投影所对应的曲线 Q_1V_1 为绿色技术创新发生突变的初始临

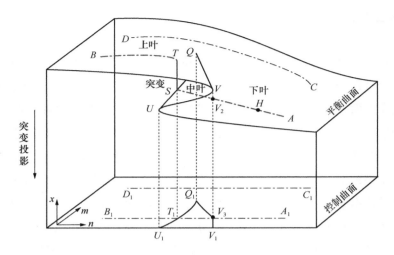

图 2.1 绿色技术创新形成过程

界条件，曲线 Q_1U_1 为绿色技术创新发生突变的终止临界条件。具体而言，绿色技术创新过程包括绿色技术创新孕育阶段（$A \to H$）、渐进性绿色技术创新形成阶段（$H \to V_2$）和突破性绿色技术创新形成阶段（$V_2 \to B$）。

在绿色技术创新孕育阶段，企业需要在最大范围内搜索创新资源，与不同结构层次的其他企业进行研发合作，甚至与竞争企业合作来增强获取外部资源的能力，进而激发新思想和新创意[113]。在渐进性绿色技术创新形成阶段，企业依赖于现有技术和获取的外部资源，沿着现有轨迹对技术进行持续的局部改良性创新活动，占领细分市场，帮助企业维持或者提高市场竞争力，比如无氟变频空调的升级换代。在突破性绿色技术创新形成阶段，企业会利用内外部资源创造新知识、新思想，并且脱离原有轨迹创造新技术，进而产生新市场，重塑技术和市场竞争格局，比如研发绿色智能驾驶汽车。

综上所述，绿色技术创新形成过程是一个复杂的自适应系统，反映了多个创新要素通过复杂的非线性作用而形成新技术或新产品的聚合过程，即绿色技术创新是一个过程。绿色技术创新在其形成过程中通常具有如下特征：突发性、随机性和突破性。

2.3 相关文献综述

本书主要研究动态环境下绿色供应链的最优决策及协调问题，从长期动态视角指导企业在不同场景下更加高效、科学地决策绿色技术投资水平、广告投资水平和价格，引导供应链上下游企业实现协同合作，促进供应链绿色可持续发展。针对研究中的主要问题，本节分别从与本书研究紧密相关的五个方面对国内外研究现状进行综述，即：企业绿色技术投资相关研究、品牌商誉和广告投资相关研究、绿色供应链管理相关研究、基于微分博弈的供应链管理研究、供应链协调契约设计相关研究。

2.3.1 企业绿色技术投资相关研究

绿色技术投资是指通过对产品或生产工艺的改进以提高资源利用效率，减少环境污染、实现绿色可持续发展的投资行为，涉及产品研发、生产和流通等多个环节，是解决生态环境问题的有效措施之一[114,115]。作为一种独特的投资，绿色技术投资的目的是提高经济、环境和社会在内的综合效益，并且有效的绿色技术投资有助于企业实现绿色技术创新，提升企业价值[116]。在已有研究中，与绿色技术投资相类似的概念有绿色创新投资[117]、低碳技术投资[118]、环保技术投资[119]和可持续投资[120]等。

从实证研究来看，面对生态环境恶化，企业通过绿色技术创新可以实现绿色转型，优化企业在技术层面的绩效，减少环境负担，从而应对环境规制压力[121,122]。苏媛和李广培[123]以我国235家节能环保上市公司为样本，研究发现企业提高绿色技术创新能力能够显著增强企业自身的竞争力。Lee等[124]进一步将绿色技术创新能力划分为绿色技术创新投入能力和绿色技术创新产出能力两个方面，其中绿色技术创新投入能力主要包括绿色研发费用投入能力和绿色研发人员投入能力。针对绿色研发投入，熊勇清和张秋玥[125]以2010～2019年中国新能源汽车整车企业上市公司为样本，研究发现技术准入类政策对新能源汽车企业的研发投入具有显著的正向激励。

从理论模型角度来看，Yakita[126]研究发现当消费者绿色环保意识达到一定程度时，企业会选择绿色生产技术，增加绿色技术投资。郑君君等[127]构建考虑消费者绿色环保意识的企业生产报童模型，研究发现当企业同时生产传统产品和绿色产品时，消费者绿色环保意识的增强有利于增加企业总产量，降低总排污量。Bi等[128]研究发现政府补贴能够引导制造商选择绿色减排技术，但是政府补贴政策受减排成本和环境改善程度的影响。杨振华等[119]研究发现拥有较高技术水平的制造商总是有动机选择投资环保技术，并且倾向于选择较高的环保技术投资水平。然而，Drake等[129]指出在碳减排规制下，较高的环保技术投资水平可能会导致企业产能降低。在绿色供应链管理研究中，一些学者以绿色技术投资水平来反映产品绿色度或环保水平，进而影响市场需求[130,131]。例如，Liu等[132]构建了包含两个制造商和两个零售商的Stackelberg博弈模型，研究发现消费者绿色环保意识的增强有利于提高零售商和环保水平较高的制造商的利润，而环保水平较低的制造商在环保竞争较弱的情况下可以获利。石平等[133]探讨了产品绿色化效率和公平关切对绿色供应链的产品绿色度决策及定价的影响。姜明君和陈东彦[134]研究了公平偏好下供应商和制造商的绿色创新投入问题。Yang和Xiao[135]研究了政府干预下绿色供应链的定价和绿色水平决策问题。

通过对上述文献进行梳理，发现消费者绿色环保意识、政府相关政策等是影响企业绿色技术投资的重要因素，而且绿色技术投资水平反映了产品绿色度。不同于上述文献，本书引入了产品绿色度动态变化方程，绿色技术投资水平通过影响产品绿色度的方式间接地影响市场需求，刻画了绿色技术投资水平对市场需求影响的滞后效应。

2.3.2 品牌商誉和广告投资相关研究

品牌反映了消费者对产品的认知程度，承载着时尚、智慧、文化等联想价值，能够帮助消费者认知和评价产品，体现了消费者对产品综合品质的信任[136]。品牌商誉的形成是一个复杂的过程，受到许多因素影响。Nerlove 和 Arrow 最先开始研究品牌商誉，构建了品牌商誉的动态变化方程，认为企业通过广告可以形成品牌商誉，而且品牌商誉是当前广告投资与品牌商誉存量折旧之间的差额[137]。也就是说，企业品牌商誉的积累依赖于持续的广告投资，同时品牌商誉如同固定资产一样存在折旧现象。在绿色发展背景下，企业可以通过电视、网络、杂志等广告媒介，传播绿色文化，向消费者传递绿色产品信息，倡导绿色消费，进而塑造企业的绿色品牌形象[138,139]。

从实证研究来看，企业借助绿色广告可以向消费者传播绿色产品或服务的绿色特征信息，进而对消费者的绿色消费行为产生积极影响，使消费者对企业的绿色产品或服务产生良好的品牌价值感[140-142]。孙瑾和苗盼[143]基于消费者解释水平理论提出，当消费者具有高解释水平倾向时，绿色广告对消费者的说服效果优于非绿色广告。虽然消费者的绿色环保意识逐渐提高，甚至一些消费者声称愿意购买绿色产品，但是在实际购买过程中，消费者会将保护环境的观点抛之脑后，即消费者的绿色环保意识不一定会转化为绿色消费行为[144,145]。对此，陈凯和彭茜[146]提出优化产品绿色信息传播渠道能实现有效干预，即促进绿色消费态度向绿色消费行为的转化。另外，Li 等[147]研究发现，对于小型绿色产业公司而言，增加广告支出能够有效提高销售额，但是对于大型绿色产业公司而言，尚无强有力的证据表明广告支出和销售额具有正向关系。

从理论模型角度出发，Du 等[148]在绿色平台经济背景下，研究发现相比绩效推广策略，最佳推广策略可以使平台获得更多的经济利润。李春发等[149]以低碳产品供应链为研究对象，分析了制造商和零售商的定向广告投资策略。王继光等[21]研究了链-链竞争环境下企业的绿色广告投资决策问题。周熙登[150]针对双渠道供应链的低碳减排、低碳宣传与品牌策略问题，基于微分博弈研究了供应链企业的低碳减排投入、低碳宣传投入和低碳宣传分担率。进一步考虑到品牌商誉，Jørgensen 等[151]提出广告投资能够通过提升企业商誉来正向影响产品需求。Liu 等[152]以质量水平和品牌商誉为状态变量，基于微分博弈研究了一个同时具有运营部门和营销部门的企业如何控制广告力度。徐春秋和王芹鹏[153]以低碳商誉为状态变量，考虑到减排努力对低碳商誉的影响，研究了不同政府参与方式下制造商和零售商合作提高低碳商誉的动态博弈问题。赵黎明等[154]认为低碳商誉受制造商营销努力和零售商营销努力的共同影响，设计了营销合作行为协调机制，以实现两级低碳产品供应链的营销合作。

通过对上述文献进行梳理发现，品牌商誉会影响消费者的绿色购买行为，而广告宣传是提升品牌商誉和扩大市场需求的重要工具。不同于上述文献，本书引入了品牌商誉动态变化方程，产品绿色度和广告投资水平通过影响品牌商誉的方式间接地影响绿色产品的市场需求，刻画了广告投资和产品绿色度对市场需求影响的滞后效应。

2.3.3 绿色供应链管理相关研究

近年来，国内外学者针对绿色供应链管理进行了深入研究，相关的研究工作主要体现在以下几个方面：单渠道绿色供应链管理、双渠道绿色供应链管理、竞争环境下绿色供应链管理、政府补贴下绿色供应链管理。

1. 关于单渠道绿色供应链管理的相关研究

随着绿色环保意识的提高，消费者在购物过程中开始关注产品绿色度，如产品单位能耗、单位碳排放等。对此，Moon 等[155]研究发现，消费者愿意通过支付高于普通产品的价格来获得绿色产品，进而激励制造商采用环保技术生产绿色产品。然而，绿色产品的销售价格往往高于普通产品，这导致绿色产品市场的进一步推广受阻。

考虑市场需求受产品销售价格和绿色度的共同影响，江世英和李随成[86]构建了由单个制造商和单个零售商组成的两级绿色供应链，对比分析了四种博弈模型的均衡结果，发现集中决策模型下的产品绿色度最高，而制造商主导的分散 Stackelberg 博弈模型下的产品绿色度最低，并且设计了收益共享契约以协调绿色供应链。Liu 等[156]基于大数据背景，探讨了定向广告投放对绿色供应链定价决策的影响，研究发现定向广告投入水平越高，绿色产品的销售价格越低。吴玉萍等[157]在零售商采取大数据营销的前提下，研究了风险规避情形下的绿色供应链最优决策，发现大数据营销效率的提高有助于提高产品绿色度，但零售商的风险规避行为会降低零售商的大数据营销投入。曲优等[158]基于 CVaR 准则研究了供应链成员的绿色研发投入决策和广告宣传水平决策，并且设计了一个基于风险补偿的双向成本分担契约协调机制。公彦德和陈梦泽[159]研究发现制造商将自身的公平偏好程度和社会责任水平控制在一定范围内，有利于提高产品绿色度、供应链效率和社会福利。白春光和唐家福从合作博弈角度出发，研究了制造商和零售商在环境投入活动方面的合作问题，发现二者合作的前提条件是环境投入活动对市场需求的拉动作用小于销售价格对市场需求的拉动作用。

一些学者将研究拓展至三级绿色供应链。例如，曹裕和刘子豪[160]构建了由单个供应商、单个制造商和单个零售商组成的三级绿色供应链，研究了在无政府激励情形下三级供应链实施绿色供应链管理的可行性。Zhang 和 Liu[161]构建并求解了四种博弈模型，研究发现三级绿色供应链在合作博弈情形下最优，并且设计了收益共享契约、夏普利值收益分配和非对称纳什谈判三种协调机制。刘俊华等[162]在碳交易背景下，研究了三级供应链上下游企业的联合减排与销售努力决策，以及成本分担契约选择问题。

通过对上述文献进行梳理发现，国内外学者从不同角度研究了静态环境下绿色供应链的定价和绿色度决策问题，得出企业协同合作有利于提高产品绿色度，进而扩大市场需求，增加经济利润；上述文献大多是以两级供应链为研究对象，研究三级供应链的文献相对较少。不同于此，本书将产品绿色度作为状态变量，研究动态环境下三级绿色供应链的决策与协调问题，以及研究不同销售模式下考虑联合广告的绿色供应链决策与协调问题，进一步丰富单渠道绿色供应链管理的研究成果。

2. 关于双渠道绿色供应链管理的相关研究

随着电子商务的发展，双渠道供应链被越来越多的制造商所选择，这导致制造商所在的直销渠道与零售商所在的传统分销渠道竞争，即渠道冲突[163]。郭亚军和赵礼强[164]运用消费者效用理论研究了双渠道供应链的定价策略，发现渠道冲突的内在原因是制造商采取双渠道会诱导传统零售商降低销售价格，进而导致零售商利润受损。在绿色发展和电子商务的双重环境下，已有学者将双渠道问题引入绿色供应链管理的相关研究中，主要集中于定价和绿色度决策、渠道竞争和供应链协调等方面[165,166]。

在双渠道背景下，余娜娜等[167]发现随着产品绿色度的提高，直销渠道价格和传统渠道价格均会增加，但引入收益共享和成本分担的联合契约能够有效降低直销渠道价格与传统渠道价格，并且扩大市场总需求，达到与集中决策模型相同的系统利润。Li 等[168]研究发现产品绿色度和销售价格受绿色成本的影响较大，而且两部定价契约可以协调双渠道绿色供应链。Wang 和 Song[169]基于需求不确定环境，研究了在直销渠道销售绿色产品和零售商渠道销售普通产品情形下，双渠道绿色供应链的定价和绿色投资决策。王桐远和李延来[170]运用不完全信息动态博弈方法研究了零售商信息分享对双渠道绿色供应链绩效的影响，结果表明，在市场需求预测较为乐观的情形下，零售商的信息分享能够激励制造商提高产品绿色度，并且较高的制造商绿色投资效率能够增加零售商利润。周岩等[171]研究了零售商公平关切行为和产品绿色化效率对双渠道绿色供应链决策的影响，发现随着公平关切程度的增加，供应链成员的最优决策和利润的变化趋势依赖于产品绿色化效率，并且制造商和零售商之间的利润分配更加公平。

通过对上述文献进行梳理发现，现有研究分析了产品绿色度和双渠道销售价格之间的关系，探讨了零售商行为对定价和绿色投资决策的影响，并研究了双渠道绿色供应链的协调问题。然而，现有研究缺乏对动态环境下双渠道供应链问题的关注。与上述研究不同，本书基于动态环境，引入绿色技术创新过程，研究双渠道绿色供应链的投资决策与协调问题，进一步丰富了双渠道绿色供应链管理的研究成果。

3. 关于竞争环境下绿色供应链管理的相关研究

随着生态环境问题的日益严重，国内外学者对绿色发展环境下的供应链竞争问题甚为关注，按照竞争类型可以划分为供应链内的竞争和供应链间的竞争[172]。

目前，很多学者对供应链内的竞争行为进行了研究，主要包括上游企业的竞争[173]和下游企业的竞争[174]。例如，Ma 等[175]构建了由两个竞争制造商和零售商组成的绿色供应链，对比分析了六种博弈模型的绿色制造水平、销售价格和利润，研究表明集中决策模型最优，绿色制造有利于参与绿色投资的制造商。刘会燕和戚守峰[176]研究了两个制造商之间的横向竞合博弈和共同研发问题，结果表明制造商采取合作与共同研发策略可以获得最大利益，但由共同研发导致的竞争加剧会损害制造商利润。杨天剑和田建改[177]在由制造商与两个竞争零售商构成的绿色供应链中，构建了制造商与两零售商权力均等、制造商领导-两零售商权力均等及制造商领导-零售商主导零售市场的博弈模型，利用博弈论和最优化理论比较分析了不同渠道权力结构下的最优决策。Guo 等[178]考虑制造商采取研发努力决定产品的绿色度，研究了零售商竞争对绿色产品生产决策的影响，结果表明零售商竞争会降低产品绿色度。Zhu 和 He[13]以无竞争的两级供应链博弈模型为基础，然后将模型扩展为零售商竞争模型和供应链竞争模型，探讨了供应链结构、绿色产品类型和竞争类型对产品绿色度的影响，结果表明价格竞争对产品绿色度产生正向影响，而绿色竞争对产品绿色度有负向影响。

考虑到链-链竞争环境，刘会燕和戚守峰[179]构建了由制造商和排他性零售商组成的两条竞争供应链，探讨了供应链竞争强度对产品选择和定价策略的影响，结果显示在竞争强度较弱时，两条供应链均选择只生产绿色产品，而在竞争强度较强时，两条供应链均选择同时生产绿色产品和普通产品。Hafezalkotob[180]在政府碳关税制度下，构建了集价格-能源节约水平竞争与合作于一体的两条绿色供应链，分析并比较了不同决策情形下的定价和能源节约水平投资决策。许格妮等[181]研究了竞争性绿色供应链的定价策略与绿色成本分担模式选择，结果表明供应链对于绿色成本分担策略的选择不仅依赖于制造商分担绿色成本比例的大小，还与产品绿色竞争强度系数有关；而且随着绿色度竞争的加强，成本分担策略的优势逐渐减弱。

通过对上述文献进行梳理发现，制造商竞争、零售商竞争和链-链竞争都会影响供应链的绿色投资决策问题，进而影响产品绿色度。然而，以上研究大多关注供应链中下游企业（制造商和零售商）的竞争关系，并未考虑供应商提供的绿色原材料或者零部件对于制造商生态设计的重要性。因此与上述研究不同，本书聚焦于供应链中上游企业（供应商和制造商），引入绿色技术创新过程，研究制造商竞争下绿色供应链的投资策略与协调问题，进一步丰富竞争环境下绿色供应链管理的研究成果。

4. 关于政府补贴下绿色供应链管理的相关研究

为了解决企业在绿色转型过程中面临的资金短缺问题，激励企业研发、生产和销售更加绿色的产品，政府会对企业或者消费者提供绿色补贴[182]。对此，已有学者从政府补贴对象[12,183]、政府补贴方式[184,185]、政府补贴效果[186,187]等方面展开了研究。

在绿色补贴背景下，政府的补贴对象主要包括制造商、零售商和消费者[188,189]。曹裕等[190]研究了不同政府补贴策略（无补贴策略、制造商补贴策略和消费者补贴策略）对供应链绿色决策的差异。此后，曹裕等[191]将政府作为博弈方，探讨了政府外部协调补贴策略和供应链内部协调补贴策略对供应链绿色决策的影响，发现外部协调补贴策略在社会福利方面更优。冯颖等[192]探讨了在制造商承担社会责任的情形下，绿色度补贴和绿色研发创新补贴对绿色供应链管理的影响，发现在一定条件下，合理的政府补贴能够激励制造商提高产品绿色度，进而增加制造商和零售商的利润；并且从供应链绩效来看，绿色研发创新补贴更优，但会导致零售价格增加。高鹏等[193]构建了四种政府绿色补贴模型，研究了政府补贴对绿色供应链创新绩效的影响，其中供应商进行边际成本密集型绿色创新，制造商进行研发密集型创新。研究表明，从产品绿色度、经济效益和社会福利来看，联合创新且完全补贴供应商模型最优。Meng 等[194]研究了三种创新补贴情景，得出政府倾向于补贴核心制造商，以及供应链上下游企业联合创新能够增加环境效益、经济效益和社会福利。Madani 和 Rasti-Barzoki[195]构建了以政府为领导者，绿色供应链和非绿色供应链为跟随者的博弈模型，探讨了政府以社会效益最大化为目标，分别确定对绿色产品和非绿色产品的补贴及碳税税率。另外，梁晓蓓等[196]、张克勇和张娜[197]分别研究了政府补贴背景下供应链成员的风险规避、公平关切、互惠偏好等行为对绿色供应链决策的影响。

上述文献从不同角度研究了政府补贴下绿色供应链决策和政府补贴策略。然而，以上研究大多基于静态环境研究政府补贴方式和补贴效果，并未考虑政府补贴是一项长期性的活动。因此与以上研究不同，本书基于动态环境，研究政府补贴方式和补贴力度对绿色供应链动态定价及投资决策的影响，进一步丰富政府补贴下绿色供应链管理的研究成果。

2.3.4 基于微分博弈的供应链管理研究

近年来，国内外学者认识到基于动态环境研究供应链管理问题的重要性，并且采用微分博弈从以下方面研究供应链管理问题：合作广告策略[198]、质量控制[199,200]、定价策略[201]、排污减排[202,203]、回收策略[204,205]和绿色决策[41]等。本书的研究问题主要是与基于微分博弈的供应链合作广告相关研究和基于微分博弈的绿色供应链管理相关研究两个方面的研究成果有关，以下对这两个方面的研究成果进行文献综述。

1. 基于微分博弈的供应链合作广告相关研究

Nerlove-Arrow 模型刻画了广告和产品商誉之间的关系[137]。一些学者基于该模型，采用微分博弈方法研究了供应链合作广告问题。例如，Jørgensen 等[151]考虑零售商负责推广产品，制造商负责投入广告建立商誉，研究了制造商和零售商的动态广告与促销策略，发现制造商分担零售商的促销成本能够增加彼此收益。此后，Jørgensen 等[206]研究了在零售商的地方性广告不利于品牌形象的条件下，制造商和零售商是否还有必要进行广告合作，结果表明当品牌形象初始值较小或中等时，合作依旧是可行的。不同的是，Pnevmatikos 等[198]考虑制造商和零售商的广告投入都有利于提升品牌商誉，探讨了零售商进行广告活动和不进行广告活动两种情形，发现零售商的广告活动不仅能够提高供应链双方的利润，还可以使消费者获益。张旭梅和陈国鹏[207]考虑品牌差异化，研究了双渠道供应链的合作广告问题，发现合作广告策略与品牌商誉化程度和不同渠道的边际利润有关。叶欣和周艳菊[208]在低碳环境下，研究了制造商的减排策略和零售商的广告努力，并且采用广告合作—减排成本分担契约来实现供应链的帕累托改善。许明辉和刘晚霞[209]研究了制造商竞争环境下，当供应商的要素品牌融入制造商的产品和广告时，要素供应商和制造商的动态合作广告策略。Zhang 等[210]和陈东彦等[211]分别考虑消费者参照价格效应和广告延时效应，探讨了供应链的最优合作广告策略。

另外，Sethi 模型刻画了广告对产品销量的动态影响[212]。一些学者基于 Sethi 模型研究了供应链合作广告问题。例如，聂佳佳[213]基于微分博弈研究了供应链竞争下的合作广告问题，并对比了非对称供应链和对称供应链两种情形。Chutani 和 Sethi[214]研究了在广告竞争情形下有限数量的独立制造商和零售商之间的动态合作广告策略，并且分析了制造商对零售商的广告成本补贴率。

2. 基于微分博弈的绿色供应链管理相关研究

针对绿色创新问题，孙健慧和张海波[215]从合作视角出发，采用微分博弈研究了绿色供应链内核心企业和配套企业的协同创新问题。朱桂菊和游达明[41]构建了由供应商和制造商组成的绿色供应链，基于微分博弈研究了供应链成员的最优生态研发能力和定价策略，而且设计了 Rubinstein 讨价还价模型进行利润分配。Zhu 等[87]研究了政府规制下供应商和制造商进行绿色创新合作的长期动态均衡，结果表明随着政府规制强度的增加，产品绿色度不断上升并趋于稳定，而供应链利润呈现先下降后上升的"U"形波动特征。关志民等[216]考虑供应商和制造商具有失望规避行为，研究了供应链的协同绿色创新优化问题，并且设计了双向成本分担契约以协调供应链。李娜等[217]研究了供应商和制造商的利他偏好行为对绿色供应链动态均衡的影响。Zhang 等[218]考虑成本学习效应，研究了制造商和零售商的能源效率水平投资问题。胡劲松等[47]考虑绿色度和溯源商誉，研究了技术创新下绿色食品供应链在技术创新成功前后的动态均衡策略。然而，以上文献均是以两级绿色供应链为研究对象。考虑到竞争因素和政府补贴因素，Liu 等[219]基于微分博弈研究了两家竞争性企业分别在远视和短视下的绿色产品定价与投资问题；Chen 等[220]分别以政府社会福利最大化和政府效用最大化为目标，探讨了政府、制造商和零售商组成的供应链的最优产量和最优补贴率。

减少碳排放也是企业绿色创新的一种形式，已有学者基于低碳环境研究了企业的动态减排问题。例如，赵道致等[202]考虑市场需求是产品减排量的线性函数，基于微分博弈研究了不同决策模型下供应商和制造商的合作减排问题。Wang 等[221]在碳配额交易机制下，研究发现供应商和制造商采取双向合作契约，即双方互相支持对方的减排努力，可以使供应链利润和减排水平最优。Xia 等[222]考虑消费者低碳偏好和社会偏好，从长期动态视角研究了制造商和零售商的减排与促销问题。王一雷等[223]在碳交易政策下，以产品商誉为状态变量，研究了制造商和零售商的碳减排水平及低碳宣传水平。进一步，向小东和李翀[224]、姜跃等[225]分别研究了由供应商、制造商与零售商组成的三级供应链的联合减排及宣传促销微分博弈问题，但二者均未考虑品牌商誉和供应链协调问题。陈山等[226]以一个绿色制造商与零售商组成的双渠道供应链为研究对象，考虑低碳商誉，比较分析了集中式、采用竞争型广告策略的分散式与采用支持型广告策略的分散式三种决策模型下供应链的最优决策及利润。考虑政府因素，王道平和王婷婷[227,228]研究了政府奖惩和政府补贴对供应链合作减排及低碳宣传的影响。

通过对上述文献的梳理可知，国内外学者基于微分博弈研究供应链合作广告和绿色供应链管理取得了一定的研究成果。然而，基于微分博弈的绿色供应链管理的研究成果大多是以两级单渠道供应链为研究对象，供应链结构较为简单；再者，复杂结构的动态供应链协调问题很少被研究，以及鲜有文献从长期动态视角研究政府不同补贴方式下的绿色供应链管理问题。与上述研究不同，本书首先将供应链结构拓展至三级单渠道、两级单渠道、两级双渠道和制造商竞争下的绿色供应链，考虑品牌商誉、销售模式、联合广告、绿色技术创新等因素，研究绿色供应链的最优决策与协调；其次从长期动态视角研究政府不同补贴方式对绿色供应链动态定价和投资策略的影响。

2.3.5 供应链协调契约设计相关研究

供应链协调在供应链管理领域发挥着重要作用，相关研究成果已经较为丰富。根据协调过程是否与时间因素有关（即考虑单周期静态或者多周期内长期变化过程），可以将相关研究划分为两类：一类是静态环境下的供应链协调契约设计，另一类是动态环境下的供应链协调契约设计，下面对这两个方面的研究成果进行文献综述。

1. 静态环境下的供应链协调契约设计

在绿色发展背景下，Swami 和 Shah[37]提出两部定价契约可以协调垂直供应链中制造商和零售商的运作策略，实现渠道协调。Zhang 等[229]采用两部定价契约来协调分散决策情形下的绿色供应链，并且建立了纳什讨价还价模型用于供应链成员之间分配超额利润。Ghosh 和 Shah[61]探讨了两种成本分担契约（零售商主导的成本分担契约和议价的成本分担契约）对产品绿色度、定价和利润的影响，结果表明两种成本分担契约都可以增加产品绿色度和供应链绩效。郭炜恒和梁樑[38]探讨了在消费者需求的不确定条件下，供应链成员采用成本分担契约进行碳减排成本分摊和实现供应链协调的问题。Song 和 Gao[230]研究了两种收益共享契约（零售商主导的收益共享契约和议价的收益共享契约）对供应链上下游企业利益和供应链绩效的影响，发现零售商主导的收益共享契约可以提高绿色化水平。夏西强等[231]通过建立收益共享—成本分担契约来促进供应链上下游企业的绿色研发，实现了供应链总收益最优。李小燕和王道平[232]研究了碳交易机制和制造商竞争环境下的供应链协调问题，发现由批发价和成本共担组成的联合契约可以实现供应链协调。余娜娜等[167]研究了双渠道绿色供应链的协调问题，发现收益共享和成本共担的联合契约可以协调双渠道绿色供应链。王文隆等[58]研究发现带补偿的收益共享契约可以协调考虑低碳努力的双渠道供应链，但补偿额取决于制造商和零售商的相对议价能力。许格妮等[181]对比分析了在链一链竞争环境下，不同绿色成本分担模式对定价、绿色度和供应链成员利润的影响，发现成本分担策略可以增加供应链企业利润，但该优势会随着供应链绿色度竞争的加强而减弱。

一些学者对上述协调契约进行了比较研究。例如，Hong 和 Guo[233]比较分析了纯价格契约、绿色成本分担契约和两部定价契约下两级绿色产品供应链的环境绩效，发现供应链内部成员合作有助于供应链系统改善环境绩效，但是合作不是对所有供应链成员都是有利的。Yang 和 Chen[234]考虑消费者环境意识和碳税，研究了零售商提供的收益共享契约和成本共享契约对制造商的碳减排努力及供应链成员利润的影响，发现收益共享契约在提高供应链效率和制造商减排动机方面更优。然而，桑圣举和张强[235]提出在考虑参照价格效应下，成本分担契约和收益共享契约并不能达到集中决策的效果，但收益共享契约优于成本分担契约。周艳菊等[236]探讨了在零售商主导情形下，批发价契约、成本分担契约和两部定价契约对绿色供应链的协调效果，发现两部定价契约在一定条件下是最优的，而成本分担契约无法实现成员利润的帕累托改进。王兴棠[237]探讨了在政府绿色研发补贴下，成本分担契约和收益共享契约对供应链绩效的影响，得出两种契约对政府研发补贴政策具有一定的替代作用。

2. 动态环境下的供应链协调契约设计

考虑到在生产经营活动中，企业往往需要处理跨越多个周期或者连续时间下的决策问题，研究供应链上下游企业之间的长期合作问题非常重要，因此有必要对供应链的动态协调问题进行深入研究。Taboubi[238]通过构建包含单个制造商和单个零售商的微分博弈模型，探究了双边垄断中的价格与广告协调问题，发现制造商设计合理的激励机制可以减少双重边际效应。陈粟粟等[239]考虑绿色技术研发，构建了包含制造商和零售商的两级绿色供应链微分博弈模型，研究发现当协调参数在一定范围内时，动态批发价机制能够实现绿色供应链协调。叶同等[240]考虑消费者低碳偏好和参考低碳水平效应，设计了双边补助契约以协调由单个制造商和单个供应商组成的两级低碳供应链。EI Ouardighi[241]在两阶段非合作博弈中，以合作博弈模型为基准，比较分析了收益分享契约和批发价格契约在提高设计质量方面的效果。Liu 等[242]考虑产品绿色度的动态性，研究了在不同权力结构下收益共享契约和成本分担契约哪个对提高产品绿色度更有效。杨天剑等[243]以两级"血汗工厂"供应链为研究对象，考虑绿色努力和服务水平，对比分析了成本分担合同、利润分享合同和线性定价与成本分担合同对供应链的协调效果。叶同等[244]考虑产品低碳水平和低碳商誉的动态性，研究了广告和低碳双重竞争下供应链的动态优化问题，并且设计了收益共享和成本分担混合契约来协调供应链。李小燕和李锋[245]基于微分博弈研究了由单个制造和两个竞争性零售商组成的低碳供应链的动态优化，并且引入成本分担契约来协调供应链。

基于上述文献梳理可以发现，静态环境和动态环境下的供应链协调机制研究已经取得丰富的研究成果。然而，静态环境下绿色供应链协调机制的研究较多，动态环境下绿色供应链协调机制的研究相对较少。在此基础上，本书将从长期动态视角研究不同场景下具有不同供应链结构的绿色供应链的协调契约设计。

2.3.6　文献评述

通过对上述文献的梳理可以得出，国内外学者从不同角度对绿色供应链管理开展了相关研究，并且取得丰富的研究成果，但由于研究所处的时间、环境和视角不同，研究的侧重点有所不同，目前仍需要从以下方面进行深入和完善。

（1）在已有研究成果中，大多数学者基于静态环境研究绿色供应链的定价、绿色度、绿色技术投资和广告投资等决策问题（例如，石平等[133]，Yang 和 Xiao[135]，江世英和李随成[86]，Liu 等[132]，曲优等[158]）。然而，基于静态环境的绿色供应链管理相关研究其实是假定了企业的绿色技术投资、广告投资等行为是一次性的，并未考虑企业的生产经营活动是一个长期的动态过程。在此基础上，一些学者考虑了产品绿色度的动态性（例如，朱桂菊和游达明[41]，关志民等[216]，Liu 等[242]），也有学者同时考虑了产品绿色度和品牌商誉的动态性（例如，胡劲松等[47]，陈山等[226]）。然而，基于动态环境的绿色供应链管理相关研究主要是以两级单渠道供应链为研究对象，供应链结构较为简单，并且缺乏有关销售模式的探讨。因此，本书引入品牌商誉，同时刻画产品绿色度和品牌商誉的动态性，考虑生产端的绿色技术投资和销售端的广告投资，从长期动态视角分别研究三级单渠道绿色供应链、不同销售模式下的绿色供应链的最优决策问题，分别对应本书的第 3 章和第 4 章。

（2）在现有研究成果中，已有若干学者从不同角度探讨了供应链企业的绿色技术投资决策问题，并且取得丰富的研究成果（例如，Yakita[126]，姜明君和陈东彦[134]，Liu 等[219]，夏西强等[231]）。然而，鲜有文献在供应链管理研究中考虑绿色技术创新是一个过程。在实践中，企业往往需要通过长期绿色技术研发的积累，才能实现绿色技术创新。因此，本书将绿色技术创新过程引入供应链管理研究中，分别研究双渠道情形和制造商竞争下供应链成员在技术创新成功前后的投资策略，进而为供应链上下游企业制定投资策略，合理分配资源提供管理启示，分别对应本书的第 5 章和第 6 章。

（3）在现有研究成果中，已有诸多学者采用不同契约研究了不同场景下绿色供应链的协调问题（例如，Ghosh 和 Shah[61]，Song 和 Gao[230]，许格妮等[181]，桑圣举和张强[235]，周艳菊等[236]），但是从长期动态视角研究绿色供应链协调问题的文献相对较少。也有一些学者基于动态环境探讨了供应链的协调契约设计，但研究对象以两级单渠道绿色供应链为主（例如，关志民等[216]，陈粟粟等[239]，Liu 等[242]，杨天剑等[243]）。另外，少数学者从长期动态视角研究了双渠道情形和制造商竞争下的绿色供应链协调问题（例如，王文隆等[58]，叶同等[244]，李小燕和李锋[245]），但仍需进一步深入研究。在现实中，绿色供应链会涉及多个企业，并且供应链长度和宽度在不断延伸。因此，本书进一步围绕三级供应链、不同销售模式下的供应链、双渠道供应链、竞争供应链，考虑产品绿色度、品牌商誉、销售模式、绿色技术创新等因素，从长期动态视角研究绿色供应链的协调问题，分别对应本书的第 3 章至第 6 章。

（4）在已有研究成果中，诸多学者从政府补贴对象、补贴方式、补贴效果等角度研究了政府补贴下绿色供应链的决策问题（例如，温兴琦等[184]，曹裕等[190]，Meng 等[194]，Madani 和 Rasti-Barzoki[195]，梁晓蓓等[196]），但大多基于静态环境。少数学者基于动态环境分析了政府补贴对生产绿色产品（或低碳产品）的供应链决策的影响（例如，Chen 等[220]，王道平和王婷婷[228]），但并未分析政府补贴方式对绿色供应链决策的影响。因此，本书在政府补贴下考虑单位生产补贴和绿色研发补贴两种补贴方式，从长期动态视角探讨政府补贴对绿色供应链动态定价和投资策略的影响，以及拓展研究政府补贴退坡策略的设计及该策略对企业定价和投资的影响，对应本书的第 7 章。

基于此，本书将根据上述几个方面开展本书的研究，进一步丰富绿色供应链管理的理论和实践成果。

2.4　本章小结

本章首先对微分博弈理论、最优控制理论、随机过程理论和供应链契约理论进行了阐述，奠定了本书的理论基础，明确了微分博弈模型的求解方法；然后对绿色供应链管理、绿色产品、产品绿色度和绿色技术创新等概念进行了界定，夯实了本书的概念基础；最后对相关文献的研究现状和发展趋势进行了梳理及评述，奠定了本书的研究基础，也点明了本书研究内容与现有研究的区别。

3 加成定价下考虑品牌商誉的三级绿色供应链投资策略及协调

从第 2 章分析可知，产品绿色度和品牌商誉是影响消费者购买绿色产品的重要因素，而且产品绿色度和品牌商誉的提升需要企业长期进行绿色技术投资和广告投资。在此过程中，协调是企业实施绿色供应链管理的基础。因此，本章构建由供应商、制造商和零售商组成的三级绿色供应链，考虑产品绿色度和品牌商誉的动态性，利用价格加成系数刻画采购价格、批发价格和销售价格之间的关系，基于微分博弈研究供应链成员的绿色技术投资水平和广告投资水平，以及设计契约来协调绿色供应链。

3.1 引言

在世界各国的工业化进程中，经济的快速增长往往伴随着化石能源被大量消耗，这严重导致生态环境恶化和资源消耗过度等问题。目前，我国已经成为世界上最大的能源消费国，也是全球最大的碳排放国。根据《BP 世界能源统计年鉴》（第 70 版）的统计数据，2020 年我国碳排放量达到 98.99 亿 t，同比增长 0.6%，占全球碳排放量的比例也提升至 30.7%。为了缓解经济发展与环境保护之间的矛盾，我国出台并实施了一系列的绿色发展政策和有关节能环保的法律法规，鼓励企业采用绿色技术，减少污染排放，推广绿色产品，重视绿色供应链的发展。例如，2017 年我国首次制定并发布了绿色供应链相关标准《绿色制造 制造企业绿色供应链管理 导则》GB/T 33635—2017；2021 年国务院印发了《国务院关于加快建立健全绿色低碳循环发展经济体系的指导意见》。

在工业界，已有诸多企业开始实施绿色供应链管理，加强绿色产品的研发和生产，促进绿色产品的推广，发挥了示范作用。例如，工业和信息化部公布的 2021 年度绿色制造名单包括 662 家绿色工厂、989 种绿色设计产品、52 家绿色工业园区和 107 家绿色供应链管理企业。已有研究表明，企业实施绿色供应链管理可以树立绿色品牌形象，获得市场竞争优势，增加经济利润和环境效益。事实上，在绿色供应链管理过程中，供应链上下游企业需要在绿色采购、绿色研发和生产、绿色营销等环节付出绿色努力，并且实现协同合作。例如，盛新锂能集团股份有限公司（简称盛新锂能）致力于研发和生产新能源锂电材料（动力电池的主要原材料），是比亚迪的上游原材料供应商；比亚迪作为国内领先的新能源汽车制造企业，掌握着"三电"核心技术，多年来致力于新能源汽车的研发和生产；比亚迪直营店或者 4S 店主要负责将新能源汽车产品销售给消费者。因此，研究三级绿色供应链上下游企业的投资策略及协调具有重要的实践意义。

目前，绿色供应链管理相关研究大多基于静态环境，忽略了产品绿色度和品牌商誉随时间动态变化的事实（例如，Moon 等[155]、江世英和李随成[86]、吴玉萍等[157]、周艳菊等[236]）。少量文献研究了动态环境下绿色供应链的优化策略（例如，朱桂菊和游达明[41]、关志民等[216]、Zhang 等[218]），然而这些文献的研究对象以两级绿色供应链为主，即绿色供应链成员主要是供应商和制造商或者制造商和零售商。仅有少数文献研究了由供应商、制造商和零售商组成的三级绿色供应链。例如，曹裕和刘子豪[160]验证了三级供应链在无政府激励情形下实施绿色供应链管理的可行性，Zhang 和 Liu[161]、刘俊华等[162]研究了三级绿色供应链的协调契约选择问题，但以上研究均是基于静态环境。向小东和李翀[224]、姜跃等[225]研究了动态环境下三级供应链的合作减排及宣传促销策略，但二者并未考虑品牌商誉和供应链协调问题。因此，在总结现有研究成果的基础上，本章引入品牌商誉，同时考虑产品绿色度和品牌商誉的动态性，构建由供应商、制造商和零售商组成的三级绿色供应链，其中供应商和制造商负责绿色技术投资，制造商和零售商负责广告投资，聚焦于解决以下研究问题：

（1）分别在集中决策模型、无成本分担契约的分散决策模型、有成本分担契约的分散决策模型下，绿色供应链成员如何确定最优绿色技术投资水平和广告投资水平？产品绿色度和品牌商誉的动态变化轨迹是怎样的？

（2）上述三种决策模型下的绿色技术投资水平、广告投资水平、产品绿色度、品牌商誉及利润对比如何？制造商向上下游企业提供成本分担契约有何影响作用？

（3）在动态环境下，如何设计一个契约合同来完全协调三级绿色供应链，并且使供应商、制造商和零售商的利润均实现帕累托改进？

3.2 模型描述与假设

3.2.1 模型描述

本章以单个供应商 S、单个制造商 M 和单个零售商 R 组成的三级绿色供应链为研究对象，其中供应商（如盛新锂能）负责生产绿色原材料或零部件并提供给制造商，制造商（如比亚迪）利用绿色原材料或零部件生产绿色产品并批发给零售商，最终零售商（如比亚迪直营店、4S 店）将绿色产品销售给消费者。在实际购买过程中，消费者的购买行为会受到产品销售价格、产品绿色度和品牌商誉等因素的影响。因此，为了提高产品绿色度和品牌商誉，供应商和制造商进行绿色技术投资，制造商和零售商进行广告投资。本章的三级绿色供应链结构如图 3.1 所示。

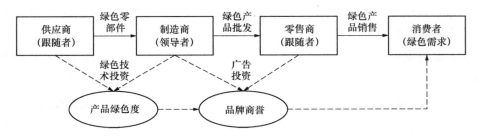

图 3.1　三级绿色供应链结构

3.2.2　模型假设

本章模型的基本假设如下：

假设 3.1　借鉴常用成本加成定价法[44,224]，假设 $p_S(t) = \Delta_1 w(t)$，$p(t) = \Delta_2 w(t)$，$0 < \Delta_1 < 1, \Delta_2 > 1$。其中，$p_S(t)$ 表示 t 时刻绿色零部件的采购价格，$w(t)$ 表示 t 时刻绿色产品的批发价格，$p(t)$ 表示 t 时刻绿色产品的销售价格；Δ_1 表示采购环节价格加成系数，Δ_2 表示销售环节价格加成系数。

假设 3.2　假设 t 时刻供应商和制造商的绿色技术投资水平分别为 $Z_S(t)$ 和 $Z_M(t)$，制造商和零售商的广告投资水平分别为 $A_M(t)$ 和 $A_R(t)$。类似众多学者关于绿色技术投资成本[41,242]和广告投资成本[153,154]的函数表述方式，假设供应商和制造商的绿色技术投资成本分别为 $k_S Z_S^2(t)/2$ 和 $k_M Z_M^2(t)/2$，制造商和零售商的广告投资成本分别为 $h_M A_M^2(t)/2$ 和 $h_R A_R^2(t)/2$。其中，$k_S(k_S > 0)$ 和 $k_M(k_M > 0)$ 分别表示供应商和制造商的绿色技术投资成本系数，$h_M > 0$ 和 $h_R > 0$ 分别表示制造商和零售商的广告投资成本系数。

假设 3.3　制造企业加大绿色技术投资，可以提高产品绿色度。然而随着绿色技术的快速发展，绿色标准的不断提高，以及已有投资设备的老化和落后，产品绿色度存在自然衰减现象[41,242]。因此，假设产品绿色度受供应商的绿色技术投资水平、制造商的绿色技术投资水平和自然衰减作用的共同影响，其动态变化过程可以表示为：

$$\dot{g}(t) = \alpha_S Z_S(t) + \alpha_M Z_M(t) - \delta g(t), \ g(0) = g_0 \tag{3.1}$$

其中，$g(t)$ 表示 t 时刻的产品绿色度，g_0 表示产品绿色度的初始值；$\alpha_S > 0$ 和 $\alpha_M > 0$ 分别表示供应商和制造商的绿色技术投资水平对产品绿色度的影响系数；$\delta > 0$ 表示产品绿色度的衰减率。

假设 3.4　提高产品质量和加强广告宣传对品牌商誉具有正向影响作用，同时品牌商誉会随着消费者遗忘或转移等而存在自然衰减现象[153,154]。因此，参考徐春秋和王芹鹏[153]及赵黎明等[154]的研究，假设品牌商誉受制造商的广告投资水平、零售商的广告投资水平、产品绿色度和自然衰减作用的共同影响，其动态变化过程可以表示为：

$$\dot{G}(t) = \phi_M A_M(t) + \phi_R A_R(t) + \gamma g(t) - \varepsilon G(t),\ G(0) = G_0 \tag{3.2}$$

其中，$G(t)$ 表示 t 时刻产品的品牌商誉，G_0 表示品牌商誉的初始值；$\phi_M > 0$ 和 $\phi_R > 0$ 分别表示制造商的广告投资水平和零售商的广告投资水平对品牌商誉的影响系数；$\gamma > 0$ 表示产品绿色度对品牌商誉的影响系数；$\varepsilon > 0$ 表示品牌商誉的衰减率。

假设 3.5 EI Ouardighi[241] 认为市场需求受价格因素和非价格因素的影响，可以采用分离相乘的形式进行表达。类似的函数表达方式可以参见文献朱桂菊和游达明[41]、Liu 等[152]的做法。因此，假设绿色产品的市场需求受销售价格和品牌商誉的共同影响，并将绿色产品的市场需求函数刻画为：

$$D(t) = [D_0 - \beta p(t)]\theta G(t) \tag{3.3}$$

其中，$D(t)$ 表示 t 时刻绿色产品的市场需求；D_0 表示绿色产品的潜在市场需求；$\beta > 0$ 表示需求价格弹性系数，β 越大，表示消费者对绿色产品销售价格的敏感度越高；$\theta > 0$ 表示消费者绿色品牌偏好系数，θ 越大，表示消费者更愿意购买品牌商誉较高的绿色产品。另外，为保证绿色产品需求不为负值，不妨假设 $0 < p(t) < D_0/\beta$。由于 $\partial D^2/\partial p\,\partial G = -\beta\theta < 0$，所以绿色品牌商誉的增加会降低销售价格对市场需求的负面影响，即伴随绿色品牌商誉的提升，消费者需求对绿色产品销售价格的敏感性降低。

假设 3.6 假设社会福利 $SW(t)$ 由制造商利润最优值 $V_M(t)$、零售商利润最优值 $V_R(t)$、消费者剩余 $CS(t)$ 和环境效益 $EI(t)$ 四个部分构成，即 $SW(t) = V_M(t) + V_R(t) + CS(t) + EI(t)$。借鉴曹裕等[191]关于环境效益的设定，假设 $EI(t) = g(t)D(t)$ 表示 t 时刻环境质量的改进程度，即环境效益。消费者剩余为 $CS(t) = \int_{p_{mkt}(t)}^{p_{max}(t)} D(t)\mathrm{d}p(t) = \dfrac{D(t)^2}{2\beta\theta G(t)}$，其中 $p_{mkt}(t) = \dfrac{D_0}{\beta} - \dfrac{D(t)}{\beta\theta G(t)}$ 表示 t 时刻该绿色产品的市场销售价格，$p_{max}(t) = \dfrac{D_0}{\beta}$ 表示 t 时刻消费者愿意为该绿色产品支付的最高价格。

假设 3.7 供应商、制造商和零售商在整个运营期间的贴现率均为 $\rho\ (\rho > 0)$。

基于上述假设，在整个运营期间内，供应商、制造商和零售商的目标泛函分别为：

$$J_S = \int_0^\infty e^{-\rho t}\{\Delta_1 w(t)[D_0 - \beta\Delta_2 w(t)]\theta G(t) - k_S Z_S^2(t)/2\}\mathrm{d}t \tag{3.4}$$

$$J_M = \int_0^\infty e^{-\rho t}\{w(t)(1-\Delta_1)[D_0 - \beta\Delta_2 w(t)]\theta G(t) - k_M Z_M^2(t)/2 - h_M A_M^2(t)/2\}\mathrm{d}t \tag{3.5}$$

$$J_R = \int_0^\infty e^{-\rho t}\{w(t)(\Delta_2 - 1)[D_0 - \beta\Delta_2 w(t)]\theta G(t) - h_R A_R^2(t)/2\}\mathrm{d}t \tag{3.6}$$

为方便书写，模型部分将 t 省略。

3.3　模型构建与求解

本节研究集中决策模型、无成本分担契约的分散决策模型，以及有成本分担契约的分散决策模型（制造商分担供应商一定比例的绿色技术投资成本，以及分担零售商一定比例的广告投资成本）的均衡策略。

3.3.1　集中决策模型

在集中决策模型（用上标 C 表示）中，供应商、制造商和零售商纵向整合为一个整体，以绿色供应链系统的利润最大化为目标，共同决策绿色产品的批发价格 w、供应商的绿色技术投资水平 Z_S、制造商的绿色技术投资水平 Z_M 和广告投资水平 A_M，以及零售商的广告投资水平 A_R。因此，在集中决策模型中，绿色供应链系统的决策目标函数为：

$$\max_{w,Z_S,Z_M,A_M,A_R} J_{SC} = \int_0^{\infty} e^{-\rho t} \begin{bmatrix} \Delta_2 w(D_0 - \beta\Delta_2 w)\theta G - k_S Z_S^2/2 \\ - k_M Z_M^2/2 - h_M A_M^2/2 - h_R A_R^2/2 \end{bmatrix} dt \tag{3.7}$$

命题 3.1　在集中决策模型中，有：

(1) 供应商的最优绿色技术投资水平为 $Z_S^{C^*} = \dfrac{\gamma\theta D_0^2 \alpha_S}{4\beta k_S(\delta+\rho)(\varepsilon+\rho)}$，制造商的最优绿色技术投资水平为 $Z_M^{C^*} = \dfrac{\gamma\theta D_0^2 \alpha_M}{4\beta k_M(\delta+\rho)(\varepsilon+\rho)}$，制造商和零售商的最优广告投资水平分别为 $A_M^{C^*} = \dfrac{\theta D_0^2 \phi_M}{4\beta h_M(\varepsilon+\rho)}$ 和 $A_R^{C^*} = \dfrac{\theta D_0^2 \phi_R}{4\beta h_R(\varepsilon+\rho)}$，最优批发价格为 $w^{C^*} = \dfrac{D_0}{2\beta\Delta_2}$。

(2) 产品绿色度的最优轨迹为：

$$g^{C^*} = g_\infty^{C^*} + (g_0 - g_\infty^{C^*})e^{-\delta t} \tag{3.8}$$

其中，$g_\infty^{C^*} = \dfrac{\gamma\theta D_0^2(k_M\alpha_S^2 + k_S\alpha_M^2)}{4\beta\delta(\delta+\rho)(\varepsilon+\rho)k_M k_S}$ 为集中决策模型下产品绿色度的稳态值。

(3) 品牌商誉的最优轨迹为：

$$G^{C^*} = \left[G_0 - G_\infty^{C^*} - \dfrac{\gamma(g_0 - g_\infty^{C^*})}{\varepsilon-\delta} \right]e^{-\varepsilon t} + \dfrac{\gamma(g_0 - g_\infty^{C^*})}{\varepsilon-\delta}e^{-\delta t} + G_\infty^{C^*} \tag{3.9}$$

其中，$G_\infty^{C^*} = \dfrac{\theta D_0^2(h_R\phi_M^2 + h_M\phi_R^2)}{4\beta\varepsilon(\varepsilon+\rho)h_M h_R} + \dfrac{\gamma g_\infty^{C^*}}{\varepsilon}$ 为集中决策模型下品牌商誉的稳态值。

(4) 绿色供应链系统的利润最优值函数为：

$$V_{SC}^{C^*} = a_1^{C^*} g^{C^*} + a_2^{C^*} G^{C^*} + a_3^{C^*} \tag{3.10}$$

其中，$a_1^{C^*} = \dfrac{\gamma\theta D_0^2}{4\beta(\delta+\rho)(\varepsilon+\rho)}$，$a_2^{C^*} = \dfrac{\theta D_0^2}{4\beta(\varepsilon+\rho)}$，$a_3^{C^*} = \dfrac{\theta^2 D_0^4 \gamma^2(k_S\alpha_M^2 + k_M\alpha_S^2)}{32\rho k_M k_S \beta^2(\delta+\rho)^2(\varepsilon+\rho)^2} +$

$$\frac{\theta^2 D_0^4 (h_R \phi_M^2 + h_M \phi_R^2)}{32 \rho h_M h_R \beta^2 (\varepsilon + \rho)^2}.$$

证明：用 V_{SC}^C 表示集中决策模型下绿色供应链系统的利润最优值函数。根据贝尔曼动态最优化原理，由式（3.7）得出，V_{SC}^C 对于任意的 $g \geqslant 0$ 和 $G \geqslant 0$ 均满足 HJB 方程：

$$\rho V_{SC}^C = \max_{w, Z_S, Z_M, A_M, A_R} \begin{bmatrix} \Delta_2 w (D_0 - \beta \Delta_2 w) \theta G - k_S Z_S^2 / 2 - k_M Z_M^2 / 2 - h_M A_M^2 / 2 \\ - h_R A_R^2 / 2 + V_{SC}^{C'}(g)(\alpha_S Z_S + \alpha_M Z_M - \delta g) \\ + V_{SC}^{C'}(G)(\phi_M A_M + \phi_R A_R + \gamma g - \varepsilon G) \end{bmatrix} \quad (3.11)$$

根据一阶条件，将式（3.11）右端对 w、Z_S、Z_M、A_M 和 A_R 分别求一阶偏导数，并令其等于零，可得：

$$w^C = \frac{D_0}{2\beta \Delta_2}, \quad Z_S^C = \frac{\alpha_S V_{SC}^{C'}(g)}{k_S}, \quad Z_M^C = \frac{\alpha_M V_{SC}^{C'}(g)}{k_M} \quad (3.12)$$

$$A_M^C = \frac{\phi_M V_{SC}^{C'}(G)}{h_M}, \quad A_R^C = \frac{\phi_R V_{SC}^{C'}(G)}{h_R} \quad (3.13)$$

将式（3.12）和式（3.13）代入式（3.11）中，化简整理可得：

$$\rho V_{SC}^C = \left[\gamma V_{SC}^{C'}(G) - \delta V_{SC}^{C'}(g) \right] g + \left(\frac{\theta D_0^2}{4\beta} - \varepsilon V_{SC}^{C'}(G) \right) G$$

$$+ \frac{\alpha_S^2 V_{SC}^{C'}(g)^2}{2k_S} + \frac{\alpha_M^2 V_{SC}^{C'}(g)^2}{2k_M} + \frac{\phi_M^2 V_{SC}^{C'}(G)^2}{2h_M} + \frac{\phi_R^2 V_{SC}^{C'}(G)^2}{2h_R} \quad (3.14)$$

根据式（3.14）的形式结构，可以假设 $V_{SC}^C = a_1^C g + a_2^C G + a_3^C$，显然有 $V_{SC}^{C'}(g) = a_1^C$ 和 $V_{SC}^{C'}(G) = a_2^C$，其中 $a_1^C \sim a_3^C$ 为未知常数。将 $V_{SC}^{C'}(g)$ 和 $V_{SC}^{C'}(G)$ 代入式（3.14）中，根据恒等关系可以确定参数 $a_1^{C^*} \sim a_3^{C^*}$，得到式（3.10）。然后将 $V_{SC}^{C'}(g)$ 和 $V_{SC}^{C'}(G)$ 代入式（3.12）和式（3.13）中可以得到 w^{C^*}、$Z_S^{C^*}$、$Z_M^{C^*}$、$A_M^{C^*}$ 和 $A_R^{C^*}$。紧接着，将均衡策略代入式（3.1）和式（3.2）中，进一步计算可得产品绿色度和品牌商誉的最优轨迹，如式（3.8）和式（3.9）所示。证毕。

推论 3.1　$Z_S^{C^*}$、$Z_M^{C^*}$、$A_M^{C^*}$、$A_R^{C^*}$ 与相关主要参数有如下关系：$\frac{\partial Z_S^{C^*}}{\partial \alpha_S} > 0$，$\frac{\partial Z_S^{C^*}}{\partial \gamma} > 0$，$\frac{\partial Z_S^{C^*}}{\partial \theta} > 0$；$\frac{\partial Z_M^{C^*}}{\partial \alpha_M} > 0$，$\frac{\partial Z_M^{C^*}}{\partial \gamma} > 0$，$\frac{\partial Z_M^{C^*}}{\partial \theta} > 0$；$\frac{\partial A_M^{C^*}}{\partial \phi_M} > 0$，$\frac{\partial A_M^{C^*}}{\partial \theta} > 0$；$\frac{\partial A_R^{C^*}}{\partial \phi_R} > 0$，$\frac{\partial A_R^{C^*}}{\partial \theta} > 0$。

证明：由于 $\frac{\partial Z_{SC}^{C^*}}{\partial \alpha_S} = \frac{\gamma \theta D_0^2}{4\beta k_S (\delta + \rho)(\varepsilon + \rho)}$，$\frac{\partial Z_{SC}^{C^*}}{\partial \gamma} = \frac{\alpha_S \theta D_0^2}{4\beta k_S (\delta + \rho)(\varepsilon + \rho)}$ 以及 $\frac{\partial Z_{SC}^{C^*}}{\partial \theta} = \frac{\alpha_S \gamma D_0^2}{4\beta k_S (\delta + \rho)(\varepsilon + \rho)}$，所以 $\frac{\partial Z_S^{C^*}}{\partial \alpha_S} > 0$，$\frac{\partial Z_S^{C^*}}{\partial \gamma} > 0$，$\frac{\partial Z_S^{C^*}}{\partial \theta} > 0$；同理可证其他。证毕。

从推论 3.1 可以看出，供应商的绿色技术投资水平随着 α_S、γ 和 θ 的增大而提高，制造商的绿色技术投资水平随着 α_M、γ 和 θ 的增大而提高，制造商的广告投资水平随着 ϕ_M 和 θ 的增大而提高，零售商的广告投资水平随着 ϕ_R 和 θ 的增大而提高。当参数 α_S（α_M）较大时，即供应商（制造商）的绿色技术投资水平对产品绿色度的贡献较大时，可以刺激决策者增加绿色技术投资，从而得到更高的产品绿色度；当参数 γ 较大时，即产品绿色度对品牌商誉的贡献较大时，会激励决策者更多地关注产品本身，通过加大绿色技术投资来提高产品绿色度，进而提升品牌商誉；当参数 ϕ_M（ϕ_R）较大时，即制造商（零售商）的广告投资水平对品牌商誉的贡献较大时，会刺激决策者投入更多的广告投资，进而获得更高的品牌商誉；较大的参数 θ 意味着品牌商誉对市场需求具有较大的影响力，即消费者的绿色品牌偏好较强时，决策者为了满足消费者对绿色产品的青睐，会增加绿色技术投资和广告投资。

3.3.2　无成本分担契约的分散决策模型

无成本分担契约的分散决策模型（用上标 ND 表示）可以为有成本分担契约的分散决策模型提供参考，进而分析制造商为供应链上下游企业提供成本分担契约的价值。在无成本分担契约的分散决策模型中，制造商作为供应链领导者，首先决策绿色产品的批发价格 w、绿色技术投资水平 Z_M 和广告投资水平 A_M；而供应商和零售商是供应链的跟随者（二者进行纳什均衡博弈，简称 Nash 博弈），其中供应商决策其绿色技术水平 Z_S，同时零售商决策其广告投资水平 A_R。因此，在无成本分担契约的分散决策模型中，供应商、制造商和零售商的决策目标函数分别为：

$$\max_{Z_S} J_S = \int_0^\infty e^{-\rho t}\left[\Delta_1 w(D_0 - \beta\Delta_2 w)\theta G - k_S Z_S^2/2\right]\mathrm{d}t \tag{3.15}$$

$$\max_{w,Z_M,A_M} J_M = \int_0^\infty e^{-\rho t}\left[(w - \Delta_1 w)(D_0 - \beta\Delta_2 w)\theta G - k_M Z_M^2/2 - h_M A_M^2/2\right]\mathrm{d}t \tag{3.16}$$

$$\max_{A_R} J_R = \int_0^\infty e^{-\rho t}\left[(\Delta_2 w - w)(D_0 - \beta\Delta_2 w)\theta G - h_R A_R^2/2\right]\mathrm{d}t \tag{3.17}$$

命题 3.2　在无成本分担契约的分散决策模型中，有：

（1）供应商的最优绿色技术投资水平为 $Z_S^{\mathrm{ND}^*} = \dfrac{\gamma\theta D_0^2 \alpha_S \Delta_1}{4\beta(\delta+\rho)(\varepsilon+\rho)k_S\Delta_2}$，制造商的最优绿色技术投资水平和广告投资水平分别为 $Z_M^{\mathrm{ND}^*} = \dfrac{\gamma\theta D_0^2 \alpha_M(1-\Delta_1)}{4\beta(\delta+\rho)(\varepsilon+\rho)k_M\Delta_2}$ 和 $A_M^{\mathrm{ND}^*} = \dfrac{\theta D_0^2 \phi_M(1-\Delta_1)}{4\beta(\varepsilon+\rho)h_M\Delta_2}$，零售商的最优广告投资水平为 $A_R^{\mathrm{ND}^*} = \dfrac{\theta D_0^2 \phi_R(\Delta_2-1)}{4\beta(\varepsilon+\rho)h_R\Delta_2}$，绿色产品的最优批发价格为 $w^{\mathrm{ND}^*} = \dfrac{D_0}{2\beta\Delta_2}$。

（2）产品绿色度的最优轨迹为：

$$g^{\mathrm{ND}^*} = g_\infty^{\mathrm{ND}^*} + (g_0 - g_\infty^{\mathrm{ND}^*})e^{-\delta t} \tag{3.18}$$

其中，$g_\infty^{\mathrm{ND}^*} = \dfrac{\gamma \theta D_0^2 [k_{\mathrm{M}} \alpha_{\mathrm{S}}^2 \Delta_1 + k_{\mathrm{S}} \alpha_{\mathrm{M}}^2 (1 - \Delta_1)]}{4\beta\delta(\delta + \rho)(\varepsilon + \rho)k_{\mathrm{M}}k_{\mathrm{S}}\Delta_2}$ 为无成本分担契约的分散决策模型下产品绿色度的稳态值。

（3）品牌商誉的最优轨迹为：

$$G^{\mathrm{ND}^*} = \left[G_0 - G_\infty^{\mathrm{ND}^*} - \frac{\gamma(g_0 - g_\infty^{\mathrm{ND}^*})}{\varepsilon - \delta} \right] e^{-\varepsilon t} + \frac{\gamma(g_0 - g_\infty^{\mathrm{ND}^*})}{\varepsilon - \delta} e^{-\delta t} + G_\infty^{\mathrm{ND}^*} \tag{3.19}$$

其中，$G_\infty^{\mathrm{ND}^*} = \dfrac{\theta D_0^2 [h_{\mathrm{R}}(1 - \Delta_1)\phi_{\mathrm{M}}^2 + h_{\mathrm{M}}(\Delta_2 - 1)\phi_{\mathrm{R}}^2]}{4\beta\varepsilon(\varepsilon + \rho)h_{\mathrm{M}}h_{\mathrm{R}}\Delta_2} + \dfrac{\gamma g_\infty^{\mathrm{ND}^*}}{\varepsilon}$ 为无成本分担契约的分散决策模型下品牌商誉的稳态值。

（4）供应商、制造商、零售商和绿色供应链系统的利润最优值函数分别为：

$$V_{\mathrm{S}}^{\mathrm{ND}^*} = b_1^{\mathrm{ND}^*} g^{\mathrm{ND}^*} + b_2^{\mathrm{ND}^*} G^{\mathrm{ND}^*} + b_3^{\mathrm{ND}^*} \tag{3.20}$$

$$V_{\mathrm{M}}^{\mathrm{ND}^*} = b_4^{\mathrm{ND}^*} g^{\mathrm{ND}^*} + b_5^{\mathrm{ND}^*} G^{\mathrm{ND}^*} + b_6^{\mathrm{ND}^*} \tag{3.21}$$

$$V_{\mathrm{R}}^{\mathrm{ND}^*} = b_7^{\mathrm{ND}^*} g^{\mathrm{ND}^*} + b_8^{\mathrm{ND}^*} G^{\mathrm{ND}^*} + b_9^{\mathrm{ND}^*} \tag{3.22}$$

$$V_{\mathrm{SC}}^{\mathrm{ND}^*} = V_{\mathrm{S}}^{\mathrm{ND}^*} + V_{\mathrm{M}}^{\mathrm{ND}^*} + V_{\mathrm{R}}^{\mathrm{ND}^*} \tag{3.23}$$

其中，$b_1^{\mathrm{ND}^*} = \dfrac{\gamma\theta D_0^2 \Delta_1}{4\beta(\delta + \rho)(\varepsilon + \rho)\Delta_2}$，$b_2^{\mathrm{ND}^*} = \dfrac{\theta D_0^2 \Delta_1}{4\beta(\varepsilon + \rho)\Delta_2}$，$b_3^{\mathrm{ND}^*} = \dfrac{\theta^2 D_0^4 \Delta_1 (1 - \Delta_1)\phi_{\mathrm{M}}^2}{16 h_{\mathrm{M}}\beta^2 \rho(\varepsilon + \rho)^2 \Delta_2^2} +$

$\dfrac{\theta^2 D_0^4 \Delta_1 \gamma^2 \alpha_{\mathrm{M}}^2 (1 - \Delta_1)}{16 k_{\mathrm{M}}\beta^2 \rho(\varepsilon + \rho)^2 (\delta + \rho)^2 \Delta_2^2} + \dfrac{\theta^2 D_0^4 \Delta_1 \gamma^2 \alpha_{\mathrm{S}}^2 \Delta_1}{32 k_{\mathrm{S}}\beta^2 \rho(\varepsilon + \rho)^2 (\delta + \rho)^2 \Delta_2^2} + \dfrac{\theta^2 D_0^4 \Delta_1 (\Delta_2 - 1)\phi_{\mathrm{R}}^2}{16 h_{\mathrm{R}}\beta^2 \rho(\varepsilon + \rho)^2 \Delta_2^2}$，

$b_4^{\mathrm{ND}^*} = \dfrac{\gamma\theta D_0^2 (1 - \Delta_1)}{4\beta(\delta + \rho)(\varepsilon + \rho)\Delta_2}$，$b_5^{\mathrm{ND}^*} = \dfrac{\theta D_0^2 (1 - \Delta_1)}{4\beta(\varepsilon + \rho)\Delta_2}$，$b_6^{\mathrm{ND}^*} = \dfrac{\theta^2 D_0^4 (1 - \Delta_1)^2 \phi_{\mathrm{M}}^2}{32 h_{\mathrm{M}}\beta^2 \rho(\varepsilon + \rho)^2 \Delta_2^2} +$

$\dfrac{\theta^2 D_0^4 \gamma^2 \alpha_{\mathrm{M}}^2 (1 - \Delta_1)^2}{32 k_{\mathrm{M}}\beta^2 \rho(\varepsilon + \rho)^2 (\delta + \rho)^2 \Delta_2^2} + \dfrac{\theta^2 D_0^4 \gamma^2 \alpha_{\mathrm{S}}^2 \Delta_1 (1 - \Delta_1)}{16 k_{\mathrm{S}}\beta^2 \rho(\varepsilon + \rho)^2 (\delta + \rho)^2 \Delta_2^2} + \dfrac{\theta^2 D_0^4 (1 - \Delta_1)(\Delta_2 - 1)\phi_{\mathrm{R}}^2}{16 h_{\mathrm{R}}\beta^2 \rho(\varepsilon + \rho)^2 \Delta_2^2}$，

$b_7^{\mathrm{ND}^*} = \dfrac{\gamma\theta D_0^2 (\Delta_2 - 1)}{4\beta(\delta + \rho)(\varepsilon + \rho)\Delta_2}$，$b_8^{\mathrm{ND}^*} = \dfrac{\theta D_0^2 (\Delta_2 - 1)}{4\beta(\varepsilon + \rho)\Delta_2}$，$b_9^{\mathrm{ND}^*} = \dfrac{\theta^2 D_0^4 (\Delta_2 - 1)(1 - \Delta_1)\phi_{\mathrm{M}}^2}{16 h_{\mathrm{M}}\beta^2 \rho(\varepsilon + \rho)^2 \Delta_2^2} +$

$\dfrac{\theta^2 D_0^4 (\Delta_2 - 1)\gamma^2 \alpha_{\mathrm{M}}^2 (1 - \Delta_1)}{16\beta^2 \rho(\varepsilon + \rho)^2 (\delta + \rho)^2 k_{\mathrm{M}}\Delta_2^2} + \dfrac{\theta^2 D_0^4 (\Delta_2 - 1)\gamma^2 \alpha_{\mathrm{S}}^2 \Delta_1}{16\beta^2 \rho(\varepsilon + \rho)^2 (\delta + \rho)^2 k_{\mathrm{S}}\Delta_2^2} + \dfrac{\theta^2 D_0^4 (\Delta_2 - 1)^2 \phi_{\mathrm{R}}^2}{32 h_{\mathrm{R}}\beta^2 \rho(\varepsilon + \rho)^2 \Delta_2^2}$。

证明：分别用 $V_{\mathrm{S}}^{\mathrm{ND}}$、$V_{\mathrm{M}}^{\mathrm{ND}}$ 和 $V_{\mathrm{R}}^{\mathrm{ND}}$ 表示供应商、制造商和零售商的利润最优值函数。采用逆向归纳法求解，首先由式（3.15）和式（3.17）可以得出，供应商和零售商的利润最优值函数 $V_{\mathrm{S}}^{\mathrm{ND}}$、$V_{\mathrm{R}}^{\mathrm{ND}}$ 对于任意的 $g \geqslant 0$ 与 $G \geqslant 0$ 均满足的 HJB 方程分别为：

$$\rho V_{\mathrm{S}}^{\mathrm{ND}} = \max_{Z_{\mathrm{S}}} \left[\begin{array}{l} \Delta_1 w(D_0 - \beta\Delta_2 w)\theta G - k_{\mathrm{S}} Z_{\mathrm{S}}^2 / 2 \\[6pt] + V_{\mathrm{S}}^{\mathrm{ND}'}(g)(\alpha_{\mathrm{S}} Z_{\mathrm{S}} + \alpha_{\mathrm{M}} Z_{\mathrm{M}} - \delta g) \\[6pt] + V_{\mathrm{S}}^{\mathrm{ND}'}(G)(\phi_{\mathrm{M}} A_{\mathrm{M}} + \phi_{\mathrm{R}} A_{\mathrm{R}} + \gamma g - \varepsilon G) \end{array} \right] \tag{3.24}$$

$$\rho V_{\mathrm{R}}^{\mathrm{ND}} = \max_{A_{\mathrm{R}}} \begin{bmatrix} (\Delta_2 w - w)(D_0 - \beta \Delta_2 w)\theta G - h_{\mathrm{R}}A_{\mathrm{R}}^2/2 \\ + V_{\mathrm{R}}^{\mathrm{ND}'}(g)(\alpha_{\mathrm{S}}Z_{\mathrm{S}} + \alpha_{\mathrm{M}}Z_{\mathrm{M}} - \delta g) \\ + V_{\mathrm{R}}^{\mathrm{ND}'}(G)(\phi_{\mathrm{M}}A_{\mathrm{M}} + \phi_{\mathrm{R}}A_{\mathrm{R}} + \gamma g - \varepsilon G) \end{bmatrix} \tag{3.25}$$

显然，式（3.24）和式（3.25）分别是关于 Z_{S} 与 A_{R} 的凹函数，由一阶条件可得：

$$Z_{\mathrm{S}}^{\mathrm{ND}} = \frac{\alpha_{\mathrm{S}}V_{\mathrm{S}}^{\mathrm{ND}'}(g)}{k_{\mathrm{S}}}, \ A_{\mathrm{R}}^{\mathrm{ND}} = \frac{\phi_{\mathrm{R}}V_{\mathrm{R}}^{\mathrm{ND}'}(G)}{h_{\mathrm{R}}} \tag{3.26}$$

根据式（3.16）可以得出，制造商的利润最优值函数 $V_{\mathrm{M}}^{\mathrm{ND}}$ 对于任意的 $g \geqslant 0$ 和 $G \geqslant 0$ 均满足 HJB 方程：

$$\rho V_{\mathrm{M}}^{\mathrm{ND}} = \max_{w, Z_{\mathrm{M}}, A_{\mathrm{M}}} \begin{bmatrix} (w - \Delta_1 w)(D_0 - \beta \Delta_2 w)\theta G - k_{\mathrm{M}}Z_{\mathrm{M}}^2/2 - h_{\mathrm{M}}A_{\mathrm{M}}^2/2 \\ + V_{\mathrm{M}}^{\mathrm{ND}'}(g)(\alpha_{\mathrm{S}}Z_{\mathrm{S}} + \alpha_{\mathrm{M}}Z_{\mathrm{M}} - \delta g) \\ + V_{\mathrm{M}}^{\mathrm{ND}'}(G)(\phi_{\mathrm{M}}A_{\mathrm{M}} + \phi_{\mathrm{R}}A_{\mathrm{R}} + \gamma g - \varepsilon G) \end{bmatrix} \tag{3.27}$$

显然，式（3.27）是关于 w、Z_{M} 和 A_{M} 的凹函数。将式（3.27）右端分别对 w、Z_{M} 和 A_{M} 求一阶偏导数，可得使其右端最大化的条件为：

$$w^{\mathrm{ND}} = \frac{D_0}{2\beta\Delta_2}, \ Z_{\mathrm{M}}^{\mathrm{ND}} = \frac{\alpha_{\mathrm{M}}V_{\mathrm{M}}^{\mathrm{ND}'}(g)}{k_{\mathrm{M}}}, \ A_{\mathrm{M}}^{\mathrm{ND}} = \frac{\phi_{\mathrm{M}}V_{\mathrm{M}}^{\mathrm{ND}'}(G)}{h_{\mathrm{M}}} \tag{3.28}$$

将式（3.26）、式（3.28）代入式（3.24）、式（3.25）和式（3.27）中，化简整理可得：

$$\rho V_{\mathrm{R}}^{\mathrm{ND}} = \left[\gamma V_{\mathrm{R}}^{\mathrm{ND}'}(G) - \delta V_{\mathrm{R}}^{\mathrm{ND}'}(g)\right]g + \left[\frac{\theta D_0^2(\Delta_2 - 1)}{4\beta\Delta_2} - \varepsilon V_{\mathrm{R}}^{\mathrm{ND}'}(G)\right]G + \frac{\phi_{\mathrm{R}}^2 V_{\mathrm{R}}^{\mathrm{ND}'}(G)^2}{2h_{\mathrm{R}}}$$
$$+ \frac{\alpha_{\mathrm{M}}^2 V_{\mathrm{R}}^{\mathrm{ND}'}(g)V_{\mathrm{M}}^{\mathrm{ND}'}(g)}{k_{\mathrm{M}}} + \frac{\phi_{\mathrm{M}}^2 V_{\mathrm{M}}^{\mathrm{ND}'}(G)V_{\mathrm{R}}^{\mathrm{ND}'}(G)}{h_{\mathrm{M}}} + \frac{\alpha_{\mathrm{S}}^2 V_{\mathrm{R}}^{\mathrm{ND}'}(g)V_{\mathrm{S}}^{\mathrm{ND}'}(g)}{k_{\mathrm{S}}} \tag{3.29}$$

$$\rho V_{\mathrm{M}}^{\mathrm{ND}} = \left[\gamma V_{\mathrm{M}}^{\mathrm{ND}'}(G) - \delta V_{\mathrm{M}}^{\mathrm{ND}'}(g)\right]g + \left[\frac{\theta D_0^2(1 - \Delta_1)}{4\beta\Delta_2} - \varepsilon V_{\mathrm{M}}^{\mathrm{ND}'}(G)\right]G + \frac{\alpha_{\mathrm{M}}^2 V_{\mathrm{M}}^{\mathrm{ND}'}(g)^2}{2k_{\mathrm{M}}}$$
$$+ \frac{\phi_{\mathrm{M}}^2 V_{\mathrm{M}}^{\mathrm{ND}'}(G)^2}{2h_{\mathrm{M}}} + \frac{\alpha_{\mathrm{S}}^2 V_{\mathrm{M}}^{\mathrm{ND}'}(g)V_{\mathrm{S}}^{\mathrm{ND}'}(g)}{k_{\mathrm{S}}} + \frac{\phi_{\mathrm{R}}^2 V_{\mathrm{M}}^{\mathrm{ND}'}(G)V_{\mathrm{R}}^{\mathrm{ND}'}(G)}{h_{\mathrm{R}}} \tag{3.30}$$

$$\rho V_{\mathrm{S}}^{\mathrm{ND}} = \left[\gamma V_{\mathrm{S}}^{\mathrm{ND}'}(G) - \delta V_{\mathrm{S}}^{\mathrm{ND}'}(g)\right]g + \left[\frac{\theta D_0^2 \Delta_1}{4\beta\Delta_2} - \varepsilon V_{\mathrm{S}}^{\mathrm{ND}'}(G)\right]G + \frac{\alpha_{\mathrm{S}}^2 V_{\mathrm{S}}^{\mathrm{ND}'}(g)^2}{2k_{\mathrm{S}}}$$
$$+ \frac{\alpha_{\mathrm{M}}^2 V_{\mathrm{S}}^{\mathrm{ND}'}(g)V_{\mathrm{M}}^{\mathrm{ND}'}(g)}{k_{\mathrm{M}}} + \frac{\phi_{\mathrm{M}}^2 V_{\mathrm{S}}^{\mathrm{ND}'}(G)V_{\mathrm{M}}^{\mathrm{ND}'}(G)}{h_{\mathrm{M}}} + \frac{\phi_{\mathrm{R}}^2 V_{\mathrm{S}}^{\mathrm{ND}'}(G)V_{\mathrm{R}}^{\mathrm{ND}'}(G)}{h_{\mathrm{R}}} \tag{3.31}$$

根据式（3.29）至式（3.31）的形式结构，假设 $V_{\mathrm{S}}^{\mathrm{ND}}$、$V_{\mathrm{M}}^{\mathrm{ND}}$ 和 $V_{\mathrm{R}}^{\mathrm{ND}}$ 的表达式分别为：

$$
\begin{cases}
V_{\mathrm{S}}^{\mathrm{ND}} = b_1^{\mathrm{ND}} g + b_2^{\mathrm{ND}} G + b_3^{\mathrm{ND}} \\
V_{\mathrm{M}}^{\mathrm{ND}} = b_4^{\mathrm{ND}} g + b_5^{\mathrm{ND}} G + b_6^{\mathrm{ND}} \\
V_{\mathrm{R}}^{\mathrm{ND}} = b_7^{\mathrm{ND}} g + b_8^{\mathrm{ND}} G + b_9^{\mathrm{ND}}
\end{cases}
\tag{3.32}
$$

其中，$b_1^{\mathrm{ND}} \sim b_9^{\mathrm{ND}}$ 为未知常数。将式（3.32）中 $V_{\mathrm{S}}^{\mathrm{ND}}$、$V_{\mathrm{M}}^{\mathrm{ND}}$、$V_{\mathrm{R}}^{\mathrm{ND}}$ 分别关于 g 和 G 求一阶偏导数，可以得到 $V_{\mathrm{S}}^{\mathrm{ND}\prime}(g) = b_1^{\mathrm{ND}}$，$V_{\mathrm{S}}^{\mathrm{ND}\prime}(G) = b_2^{\mathrm{ND}}$，$V_{\mathrm{M}}^{\mathrm{ND}\prime}(g) = b_4^{\mathrm{ND}}$，$V_{\mathrm{M}}^{\mathrm{ND}\prime}(G) = b_5^{\mathrm{ND}}$，$V_{\mathrm{R}}^{\mathrm{ND}\prime}(g) = b_7^{\mathrm{ND}}$，$V_{\mathrm{R}}^{\mathrm{ND}\prime}(G) = b_8^{\mathrm{ND}}$，然后将其代入式（3.29）、式（3.30）和式（3.31）中，根据恒等关系可以确定参数 $b_1^{\mathrm{ND}*} \sim b_9^{\mathrm{ND}*}$。紧接着将 $b_1^{\mathrm{ND}*} \sim b_9^{\mathrm{ND}*}$ 代入式（3.32），可以得到 $V_{\mathrm{S}}^{\mathrm{ND}*}$、$V_{\mathrm{M}}^{\mathrm{ND}*}$ 和 $V_{\mathrm{R}}^{\mathrm{ND}*}$，如式（3.20）至式（3.22）所示，进而可以得到 $w^{\mathrm{ND}*}$、$Z_{\mathrm{S}}^{\mathrm{ND}*}$、$Z_{\mathrm{M}}^{\mathrm{ND}*}$、$A_{\mathrm{M}}^{\mathrm{ND}*}$ 和 $A_{\mathrm{R}}^{\mathrm{ND}*}$。最后将 $Z_{\mathrm{S}}^{\mathrm{ND}*}$、$Z_{\mathrm{M}}^{\mathrm{ND}*}$、$A_{\mathrm{M}}^{\mathrm{ND}*}$ 和 $A_{\mathrm{R}}^{\mathrm{ND}*}$ 代入式（3.1）与式（3.2）中，进一步计算可得产品绿色度和品牌商誉的最优轨迹，如式（3.18）和式（3.19）所示。证毕。

命题 3.2 表明，供应商（制造商）的绿色技术投资水平与绿色技术投资水平对产品绿色度的影响系数 α_{S}（α_{M}）、产品绿色度对品牌商誉的影响系数 γ、消费者绿色品牌偏好系数 θ 正相关，制造商（零售商）的广告投资水平与广告投资水平对品牌商誉的影响系数 ϕ_{M}（ϕ_{R}）、消费者绿色品牌偏好系数 θ 正相关，与集中决策的结论类似。

推论 3.2　$Z_{\mathrm{S}}^{\mathrm{ND}*}$、$Z_{\mathrm{M}}^{\mathrm{ND}*}$、$A_{\mathrm{M}}^{\mathrm{ND}*}$ 和 $A_{\mathrm{R}}^{\mathrm{ND}*}$ 与重要参数 Δ_1 及 Δ_2 具有如下关系：$\dfrac{\partial Z_{\mathrm{S}}^{\mathrm{ND}*}}{\partial \Delta_1} > 0$，$\dfrac{\partial Z_{\mathrm{S}}^{\mathrm{ND}*}}{\partial \Delta_2} < 0$；$\dfrac{\partial Z_{\mathrm{M}}^{\mathrm{ND}*}}{\partial \Delta_1} < 0$，$\dfrac{\partial Z_{\mathrm{M}}^{\mathrm{ND}*}}{\partial \Delta_2} < 0$；$\dfrac{\partial A_{\mathrm{M}}^{\mathrm{ND}*}}{\partial \Delta_1} < 0$，$\dfrac{\partial A_{\mathrm{M}}^{\mathrm{ND}*}}{\partial \Delta_2} < 0$；$\dfrac{\partial A_{\mathrm{R}}^{\mathrm{ND}*}}{\partial \Delta_1} = 0$，$\dfrac{\partial A_{\mathrm{R}}^{\mathrm{ND}*}}{\partial \Delta_2} > 0$。

证明：由于 $\dfrac{\partial Z_{\mathrm{S}}^{\mathrm{ND}*}}{\partial \Delta_1} = \dfrac{\gamma \theta \alpha_{\mathrm{S}} D_0^2}{4\beta k_{\mathrm{S}} \Delta_2 (\delta + \rho)(\varepsilon + \rho)}$，$\dfrac{\partial Z_{\mathrm{S}}^{\mathrm{ND}*}}{\partial \Delta_1} = -\dfrac{\gamma \theta \alpha_{\mathrm{S}} \Delta_1 D_0^2}{4\beta k_{\mathrm{S}} \Delta_2^2 (\delta + \rho)(\varepsilon + \rho)}$，所以 $\dfrac{\partial Z_{\mathrm{S}}^{\mathrm{ND}*}}{\partial \Delta_1} > 0$，$\dfrac{\partial Z_{\mathrm{S}}^{\mathrm{ND}*}}{\partial \Delta_2} < 0$；同理可证其他。证毕。

推论 3.2 表明，供应商的绿色技术投资水平与 Δ_1 正相关，与 Δ_2 负相关；制造商的绿色技术投资水平和广告投资水平与 Δ_1 及 Δ_2 负相关；零售商广告投资水平与 Δ_1 无关，与 Δ_2 正相关。这是因为在批发价格一定的情况下，Δ_1 越大，意味着绿色零部件的采购价格越高；Δ_2 越大，意味着绿色产品的销售价格越高。供应链上游绿色零部件的采购价格增加，虽然可以刺激供应商增加绿色技术投资，但会导致制造商减少绿色技术投资和广告投资。供应链下游绿色产品的销售价格增加，可以刺激零售商增加广告投资，然而过高的销售价格会影响绿色产品的市场推广，进而打击上游供应商绿色技术投资的积极性，也会导致制造商减少绿色技术投资和广告投资。因此，在采购环节和销售环节制定合理的加价对于绿色供应链的发展具有重要意义。

3.3.3 有成本分担契约的分散决策模型

在有成本分担契约的分散决策模型（用上标 YD 表示）中，制造商作为三级绿色供应链的领导者，为了提高产品绿色度和品牌商誉，可以分别向上游供应商和下游零售商提供绿色投资激励。具体来说，制造商分担上游供应商一定比例（记为 μ_M）的绿色技术投资成本，同时分担下游零售商一定比例（记为 η_M）的广告投资成本。决策顺序：首先，制造商决定其分担供应商的绿色技术投资成本的比例 μ_M 和分担零售商的广告投资成本的比例 η_M，以及绿色产品的批发价格 w、绿色技术投资水平 Z_M 和广告投资水平 A_M；然后，供应商决定其绿色技术投资水平 Z_S，同时零售商决定其广告投资水平 A_R。因此，在有成本分担契约的分散决策模型中，供应商、制造商和零售商的决策目标函数分别为：

$$\max_{Z_S} J_S = \int_0^\infty e^{-\rho t} \left[\Delta_1 w (D_0 - \beta \Delta_2 w) \theta G - (1 - \mu_M) k_S Z_S^2 / 2 \right] dt \tag{3.33}$$

$$\max_{w, Z_M, A_M, \mu_M, \eta_M} J_M = \int_0^\infty e^{-\rho t} \begin{bmatrix} (w - \Delta_1 w)(D_0 - \beta \Delta_2 w) \theta G - k_M Z_M^2 / 2 \\ - h_M A_M^2 / 2 - \mu_M k_S Z_S^2 / 2 - \eta_M h_R A_R^2 / 2 \end{bmatrix} dt \tag{3.34}$$

$$\max_{A_R} J_R = \int_0^\infty e^{-\rho t} \left[(\Delta_2 w - w)(D_0 - \beta \Delta_2 w) \theta G - (1 - \eta_M) h_R A_R^2 / 2 \right] dt \tag{3.35}$$

命题 3.3 有成本分担契约的分散决策模型中，有：

(1) 供应商的最优绿色技术投资水平为 $Z_S^{YD^*} = \dfrac{\gamma \theta D_0^2 \alpha_S (2 - \Delta_1)}{8 \beta k_S \Delta_2 (\delta + \rho)(\varepsilon + \rho)}$，零售商的最优广告投资水平为 $A_R^{YD^*} = \dfrac{\theta D_0^2 (1 - 2\Delta_1 + \Delta_2) \phi_R}{8 \beta h_R \Delta_2 (\varepsilon + \rho)}$，制造商的最优绿色技术投资水平和广告投资水平分别为 $Z_M^{YD^*} = \dfrac{\gamma \theta D_0^2 \alpha_M (1 - \Delta_1)}{4 \beta k_M \Delta_2 (\delta + \rho)(\varepsilon + \rho)}$ 和 $A_M^{YD^*} = \dfrac{\theta D_0^2 \phi_M (1 - \Delta_1)}{4 \beta h_M \Delta_2 (\varepsilon + \rho)}$，制造商分担供应商绿色技术投资成本的比例为 $\mu_M^{YD^*} = \dfrac{2 - 3\Delta_1}{2 - \Delta_1}$，制造商分担零售商广告投资成本的比例为 $\eta_M^{YD^*} = \dfrac{3 - 2\Delta_1 - \Delta_2}{1 - 2\Delta_1 + \Delta_2}$，绿色产品的最优批发价格为 $w^{YD^*} = \dfrac{D_0}{2 \beta \Delta_2}$。

(2) 产品绿色度的最优轨迹为：

$$g^{YD^*} = g_\infty^{YD^*} + (g_0 - g_\infty^{YD^*}) e^{-\delta t} \tag{3.36}$$

其中，$g_\infty^{YD^*} = \dfrac{\gamma \theta D_0^2 \left[k_M \alpha_S^2 (2 - \Delta_1) + 2 k_S \alpha_M^2 (1 - \Delta_1) \right]}{8 \beta \delta k_M k_S \Delta_2 (\delta + \rho)(\varepsilon + \rho)}$ 为有成本分担契约的分散决策模型下产品绿色度的稳态值。

(3) 品牌商誉的最优轨迹为：

$$G^{YD^*} = \left[G_0 - G_\infty^{YD^*} - \frac{\gamma (g_0 - g_\infty^{YD^*})}{\varepsilon - \delta} \right] e^{-\varepsilon t} + \frac{\gamma (g_0 - g_\infty^{YD^*})}{\varepsilon - \delta} e^{-\delta t} + G_\infty^{YD^*} \tag{3.37}$$

其中，$G_\infty^{YD^*} = \dfrac{\theta D_0^2 \left[2h_R(1-\Delta_1)\phi_M^2 + h_M(1-2\Delta_1+\Delta_2)\phi_R^2 \right]}{8\beta \varepsilon h_M h_R \Delta_2 (\varepsilon+\rho)} + \dfrac{\gamma g_\infty^{YD^*}}{\varepsilon}$ 为有成本分担契

约的分散决策模型下品牌商誉的稳态值。

（4）供应商、制造商、零售商和绿色供应链系统的利润最优值函数分别为：

$$V_S^{YD^*} = c_1^{YD^*} g^{YD^*} + c_2^{YD^*} G^{YD^*} + c_3^{YD^*} \tag{3.38}$$

$$V_M^{YD^*} = c_4^{YD^*} g^{YD^*} + c_5^{YD^*} G^{YD^*} + c_6^{YD^*} \tag{3.39}$$

$$V_R^{YD^*} = c_7^{YD^*} g^{YD^*} + c_8^{YD^*} G^{YD^*} + c_9^{YD^*} \tag{3.40}$$

$$V_{SC}^{YD^*} = V_S^{YD^*} + V_M^{YD^*} + V_R^{YD^*} \tag{3.41}$$

其中，$c_1^{YD^*} = \dfrac{\gamma\theta D_0^2 \Delta_1}{4\beta(\delta+\rho)(\varepsilon+\rho)\Delta_2}$，$c_2^{YD^*} = \dfrac{\theta D_0^2 \Delta_1}{4\beta(\varepsilon+\rho)\Delta_2}$，$c_3^{YD^*} = \dfrac{\theta^2 D_0^4 \Delta_1(1-\Delta_1)\phi_M^2}{16h_M\beta^2\rho(\varepsilon+\rho)^2\Delta_2^2} +$

$\dfrac{\theta^2 D_0^4 \gamma^2 \alpha_M^2 \Delta_1(1-\Delta_1)}{16k_M\beta^2\rho(\varepsilon+\rho)^2(\delta+\rho)^2\Delta_2^2} + \dfrac{\theta^2 D_0^4 \gamma^2 \alpha_S^2 \Delta_1(2-\Delta_1)}{64k_S\beta^2\rho(\varepsilon+\rho)^2(\delta+\rho)^2\Delta_2^2} + \dfrac{\theta^2 D_0^4 \Delta_1(1-2\Delta_1+\Delta_2)\phi_R^2}{32h_R\beta^2\rho(\varepsilon+\rho)^2\Delta_2^2}$，

$c_4^{YD^*} = \dfrac{\gamma\theta D_0^2(1-\Delta_1)}{4\beta(\delta+\rho)(\varepsilon+\rho)\Delta_2}$，$c_5^{YD^*} = \dfrac{\theta D_0^2(1-\Delta_1)}{4\beta(\varepsilon+\rho)\Delta_2}$，$c_6^{YD^*} = \dfrac{\theta^2 D_0^4 \gamma^2 \alpha_M^2 (1-\Delta_1)^2}{32k_M\beta^2\rho(\varepsilon+\rho)^2(\delta+\rho)^2\Delta_2^2} +$

$\dfrac{\theta^2 D_0^4 (1-\Delta_1)^2 \phi_M^2}{32h_M\beta^2\rho(\varepsilon+\rho)^2\Delta_2^2} + \dfrac{\theta^2 D_0^4 \gamma^2 \alpha_S^2 (2-\Delta_1)^2}{128k_S\beta^2\rho(\varepsilon+\rho)^2(\delta+\rho)^2\Delta_2^2} + \dfrac{\theta^2 D_0^4 (1-2\Delta_1+\Delta_2)^2 \phi_R^2}{128h_R\beta^2\rho(\varepsilon+\rho)^2\Delta_2^2}$，$c_7^{YD^*} =$

$\dfrac{\gamma\theta D_0^2(\Delta_2-1)}{4\beta(\delta+\rho)(\varepsilon+\rho)\Delta_2}$，$c_8^{YD^*} = \dfrac{\theta D_0^2(\Delta_2-1)}{4\beta(\varepsilon+\rho)\Delta_2}$，$c_9^{YD^*} = \dfrac{\theta^2 D_0^4 \gamma^2 \alpha_M^2 (\Delta_2-1)(1-\Delta_1)}{32k_M\beta^2\rho(\varepsilon+\rho)^2(\delta+\rho)^2\Delta_2^2} +$

$\dfrac{\theta^2 D_0^4 \phi_M^2(\Delta_2-1)(1-\Delta_1)}{16h_M\beta^2\rho(\varepsilon+\rho)^2\Delta_2^2} + \dfrac{\theta^2 D_0^4 \gamma^2 \alpha_S^2 (\Delta_2-1)(2-\Delta_1)}{32k_S\beta^2\rho(\varepsilon+\rho)^2(\delta+\rho)^2\Delta_2^2} + \dfrac{\theta^2 D_0^4 \phi_R^2(\Delta_2-1)(1-2\Delta_1+\Delta_2)}{64h_R\beta^2\rho(\varepsilon+\rho)^2\Delta_2^2}$。

证明： 见本书附录 A。

推论 3.3　在有成本分担契约的分散决策模型中，制造商向上游供应商提供绿色技术投资激励的条件是 $2-3\Delta_1>0$，向下游零售商提供广告投资激励的条件是 $3-2\Delta_1-\Delta_2>0$。

证明： 根据命题 3.3 可知 $\mu_M^{YD^*} = \dfrac{2-3\Delta_1}{2-\Delta_1}$ 和 $\eta_M^{YD^*} = \dfrac{3-2\Delta_1-\Delta_2}{1-2\Delta_1+\Delta_2}$。因此，分别令 $\mu_M^{YD^*}$

>0 和 $\eta_M^{YD^*}>0$，可以解得 $2-3\Delta_1>0$ 和 $3-2\Delta_1-\Delta_2>0$。证毕。

推论 3.3 表明，作为绿色供应链的领导者，制造商向上游供应商和下游零售商提供绿色投资激励的前提条件与价格加成系数 Δ_1 和 Δ_2 有关。可以看出，随着 Δ_1 和 Δ_2 增大，制造商愿意为供应链上下游企业分担的绿色投资成本的比例减小。这也意味着，在采购环节和销售环节制定合理的加价对于绿色供应链的发展具有重要意义。

推论 3.4　$Z_S^{YD^*}$ 和 $A_R^{YD^*}$ 与参数 Δ_1 和 Δ_2 具有如下关系：$\dfrac{\partial Z_S^{YD^*}}{\partial \Delta_1}<0$，$\dfrac{\partial Z_S^{YD^*}}{\partial \Delta_2}<0$；

$\dfrac{\partial A_{\mathrm{R}}^{\mathrm{YD}^{*}}}{\partial \Delta_1} < 0$，当 $1 - 2\Delta_1 \geqslant 0$ 时，$\dfrac{\partial A_{\mathrm{R}}^{\mathrm{YD}^{*}}}{\partial \Delta_2} \leqslant 0$，而当 $1 - 2\Delta_1 < 0$ 时，$\dfrac{\partial A_{\mathrm{R}}^{\mathrm{YD}^{*}}}{\partial \Delta_2} > 0$。

证明：由于 $\dfrac{\partial Z_{\mathrm{S}}^{\mathrm{YD}^{*}}}{\partial \Delta_1} = -\dfrac{\gamma \theta D_0^2 \alpha_{\mathrm{S}}}{8\beta k_{\mathrm{S}} \Delta_2 (\delta + \rho)(\varepsilon + \rho)}$，$\dfrac{\partial Z_{\mathrm{S}}^{\mathrm{YD}^{*}}}{\partial \Delta_2} = -\dfrac{\gamma \theta D_0^2 \alpha_{\mathrm{S}} (2 - \Delta_1)}{8\beta k_{\mathrm{S}} \Delta_2^2 (\delta + \rho)(\varepsilon + \rho)}$，以

及 $\dfrac{\partial A_{\mathrm{R}}^{\mathrm{YD}^{*}}}{\partial \Delta_1} = -\dfrac{\theta D_0^2 \phi_{\mathrm{R}}}{4\beta h_{\mathrm{R}} \Delta_2 (\varepsilon + \rho)}$，所以得出 $\dfrac{\partial Z_{\mathrm{S}}^{\mathrm{YD}^{*}}}{\partial \Delta_1} < 0$，$\dfrac{\partial Z_{\mathrm{S}}^{\mathrm{YD}^{*}}}{\partial \Delta_2} < 0$，$\dfrac{\partial A_{\mathrm{R}}^{\mathrm{YD}^{*}}}{\partial \Delta_1} < 0$。由于

$\dfrac{\partial A_{\mathrm{R}}^{\mathrm{YD}^{*}}}{\partial \Delta_2} = -\dfrac{\theta D_0^2 (1 - 2\Delta_1) \phi_{\mathrm{R}}}{8\beta h_{\mathrm{R}} \Delta_2^2 (\varepsilon + \rho)}$，所以当 $1 - 2\Delta_1 \geqslant 0$ 时，$\dfrac{\partial A_{\mathrm{R}}^{\mathrm{YD}^{*}}}{\partial \Delta_2} \leqslant 0$，当 $1 - 2\Delta_1 < 0$ 时，

$\dfrac{\partial A_{\mathrm{R}}^{\mathrm{YD}^{*}}}{\partial \Delta_2} > 0$。证毕。

推论 3.4 表明，与无成本分担契约的分散决策模型相比，在有成本分担契约的分散决策模型中，供应商的绿色技术投资水平和零售商的广告投资水平与价格加成系数 Δ_1 和 Δ_2 的关系发生了部分变化。具体来说，供应商的绿色技术投资水平与 Δ_1 和 Δ_2 均负相关，而零售商的广告投资水平与 Δ_1 负相关，与 Δ_2 的相关性和 $1 - 2\Delta_1$ 有关。即当 $1 - 2\Delta_1 \geqslant 0$ 时，零售商的广告投资水平与 Δ_2 负相关，而当 $1 - 2\Delta_1 < 0$ 时，零售商的广告投资水平与 Δ_2 正相关。这意味着，制造商向上下游企业提供绿色投资激励会改变上游供应商和下游零售商的绿色投资决策，其原因是制造商提高绿色投资激励的前提条件与价格加成系数 Δ_1 和 Δ_2 有关（结合推论 3.3）。

3.4 对比分析

在满足上述命题 3.1 至命题 3.3 成立的条件下，本节比较集中决策模型、无成本分担契约的分散决策模型和有成本分担契约的分散决策模型下的绿色技术投资水平、广告投资水平、产品绿色度、品牌商誉和绿色供应链系统利润，得出如下结论。

推论 3.5 在三种决策模型下，绿色技术投资水平和广告投资水平有如下关系：$Z_{\mathrm{S}}^{\mathrm{C}^{*}} > Z_{\mathrm{S}}^{\mathrm{YD}^{*}} > Z_{\mathrm{S}}^{\mathrm{ND}^{*}}$，$Z_{\mathrm{M}}^{\mathrm{C}^{*}} > Z_{\mathrm{M}}^{\mathrm{YD}^{*}} = Z_{\mathrm{M}}^{\mathrm{ND}^{*}}$，$A_{\mathrm{M}}^{\mathrm{C}^{*}} > A_{\mathrm{M}}^{\mathrm{YD}^{*}} = A_{\mathrm{M}}^{\mathrm{ND}^{*}}$，$A_{\mathrm{R}}^{\mathrm{C}^{*}} > A_{\mathrm{R}}^{\mathrm{YD}^{*}} > A_{\mathrm{R}}^{\mathrm{ND}^{*}}$。

证明：根据命题 3.1 至命题 3.3 的均衡结果，以及 $0 < \Delta_1 < 1$，$\Delta_2 > 1$，$2 - 3\Delta_1 > 0$，$3 - 2\Delta_1 - \Delta_2 > 0$，可以得到 $Z_{\mathrm{S}}^{\mathrm{C}^{*}} - Z_{\mathrm{S}}^{\mathrm{YD}^{*}} = \dfrac{\gamma \theta D_0^2 \alpha_{\mathrm{S}} [2(\Delta_2 - 1) + \Delta_1]}{8\beta k_{\mathrm{S}} \Delta_2 (\delta + \rho)(\varepsilon + \rho)} > 0$，$Z_{\mathrm{S}}^{\mathrm{YD}^{*}} - Z_{\mathrm{S}}^{\mathrm{ND}^{*}} =$

$\dfrac{\gamma \theta D_0^2 \alpha_{\mathrm{S}} (2 - 3\Delta_1)}{8\beta k_{\mathrm{S}} \Delta_2 (\delta + \rho)(\varepsilon + \rho)} > 0$；$Z_{\mathrm{M}}^{\mathrm{C}^{*}} - Z_{\mathrm{M}}^{\mathrm{YD}^{*}} = \dfrac{\gamma \theta D_0^2 \alpha_{\mathrm{M}} (\Delta_2 - 1 + \Delta_1)}{4\beta k_{\mathrm{M}} \Delta_2 (\delta + \rho)(\varepsilon + \rho)} > 0$，$Z_{\mathrm{M}}^{\mathrm{YD}^{*}} - Z_{\mathrm{M}}^{\mathrm{ND}^{*}} = 0$；

$A_{\mathrm{M}}^{\mathrm{YD}^{*}} - A_{\mathrm{M}}^{\mathrm{ND}^{*}} = 0$，$A_{\mathrm{M}}^{\mathrm{C}^{*}} - A_{\mathrm{M}}^{\mathrm{YD}^{*}} = \dfrac{\theta D_0^2 \phi_{\mathrm{M}} (\Delta_2 - 1 + \Delta_1)}{4\beta h_{\mathrm{M}} \Delta_2 (\varepsilon + \rho)} > 0$；$A_{\mathrm{R}}^{\mathrm{C}^{*}} - A_{\mathrm{R}}^{\mathrm{YD}^{*}} =$

$\dfrac{\theta D_0^2 \phi_{\mathrm{R}} (\Delta_2 - 1 + 2\Delta_1)}{8\beta h_{\mathrm{R}} \Delta_2 (\varepsilon + \rho)} > 0$，$A_{\mathrm{R}}^{\mathrm{YD}^{*}} - A_{\mathrm{R}}^{\mathrm{ND}^{*}} = \dfrac{\theta D_0^2 \phi_{\mathrm{R}} (3 - 2\Delta_1 - \Delta_2)}{8\beta h_{\mathrm{R}} \Delta_2 (\varepsilon + \rho)} > 0$。综上所述，可以得

到 $Z_S^{C*} > Z_S^{YD*} > Z_S^{ND*}$，$Z_M^{C*} > Z_M^{YD*} = Z_M^{ND*}$，$A_M^{C*} > A_M^{YD*} = A_M^{ND*}$，$A_R^{C*} > A_R^{YD*} > A_R^{ND*}$。证毕。

推论 3.5 表明，在三种决策模型中，供应商的绿色技术投资水平、制造商的绿色技术投资水平和广告投资水平，以及零售商的广告投资水平在集中决策模型下最高，这是因为在分散决策模型下存在双重边际效应。与无成本分担契约的分散决策模型相比，有成本分担契约的分散决策模型下的供应商的绿色技术投资水平和零售商的广告投资水平得到改进，而制造商的绿色技术投资水平和广告投资水平不变。这意味着，制造商向上游供应商和下游零售商提供绿色投资激励确实可以激励供应商和零售商增加绿色投资，但自身的绿色投资并无改进。

推论 3.6 在三种决策模型下，产品绿色度、品牌商誉和绿色供应链系统利润具有如下关系：$g_\infty^{C*} > g_\infty^{YD*} > g_\infty^{ND*}$，$G_\infty^{C*} > G_\infty^{YD*} > G_\infty^{ND*}$，$V_{SC}^{C*} > V_{SC}^{YD*} > V_{SC}^{ND*}$。

证明：根据命题 3.1 至命题 3.3 以及 $0 < \Delta_1 < 1$，$\Delta_2 > 1$，$2 - 3\Delta_1 > 0$，$3 - 2\Delta_1 - \Delta_2 > 0$，由于 $g_\infty^{C*} - g_\infty^{YD*} = \dfrac{\gamma\theta D_0^2 [2k_S\alpha_M^2(\Delta_2 - 1 + \Delta_1) + k_M\alpha_S^2(2\Delta_2 - 2 + \Delta_1)]}{8\beta\delta k_M k_S \Delta_2 (\delta + \rho)(\varepsilon + \rho)} > 0$，$g_\infty^{YD*} - g_\infty^{ND*} =$

$\dfrac{\gamma\theta D_0^2\alpha_S^2(2 - 3\Delta_1)}{8\beta\delta(\delta + \rho)(\varepsilon + \rho)k_S\Delta_2} > 0$，$G_\infty^{C*} - G_\infty^{YD*} = \dfrac{\theta D_0^2(\Delta_2 - 1 + \Delta_1)[\delta(\delta + \rho)k_M\phi_M^2 + h_M\gamma^2\alpha_M^2]}{4\beta\delta\varepsilon(\delta + \rho)(\varepsilon + \rho)h_M k_M \Delta_2} +$

$\dfrac{\theta D_0^2 [\gamma^2 h_R\alpha_S^2(2\Delta_2 - 2 + \Delta_1) + \delta k_S\phi_R^2(\delta + \rho)(\Delta_2 - 1 + 2\Delta_1)]}{8\beta\delta\varepsilon(\delta + \rho)(\varepsilon + \rho)h_R k_S \Delta_2} > 0$，以及 $G_\infty^{YD*} - G_\infty^{ND*} =$

$\dfrac{\theta D_0^2\gamma^2\alpha_S^2(2 - 3\Delta_1)}{8\beta\delta\varepsilon(\delta + \rho)(\varepsilon + \rho)k_S\Delta_2} + \dfrac{\theta D_0^2\delta(\delta + \rho)(3 - 2\Delta_1 - \Delta_2)\phi_R^2}{8\beta\delta\varepsilon(\delta + \rho)(\varepsilon + \rho)h_R\Delta_2} > 0$，所以 $g_\infty^{C*} > g_\infty^{YD*} > g_\infty^{ND*}$ 和 $G_\infty^{C*} > G_\infty^{YD*} > G_\infty^{ND*}$；在此基础上，同理可得 $V_{SC}^{C*} > V_{SC}^{YD*} > V_{SC}^{ND*}$。证毕。

推论 3.6 表明，集中决策模型下的产品绿色度、品牌商誉和绿色供应链系统利润最高，其次是有成本分担契约的分散决策模型，最后是无成本分担契约的分散决策模型。事实上，无成本分担契约的分散决策模型导致双重边际效应，有成本分担契约的分散决策模型可以部分消除双重边际效应，而集中决策模型可以做到完全消除双重边际效应。

3.5 双边成本分担契约

基于上述研究结论可知，集中决策模型可以实现更高的产品绿色度、品牌商誉和绿色供应链系统利润。事实上，企业往往以自身利润最大化为目标，难以实现集中决策。然而制造商作为绿色供应链的领导者，为了提高产品绿色度和品牌商誉，会选择分担供应链上下游企业的绿色技术投资成本和广告投资成本；由于绿色产品的市场需求提高意味着绿色零部件的市场需求提高，所以供应商具有分担制造商广告投资成本的动机；与此同时，由于产品绿色度的提高有利于提升品牌商誉，进而提高绿色产品的市场需求，所以零售商具有分担制造商绿色技术投资成本的动机。

因此，本节设计了双边成本分担契约（用上标 CS 表示）来协调绿色供应链，即：供应商分担制造商一定比例（记为 η_S）的广告投资成本，制造商分担供应商一定比例（记为 μ_M）的绿色技术投资成本以及分担零售商一定比例（记为 η_M）的广告投资成本，零售商分担制造商一定比例（记为 μ_R）的绿色技术投资成本。此时，供应商、制造商和零售商的决策目标函数分别为：

$$\max_{Z_S,\,\eta_S} J_S = \int_0^\infty e^{-\rho t}\left[\Delta_1 w(D_0-\beta\Delta_2 w)\theta G-(1-\mu_M)k_S Z_S^2/2-\eta_S h_M A_M^2/2\right]\mathrm{d}t \quad (3.42)$$

$$\max_{w,\,Z_M,\,A_M,\,\mu_M,\,\eta_M} J_M = \int_0^\infty e^{-\rho t}\begin{bmatrix}(w-\Delta_1 w)(D_0-\beta\Delta_2 w)\theta G-(1-\mu_R)k_M Z_M^2/2\\ -(1-\eta_S)h_M A_M^2/2-\mu_M k_S Z_S^2/2-\eta_M h_R A_R^2/2\end{bmatrix}\mathrm{d}t \quad (3.43)$$

$$\max_{A_R,\,\mu_R} J_R = \int_0^\infty e^{-\rho t}\left[(\Delta_2 w-w)(D_0-\beta\Delta_2 w)\theta G-(1-\eta_M)h_R A_R^2/2-\mu_R k_M Z_M^2/2\right]\mathrm{d}t$$

$$(3.44)$$

命题 3.4 基于给定的契约参数（η_S，μ_M，η_M，μ_R），批发价格为 $w^{CS^*}=\dfrac{D_0}{2\beta\Delta_2}$，供应商的绿色技术投资水平为 $Z_S^{CS^*}=\dfrac{\gamma\theta D_0^2\alpha_S\Delta_1}{4\beta k_S(\delta+\rho)(\varepsilon+\rho)\Delta_2(1-\mu_M)}$，制造商的绿色技术投资水平为 $Z_M^{CS^*}=\dfrac{\gamma\theta D_0^2\alpha_M(1-\Delta_1)}{4\beta k_M(\delta+\rho)(\varepsilon+\rho)\Delta_2(1-\mu_R)}$，制造商和零售商的广告投资水平分别为

$A_M^{CS^*}=\dfrac{\theta D_0^2\phi_M(1-\Delta_1)}{4\beta h_M(\varepsilon+\rho)\Delta_2(1-\eta_S)}$ 和 $A_R^{CS^*}=\dfrac{\theta D_0^2\phi_R(\Delta_2-1)}{4\beta h_R(\varepsilon+\rho)\Delta_2(1-\eta_M)}$。

证明：见本书附录 A。

命题 3.5 当契约参数（η_S，μ_M，η_M，μ_R）满足式（3.45）的条件时，双边成本分担契约可以完全协调绿色供应链。即，绿色供应链成员的均衡策略、产品绿色度、品牌商誉及绿色供应链系统利润均达到集中决策模型的效果。

$$\begin{cases}\eta_S^{CS^*}=\dfrac{\Delta_1+\Delta_2-1}{\Delta_2},\ \mu_M^{CS^*}=\dfrac{\Delta_2-\Delta_1}{\Delta_2}\\[3mm] \eta_M^{CS^*}=\dfrac{1}{\Delta_2},\ \mu_R^{CS^*}=\dfrac{\Delta_1+\Delta_2-1}{\Delta_2}\end{cases} \quad (3.45)$$

证明：见本书附录 A。

命题 3.6 在双边成本分担契约下，供应商、制造商、零售商和绿色供应链系统的利润最优值函数分别为：

$$V_S^{CS^*} = d_1^{CS^*} g^{CS^*} + d_2^{CS^*} G^{CS^*} + d_3^{CS^*} \tag{3.46}$$

$$V_M^{CS^*} = d_4^{CS^*} g^{CS^*} + d_5^{CS^*} G^{CS^*} + d_6^{CS^*} \tag{3.47}$$

$$V_R^{CS^*} = d_7^{CS^*} g^{CS^*} + d_8^{CS^*} G^{CS^*} + d_9^{CS^*} \tag{3.48}$$

$$V_{SC}^{CS^*} = V_S^{CS^*} + V_M^{CS^*} + V_R^{CS^*} \tag{3.49}$$

其中，$d_1^{CS^*} = \dfrac{\gamma\theta D_0^2 \Delta_1}{4\beta(\delta+\rho)(\varepsilon+\rho)\Delta_2}$，$d_2^{CS^*} = \dfrac{\theta D_0^2 \Delta_1}{4\beta\Delta_2(\varepsilon+\rho)}$，$d_3^{CS^*} = \dfrac{\theta^2 D_0^4(1+\Delta_1-\Delta_2)\phi_M^2}{32 h_M \beta^2 \rho(\varepsilon+\rho)^2 \Delta_2} +$

$\dfrac{\theta^2 D_0^4 \gamma^2 \alpha_M^2 \Delta_1}{16 k_M \beta^2 \rho(\varepsilon+\rho)^2(\delta+\rho)^2 \Delta_2} + \dfrac{\theta^2 D_0^4 \gamma^2 \alpha_S^2 \Delta_1}{32 k_S \beta^2 \rho(\varepsilon+\rho)^2(\delta+\rho)^2 \Delta_2} + \dfrac{\theta^2 D_0^4 \phi_R^2 \Delta_1}{16 h_R \beta^2 \rho(\varepsilon+\rho)^2 \Delta_2}$，

$d_4^{CS^*} = \dfrac{\gamma\theta D_0^2(1-\Delta_1)}{4\beta(\delta+\rho)(\varepsilon+\rho)\Delta_2}$，$d_5^{CS^*} = \dfrac{\theta D_0^2(1-\Delta_1)}{4\beta(\varepsilon+\rho)\Delta_2}$，$d_6^{CS^*} = \dfrac{\theta^2 D_0^4 \gamma^2 \alpha_M^2(1-\Delta_1)}{32 k_M \beta^2 \rho(\varepsilon+\rho)^2(\delta+\rho)^2 \Delta_2} +$

$\dfrac{\theta^2 D_0^4(1-\Delta_1)\phi_M^2}{32 h_M \beta^2 \rho(\varepsilon+\rho)^2 \Delta_2} + \dfrac{\theta^2 D_0^4 \gamma^2 \alpha_S^2(2-\Delta_1-\Delta_2)}{32 k_S \beta^2 \rho(\varepsilon+\rho)^2(\delta+\rho)^2 \Delta_2} + \dfrac{\theta^2 D_0^4(1-2\Delta_1)\phi_R^2}{32 h_R \beta^2 \rho(\varepsilon+\rho)^2 \Delta_2}$，

$d_7^{CS^*} = \dfrac{\gamma\theta D_0^2(\Delta_2-1)}{4\beta(\delta+\rho)(\varepsilon+\rho)\Delta_2}$，$d_8^{CS^*} = \dfrac{\theta D_0^2(\Delta_2-1)}{4\beta(\varepsilon+\rho)\Delta_2}$，$d_9^{CS^*} = \dfrac{\theta^2 D_0^4 \gamma^2 \alpha_M^2(\Delta_2-1-\Delta_1)}{32 k_M \beta^2 \rho(\varepsilon+\rho)^2(\delta+\rho)^2 \Delta_2} +$

$\dfrac{\theta^2 D_0^4 \phi_M^2(\Delta_2-1)}{16 h_M \beta^2 \rho(\varepsilon+\rho)^2 \Delta_2} + \dfrac{\theta^2 D_0^4 \gamma^2 \alpha_S^2(\Delta_2-1)}{16 k_S \beta^2 \rho(\varepsilon+\rho)^2(\delta+\rho)^2 \Delta_2} + \dfrac{\theta^2 D_0^4(\Delta_2-1)\phi_R^2}{32 h_R \beta^2 \rho(\varepsilon+\rho)^2 \Delta_2}$。

证明：见本书附录 A。

综上所述，双边成本分担契约可以达到集中决策的效果。为了使每个成员都能够接受该契约，需要同时满足 $V_S^{CS^*} \geqslant V_S^{ND^*}$，$V_M^{CS^*} \geqslant V_M^{ND^*}$，$V_R^{CS^*} \geqslant V_R^{ND^*}$，即绿色供应链每个成员在双边成本分担契约下的利润均不低于在无成本分担契约的分散决策模型下的利润。然而，由于这两种决策模型下绿色供应链成员的利润函数较为复杂，难以对解析解进行直接比较。因此，本章将在数值算例部分通过赋值的方法对上述条件进行数值分析，从而验证双边成本分担契约的有效性。

3.6 数值算例

本节将通过数值算例对比分析各决策模型的均衡策略和供应链绩效，分析产品绿色度和品牌商誉的最优轨迹，探讨双边成本分担契约的协调性，以及分析环境效益和社会福利的最优轨迹，进而得出一些具有管理意义的结论。借鉴朱桂菊和游达明[41]、王一雷等[223]的参数设置，本节将相关参数的设定如下：$k_S = 15$，$k_M = 15$，$h_M = 12$，$h_R = 12$，$\alpha_S = 0.8$，$\alpha_M = 0.6$，$\delta = 0.3$，$\phi_M = 0.6$，$\phi_R = 0.6$，$\gamma = 0.8$，$\varepsilon = 0.4$，$D_0 = 20$，$\beta = 1$，$\theta = 0.4$，$\rho = 0.3$，$g_0 = 0$，$G_0 = 0$。进一步借鉴向小东和李翀[224]的研究并结合实际，将供应链中间环节的价格加成系数设定为 $\Delta_1 = 0.5$ 和 $\Delta_2 = 1.4$。

3.6.1 均衡策略和供应链绩效的对比分析

本小节将对比不同决策模型下的均衡策略、产品绿色度、品牌商誉及利润,进一步验证前文的理论结果,如表 3.1 和表 3.2 所示。

不同决策模型下的均衡策略对比   表 3.1

均衡策略	集中决策模型	无成本分担契约的分散决策模型	有成本分担契约的分散决策模型	双边成本分担契约
w^*	7.143	7.143	7.143	7.143
Z_S^*	4.064	1.451	2.177	4.064
Z_M^*	3.048	1.088	1.088	3.048
A_M^*	2.857	1.020	1.020	2.857
A_R^*	2.857	0.816	1.429	2.857
η_S^*	—	—	—	0.643
μ_M^*	—	—	0.333	0.643
η_M^*	—	—	0.429	0.714
μ_R^*	—	—	—	0.643

不同决策模型下的供应链绩效对比   表 3.2

供应链绩效	集中决策模型	无成本分担契约的分散决策模型	有成本分担契约的分散决策模型	双边成本分担契约
g_∞^*	16.931	6.047	7.982	16.931
G_∞^*	42.434	14.849	19.637	42.434
V_S^*	—	654.434	856.125	1768.275
V_M^*	—	656.645	827.680	1497.434
V_R^*	—	552.342	724.760	1420.610
V_{SC}^*	4686.319	1863.421	2408.565	4686.319

表 3.1 列出了不同决策模型下的均衡策略。由此可知,集中决策模型下供应商的绿色技术投资水平、制造商的绿色技术投资水平和广告投资水平,以及零售商的广告投资水平显著高于两种分散决策模型下的对应值。与无成本分担契约的分散决策模型相比,有成本分担契约的分散决策模型下供应商的绿色技术投资水平和零售商的广告投资水平分别提高了 50.03% 和 75.12%,但制造商的绿色技术投资水平和广告投资水平不变。

同时,双边成本分担契约下供应商的绿色技术投资水平、制造商的绿色技术投资水平和广告投资水平,以及零售商的广告投资水平与集中决策模型下的对应值相同,并且供应商的绿色技术投资水平、制造商的绿色技术投资水平和广告投资水平相较于无成本分担契约的分散决策模型下的对应值均提高了 180% 左右,零售商的广告投资水平相较于无成本分担契约的分散决策模型下的对应值提高了 250％ 左右。因此，仅依靠制造商对绿色供应链上下游企业进行绿色投资激励的作用是有限的，应该采用双边成本分担契约，促进绿色供应链上下游企业双向合作。

从表 3.2 可以看出，集中决策模型下的产品绿色度、品牌商誉和绿色供应链系统利润显著高于两种分散决策模型下的对应值。与无成本分担契约的分散决策模型相比，有成本分担契约的分散决策模型下的产品绿色度、品牌商誉和绿色供应链系统利润分别增长了32％、32.24％和29.26％，并且供应链成员的利润均得到提高。因此，有成本分担契约的分散决策模型可以消除部分双重边际效应，即绿色供应链实现帕累托改进。双边成本分担契约下的产品绿色度、品牌商誉和绿色供应链系统利润可以达到与集中决策模型相同的效果，即完全消除双重边际效应，并且与无成本分担契约的分散决策模型相比，各指标分别增长了 180％、185.77％和 151.49％。此外，供应商、制造商和零售商的利润分别增长了 170.20％、128.04％和 157.20％。因此，双边成本分担契约不仅能够完全协调绿色供应链，而且能够使绿色供应链各成员实现帕累托改进。

3.6.2　产品绿色度和品牌商誉的最优轨迹

本小节主要分析产品绿色度和品牌商誉的最优轨迹，探讨二者的变化趋势，分别如图 3.2 和图 3.3 所示。

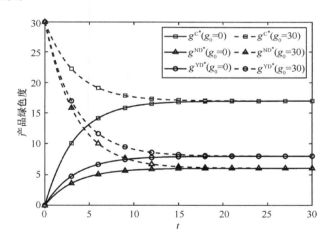

图 3.2　产品绿色度的最优轨迹

从图 3.2 可以看出，产品绿色度随着时间增长具有两种变化趋势：一是在产品绿色度初始值 $g_0 = 0$ 时，产品绿色度随着时间增长而递增并逐渐趋于稳定状态；二是在产品绿色度初始值 $g_0 = 30$ 时，产品绿色度随着时间增长而递减并逐渐趋于稳定状态。这意味着，产品绿色度最优轨迹的变化趋势由产品绿色度的初始值 g_0 和稳态值 g^* 的大小关系决定。具体来说，当产品绿色度的初始值 g_0 较低时，产品绿色度随着时间增长单调递增；

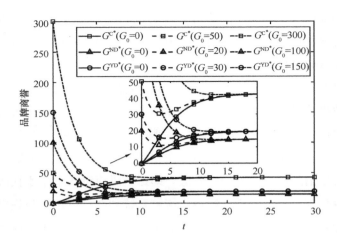

图 3.3　品牌商誉的最优轨迹

当产品绿色度的初始值 g_0 较高时，产品绿色度随着时间增长单调递减。

从图 3.3 可以看出，品牌商誉随着时间增长具有三种变化趋势：一是品牌商誉随着时间增长具有递增趋势且逐渐趋于稳定状态；二是品牌商誉随着时间增长具有先递减后递增的趋势且最终达到稳定状态；三是品牌商誉随着时间增长具有递减趋势且逐渐趋于稳定状态。具体来说，在品牌商誉初始值 $G_0 = 0$ 时，三种决策模型下的品牌商誉随着时间增长单调递增；分别在 $G_0 = 50$、$G_0 = 20$ 和 $G_0 = 30$ 时，集中决策模型、无成本分担契约的分散决策模型和有成本分担契约的分散决策模型下的品牌商誉随着时间增长先递减后递增；分别在 $G_0 = 300$、$G_0 = 100$ 和 $G_0 = 150$ 时，上述三种决策模型下的品牌商誉随着时间增长单调递减。这表明，品牌商誉最优轨迹的变化趋势由品牌商誉的初始值 G_0 和稳态值 G_∞^* 的大小关系决定。即，当品牌商誉的初始值 G_0 较低时，品牌商誉随着时间增长单调递增；当品牌商誉的初始值 G_0 较高时，品牌商誉随着时间增长先递减后递增；当品牌商誉初始值 G_0 特别高时，品牌商誉随着时间增长单调递减。

此外，由图 3.2 和图 3.3 可以看出，在整个运营期间（除初始时刻以外），集中决策模型下的产品绿色度和品牌商誉是最高的，其次是有成本分担契约分散决策模型下的产品绿色度和品牌商誉，最后是无成本分担契约分散决策模型下的产品绿色度和品牌商誉。而且在稳定状态下，集中决策模型的产品绿色度和品牌商誉是另外两种分散决策模型下产品绿色度和品牌商誉的 2～3 倍。这意味着，绿色供应链上下游企业采用协调契约进行绿色合作能够显著提高稳定状态下的产品绿色度和品牌商誉。

3.6.3　双边成本分担契约的有效性分析

图 3.4 展示了在双边成本分担契约和无成本分担契约的分散决策模型下，供应商利润、制造商利润和零售商利润随采购价格加成系数 $\Delta_1（0 < \Delta_1 < 1）$ 的变化情况。从供应商

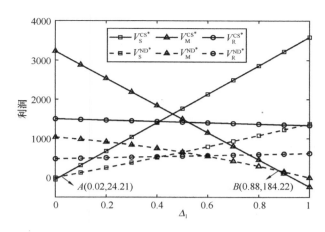

图 3.4 Δ_1 对 CS 契约和 ND 模型下供应链成员利润的影响

利润来看，图中两条供应商利润曲线相交于 A 点。在 A 点的右侧，$V_S^{CS^*} > V_S^{ND^*}$，并且 $V_S^{CS^*}$ 和 $V_S^{ND^*}$ 随着 Δ_1 的增大而增大，同时二者的差值逐渐增大。从制造商利润来看，图中两条制造商利润曲线相交于 B 点。在 B 点的左侧，$V_M^{CS^*} > V_M^{ND^*}$，并且 $V_M^{CS^*}$ 和 $V_M^{ND^*}$ 随着 Δ_1 的增大而减小，同时二者的差值逐渐缩小。从零售商利润来看，$V_R^{CS^*} > V_R^{ND^*}$，并且 $V_R^{CS^*}$ 和 $V_R^{ND^*}$ 随着 Δ_1 的增大而减小，同时二者的差值逐渐缩小，但并不明显。综合来看，Δ_1 越大，双边成本分担契约对供应商利润的改进效果越明显，但对制造商和零售商的改进效果越小。此外，要想供应商和制造商接受双边成本分担契约，需要满足 $\Delta_1 \in [0.02, 0.88]$，即 Δ_1 介于 A 点处 Δ_1 的取值和 B 点处 Δ_1 的取值之间。

图 3.5 展示了在双边成本分担契约和无成本分担契约的分散决策模型下，供应商利润、制造商利润和零售商利润随销售环节价格加成系数 Δ_2（$\Delta_2 > 1$）的变化情况。从供应商利润来看，$V_S^{CS^*} > V_S^{ND^*}$，并且 $V_S^{CS^*}$ 和 $V_S^{ND^*}$ 随着 Δ_2 的增大而减小，同时二者的差值逐

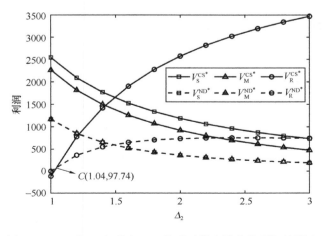

图 3.5 Δ_2 对 CS 契约和 ND 模型下供应链成员利润的影响

渐缩小（图中 $V_S^{ND^*}$ 和 $V_M^{ND^*}$ 几乎重合）。从制造商利润来看，$V_M^{CS^*} > V_M^{ND^*}$，并且 $V_M^{CS^*}$ 和 $V_M^{ND^*}$ 随着 Δ_2 的增大而减小，但二者差值几乎无变化。从零售商利润来看，图中两条零售商利润曲线相交于 C 点。在 C 点的右侧，$V_R^{CS^*} > V_R^{ND^*}$，并且 $V_R^{CS^*}$ 和 $V_R^{ND^*}$ 随着 Δ_2 的增大而增大，同时二者的差值逐渐增大。综合来看，Δ_2 越大，双边成本分担契约对零售商利润的改进效果越明显，但对供应商和制造商的改进效果越小。此外，要想零售商接受双边成本分担契约，需要满足 $\Delta_2 > 1.04$，即 Δ_2 大于 C 点处 Δ_2 的取值。

从上述结论可知，供应商、制造商和零售商能否接受双边成本分担契约与价格加成系数 Δ_1 和 Δ_2 的取值有关。要想绿色供应链成员均接受双边成本分担契约，需要同时满足 $V_S^{CS^*} \geqslant V_S^{ND^*}$，$V_M^{CS^*} \geqslant V_M^{ND^*}$，$V_R^{CS^*} \geqslant V_R^{ND^*}$。对此，本小节绘制了 Δ_1 和 Δ_2 的取值范围，如图 3.6 所示；从图 3.6 中可知，当 Δ_1 和 Δ_2 的取值位于阴影区域 D 时，可以实现 $V_S^{CS^*} \geqslant V_S^{ND^*}$，$V_M^{CS^*} \geqslant V_M^{ND^*}$，$V_R^{CS^*} \geqslant V_R^{ND^*}$，即绿色供应链成员都能够接受双边成本分担契约。

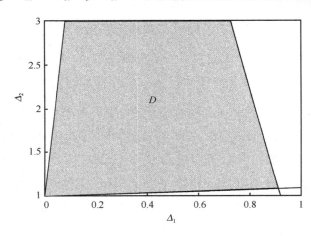

图 3.6　Δ_1 和 Δ_2 的取值范围

3.6.4　环境效益和社会福利的最优轨迹

根据假设 3.6 以及命题 3.1 至命题 3.3 的均衡结果，可得环境效益为 $EI^* = D_0\theta g^* G^*/2$，消费者剩余为 $CS^* = D_0^2\theta G/8\beta$，社会福利为 $SW^* = V_{SC}^* + EI^* + CS^*$。本小节主要分析环境效益和社会福利的变化轨迹，以及探讨消费者绿色品牌偏好系数对稳定状态下环境效益和社会福利的影响，如图 3.7～图 3.10 所示。

从图 3.7 和图 3.8 可知，环境效益和社会福利随着时间增长而提高，并逐步趋于稳定。这意味着，从长期来看，企业实施绿色供应链管理有利于提升环境效益和社会福利，实现经济、环境和社会三重效益。以环境效益和社会福利为评判标准，集中决策是绿色供应链的最佳决策方式，该决策下的环境效益和社会福利显著高于分散决策下的对应值。从图 3.9 和图 3.10 可以看出，随着消费者绿色品牌偏好系数的增大，环境效益和社会福利增加。这是因为消费者绿色品牌偏好系数越大，意味着消费者群体的绿色环保意识越强，越愿意购买绿色品牌形象好的产品，为企业实施绿色供应链管理营造了良好的市场氛围，

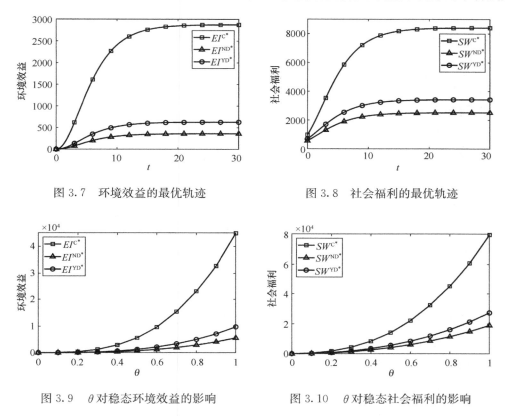

图 3.7　环境效益的最优轨迹　　　　　图 3.8　社会福利的最优轨迹

图 3.9　θ 对稳态环境效益的影响　　　图 3.10　θ 对稳态社会福利的影响

能够激励企业更好地落实绿色供应链管理实践。

3.7　本章小结

　　本章构建了由供应商、制造商和零售商组成的三级绿色供应链，考虑了产品绿色度和品牌商誉的动态性，基于微分博弈研究了集中决策模型、无成本分担契约的分散决策模型和有成本分担契约的分散决策模型的均衡结果，得到产品绿色度和品牌商誉的最优轨迹，以及设计了双边成本分担契约以协调供应链。最后通过数值算例进行了验证和进一步分析。本章的主要结论如下：

　　（1）集中决策模型显著优于两种分散决策模型。供应商的绿色技术投资水平、制造商的绿色技术投资水平和广告投资水平、零售商的广告投资水平，以及产品绿色度、品牌商誉和绿色供应链系统利润在集中决策模型下达到最高值。

　　（2）产品绿色度的最优轨迹具有两种变化趋势，并且由产品绿色度的初始值 g_0 和稳态值 g_∞^* 的大小关系决定。具体来说，当产品绿色度的初始值较低时，产品绿色度随着时

间增长单调递增；当产品绿色度的初始值较高时，产品绿色度随着时间增长单调递减。但无论是哪种变化趋势，产品绿色度均随着时间变化逐渐趋于稳定状态。

（3）品牌商誉的最优轨迹具有三种变化趋势，并且由品牌商誉的初始值 G_0 和稳态值 G_∞^* 的大小关系决定。具体来说，当品牌商誉的初始值较低时，品牌商誉随着时间增长单调递增；当品牌商誉的初始值较高时，品牌商誉随着时间增长先递减后递增；当品牌商誉的初始值特别高时，品牌商誉随着时间增长单调递减。但无论是哪种变化趋势，品牌商誉均随着时间变化逐渐趋于稳定状态。

（4）有成本分担契约的分散决策模型可以实现绿色供应链的帕累托改进，但改进效果有限；而双边成本分担契约在一定条件下可以完全协调绿色供应链。其中，双边成本分担契约的成立条件和协调性与价格加成系数有关。

（5）从长期来看，绿色供应链上下游企业达成协同合作，以及消费者的绿色品牌偏好增强，能够激励企业增加绿色投资，进而增进环境效益和社会福利。

根据上述研究结论，可以得出如下主要管理启示：

第一，供应商、制造商和零售商应尽可能地协同合作，实现绿色价值共创。如比亚迪通过"垂直整合"模式，大幅提高了品牌实力，成为新能源汽车市场的领军者。通过调整绿色供应链各环节的产品价格加成可以调节供应链成员之间的利润分配。

第二，消费者对绿色产品的青睐是供应链企业绿色实践的根本动力。产品绿色度和品牌商誉的积累依赖于企业长期的绿色技术投资和广告投资。最终通过长期的绿色实践活动，供应链企业可以显著改善环境效益和增加社会福利。

4 不同销售模式下考虑联合广告的绿色供应链投资策略及协调

第 3 章研究了动态环境下三级绿色供应链的投资策略及协调问题，所得结论为绿色供应链企业科学制定投资策略及实现协调发展提供了理论依据；然而前文并未考虑销售端的广告合作和销售模式对投资策略及协调的影响。基于此，本章聚焦于销售端，构建由单个制造商和单个零售商组成的绿色供应链，考虑两种销售模式：转售模式和平台模式，建立不同销售模式下企业分别采取独立广告和联合广告的微分博弈模型，求解相应的均衡结果并进行对比分析，以及设计不同销售模式下的协调契约。

4.1 引言

为了应对全球性能源危机、气候变暖、雾霾频发等生态环境问题，各国政府积极引导社会发展方式转变，鼓励企业实施绿色供应链管理，推进绿色消费。绿色消费是实现绿色经济的重要环节，随着绿色环保理念的不断深入，越来越多的消费者倾向于购买绿色产品。例如，中国汽车工业协会的数据显示，我国新能源汽车的销售量已从 2015 年的 33.1 万辆增加至 2021 年的 352.1 万辆，翻了约 9.64 倍。研究表明，除了绿色技术研发，广告宣传也是企业实施绿色供应链管理的有效措施之一。例如，格力、美的等制造商在电视广告、短视频等领域，以及地铁、商场等区域大量投放广告，宣传绿色家电产品的高能效，树立绿色品牌形象；国美、苏宁易购、京东等大型零售商频繁举行品牌营销活动，利用广告宣传、个性推荐、促销等营销手段引导消费者关注和购买绿色产品。在实践中，一些制造商和零售商会采取联合广告，比如京东的"东联计划"、天猫的"超级品牌日"；再如，国美实施"家·生活"战略，与众多家电品牌（如博西家电）达成战略合作，联合推广高品质的家电产品。

与此同时，随着电子商务的快速发展，平台模式应运而生。越来越多的零售商既提供转售模式，也提供平台模式，由制造商选择入驻方式，比如京东、苏宁易购、亚马逊等。然而在转售模式下，零售商具有销售环节的产品定价权和所有权，在平台模式下，制造商具有销售环节的产品定价权和所有权。那么，选择哪种销售模式是制造商和零售商在运营管理过程中需要解决的关键问题。两种销售模式的概念如下：

（1）转售模式（Resale Model）是指在传统零售中，零售商以批发价向制造商买入产品，然后再销售给消费者来获利的一种销售模式。

（2）平台模式（Platform Model）是指零售商为交易双方提供平台，按销售收入或数量从促成交易中获取一定比例的佣金的一种销售模式。

综上所述，在绿色发展背景下，如何选择销售模式，如何制定广告投资策略，如何实现协同合作是制造商和零售商实施绿色供应链管理过程中的重要议题。

目前，国内外学者已经基于静态框架和动态框架两个角度研究了绿色供应链的广告投资策略，其中基于静态框架的研究有白春光和唐家福、Du 等、李春发等，基于动态框架的研究有赵黎明等、Xia 等、王一雷等。针对绿色低碳产品，赵黎明等考虑低碳商誉受制造商和零售商营销努力的共同影响，设计了营销合作行为协调机制，王一雷等考虑产品商誉，研究了碳交易政策下制造商和零售商的碳减排水平与低碳宣传水平，但二者均未考虑产品减排量的动态变化。Xia 等考虑消费者低碳偏好和社会偏好，研究了制造商和零售商的减排与促销问题，但并未考虑品牌商誉的动态变化。从合作视角来看，基于动态框架的研究大多考虑制造商为零售商的广告投资提供支持，并未考虑零售商对制造商的广告投资提供支持。由此可见，鲜有文献同时将产品绿色度和品牌商誉的动态变化纳入绿色供应链管理研究中，更鲜有文献研究不同销售模式下的投资策略及协调问题。因此，在总结现有研究成果的基础上，本章构建由制造商和零售商组成的绿色供应链，将产品价格、产品绿色度和品牌商誉等因素纳入绿色供应链微分博弈模型中，考虑两种销售模式（转售模式和平台模式）与两种广告策略（独立广告和联合广告），聚焦于解决以下研究问题：

（1）在转售模式和平台模式下，分别基于独立广告和联合广告两种情形，制造商和零售商如何制定均衡策略？产品绿色度、品牌商誉及利润将如何变化？

（2）分别在转售模式和平台模式下，制造商和零售商应该选择独立广告还是联合广告？在相同广告策略下，两种销售模式的对比如何？

（3）在集中决策模型下，绿色供应链成员如何制定均衡策略？分别在转售模式和平台模式下，如何设计协调契约才能达到集中决策模型的效果？

4.2　模型描述与假设

4.2.1　模型描述

本章构建由单个制造商 M 和单个零售商 R 组成的绿色供应链（图 4.1），其中制造商进行绿色技术投资，生产绿色产品；零售商既可以提供转售模式，也可以提供平台模式，而制造商选择其中一种销售模式入驻零售商；制造商和零售商都进行广告投资，并且可以选择独立广告或者联合广告。在转售模式下，零售商以批发价格 $w(t)$ 从制造商处批发产品，然后将产品以价格 $p(t)$ 销售给消费者；在平台模式下，零售商负责为交易双方提供交易平台，并按照制造商的销售收入收取一定的佣金比例，记为 $\tau(0 < \tau < 1)$，制造商则通过交易平台将产品销售给消费者。由于佣金比例通常在制造商入驻前就已确定，因此本章将佣金比例作为重要的系统参数，而非决策变量。

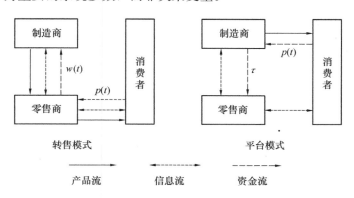

图 4.1 不同销售模式下的绿色供应链结构

4.2.2 模型假设

本章模型的基本假设如下。

假设 4.1 假定 t 时刻制造商的绿色技术投资水平为 $Z(t)$，制造商与零售商的广告投资水平分别为 $A(t)$ 和 $S(t)$。类似众多学者关于绿色技术投资成本[41,242]和广告投资成本[153,154]的假定，假设制造商的绿色技术投资成本为 $k_Z Z^2(t)/2$，制造商和零售商的广告投资成本分别为 $k_A A^2(t)/2$ 和 $k_S S^2(t)/2$。其中，$k_Z > 0$、$k_A > 0$ 和 $k_S > 0$ 分别代表制造商绿色技术投资水平、制造商广告投资水平和零售商广告投资水平的成本系数。此外，不失一般性，假设制造商的单位生产成本为 0。

假设 4.2 随着消费者绿色环保意识的增强，制造商加大绿色技术投资，可以提高产品绿色度；与此同时，随着绿色技术的快速发展，绿色标准的不断提高，以及已有投资设备的老化和落后，产品绿色度存在自然衰减现象。因此，借鉴 Liu 等[242]的研究，产品绿色度的动态变化过程可以表示为：

$$\dot{g}(t) = \gamma Z(t) - \delta g(t),\ g(0) = g_0 \tag{4.1}$$

其中，$g(t)$ 表示 t 时刻的产品绿色度；g_0 表示产品绿色度的初始值；$\gamma > 0$ 表示绿色技术投资水平对产品绿色度的影响系数；$\delta > 0$ 表示产品绿色度的衰减率。

假设 4.3 借鉴徐春秋和王芹鹏[153]、赵黎明等[154]的研究，假设制造商的广告投资水平、零售商的广告投资水平以及产品绿色度对品牌商誉具有正向作用，同时品牌商誉存在自然衰减现象，并且将品牌商誉的动态变化过程刻画为：

$$\dot{G}(t) = \varphi A(t) + \phi S(t) + \lambda g(t) - \varepsilon G(t),\ G(0) = G_0 \tag{4.2}$$

其中，$G(t)$ 表示 t 时刻的品牌商誉；G_0 表示品牌商誉的初始值；$\varphi>0$、$\phi>0$ 和 $\lambda>0$ 分别表示制造商的广告投资水平、零售商的广告投资水平和产品绿色度对品牌商誉的影响系数；$\varepsilon>0$ 表示品牌商誉的衰减率。

假设 4.4 考虑产品销售价格和品牌商誉对绿色产品的市场需求具有影响作用。EI Ouardighi[241] 认为市场需求受价格因素和非价格因素的影响，可以采用分离相乘的形式进行表示。因此，将绿色产品的市场需求函数表示为：

$$D(t) = \theta G(t)[Q - \beta p(t)] \tag{4.3}$$

其中，$D(t)$ 表示 t 时刻绿色产品的市场需求；$Q>0$ 表示绿色产品的潜在市场需求；$p(t)$ 表示 t 时刻绿色产品的销售价格；$\theta>0$ 表示消费者绿色品牌偏好系数；$\beta>0$ 表示需求价格弹性系数。另外，为保证绿色产品需求不为负值，不妨假设 $0<p(t)<Q/\beta$。

假设 4.5 制造商和零售商在任意时刻均具有相同的贴现率，记为 $\rho(\rho>0)$。

假设 4.6 假设社会福利 $SW(t)$ 由制造商利润最优值 $V_M(t)$、零售商利润最优值 $V_R(t)$、消费者剩余 $CS(t)$ 和环境效益 $EI(t)$ 四个部分构成，即 $SW(t) = V_M(t) + V_R(t) + CS(t) + EI(t)$。参考曹裕等[191]关于环境效益的设定，假设 $EI(t) = g(t)D(t)$ 表示 t 时刻环境质量的改进程度，即环境效益。消费者剩余 $CS(t) = \int_{p_{mkt}(t)}^{p_{max}(t)} D(t)\mathrm{d}p(t) = \dfrac{D(t)^2}{2\beta\theta G(t)}$，其中 $p_{mkt}(t) = \dfrac{Q}{\beta} - \dfrac{D(t)}{\beta\theta G(t)}$ 表示 t 时刻该绿色产品的市场销售价格，$p_{max}(t) = \dfrac{Q}{\beta}$ 表示 t 时刻消费者愿意为该绿色产品支付的最高价格。

为方便书写，模型部分将 t 省略。

4.3 模型构建与求解

4.3.1 转售模式—独立广告模型

在转售模式—独立广告模型（用上标 RN 表示，简写为 RN 模型）中，制造商和零售商选择转售模式，并且采取独立广告。具体来说，制造商作为领导者，首先以自身利润最大化为目标决策绿色产品的批发价格 w、绿色技术投资水平 Z 和广告投资水平 A，然后零售商作为跟随者，以自身利润最大化为目标决策产品的销售价格 p 和广告投资水平 S。因此，在 RN 模型中，制造商和零售商的决策目标函数分别为：

$$\max_{w,Z,A} J_M = \int_0^\infty e^{-\rho t}\left[w\theta G(Q-\beta p) - k_Z Z^2/2 - k_A A^2/2\right]\mathrm{d}t \tag{4.4}$$

$$\max_{p,S} J_R = \int_0^\infty e^{-\rho t}\left[(p-w)\theta G(Q-\beta p) - k_S S^2/2\right]\mathrm{d}t \tag{4.5}$$

命题 4.1 在 RN 模型中，有：

（1）最优批发价格和销售价格分别为 $w^{\mathrm{RN}^*} = \dfrac{Q}{2\beta}$ 和 $p^{\mathrm{RN}^*} = \dfrac{3Q}{4\beta}$，制造商的最优绿色技术投资水平为 $Z^{\mathrm{RN}^*} = \dfrac{\theta\gamma\lambda Q^2}{8\beta k_{\mathrm{Z}}(\delta+\rho)(\varepsilon+\rho)}$，制造商的最优广告投资水平为 $A^{\mathrm{RN}^*} = \dfrac{\theta\varphi Q^2}{8\beta k_{\mathrm{A}}(\varepsilon+\rho)}$，零售商的最优广告投资水平为 $S^{\mathrm{RN}^*} = \dfrac{\theta\phi Q^2}{16\beta k_{\mathrm{S}}(\varepsilon+\rho)}$。

（2）产品绿色度的最优轨迹为：

$$g^{\mathrm{RN}^*} = g_\infty^{\mathrm{RN}^*} + (g_0 - g_\infty^{\mathrm{RN}^*})e^{-\delta t} \tag{4.6}$$

其中，$g_\infty^{\mathrm{RN}^*} = \dfrac{\theta\lambda\gamma^2 Q^2}{8\beta\delta k_{\mathrm{Z}}(\delta+\rho)(\varepsilon+\rho)}$ 为 RN 模型下产品绿色度的稳态值。

（3）品牌商誉的最优轨迹为：

$$G^{\mathrm{RN}^*} = \left[G_0 - G_\infty^{\mathrm{RN}^*} - \frac{\lambda(g_0 - g_\infty^{\mathrm{RN}^*})}{\varepsilon-\delta}\right]e^{-\varepsilon t} + \frac{\lambda(g_0 - g_\infty^{\mathrm{RN}^*})}{\varepsilon-\delta}e^{-\delta t} + G_\infty^{\mathrm{RN}^*} \tag{4.7}$$

其中，$G_\infty^{\mathrm{RN}^*} = \dfrac{\theta\alpha^2(\phi^2 k_{\mathrm{A}} + 2\varphi^2 k_{\mathrm{S}})}{16\beta\varepsilon k_{\mathrm{A}} k_{\mathrm{S}}(\varepsilon+\rho)} + \dfrac{\lambda g_\infty^{\mathrm{RN}}}{\varepsilon}$ 为 RN 模型下品牌商誉的稳态值。

（4）制造商、零售商和绿色供应链系统的利润最优值函数分别为：

$$V_{\mathrm{M}}^{\mathrm{RN}^*} = a_1^{\mathrm{RN}^*} g^{\mathrm{RN}^*} + a_2^{\mathrm{RN}^*} G^{\mathrm{RN}^*} + a_3^{\mathrm{RN}^*} \tag{4.8}$$

$$V_{\mathrm{R}}^{\mathrm{RN}^*} = a_4^{\mathrm{RN}^*} g^{\mathrm{RN}^*} + a_5^{\mathrm{RN}^*} G^{\mathrm{RN}^*} + a_6^{\mathrm{RN}^*} \tag{4.9}$$

$$V_{\mathrm{SC}}^{\mathrm{RN}^*} = V_{\mathrm{M}}^{\mathrm{RN}^*} + V_{\mathrm{R}}^{\mathrm{RN}^*} \tag{4.10}$$

其中，$a_1^{\mathrm{RN}^*} = \dfrac{\theta\lambda Q^2}{8\beta(\delta+\rho)(\varepsilon+\rho)}$，$a_2^{\mathrm{RN}^*} = \dfrac{\theta Q^2}{8\beta(\varepsilon+\rho)}$，$a_3^{\mathrm{RN}^*} = \dfrac{\theta^2 Q^4\gamma^2\lambda^2}{128\beta^2\rho k_{\mathrm{Z}}(\delta+\rho)^2(\varepsilon+\rho)^2} + \dfrac{\theta^2 Q^4\phi^2}{128\beta^2\rho k_{\mathrm{S}}(\varepsilon+\rho)^2} + \dfrac{\theta^2 Q^4\varphi^2}{128\beta^2\rho k_{\mathrm{A}}(\varepsilon+\rho)^2}$，$a_4^{\mathrm{RN}^*} = \dfrac{\theta\lambda Q^2}{16\beta(\delta+\rho)(\varepsilon+\rho)}$，$a_5^{\mathrm{RN}^*} = \dfrac{\theta Q^2}{16\beta(\varepsilon+\rho)}$，$a_6^{\mathrm{RN}^*} = \dfrac{\theta^2 Q^4\gamma^2\lambda^2}{128\beta^2\rho k_{\mathrm{Z}}(\delta+\rho)^2(\varepsilon+\rho)^2} + \dfrac{\theta^2 Q^4\phi^2}{512\beta^2\rho k_{\mathrm{S}}(\varepsilon+\rho)^2} + \dfrac{\theta^2 Q^4\varphi^2}{128\beta^2\rho k_{\mathrm{A}}(\varepsilon+\rho)^2}$。

证明：分别用 $V_{\mathrm{M}}^{\mathrm{RN}}$ 和 $V_{\mathrm{R}}^{\mathrm{RN}}$ 表示 RN 模型下制造商和零售商的利润最优值函数。采用逆向归纳法求解，根据式（4.5）可得 $V_{\mathrm{R}}^{\mathrm{RN}}$ 对于任意的 $g \geqslant 0$ 和 $G \geqslant 0$ 均满足 HJB 方程：

$$\rho V_{\mathrm{R}}^{\mathrm{RN}} = \max_{p,S}\left[\begin{array}{l}(p-w)\theta G(Q-\beta p) - k_{\mathrm{S}}S^2/2 + V_{\mathrm{R}}^{\mathrm{RN}'}(g)(\gamma Z - \delta g) \\ + V_{\mathrm{R}}^{\mathrm{RN}'}(G)(\varphi A + \phi S + \lambda g - \varepsilon G)\end{array}\right] \tag{4.11}$$

显然，式（4.11）是关于 p 和 S 的凹函数，由一阶条件可得：

$$p^{\mathrm{RN}} = \frac{Q+\beta w}{2\beta}, \ S^{\mathrm{RN}} = \frac{\phi V_{\mathrm{R}}^{\mathrm{RN}'}(G)}{k_{\mathrm{S}}} \tag{4.12}$$

根据式（4.4）可知，制造商的利润最优值函数 $V_{\mathrm{M}}^{\mathrm{RN}}$ 对于任意的 $g \geqslant 0$ 和 $G \geqslant 0$ 均满足 HJB 方程：

$$\rho V_{\mathrm{M}}^{\mathrm{RN}} = \max_{w,Z,A} \begin{bmatrix} w\theta G(Q - \beta p) - k_Z Z^2/2 - k_A A^2/2 + V_{\mathrm{M}}^{\mathrm{RN}'}(g)(\gamma Z - \delta g) \\ + V_{\mathrm{M}}^{\mathrm{RN}'}(G)(\varphi A + \phi S + \lambda g - \varepsilon G) \end{bmatrix} \tag{4.13}$$

将（4.12）代入式（4.13）中化简，然后得出式（4.13）是关于 w、Z 和 A 的凹函数，由一阶条件可得：

$$w^{\mathrm{RN}} = \frac{Q}{2\beta}, \quad Z^{\mathrm{RN}} = \frac{\gamma V_{\mathrm{M}}^{\mathrm{RN}'}(g)}{k_Z}, \quad A^{\mathrm{RN}} = \frac{\varphi V_{\mathrm{M}}^{\mathrm{RN}'}(G)}{k_A} \tag{4.14}$$

将式（4.14）中的 $w^{\mathrm{RN}} = \frac{Q}{2\beta}$ 代入 $p^{\mathrm{RN}} = \frac{Q + \beta w}{2\beta}$ 中可得 $p^{\mathrm{RN}} = \frac{3Q}{4\beta}$。随后将 $p^{\mathrm{RN}} = \frac{3Q}{4\beta}$、式（4.12）和式（4.14）代入式（4.11）和式（4.13）中，化简整理可得：

$$\rho V_{\mathrm{R}}^{\mathrm{RN}} = [\lambda V_{\mathrm{R}}^{\mathrm{RN}'}(G) - \delta V_{\mathrm{R}}^{\mathrm{RN}'}(g)]g + \left(\frac{Q^2\theta}{16\beta} - \varepsilon V_{\mathrm{R}}^{\mathrm{RN}'}(G)\right)G$$
$$+ \frac{\gamma^2 V_{\mathrm{M}}^{\mathrm{RN}'}(g) V_{\mathrm{R}}^{\mathrm{RN}'}(g)}{k_Z} + \frac{\varphi^2 V_{\mathrm{M}}^{\mathrm{RN}'}(G) V_{\mathrm{R}}^{\mathrm{RN}'}(G)}{k_A} + \frac{\phi^2 V_{\mathrm{R}}^{\mathrm{RN}'}(G)^2}{2k_S} \tag{4.15}$$

$$\rho V_{\mathrm{M}}^{\mathrm{RN}} = [\lambda V_{\mathrm{M}}^{\mathrm{RN}'}(G) - \delta V_{\mathrm{M}}^{\mathrm{RN}'}(g)]g + \left(\frac{Q^2\theta}{8\beta} - \varepsilon V_{\mathrm{M}}^{\mathrm{RN}'}(G)\right)G$$
$$+ \frac{\gamma^2 V_{\mathrm{M}}^{\mathrm{RN}'}(g)^2}{2k_Z} + \frac{\varphi^2 V_{\mathrm{M}}^{\mathrm{RN}'}(G)^2}{2k_A} + \frac{\phi^2 V_{\mathrm{M}}^{\mathrm{RN}'}(G) V_{\mathrm{R}}^{\mathrm{RN}'}(G)}{k_S} \tag{4.16}$$

根据式（4.15）和式（4.16）的形式结构，可以推测出关于 g 和 G 的线性函数是 HJB 方程式（4.11）和式（4.13）的解。令：

$$V_{\mathrm{M}}^{\mathrm{RN}} = a_1^{\mathrm{RN}}g + a_2^{\mathrm{RN}}G + a_3^{\mathrm{RN}}, \quad V_{\mathrm{R}}^{\mathrm{RN}} = a_4^{\mathrm{RN}}g + a_5^{\mathrm{RN}}G + a_6^{\mathrm{RN}} \tag{4.17}$$

其中，$a_1^{\mathrm{RN}} \sim a_6^{\mathrm{RN}}$ 为未知常数。

将式（4.17）分别求 g 和 G 的一阶偏导数，可得：

$$V_{\mathrm{M}}^{\mathrm{RN}'}(g) = a_1^{\mathrm{RN}}, \quad V_{\mathrm{M}}^{\mathrm{RN}'}(G) = a_2^{\mathrm{RN}}, \quad V_{\mathrm{R}}^{\mathrm{RN}'}(g) = a_4^{\mathrm{RN}}, \quad V_{\mathrm{R}}^{\mathrm{RN}'}(G) = a_5^{\mathrm{RN}} \tag{4.18}$$

将式（4.18）分别代入式（4.15）和式（4.16）中，根据恒等关系可以确定参数 $a_1^{\mathrm{RN}^*} \sim a_6^{\mathrm{RN}^*}$。然后将 $a_1^{\mathrm{RN}^*} \sim a_6^{\mathrm{RN}^*}$ 代入式（4.17）可得 $V_{\mathrm{M}}^{\mathrm{RN}^*}$ 和 $V_{\mathrm{R}}^{\mathrm{RN}^*}$，如式（4.8）和式（4.9）所示。紧接着，将 $a_1^{\mathrm{RN}^*} \sim a_6^{\mathrm{RN}^*}$ 代入式（4.12）和式（4.14）中可得均衡策略 w^{RN^*}、Z^{RN^*}、A^{RN^*}、p^{RN^*} 和 S^{RN^*}。最后，将均衡策略代入式（4.1）和式（4.2）中，进一步计算可得产品绿色度和品牌商誉的最优轨迹，如式（4.6）和式（4.7）所示。证毕。

4.3.2 转售模式—联合广告模型

在转售模式—联合广告模型（用上标 RY 表示，简写为 RY 模型）中，制造商和零售商选择转售模式，并且采取联合广告，即制造商分担零售商一定比例（记为 μ，$0 \leqslant \mu \leqslant 1$）的广告投资成本，同时零售商分担制造商一定比例（记为 η，$0 \leqslant \eta \leqslant 1$）的广告投资成本。决策顺序：首先制造商决策其为零售商分担的广告投资成本比例 μ，同时零售商决策其为制造商分担的广告投资成本比例 η；然后制造商决策产品批发价格 w、绿色技术投资水平 Z 及其广告投资水平 A；最后零售商决策产品销售价格 p 及其广告投资水平 S。因此在 RY 模型中，制造商和零售商的决策目标函数分别为：

$$\max_{w,Z,A,\mu} J_M = \int_0^\infty e^{-\rho t} \left[w\theta G(Q-\beta p) - k_Z Z^2/2 - (1-\eta)k_A A^2/2 - \mu k_S S^2/2 \right] \mathrm{d}t \quad (4.19)$$

$$\max_{p,S,\eta} J_R = \int_0^\infty e^{-\rho t} \left[(p-w)\theta G(Q-\beta p) - (1-\mu)k_S S^2/2 - \eta k_A A^2/2 \right] \mathrm{d}t \quad (4.20)$$

命题 4.2 在 RY 模型中，有：

（1）最优批发价格和销售价格分别为 $w^{RY^*} = \dfrac{Q}{2\beta}$ 和 $p^{RY^*} = \dfrac{3Q}{4\beta}$，制造商的最优绿色技术投资水平为 $Z^{RY^*} = \dfrac{\theta\gamma\lambda Q^2}{8\beta k_Z(\delta+\rho)(\varepsilon+\rho)}$，制造商和零售商的最优广告投资水平分别为 $A^{RY^*} = \dfrac{\theta\varphi Q^2}{8\beta k_A(\varepsilon+\rho)}$ 和 $S^{RY^*} = \dfrac{5\theta\phi Q^2}{32\beta k_S(\varepsilon+\rho)}$，制造商为零售商分担的广告投资成本比例为 $\mu^{RY^*} = \dfrac{3}{5}$，零售商为制造商分担的广告投资成本比例为 $\eta^{RY^*} = 0$。

（2）产品绿色度的最优轨迹为：

$$g^{RY^*} = g_\infty^{RY^*} + (g_0 - g_\infty^{RY^*})e^{-\delta t} \quad (4.21)$$

其中，$g_\infty^{RY^*} = \dfrac{\theta\lambda\gamma^2 Q^2}{8\beta\delta k_Z(\delta+\rho)(\varepsilon+\rho)}$ 为 RY 模型下产品绿色度的稳态值。

（3）品牌商誉的最优轨迹为：

$$G^{RY^*} = \left[G_0 - G_\infty^{RY^*} - \frac{\lambda(g_0 - g_\infty^{RY^*})}{\varepsilon-\delta} \right] e^{-\varepsilon t} + \frac{\lambda(g_0 - g_\infty^{RY^*})}{\varepsilon-\delta} e^{-\delta t} + G_\infty^{RY^*} \quad (4.22)$$

其中，$G_\infty^{RY^*} = \dfrac{\theta Q^2(5\phi^2 k_A + 4\varphi^2 k_S)}{32\beta\varepsilon k_A k_S(\varepsilon+\rho)} + \dfrac{\lambda g_\infty^{RY^*}}{\varepsilon}$ 为 RY 模型下品牌商誉的稳态值。

（4）制造商、零售商和绿色供应链系统的利润最优值函数分别为：

$$V_M^{RY^*} = a_1^{RY^*} g^{RY^*} + a_2^{RY^*} G^{RY^*} + a_3^{RY^*} \quad (4.23)$$

$$V_R^{RY^*} = a_4^{RY^*} g^{RY^*} + a_5^{RY^*} G^{RY^*} + a_6^{RY^*} \quad (4.24)$$

$$V_{SC}^{RY^*} = V_M^{RY^*} + V_R^{RY^*} \quad (4.25)$$

其中，$a_1^{RY^*} = \dfrac{\theta\lambda Q^2}{8\beta(\delta+\rho)(\varepsilon+\rho)}$，$a_2^{RY^*} = \dfrac{\theta Q^2}{8\beta(\varepsilon+\rho)}$，$a_3^{RY^*} = \dfrac{\theta^2 Q^4\gamma^2\lambda^2}{128\beta^2\rho k_Z(\delta+\rho)^2(\varepsilon+\rho)^2}$

$$+\frac{25\theta^2 Q^4\phi^2}{2048\beta^2\rho k_S(\varepsilon+\rho)^2}+\frac{\theta^2 Q^4\varphi^2}{128\beta^2\rho k_A(\varepsilon+\rho)^2},\ a_4^{RY^*}=\frac{\theta\lambda Q^2}{16\beta(\delta+\rho)(\varepsilon+\rho)},\ a_5^{RY^*}=\frac{\theta Q^2}{16\beta(\varepsilon+\rho)},$$

$$a_6^{RY^*}=\frac{\theta^2 Q^4\gamma^2\lambda^2}{128\beta^2\rho k_Z(\delta+\rho)^2(\varepsilon+\rho)^2}+\frac{5\theta^2 Q^4\phi^2}{1024\beta^2\rho k_S(\varepsilon+\rho)^2}+\frac{\theta^2 Q^4\varphi^2}{128\beta^2\rho k_A(\varepsilon+\rho)^2}。$$

证明：见本书附录 B。

4.3.3 平台模式—独立广告模型

在平台模式—独立广告模型（用上标 PN 表示，简写为 PN 模型）中，制造商和零售商选择平台模式，并且采取独立广告。在平台模式下，零售商为交易双方提供交易平台，并且按照制造商的销售收入收取一定比例 τ 的佣金，但是制造商具有销售环节的产品定价权。决策顺序：首先制造商以自身利润最大化为目标来决策销售价格 p、绿色技术投资水平 Z 和广告投资水平 A，然后零售商以自身利润最大化为目标来决策广告投资水平 S。因此在 PN 模型下，制造商和零售商的决策目标函数分别为：

$$\max_{p,Z,A}J_M=\int_0^\infty e^{-\rho t}\left[(1-\tau)p\theta G(Q-\beta p)-k_Z Z^2/2-k_A A^2/2\right]\mathrm{d}t \tag{4.26}$$

$$\max_S J_R=\int_0^\infty e^{-\rho t}\left[\tau p\theta G(Q-\beta p)-k_S S^2/2\right]\mathrm{d}t \tag{4.27}$$

命题 4.3 在 PN 模型中，有：

（1）绿色产品的最优销售价格为 $p^{PN^*}=\dfrac{Q}{2\beta}$，制造商的最优绿色技术投资水平为

$Z^{PN^*}=\dfrac{\theta\gamma\lambda Q^2(1-\tau)}{4\beta k_Z(\delta+\rho)(\varepsilon+\rho)}$，制造商的最优广告投资水平为 $A^{PN^*}=\dfrac{\theta\varphi Q^2(1-\tau)}{4\beta k_A(\varepsilon+\rho)}$，零售商

的最优广告投资水平为 $S^{PN^*}=\dfrac{\tau\theta\phi Q^2}{4\beta k_S(\varepsilon+\rho)}$。

（2）产品绿色度的最优轨迹为：

$$g^{PN^*}=g_\infty^{PN^*}+(g_0-g_\infty^{PN^*})e^{-\delta t} \tag{4.28}$$

其中，$g_\infty^{PN^*}=\dfrac{\theta\lambda\gamma^2 Q^2(1-\tau)}{4\beta\delta k_Z(\delta+\rho)(\varepsilon+\rho)}$ 为 PN 模型下产品绿色度的稳态值。

（3）品牌商誉的最优轨迹为：

$$G^{PN^*}=\left[G_0-G_\infty^{PN^*}-\frac{\lambda(g_0-g_\infty^{PN^*})}{\varepsilon-\delta}\right]e^{-\varepsilon t}+\frac{\lambda(g_0-g_\infty^{PN^*})}{\varepsilon-\delta}e^{-\delta t}+G_\infty^{PN^*} \tag{4.29}$$

其中，$G_\infty^{PN^*}=\dfrac{\theta\alpha^2\left[\tau\phi^2 k_A+(1-\tau)\varphi^2 k_S\right]}{4\beta\varepsilon k_A k_S(\varepsilon+\rho)}+\dfrac{\lambda g_\infty^{PN^*}}{\varepsilon}$ 为 PN 模型下品牌商誉的稳态值。

（4）制造商、零售商和绿色供应链系统的利润最优值函数分别为：

$$V_{\mathrm{M}}^{\mathrm{PN}^*} = a_1^{\mathrm{PN}^*} g^{\mathrm{PN}^*} + a_2^{\mathrm{PN}^*} G^{\mathrm{PN}^*} + a_3^{\mathrm{PN}^*} \tag{4.30}$$

$$V_{\mathrm{R}}^{\mathrm{PN}^*} = a_4^{\mathrm{PN}^*} g^{\mathrm{PN}^*} + a_5^{\mathrm{PN}^*} G^{\mathrm{PN}^*} + a_6^{\mathrm{PN}^*} \tag{4.31}$$

$$V_{\mathrm{SC}}^{\mathrm{PN}^*} = V_{\mathrm{M}}^{\mathrm{PN}^*} + V_{\mathrm{R}}^{\mathrm{PN}^*} \tag{4.32}$$

其中，$a_1^{\mathrm{PN}^*} = \dfrac{\theta \lambda Q^2 (1-\tau)}{4\beta(\delta+\rho)(\varepsilon+\rho)}$，$a_2^{\mathrm{PN}^*} = \dfrac{\theta Q^2(1-\tau)}{4\beta(\varepsilon+\rho)}$，$a_3^{\mathrm{PN}^*} = \dfrac{\theta^2 Q^4 (1-\tau)^2 \gamma^2 \lambda^2}{32\beta^2 \rho k_Z (\delta+\rho)^2 (\varepsilon+\rho)^2}$

$+ \dfrac{\theta^2 Q^4 \tau(1-\tau)\phi^2}{16\beta^2 \rho k_S (\varepsilon+\rho)^2} + \dfrac{\theta^2 Q^4 (1-\tau)^2 \varphi^2}{32\beta^2 \rho k_A (\varepsilon+\rho)^2}$，$a_4^{\mathrm{PN}^*} = \dfrac{\tau \theta \lambda Q^2}{4\beta(\delta+\rho)(\varepsilon+\rho)}$，$a_5^{\mathrm{PN}^*} = \dfrac{\tau \theta Q^2}{4\beta(\varepsilon+\rho)}$，

$a_6^{\mathrm{PN}^*} = \dfrac{\theta^2 Q^4 \gamma^2 \lambda^2 \tau(1-\tau)}{16\beta^2 \rho k_Z (\delta+\rho)^2 (\varepsilon+\rho)^2} + \dfrac{\tau^2 \theta^2 Q^4 \phi^2}{32\beta^2 \rho k_S (\varepsilon+\rho)^2} + \dfrac{\theta^2 Q^4 \varphi^2 \tau(1-\tau)}{16\beta^2 \rho k_A (\varepsilon+\rho)^2}$。

证明：见本书附录 B。

4.3.4 平台模式—联合广告模型

在平台模式—联合广告模型（用上标 PY 表示，简写为 PY 模型）中，制造商和零售商选择平台模式，并且采取联合广告，即制造商分担零售商一定比例（记为 μ，$0 \leqslant \mu \leqslant 1$）的广告投资成本，同时零售商分担制造商一定比例（记为 η，$0 \leqslant \eta \leqslant 1$）的广告投资成本。决策顺序：首先制造商决策其为零售商分担的广告投资成本比例 μ，同时零售商决策其为制造商分担的广告投资成本比例 η，然后制造商决策绿色产品的销售价格 p、绿色技术投资水平 Z 和广告投资水平 A，最后零售商决策广告投资水平 S。因此在 PY 模型中，制造商和零售商的决策目标函数分别为：

$$\max_{p,Z,A,\mu} J_{\mathrm{M}} = \int_0^\infty e^{-\rho t} \left[(1-\tau) p \theta G(Q-\beta p) - k_Z Z^2/2 - (1-\eta) k_A A^2/2 - \mu k_S S^2/2 \right] \mathrm{d}t \tag{4.33}$$

$$\max_{S,\eta} J_{\mathrm{R}} = \int_0^\infty e^{-\rho t} \left[\tau p \theta G(Q-\beta p) - (1-\mu) k_S S^2/2 - \eta k_A A^2/2 \right] \mathrm{d}t \tag{4.34}$$

命题 4.4 在 PY 模型中，有：

（1）绿色产品的最优销售价格为 $p^{\mathrm{PY}^*} = \dfrac{Q}{2\beta}$，制造商的最优绿色技术投资水平为

$Z^{\mathrm{PY}^*} = \dfrac{\theta \gamma \lambda Q^2 (1-\tau)}{4\beta k_Z (\delta+\rho)(\varepsilon+\rho)}$，制造商的最优广告投资水平为 $A^{\mathrm{PY}^*} = \dfrac{\theta \varphi Q^2 (1+\tau)}{8\beta k_A (\varepsilon+\rho)}$，零售商

的最优广告投资水平为 $S^{\mathrm{PY}^*} = \dfrac{\theta \phi Q^2 (2-\tau)}{8\beta k_S (\varepsilon+\rho)}$，制造商为零售商分担的广告投资成本比例为

$\mu^{\mathrm{PY}^*} = \dfrac{2-3\tau}{2-\tau}$，零售商为制造商分担的广告投资成本比例为 $\eta^{\mathrm{PY}^*} = \dfrac{3\tau-1}{1+\tau}$。

（2）产品绿色度的最优轨迹为：

$$g^{PY^*} = g_\infty^{PY^*} + (g_0 - g_\infty^{PY^*})e^{-\delta t} \tag{4.35}$$

其中，$g_\infty^{PY^*} = \dfrac{\theta \lambda \gamma^2 Q^2 (1-\tau)}{4\beta \delta k_Z (\delta + \rho)(\varepsilon + \rho)}$ 为 PY 模型下产品绿色度的稳态值。

（3）品牌商誉的最优轨迹为：

$$G^{PY^*} = \left[G_0 - G_\infty^{PY^*} - \frac{\lambda(g_0 - g_\infty^{PY^*})}{\varepsilon - \delta} \right]e^{-\varepsilon t} + \frac{\lambda(g_0 - g_\infty^{PY^*})}{\varepsilon - \delta}e^{-\delta t} + G_\infty^{PY^*} \tag{4.36}$$

其中，$G_\infty^{PY^*} = \dfrac{\theta \alpha^2 [(2-\tau)\phi^2 k_A + (1+\tau)\varphi^2 k_S]}{8\beta \varepsilon k_A k_S (\varepsilon + \rho)} + \dfrac{\lambda g_\infty^{PY^*}}{\varepsilon}$ 为 PY 模型下品牌商誉的稳态值。

（4）制造商、零售商和绿色供应链系统的利润最优值函数分别为：

$$V_M^{PY^*} = a_1^{PY^*} g^{PY^*} + a_2^{PY^*} G^{PY^*} + a_3^{PY^*} \tag{4.37}$$

$$V_R^{PY^*} = a_4^{PY^*} g^{PY^*} + a_5^{PY^*} G^{PY^*} + a_6^{PY^*} \tag{4.38}$$

$$V_{SC}^{PY^*} = V_M^{PY^*} + V_R^{PY^*} \tag{4.39}$$

其中，$a_1^{PN^*} = \dfrac{\theta \lambda Q^2 (1-\tau)}{4\beta(\delta + \rho)(\varepsilon + \rho)}$，$a_2^{PN^*} = \dfrac{\theta Q^2 (1-\tau)}{4\beta(\varepsilon + \rho)}$，$a_3^{PN^*} = \dfrac{\theta^2 Q^4 \gamma^2 \lambda^2 (1-\tau)^2}{32\beta^2 k_Z (\delta + \rho)^2 (\varepsilon + \rho)^2}$

$+ \dfrac{\theta^2 Q^4 \phi^2 (2-\tau)^2}{128\beta^2 \rho k_S (\varepsilon + \rho)^2} + \dfrac{\theta^2 Q^4 (1-\tau^2)\varphi^2}{64\beta^2 \rho k_A (\varepsilon + \rho)^2}$，$a_4^{PN^*} = \dfrac{\tau \theta \lambda Q^2}{4\beta(\delta + \rho)(\varepsilon + \rho)}$，$a_5^{PN^*} = \dfrac{\theta \tau Q^2}{4\beta(\varepsilon + \rho)}$，

$a_6^{PN^*} = \dfrac{\theta^2 Q^4 \gamma^2 \lambda^2 \tau(1-\tau)}{16\beta^2 \rho k_Z (\delta + \rho)^2 (\varepsilon + \rho)^2} + \dfrac{\theta^2 Q^4 \phi^2 \tau(2-\tau)}{64\beta^2 \rho k_S (\varepsilon + \rho)^2} + \dfrac{\theta^2 Q^4 \varphi^2 (1+\tau)^2}{128\beta^2 \rho k_A (\varepsilon + \rho)^2}$。

证明：见本书附录 B。

从命题 4.4 中可以看出，在 PY 模型中，由于 $\mu^{PY^*} = \dfrac{2-3\tau}{2-\tau}$，$\eta^{PY^*} = \dfrac{3\tau-1}{1+\tau}$，所以要想使 $\mu^{PY^*} > 0$ 和 $\eta^{PY^*} > 0$，则必须满足 $\dfrac{1}{3} < \tau < \dfrac{2}{3}$。这意味着在 PY 模型中，制造商和零售商互相分担彼此的广告投资成本的前提条件是 $\dfrac{1}{3} < \tau < \dfrac{2}{3}$。

4.4 对比分析

本节通过对比 RN 模型、RY 模型、PN 模型和 PY 模型下制造商和零售商各自的均衡策略、产品绿色度、品牌商誉、制造商利润以及零售商利润，得到如下推论。

推论 4.1 RN 模型和 RY 模型下的均衡策略、产品绿色度、品牌商誉、制造商利润以及零售商利润对比关系如下：

（1）$p^{RN^*} = p^{RY^*}$，$Z^{RN^*} = Z^{RY^*}$，$A^{RN^*} = A^{RY^*}$，$S^{RY^*} > S^{RN^*}$。

(2) $g_{\infty}^{\mathrm{RN}^*} = g_{\infty}^{\mathrm{RY}^*}$，$G_{\infty}^{\mathrm{RY}^*} > G_{\infty}^{\mathrm{RN}^*}$。

(3) $V_{\mathrm{M}}^{\mathrm{RY}^*} > V_{\mathrm{M}}^{\mathrm{RN}^*}$，$V_{\mathrm{R}}^{\mathrm{RY}^*} > V_{\mathrm{R}}^{\mathrm{RN}^*}$。

证明：根据命题 4.1 和命题 4.2，显然有 $p^{\mathrm{RN}^*} = p^{\mathrm{RY}^*}$，$Z^{\mathrm{RN}^*} = Z^{\mathrm{RY}^*}$，$A^{\mathrm{RN}^*} = A^{\mathrm{RY}^*}$，

$g_{\infty}^{\mathrm{RN}^*} = g_{\infty}^{\mathrm{RY}^*}$；由于 $S^{\mathrm{RY}^*} - S^{\mathrm{RN}^*} = \dfrac{3\theta\phi Q^2}{32\beta k_{\mathrm{S}}(\varepsilon + \rho)} > 0$，$G_{\infty}^{\mathrm{RY}^*} - G_{\infty}^{\mathrm{RN}^*} = \dfrac{3\theta Q^2 \phi^2}{32\beta k_{\mathrm{S}}(\varepsilon + \rho)} > 0$，

所以可以得到 $S^{\mathrm{RY}^*} > S^{\mathrm{RN}^*}$，$G_{\infty}^{\mathrm{RY}} > G_{\infty}^{\mathrm{RN}}$；进一步，由于 $V_{\mathrm{M}}^{\mathrm{RY}^*} - V_{\mathrm{M}}^{\mathrm{RN}^*} = \dfrac{(G_{\infty}^{\mathrm{RY}^*} - G_{\infty}^{\mathrm{RN}^*})\theta Q^2}{8\beta(\varepsilon + \rho)}$

$+ \dfrac{9\theta^2 Q^4 \phi^2}{2048\beta^2 \rho k_{\mathrm{S}}(\varepsilon + \rho)^2} > 0$，$V_{\mathrm{R}}^{\mathrm{RY}^*} - V_{\mathrm{R}}^{\mathrm{RN}^*} = \dfrac{(G_{\infty}^{\mathrm{RY}^*} - G_{\infty}^{\mathrm{RN}^*})\theta Q^2}{16\beta(\varepsilon + \rho)} + \dfrac{3\theta Q^4 \phi^2}{1024\beta^2 \rho k_{\mathrm{S}}(\varepsilon + \rho)^2} > 0$，所

以 $V_{\mathrm{M}}^{\mathrm{RY}^*} > V_{\mathrm{M}}^{\mathrm{RN}^*}$，$V_{\mathrm{R}}^{\mathrm{RY}^*} > V_{\mathrm{R}}^{\mathrm{RN}^*}$。证毕。

推论 4.1 说明，在转售模式下，与独立广告相比，当制造商和零售商进行联合广告时，绿色产品的销售价格、制造商的绿色技术投资水平和广告投资水平，以及产品绿色度并不改变。结合命题 4.2 中 $\mu^{\mathrm{RY}^*} = \dfrac{3}{5}$ 和 $\eta^{\mathrm{RY}^*} = 0$ 可以发现，在转售模式下，若制造商和零售商采取联合广告，由于绿色产品的定价权在零售商手中，而非制造商手中，所以零售商并无动机分担制造商的广告投资成本，相反制造商为了激励零售商加大广告宣传，愿意为零售商分担部分广告投资成本。由此，联合广告能够促进零售商提高广告投资水平，进而使绿色产品的品牌商誉提升，以及制造商利润和零售商利润增加。可以看出，转售模式下联合广告的本质是制造商单方面分担零售商的广告投资成本，激励零售商增加广告投资。

推论 4.2 PN 模型和 PY 模型下的均衡策略、产品绿色度、品牌商誉、制造商利润以及零售商利润对比关系如下：

(1) $p^{\mathrm{PN}^*} = p^{\mathrm{PY}^*}$，$Z^{\mathrm{PN}^*} = Z^{\mathrm{PY}^*}$，$A^{\mathrm{PY}^*} > A^{\mathrm{PN}^*}$，$S^{\mathrm{PY}^*} > S^{\mathrm{PN}^*}$。

(2) $g_{\infty}^{\mathrm{PN}^*} = g_{\infty}^{\mathrm{PY}^*}$，$G^{\mathrm{PY}^*} > G^{\mathrm{PN}^*}$。

(3) $V_{\mathrm{M}}^{\mathrm{PY}^*} > V_{\mathrm{M}}^{\mathrm{PN}^*}$，$V_{\mathrm{R}}^{\mathrm{PY}^*} > V_{\mathrm{R}}^{\mathrm{PN}^*}$。

证明：根据命题 4.3 和命题 4.4，显然有 $p^{\mathrm{PN}^*} = p^{\mathrm{PY}^*}$，$Z^{\mathrm{PN}^*} = Z^{\mathrm{PY}^*}$ 以及 $g_{\infty}^{\mathrm{PN}^*} = g_{\infty}^{\mathrm{PY}^*}$；

由于 $A^{\mathrm{PY}^*} - A^{\mathrm{PN}^*} = \dfrac{\theta\varphi Q^2(3\tau - 1)}{8\beta k_{\mathrm{A}}(\varepsilon + \rho)} > 0$，$S^{\mathrm{PY}^*} - S^{\mathrm{PN}^*} = \dfrac{\theta\phi Q^2(2 - 3\tau)}{8\beta k_{\mathrm{S}}(\varepsilon + \rho)} > 0$，所以 $A^{\mathrm{PY}^*} > A^{\mathrm{PN}^*}$，

$S^{\mathrm{PY}^*} > S^{\mathrm{PN}^*}$；由于 $G_{\infty}^{\mathrm{PY}^*} - G_{\infty}^{\mathrm{PN}^*} = \dfrac{\theta Q^2 \left[(2 - 3\tau)\phi^2 k_{\mathrm{A}} + (3\tau - 1)\varphi^2 k_{\mathrm{S}}\right]}{8\beta k_{\mathrm{A}} k_{\mathrm{S}}(\varepsilon + \rho)} > 0$，所以 $G^{\mathrm{PY}^*} > G^{\mathrm{PN}^*}$；

由于 $V_{\mathrm{M}}^{\mathrm{PY}^*} - V_{\mathrm{M}}^{\mathrm{PN}^*} = \dfrac{(G_{\infty}^{\mathrm{PY}^*} - G_{\infty}^{\mathrm{PN}^*})(1 - \tau)\theta Q^2}{4\beta(\varepsilon + \rho)} + \dfrac{Q^4 \theta^2 \left[(2 - 3\tau)^2 \phi^2 k_{\mathrm{A}} + 2(3\tau - 1)(1 - \tau)\varphi^2 k_{\mathrm{S}}\right]}{128\beta^2 \rho k_{\mathrm{A}} k_{\mathrm{S}}(\varepsilon + \rho)^2}$

> 0，$V_{\mathrm{R}}^{\mathrm{PY}^*} - V_{\mathrm{R}}^{\mathrm{PN}^*} = \dfrac{(G_{\infty}^{\mathrm{PY}^*} - G_{\infty}^{\mathrm{PN}^*})\tau\theta Q^2}{4\beta(\varepsilon + \rho)} + \dfrac{Q^4 \theta^2 \left[2\tau\phi^2 k_{\mathrm{A}}(2 - 3\tau) + \varphi^2 k_{\mathrm{S}}(1 - 3\tau)^2\right]}{128\beta^2 \rho k_{\mathrm{A}} k_{\mathrm{S}}(\varepsilon + \rho)^2} > 0$，所以

$V_{\mathrm{M}}^{\mathrm{PY}^*} > V_{\mathrm{M}}^{\mathrm{PN}^*}$，$V_{\mathrm{R}}^{\mathrm{PY}^*} > V_{\mathrm{R}}^{\mathrm{PN}^*}$。证毕。

推论 4.2 说明，在平台模式下，与独立广告相比，当制造商和零售商采取联合广告

时，绿色产品的销售价格、制造商的绿色技术投资水平以及产品绿色度均不改变。结合命题 4.4 中 $\mu^{PY^*} = \dfrac{2-3\tau}{2-\tau}$ 和 $\eta^{PY^*} = \dfrac{3\tau-1}{1+\tau}$ 可以发现，在平台模式下，制造商与零售商互相分担彼此的广告投资成本，可以激励彼此增加广告投资，进而提高品牌商誉，增加制造商利润和零售商利润。

结合推论 4.1 和推论 4.2 可以发现，无论是在转售模式下还是在平台模式下，制造商和零售商都应该选择采取联合广告。联合广告并不会影响绿色产品的销售价格和制造商的绿色技术投资水平，但是可以提高绿色供应链的整体广告投资水平，进而提升品牌商誉，增加绿色供应链成员的经济利润。

推论 4.3 RY 模型和 PY 模型下的均衡策略、产品绿色度、品牌商誉、制造商利润以及零售商利润对比关系如下：

(1) $p^{RY^*} > p^{PY^*}$，$A^{PY^*} > A^{RY^*}$，$S^{PY^*} > S^{RY^*}$。

(2) 当 $\dfrac{1}{3} < \tau < \dfrac{1}{2}$ 时，$Z^{PY^*} > Z^{RY^*}$；当 $\dfrac{1}{2} < \tau < \dfrac{2}{3}$ 时，$Z^{PY^*} < Z^{RY^*}$。

(3) 当 $\dfrac{1}{3} < \tau < \dfrac{1}{2}$ 时，$g_\infty^{PY^*} > g_\infty^{RY^*}$；当 $\dfrac{1}{2} < \tau < \dfrac{2}{3}$ 时，$g_\infty^{PY^*} < g_\infty^{RY^*}$。

(4) $G_\infty^{PY^*}$ 和 $G_\infty^{RY^*}$ 的大小关系与 $g_\infty^{PY^*}$ 和 $g_\infty^{RY^*}$ 的大小关系有关，即当 $\dfrac{1}{3} < \tau < \dfrac{1}{2}$ 时，$G_\infty^{PY^*} > G_\infty^{RY^*}$；当 $\dfrac{1}{2} < \tau < \dfrac{2}{3}$ 时，$G_\infty^{PY^*}$ 和 $G_\infty^{RY^*}$ 的大小关系不确定。

证明：由命题 4.2 和命题 4.4 可得，$p^{RY^*} - p^{PY^*} = \dfrac{Q}{4\beta} > 0$，$A^{PY^*} - A^{RY^*} = \dfrac{\tau\theta\varphi Q^2}{8\beta\delta k_A(\varepsilon+\rho)} > 0$，$S^{PY^*} - S^{RY^*} = \dfrac{\theta\phi Q^2(3-4\tau)}{32\beta k_S(\varepsilon+\rho)} > 0$，所以 $p^{RY^*} > p^{PY^*}$，$A^{PY^*} > A^{RY^*}$，$S^{PY^*} > S^{RY^*}$；进一步，由于 $Z^{PY^*} - Z^{RY^*} = \dfrac{\theta\gamma\lambda Q^2(1-2\tau)}{8\beta k_Z(\delta+\rho)(\varepsilon+\rho)}$，$g_\infty^{PY^*} - g_\infty^{RY^*} = \dfrac{\theta\lambda\gamma^2 Q^2(1-2\tau)}{8\beta\delta k_Z(\delta+\rho)(\varepsilon+\rho)}$，所以当 $\dfrac{1}{3} < \tau < \dfrac{1}{2}$ 时，$Z^{PY^*} - Z^{RY^*} > 0$，$g_\infty^{PY^*} - g_\infty^{RY^*} > 0$，即 $Z^{PY^*} > Z^{RY^*}$ 和 $g_\infty^{PY^*} > g_\infty^{RY^*}$；而当 $\dfrac{1}{2} < \tau < \dfrac{2}{3}$ 时，$Z^{PY^*} - Z^{RY^*} < 0$，$g_\infty^{PY^*} - g_\infty^{RY^*} < 0$，即 $Z^{PY^*} < Z^{RY^*}$ 和 $g_\infty^{PY^*} < g_\infty^{RY^*}$；由于 $G_\infty^{PY^*} - G_\infty^{RY^*} = \dfrac{\theta Q^2\left[(3-4\tau)\phi^2 k_A + \tau\varphi^2 k_S\right]}{32\beta\varepsilon k_A k_S(\varepsilon+\rho)} + \dfrac{\lambda(g_\infty^{PY^*} - g_\infty^{RY^*})}{\varepsilon}$，所以当 $\dfrac{1}{3} < \tau < \dfrac{1}{2}$ 时，必然有 $G_\infty^{PY^*} - G_\infty^{RY^*} > 0$，即 $G_\infty^{PY^*} > G_\infty^{RY^*}$，而当 $\dfrac{1}{2} < \tau < \dfrac{2}{3}$ 时，$G_\infty^{PY^*}$ 和 $G_\infty^{RY^*}$ 的大小关系不确定，但与 $g_\infty^{PY^*}$ 和 $g_\infty^{RY^*}$ 的大小关系有关。证毕。

推论 4.3 说明，当制造商和零售商对联合广告达成一致时，平台模式下的销售价格比转售模式下的低，制造商的广告投资水平和零售商的广告投资水平均比转售模式下的高，但两种销售模式下的绿色技术投资水平的高低与平台模式的佣金比例有关。具体来说，当佣金比例较低时，平台模式下的绿色技术投资水平高于转售模式下的绿色技术投资水平；相反，当佣金比例较高时，平台模式下的绿色技术投资水平低于转售模式下的绿色技术投资水平，这是因为佣金比例的提高导致制造商获得的销售收入比例减少，打击了制造商绿色技术投资的积极性。

4.5　协调契约设计

本节首先研究集中决策模型下的均衡策略和供应链绩效，然后将集中决策模型作为基准模型，分别设计绿色供应链在转售模式和平台模式下的协调契约。

4.5.1　集中决策模型

在集中决策模型（用上标 C 表示，简写为 C 模型）中，制造商和零售商作为一个整体，以绿色供应链系统的利润最大化为目标，共同决策绿色产品的销售价格 p、制造商的绿色技术投资水平 Z 和广告投资水平 A，以及零售商的广告投资水平 S。因此在 C 模型中，绿色供应链系统的决策目标函数为：

$$\max_{p,Z,A,S} J_{SC} = \int_0^\infty e^{-\rho t} \left[p\theta G(Q-\beta p) - k_Z Z^2/2 - k_A A^2/2 - k_S S^2/2 \right] dt \tag{4.40}$$

命题 4.5　在 C 模型中，有：

（1）绿色产品的最优销售价格为 $p^{C^*} = \dfrac{Q}{2\beta}$，制造商的最优绿色技术投资水平为 $Z^{C^*} = \dfrac{Q^2\gamma\theta\lambda}{4\beta k_Z(\delta+\rho)(\varepsilon+\rho)}$，制造商的最优广告投资水平为 $A^{C^*} = \dfrac{Q^2\theta\varphi}{4\beta k_A(\rho+\varepsilon)}$，零售商的最优广告投资水平为 $S^{C^*} = \dfrac{Q^2\theta\phi}{4\beta k_S(\rho+\varepsilon)}$。

（2）产品绿色度的最优轨迹为：

$$g^{C^*} = g_\infty^{C^*} + (g_0 - g_\infty^{C^*})e^{-\delta t} \tag{4.41}$$

其中，$g_\infty^{C^*} = \dfrac{Q^2\gamma^2\theta\lambda}{4\beta k_Z(\delta+\rho)(\varepsilon+\rho)}$ 表示 C 模型下产品绿色度的稳态值。

（3）品牌商誉的最优轨迹为：

$$G^{C^*} = \left[G_0 - G_\infty^{C^*} - \frac{\lambda(g_0 - g_\infty^{C^*})}{\varepsilon-\delta} \right]e^{-\varepsilon t} + \frac{\lambda(g_0 - g_\infty^{C^*})}{\varepsilon-\delta}e^{-\delta t} + G_\infty^{C^*} \tag{4.42}$$

其中，$G_\infty^{C*} = \dfrac{\alpha^2 \theta (\phi^2 k_A + \varphi^2 k_S)}{4\beta \varepsilon k_A k_S (\rho + \varepsilon)} + \dfrac{\lambda g_\infty^{C*}}{\varepsilon}$ 表示 C 模型下品牌商誉的稳态值。

（4）绿色供应链系统的利润最优值函数为：

$$V_{SC}^{C*} = a_1^{C*} g^{C*} + a_2^{C*} G^{C*} + a_3^{C*} \tag{4.43}$$

其中，$a_1^{C*} = \dfrac{Q^2 \theta \lambda}{4\beta(\delta + \rho)(\varepsilon + \rho)}$，$a_2^{C*} = \dfrac{Q^2 \theta}{4\beta(\rho + \varepsilon)}$，$a_3^{C*} = \dfrac{Q^4 \theta^2 \gamma^2 \lambda^2}{32\beta^2 \rho k_Z (\delta + \rho)^2 (\varepsilon + \rho)^2} +$

$\dfrac{Q^4 \theta^2 \phi^2}{32\beta^2 \rho k_S (\varepsilon + \rho)^2} + \dfrac{Q^4 \theta^2 \varphi^2}{32\beta^2 \rho k_A (\varepsilon + \rho)^2}$。

证明：用 V_{SC}^C 表示集中决策模型下绿色供应链系统的利润最优值函数。根据贝尔曼动态最优化原理，由式（4.40）可以得出，绿色供应链系统的利润最优值函数 V_{SC}^C 对于任意的 $g \geqslant 0$ 和 $G \geqslant 0$ 都必须满足 HJB 方程：

$$\rho V_{SC}^C = \max_{p,Z,A,S} \left[\begin{array}{l} p\theta G(Q - \beta p) - k_Z Z^2/2 - k_A A^2/2 - k_S S^2/2 \\ + V_{SC}^{C\prime}(g)(\gamma Z - \delta g) + V_{SC}^{C\prime}(G)(\varphi A + \phi S + \lambda g - \varepsilon G) \end{array} \right] \tag{4.44}$$

根据一阶条件，确定 p、Z、A 和 S 以最大化式（4.44）右端，可得：

$$p^C = \frac{Q}{2\beta}, \quad Z^C = \frac{\gamma V_{SC}^{C\prime}(g)}{k_Z}, \quad A^C = \frac{\varphi V_{SC}^{C\prime}(G)}{k_A}, \quad S^C = \frac{\phi V_{SC}^{C\prime}(G)}{k_S} \tag{4.45}$$

将式（4.45）代入式（4.44）中，化简整理可得：

$$\rho V_{SC}^C = \left[\lambda V_{SC}^{C\prime}(G) - \delta V_{SC}^{C\prime}(g) \right] g + \left[\frac{\theta Q^2}{4\beta} - \varepsilon V_{SC}^{C\prime}(G) \right] G$$

$$+ \frac{\gamma^2 V_{SC}^{C\prime}(g)^2}{2k_Z} + \frac{\varphi^2 V_{SC}^{C\prime}(G)^2}{2k_A} + \frac{\phi^2 V_{SC}^{C\prime}(G)^2}{2k_S} \tag{4.46}$$

根据式（4.46）的形式结构，可以推测出 V_{SC}^C 是关于 g 和 G 的线性函数，所以假设 $V_{SC}^C = a_1^C g + a_2^C G + a_3^C$。显然有，$V_{SC}^{C\prime}(g) = a_1^C$、$V_{SC}^{C\prime}(G) = a_2^C$。然后将 $V_{SC}^{C\prime}(g)$ 和 $V_{SC}^{C\prime}(G)$ 代入式（4.46）中，根据恒等关系可以确定 $a_1^{C*} \sim a_3^{C*}$，由此可得 V_{SC}^{C*}，如式（4.43）所示。紧接着，将 $V_{SC}^{C\prime}(g)$ 和 $V_{SC}^{C\prime}(G)$ 代入式（4.45）中可得 p^{C*}、Z^{C*}、A^{C*} 和 S^{C*}。最后将 p^{C*}、Z^{C*}、A^{C*} 和 S^{C*} 代入式（4.1）和式（4.2）中，进一步计算可得产品绿色度和品牌商誉的最优轨迹，如式（4.41）和式（4.42）所示。证毕。

基于 4.4 节的推论可知，无论是转售模式还是平台模式，制造商和零售商均选择联合广告。所以，接下来将 C 模型与 RY 模型、PY 模型分别进行对比，可得推论 4.4。

推论 4.4 C 模型与 RY 模型、PY 模型下的均衡策略、产品绿色度、品牌商誉、绿色供应链利润具有如下关系：

（1）$p^{C*} < p^{RY*}$，$Z^{C*} > Z^{RY*}$，$A^{C*} > A^{RY*}$，$S^{C*} > S^{RY*}$，$g_\infty^{C*} > g_\infty^{RY*}$，$G_\infty^{C*} > G_\infty^{RY*}$，$V_{SC}^{C*} > V_{SC}^{RY*}$。

（2）$p^{C^*} = p^{PY^*}$，$Z^{C^*} > Z^{PY^*}$，$A^{C^*} > A^{PY^*}$，$S^{C^*} > S^{PY^*}$，$g_\infty^{C^*} > g_\infty^{PY^*}$，$G_\infty^{C^*} > G_\infty^{PY^*}$，$V_{SC}^{C^*} > V_{SC}^{PY^*}$。

证明：（1）根据命题 4.2、命题 4.4 和命题 4.5 可得，$p^{C^*} - p^{RY^*} = -\dfrac{Q}{4\beta} > 0$，$Z^{C^*} - Z^{RY^*}$

$= \dfrac{Q^2\gamma\theta\lambda}{8\beta(\delta+\rho)(\varepsilon+\rho)k_Z} > 0$，$A^{C^*} - A^{RY^*} = \dfrac{Q^2\theta\varphi}{8\beta k_A(\varepsilon+\rho)} > 0$，$S^{C^*} - S^{RY^*} = \dfrac{3Q^2\theta\phi}{32\beta(\varepsilon+\rho)k_S} > 0$，

所以 $p^{C^*} < p^{RY^*}$，$Z^{C^*} > Z^{RY^*}$，$A^{C^*} > A^{RY^*}$，$S^{C^*} > S^{RY^*}$；$g_\infty^{C^*} - g_\infty^{RY^*} = \dfrac{Q^2\gamma^2\theta\lambda}{8\beta\delta(\delta+\rho)(\varepsilon+\rho)k_Z}$

> 0，$G_\infty^{C^*} - G_\infty^{RY^*} = \dfrac{\alpha^2\theta[4\gamma^2\lambda^2 k_A k_S + \delta k_Z(\delta+\rho)(3\phi^2 k_A + 4\varphi^2 k_S)]}{32\beta\delta\varepsilon(\delta+\rho)(\varepsilon+\rho)k_Z k_A k_S} > 0$，$V_{SC}^{C^*} - V_{SC}^{RY^*} =$

$\dfrac{Q^4\theta^2\gamma^2\lambda^2[5\rho(\varepsilon+\rho)+\delta(2\varepsilon+5\rho)]}{128\beta^2\delta\varepsilon\rho(\delta+\rho)^2(\varepsilon+\rho)^2 k_Z} + \dfrac{Q^4\theta^2[(29\varepsilon+68\rho)\phi^2 k_A + 16(2\varepsilon+5\rho)\varphi^2 k_S]}{2048\beta^2\varepsilon\rho(\varepsilon+\rho)^2 k_A k_S} > 0$，所以

$g_\infty^{C^*} > g_\infty^{RY^*}$，$G_\infty^{C^*} > G_\infty^{RY^*}$，$V_{SC}^{C^*} > V_{SC}^{RY^*}$；同理可证推论 4.4（2）。证毕。

推论 4.4 表明，无论是在转售模式还是在平台模式下，虽然制造商和零售商采取联合广告可以提高绿色供应链效率，但仍存在双重边际效应，难以达到集中决策的效果。在集中决策模型下，制造商和零售商的绿色投资水平更高，相应的产品绿色度和品牌商誉也更高，从而能够使绿色供应链系统获得更多的经济利润。

因此，在接下来的小节中将分别研究转售模式和平台模式下绿色供应链的协调契约设计问题，旨在为采取不同销售模式的绿色供应链实现协调提供理论参考。

4.5.2 转售模式下协调契约设计

本小节设计收益共享—双边成本分担契约（用上标 RC 表示，简写为 RC 契约）对采取转售模式的绿色供应链进行协调。具体来说：制造商向零售商提供一个较低的批发价格 $\tilde{w}$，但是为了弥补制造商的利益损失，零售商需要将一定比例 ψ 的自身销售收入分享给制造商，记 ψ 为收益共享比例。不失一般性，借鉴 EI Ouardighi、朱桂菊和游达明的做法，设 $\tilde{w} = 0$。进一步，在联合广告（即制造商为零售商分担一定比例 μ 的广告投资成本，同时零售商为制造商分担一定比例 η 的广告投资成本）的基础上，零售商为了激励制造商增加绿色技术投资，愿意分担制造商一定比例 ξ 的绿色技术投资成本。其中，ψ、μ、η 和 ξ 的取值范围均为 $[0,1]$。此时，制造商和零售商的决策目标函数分别为：

$$\max_{Z,A,\mu} J_M = \int_0^\infty e^{-\rho t}\left[\begin{array}{l}\psi p\theta G(Q-\beta p)-(1-\xi)k_Z Z^2/2 \\ -(1-\eta)k_A A^2/2-\mu k_S S^2/2\end{array}\right]dt \tag{4.47}$$

$$\max_{p,S,\eta,\xi,\psi} J_R = \int_0^\infty e^{-\rho t}\left[\begin{array}{l}(1-\psi)p\theta G(Q-\beta p)-(1-\mu)k_S S^2/2 \\ -\eta k_A A^2/2-\xi k_Z Z^2/2\end{array}\right]dt \tag{4.48}$$

命题 4.6 基于给定的契约参数（ψ、μ、η、ξ）固定时，绿色产品的销售价格为 $p^{\mathrm{RC}^*} = \dfrac{Q}{2\beta}$，绿色技术投资水平为 $Z^{\mathrm{RC}^*} = \dfrac{\psi Q^2 \gamma \theta \lambda}{4\beta k_Z(1-\xi)(\delta+\rho)(\varepsilon+\rho)}$，制造商和零售商的广告投资水平分别为 $A^{\mathrm{RC}^*} = \dfrac{\psi Q^2 \theta \varphi}{4\beta k_A(1-\eta)(\varepsilon+\rho)}$ 和 $S^{\mathrm{RC}^*} = \dfrac{(1-\psi)Q^2\theta\phi}{4\beta k_S(1-\mu)(\varepsilon+\rho)}$。

证明：分别用 V_M^{RC} 和 V_R^{RC} 表示收益共享—双边成本分担契约下制造商和零售商的利润最优值函数，并且假设参数 ψ、μ、η、ξ 是固定的。根据式（4.47）和式（4.48）可得，V_M^{RC} 和 V_R^{RC} 对于任意的 $g \geqslant 0$ 和 $G \geqslant 0$ 都必须满足的 HJB 方程分别为：

$$\rho V_M^{\mathrm{RC}} = \max_{Z,A,\mu} \begin{bmatrix} \psi p\theta G(Q-\beta p) - (1-\xi)k_Z Z^2/2 - (1-\eta)k_A A^2/2 - \mu k_S S^2/2 \\ + V_M^{\mathrm{RC}'}(g)(\gamma Z - \delta g) + V_M^{\mathrm{RC}'}(G)(\varphi A + \phi S + \lambda g - \varepsilon G) \end{bmatrix} \quad (4.49)$$

$$\rho V_R^{\mathrm{RC}} = \max_{p,S,\eta,\xi,\psi} \begin{bmatrix} (1-\psi)p\theta G(Q-\beta p) - (1-\mu)k_S S^2/2 - \eta k_A A^2/2 - \xi k_Z Z^2/2 \\ + V_R^{\mathrm{RC}'}(g)(\gamma Z - \delta g) + V_R^{\mathrm{RC}'}(G)(\varphi A + \phi S + \lambda g - \varepsilon G) \end{bmatrix}$$

$$(4.50)$$

采用逆向归纳法求解，首先根据一阶条件将式（4.50）右端分别对 p 和 S 求一阶偏导数，并令其等于零，可得：

$$p^{\mathrm{RC}} = \frac{Q}{2\beta}, \quad S^{\mathrm{RC}} = \frac{\phi V_R^{\mathrm{RC}'}(G)}{k_S(1-\mu)} \quad (4.51)$$

将式（4.51）代入式（4.49）中，然后将式（4.49）右端分别对 Z 和 A 求一阶偏导数，并令其等于零，得到：

$$Z^{\mathrm{RC}} = \frac{\gamma V_M^{\mathrm{RC}'}(g)}{k_Z(1-\xi)}, \quad A^{\mathrm{RC}} = \frac{\varphi V_M^{\mathrm{RC}'}(G)}{k_A(1-\eta)} \quad (4.52)$$

将式（4.51）和式（4.52）代入式（4.49）与式（4.50）中，化简整理可得：

$$\rho V_M^{\mathrm{RC}} = [\lambda V_M^{\mathrm{RC}'}(G) - \delta V_M^{\mathrm{RC}'}(g)]g + \left[\frac{\psi\alpha^2\theta}{4\beta} - \varepsilon V_M^{\mathrm{RC}'}(G)\right]G + \frac{\gamma^2 V_M^{\mathrm{RC}'}(g)^2}{2k_Z(1-\xi)}$$

$$(4.53)$$

$$+ \frac{\varphi^2 V_M^{\mathrm{RC}'}(G)^2}{2k_A(1-\eta)} - \frac{\mu\phi^2 V_R^{\mathrm{RC}'}(G)^2}{2k_S(1-\mu)^2} + \frac{\phi^2 V_M^{\mathrm{RC}'}(G)V_R^{\mathrm{RC}'}(G)}{k_S(1-\mu)}$$

$$\rho V_R^{\mathrm{RC}} = [\lambda V_R^{\mathrm{RC}'}(G) - \delta V_R^{\mathrm{RC}'}(g)]g + \left[\frac{\alpha^2\theta(1-\psi)}{4\beta} - \varepsilon V_R^{\mathrm{RC}'}(G)\right]G$$

$$+ \frac{\phi^2 V_R^{\mathrm{RC}'}(G)^2}{2k_S(1-\mu)} - \frac{\eta\varphi^2 V_M^{\mathrm{RC}'}(G)^2}{2k_A(1-\eta)^2} - \frac{\xi\gamma^2 V_M^{\mathrm{RC}'}(g)^2}{2k_Z(1-\xi)^2} \quad (4.54)$$

$$+ \frac{\gamma^2 V_M^{\mathrm{RC}'}(g)V_R^{\mathrm{RC}'}(g)}{k_Z(1-\xi)} + \frac{\varphi^2 V_M^{\mathrm{RC}'}(G)V_R^{\mathrm{RC}'}(G)}{k_A(1-\eta)}$$

根据式（4.53）和式（4.54）的形式结构，可以假设 $V_{\mathrm{M}}^{\mathrm{RC}}=a_1^{\mathrm{RC}}g^{\mathrm{RC}}+a_2^{\mathrm{RC}}G^{\mathrm{RC}}+a_3^{\mathrm{RC}}$ 和 $V_{\mathrm{R}}^{\mathrm{RC}}=a_4^{\mathrm{RC}}g^{\mathrm{RC}}+a_5^{\mathrm{RC}}G^{\mathrm{RC}}+a_6^{\mathrm{RC}}$，其中 $a_1^{\mathrm{RC}}\sim a_6^{\mathrm{RC}}$ 为未知常数。显然有，$V_{\mathrm{M}}^{\mathrm{RC}'}(g)=a_1^{\mathrm{RC}}$、$V_{\mathrm{M}}^{\mathrm{RC}'}(G)=a_2^{\mathrm{RC}}$、$V_{\mathrm{R}}^{\mathrm{RC}'}(g)=a_4^{\mathrm{RC}}$ 和 $V_{\mathrm{R}}^{\mathrm{RC}'}(G)=a_5^{\mathrm{RC}}$，并将其代入式（4.53）和式（4.54）中进行化简整理。根据恒等关系，可以确定 $a_1^{\mathrm{RC}}\sim a_6^{\mathrm{RC}}$ 如下：

$$a_1^{\mathrm{RC}}=\frac{\psi Q^2\theta\lambda}{4\beta(\delta+\rho)(\varepsilon+\rho)},\ a_2^{\mathrm{RC}}=\frac{\psi Q^2\theta}{4\beta(\varepsilon+\rho)},\ a_3^{\mathrm{RC}}=\frac{Q^4\theta^2\psi^2\gamma^2\lambda^2}{32\beta^2\rho(\varepsilon+\rho)^2(1-\xi)(\delta+\rho)^2k_Z}+$$

$$\frac{Q^4\theta^2\psi^2\phi^2}{32\beta^2\rho(\varepsilon+\rho)^2(1-\eta)k_A}+\frac{Q^4\theta^2(1-\psi)\phi^2[\mu-\psi(2-\mu)]}{32\beta^2\rho(\varepsilon+\rho)^2(1-\mu)^2k_S},\ a_4^{\mathrm{RC}}=\frac{(1-\psi)Q^2\theta\lambda}{4\beta(\delta+\rho)(\varepsilon+\rho)},$$

$$a_5^{\mathrm{RC}}=\frac{(1-\psi)Q^2\theta}{4\beta(\varepsilon+\rho)},\ a_6^{\mathrm{RC}}=\frac{Q^4\theta^2\psi\gamma^2\lambda^2[2-\psi(2-\xi)-2\xi]}{32\beta^2\rho(\varepsilon+\rho)^2(1-\xi)^2(\delta+\rho)^2k_Z}+\frac{Q^4\theta^2\phi^2(1-\psi)^2}{32\beta^2\rho(\varepsilon+\rho)^2(1-\mu)k_S}+$$

$$\frac{Q^4\theta^2\psi\varphi^2[2-\psi(2-\eta)-2\eta]}{32\beta^2\rho(\varepsilon+\rho)^2(1-\eta)^2k_A}。$$

最后，将 $a_1^{\mathrm{RC}}\sim a_6^{\mathrm{RC}}$ 代入式（4.51）和式（4.52）中，化简整理可得命题4.6。证毕。

命题 4.7　在转售模式下，当 $\xi^{\mathrm{RC}^*}=1-\psi$、$\eta^{\mathrm{RC}^*}=1-\psi$ 和 $\mu^{\mathrm{RC}^*}=\psi$ 时，收益共享—双边成本分担契约可以完全协调绿色供应链。

证明：根据命题4.5和命题4.6，令 $Z^{\mathrm{RC}^*}=Z^{\mathrm{C}^*}$、$A^{\mathrm{RC}^*}=A^{\mathrm{C}^*}$、$S^{\mathrm{RC}^*}=S^{\mathrm{C}^*}$，求解可得 $\xi^{\mathrm{RC}^*}=1-\psi$、$\eta^{\mathrm{RC}^*}=1-\psi$ 和 $\mu^{\mathrm{RC}^*}=\psi$。证毕。

命题4.7说明，在转售模式下，如果制造商和零售商达成收益共享—双边成本分担契约，那么绿色供应链可以实现与集中决策模型相同的均衡策略，进而有收益共享—双边成本分担契约下的产品绿色度、品牌商誉和绿色供应链系统利润与集中决策模型下的对应值相同，即 $g^{\mathrm{RC}^*}=g^{\mathrm{C}^*}$，$G^{\mathrm{RC}^*}=G^{\mathrm{C}^*}$，$V_{\mathrm{SC}}^{\mathrm{RC}^*}=V_{\mathrm{SC}}^{\mathrm{C}^*}$。

命题 4.8　在转售模式下，采用收益共享—双边成本分担契约时，制造商和零售商的利润最优值函数分别为：

$$V_{\mathrm{M}}^{\mathrm{RC}^*}=a_1^{\mathrm{RC}^*}g^{\mathrm{RC}^*}+a_2^{\mathrm{RC}^*}G^{\mathrm{RC}^*}+a_3^{\mathrm{RC}^*} \tag{4.55}$$

$$V_{\mathrm{R}}^{\mathrm{RC}^*}=a_4^{\mathrm{RC}^*}g^{\mathrm{RC}^*}+a_5^{\mathrm{RC}^*}G^{\mathrm{RC}^*}+a_6^{\mathrm{RC}^*} \tag{4.56}$$

其中，$a_1^{\mathrm{RC}^*}=\dfrac{\psi Q^2\theta\lambda}{4\beta(\delta+\rho)(\varepsilon+\rho)}$，$a_2^{\mathrm{RC}^*}=\dfrac{\psi Q^2\theta}{4\beta(\varepsilon+\rho)}$，$a_3^{\mathrm{RC}^*}=\dfrac{\psi Q^4\theta^2\gamma^2\lambda^2}{32\beta^2\rho(\delta+\rho)^2(\varepsilon+\rho)^2k_Z}+$

$\dfrac{\psi Q^4\theta^2\phi^2}{32\beta^2\rho(\varepsilon+\rho)^2k_S}+\dfrac{\psi Q^4\theta^2\varphi^2}{32\beta^2\rho(\varepsilon+\rho)^2k_A}$，$a_4^{\mathrm{RC}^*}=\dfrac{(1-\psi)Q^2\theta\lambda}{4\beta(\delta+\rho)(\varepsilon+\rho)}$，$a_5^{\mathrm{RC}^*}=\dfrac{(1-\psi)Q^2\theta}{4\beta(\varepsilon+\rho)}$，

$a_6^{\mathrm{RC}^*}=\dfrac{(1-\psi)Q^4\theta^2\gamma^2\lambda^2}{32\beta^2\rho(\delta+\rho)^2(\varepsilon+\rho)^2k_Z}+\dfrac{(1-\psi)Q^4\theta^2\phi^2}{32\beta^2\rho(\varepsilon+\rho)^2k_S}+\dfrac{(1-\psi)Q^4\theta^2\varphi^2}{32\beta^2\rho(\varepsilon+\rho)^2k_A}$。

证明：根据命题4.7，将 $\xi^{\mathrm{RC}^*}=1-\psi$、$\eta^{\mathrm{RC}^*}=1-\psi$ 和 $\mu^{\mathrm{RC}^*}=\psi$ 代入上述 $a_1^{\mathrm{RC}^*}\sim a_6^{\mathrm{RC}^*}$ 中化简，可得命题4.8中的结论。证毕。

推论 4.5 当 $\underline{\psi_1} \leqslant \psi \leqslant \overline{\psi}_2$ 时,收益共享—双边成本分担契约可以实现制造商和零售商的利润帕累托改进,即 $V_M^{RC^*} \geqslant V_M^{RN^*}$,$V_R^{RC^*} \geqslant V_R^{RN^*}$,则二者均选择接受该契约。其中

$$\underline{\psi_1} = \frac{\gamma^2 \lambda^2 k_A k_S [2\rho(\varepsilon+\rho)+\delta(\varepsilon+2\rho)] + \delta k_Z (\delta+\rho)^2 [(\varepsilon+\rho)\phi^2 k_A + (\varepsilon+2\rho)\varphi^2 k_S]}{4\gamma^2 \lambda^2 k_A k_S [2\rho(\varepsilon+\rho)+\delta(\varepsilon+2\rho)] + 4\delta k_Z (\delta+\rho)^2 (\varepsilon+2\rho)(\phi^2 k_A + \varphi^2 k_S)},$$

$$\overline{\psi}_2 = \frac{4\gamma^2 \lambda^2 k_A k_S [7\rho(\varepsilon+\rho)+\delta(3\varepsilon+7\rho)] + \delta k_Z (\delta+\rho)^2 [15(\varepsilon+2\rho)\phi^2 k_A + 4(3\varepsilon+7\rho)\varphi^2 k_S]}{16\gamma^2 \lambda^2 k_A k_S [2\rho(\varepsilon+\rho)+\delta(\varepsilon+2\rho)] + 16\delta k_Z (\delta+\rho)^2 (\varepsilon+2\rho)(\phi^2 k_A + \varphi^2 k_S)}。$$

证明:根据命题 4.1 和命题 4.8,令 $V_M^{RC^*} \geqslant V_M^{RN^*}$、$V_R^{RC^*} \geqslant V_R^{RN^*}$,联立求解可得 ψ 的取值范围为 $\underline{\psi_1} \leqslant \psi \leqslant \overline{\psi}_2$,其中 $\underline{\psi_1}$ 和 $\overline{\psi}_2$ 如推论 4.5 中所示。证毕。

推论 4.5 说明,在满足 $\underline{\psi_1} \leqslant \psi \leqslant \overline{\psi}_2$ 的条件下,制造商和零售商均选择接受收益共享—双边成本分担契约,其中 ψ 由制造商和零售商通过讨价还价确定。

4.5.3 平台模式下协调契约设计

本小节设计双边成本分担契约(用上标 PC 表示,简写为 PC 契约)对采取平台模式的绿色供应链进行协调。具体来说:在联合广告(即制造商为零售商分担一定比例 μ 的广告投资成本,同时零售商为制造商分担一定比例 η 的广告投资成本)的基础上,零售商为了激励制造商增加绿色技术投资,愿意分担制造商一定比例 ξ 的绿色技术投资成本。此时,制造商和零售商的决策目标函数分别为:

$$\max_{p,Z,A,\mu} J_M = \int_0^\infty e^{-\rho t} \left[\begin{array}{l} (1-\tau)p\theta G(Q-\beta p) - (1-\xi)k_Z Z^2/2 \\ -(1-\eta)k_A A^2/2 - \mu k_S S^2/2 \end{array} \right] \mathrm{d}t \tag{4.57}$$

$$\max_{S,\eta,\xi} J_R = \int_0^\infty e^{-\rho t} \left[\tau p \theta G(Q-\beta p) - (1-\mu)k_S S^2/2 - \eta k_A A^2/2 - \xi k_Z Z^2/2 \right] \mathrm{d}t \tag{4.58}$$

命题 4.9 基于给定的契约参数 (μ、η、ξ) 固定时,绿色产品的销售价格为 $p^{PC^*} = \dfrac{Q}{2\beta}$,绿色技术投资水平为 $Z^{PC^*} = \dfrac{Q^2 \gamma \theta \lambda (1-\tau)}{4\beta k_Z (1-\xi)(\delta+\rho)(\varepsilon+\rho)}$,制造商和零售商的广告投资水平分别为 $A^{PC^*} = \dfrac{Q^2 \theta \varphi (1-\tau)}{4\beta k_A (1-\eta)(\varepsilon+\rho)}$ 和 $S^{PC^*} = \dfrac{Q^2 \theta \tau \phi}{4\beta k_S (1-\mu)(\varepsilon+\rho)}$。

证明:与命题 4.6 的证明过程相似,不再赘述。

命题 4.10 在平台模式下,当满足 $\xi^{PC^*} = \tau$、$\eta^{PC^*} = \tau$ 和 $\mu^{PC^*} = 1-\tau$ 时,双边成本分担契约可以完全协调绿色供应链。

证明:根据命题 4.5 和命题 4.9,令 $Z^{PC^*} = Z^{C^*}$、$A^{PC^*} = A^{C^*}$、$S^{PC^*} = S^{C^*}$,求解可得 $\xi^{PC^*} = \tau$、$\eta^{PC^*} = \tau$ 和 $\mu^{PC^*} = 1-\tau$。证毕。

命题 4.10 说明,在平台模式下,如果制造商和零售商达成双边成本分担契约,那么绿色供应链可以实现与集中决策模型相同的均衡策略,进而有双边成本分担契约下的产品

绿色度、品牌商誉和绿色供应链系统利润与集中决策模型下的对应值相同，即 $g^{PC^*} = g^{C^*}$，$G^{PC^*} = G^{C^*}$，$V_{SC}^{PC^*} = V_{SC}^{C^*}$。

命题 4.11　在平台模式下，采用双边成本分担契约时，制造商和零售商的利润最优值函数分别为：

$$V_M^{PC^*} = a_1^{PC^*} g^{PC^*} + a_2^{PC^*} G^{PC^*} + a_3^{PC^*} \tag{4.59}$$

$$V_R^{PC^*} = a_4^{PC^*} g^{PC^*} + a_5^{PC^*} G^{PC^*} + a_6^{PC^*} \tag{4.60}$$

其中，$a_1^{PC^*} = \dfrac{Q^2 \theta \lambda (1-\tau)}{4\beta(\delta+\rho)(\varepsilon+\rho)}$，$a_2^{PC^*} = \dfrac{Q^2 \theta (1-\tau)}{4\beta(\varepsilon+\rho)}$，$a_3^{PC^*} = \dfrac{Q^4 \theta^2 (1-\tau)\gamma^2 \lambda^2}{32\beta^2 \rho (\delta+\rho)^2 (\varepsilon+\rho)^2 k_Z}$

$+ \dfrac{Q^4 \theta^2 \phi^2 (1-\tau)}{32\beta^2 \rho (\varepsilon+\rho)^2 k_S} + \dfrac{Q^4 \theta^2 \varphi^2 (1-\tau)}{32\beta^2 \rho (\varepsilon+\rho)^2 k_A}$，$a_4^{PC^*} = \dfrac{Q^2 \theta \lambda \tau}{4\beta(\delta+\rho)(\varepsilon+\rho)}$，$a_5^{PC^*} = \dfrac{Q^2 \theta \tau}{4\beta(\varepsilon+\rho)}$，$a_6^{PC^*} =$

$\dfrac{\tau Q^4 \theta^2 \gamma^2 \lambda^2}{32\beta^2 \rho (\delta+\rho)^2 (\varepsilon+\rho)^2 k_Z} + \dfrac{\tau Q^4 \theta^2 \phi^2}{32\beta^2 \rho (\varepsilon+\rho)^2 k_S} + \dfrac{\tau Q^4 \theta^2 \varphi^2}{32\beta^2 \rho (\varepsilon+\rho)^2 k_A}$。

证明：与命题 4.8 的证明过程相似，不再赘述。

推论 4.6　在平台模式下，当满足条件 $\dfrac{\varepsilon}{2(\varepsilon+\rho)} \leqslant \tau \leqslant \dfrac{\varepsilon+2\rho}{2(\varepsilon+\rho)}$ 时，双边成本分担契约可以实现制造商和零售商的利润帕累托改进，即 $V_M^{PC^*} \geqslant V_M^{PN^*}$，$V_R^{PC^*} \geqslant V_R^{PN^*}$，所以制造商和零售商均会选择接受该契约。

证明：见本书附录 B。

推论 4.6 说明，在平台模式下，制造商和零售商采取双边成本分担契约的前提条件与佣金比例有关，即当佣金比例满足一定条件时，制造商和零售商的利润增加。

综上所述，在转售模式下，制造商和零售商采用收益共享—双边成本分担契约可以实现供应链协调；在平台模式下，制造商和零售商采用双边成本分担契约可以实现供应链协调。通过对比这两种协调契约可以发现，当收益共享比例 ϕ 和佣金比例 τ 满足 $\phi = 1-\tau$ 时，两种协调契约的表现形式一样，但是二者的本质是不一样的。具体来说，在收益共享—双边成本分担契约下，收益共享比例是内生变量，需要由制造商和零售商协商确定，而且绿色产品的定价权归零售商所有；在双边成本分担契约下，佣金比例是外生变量，在制造商入驻零售商时就已确定，并且绿色产品的定价权归制造商所有。

4.6　数值算例

本节采用数值算例的方法从以下四个方面进行分析：不同销售模式下的均衡策略分析，产品绿色度和品牌商誉的最优轨迹分析，经济利润、环境效益和社会福利的最优轨迹分析，不同销售模式下协调契约的有效性分析，从而验证上述理论结果的合理性和有效性。借鉴朱桂菊和游达明[41]、李娜等[217]的参数设置，本节将相关参数设置如下：$\alpha = 20$，$\beta = 1$，$\theta = 0.4$，$\gamma = 0.8$，$\delta = 0.3$，$\varphi = 0.6$，$\phi = 0.6$，$\lambda = 0.8$，$\varepsilon = 0.4$，$k_Z = 15$，$k_A =$

12，$k_S = 12$，$\rho = 0.3$，$g_0 = 0$，$G_0 = 0$。根据4.3.4节中命题4.4成立的条件 $\frac{1}{3} < \tau < \frac{2}{3}$，以及借鉴赵黎明等[154]的研究，本节设定 $\tau \in \{0.4, 0.6\}$ 进行对比研究。

4.6.1 不同销售模式下的均衡策略分析

表4.1展示了不同销售模式下制造商和零售商的均衡策略。可以看出，在转售模式下，独立广告和联合广告的销售价格、绿色技术投资水平和制造商广告投资水平相等，分别为15、2.032和1.429；与独立广告相比，联合广告下零售商的广告投资水平提高了150.14%。这意味着，在转售模式下，联合广告仅能刺激零售商增加广告投资，而不会影响制造商的绿色技术投资和广告投资。在平台模式下，佣金比例一定时（以 $\tau = 0.4$ 为例），独立广告和联合广告的销售价格和绿色技术投资水平相等，而联合广告下制造商和零售商的广告投资水平均得到提高，分别提高了16.69%和100%。这意味着，在平台模式下，联合广告能够刺激制造商和零售商提高各自的广告投资水平，但零售商的提高幅度远大于制造商的提高幅度，而且绿色技术投资水平不变。

不同销售模式下的均衡策略对比　　　　　　　　　　　　表 4.1

均衡策略	转售模式		平台模式			
	独立广告	联合广告	独立广告 ($\tau=0.4$)	联合广告 ($\tau=0.4$)	独立广告 ($\tau=0.6$)	联合广告 ($\tau=0.6$)
p^*	15	15	10	10	10	10
Z^*	2.032	2.032	2.438	2.438	1.625	1.625
A^*	1.429	1.429	1.714	2.000	1.143	2.286
S^*	0.714	1.786	1.143	2.286	1.714	2.000

进一步，对比转售模式下联合广告和平台模式下联合广告可以发现，平台模式下绿色产品的销售价格低于转售模式下绿色产品的销售价格；当佣金比例较低（$\tau=0.4$）时，平台模式下制造商的绿色技术投资水平、制造商的广告投资水平和零售商的广告投资水平较高，分别比转售模式下的高20%、40%和28%；当佣金比例较高（$\tau=0.6$）时，平台模式下制造商的绿色技术投资水平比转售模式下的低20%，而制造商的广告投资水平和零售商的广告投资水平分别比转售模式下的高60%和12%。这意味着，在低佣金比例的平台模式下，虽然绿色产品的销售价格较低，但制造商会增加绿色技术投资和广告投资，零售商也会增加广告投资。

4.6.2 产品绿色度和品牌商誉的最优轨迹

图4.2和图4.3分别展示了不同销售模式下产品绿色度和品牌商誉的最优轨迹。从图中可以得知 $g^{RN^*} = g^{RY^*}$，$g^{PN^*} = g^{PY^*}$（$\tau = 0.4$），$g^{PN^*} = g^{PY^*}$（$\tau = 0.6$），$G^{RY^*} > G^{RN^*}$，

$G^{PY^*} > G^{PN^*}(\tau=0.4)$，$G^{PY^*} > G^{PN^*}(\tau=0.6)$。这表明，在同种销售模式（转售模式或平台模式）下，无论采取独立广告还是联合广告，产品绿色度不变，而联合广告的品牌商誉高于独立广告的品牌商誉。进一步对比两种销售模式的联合广告情形可以发现，当佣金比例较低（$\tau=0.4$）时，$g^{PY^*} > g^{RY^*}$，$G^{PY^*} > G^{RY^*}$；当佣金比例较高（$\tau=0.6$）时，$g^{PY^*} < g^{RY^*}$，$G^{PY^*} < G^{RY^*}$。这表明当制造商和零售商采取联合广告时，在低佣金比例的平台模式下，由于制造商在销售环节掌握着产品的定价权，所以制造商会比在转售模式下更有动力进行绿色生产，进而提高产品绿色度，增强品牌商誉；但是，当佣金比例增大到一定程度，制造商需要分享给零售商更高比例的销售收入，这会降低制造商绿色生产的积极性，进而导致产品绿色度和品牌商誉下降。

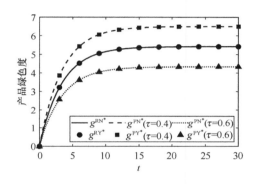

图 4.2　不同销售模式下产品绿色度的最优轨迹

图 4.3　不同销售模式下品牌商誉的最优轨迹

4.6.3　经济利润、环境效益和社会福利

图 4.4 和图 4.5 分别展示了制造商利润和零售商利润的最优轨迹。从图 4.4 中可以看出，$V_M^{RY^*} > V_M^{RN^*}$，$V_M^{PY^*} > V_M^{PN^*}(\tau=0.4)$，$V_M^{PY^*} > V_M^{PN^*}(\tau=0.6)$，$V_M^{PY^*}(\tau=0.4) > V_M^{RY^*} > V_M^{PY^*}(\tau=0.6)$。这表明在同种销售模式（转售模式或平台模式）下，制造商采取联合广告比采取独立广告获得的利润多；当采取联合广告时，低佣金比例的平台模式是制造商的首选，其次是转售模式，最后是高佣金比例的平台模式。

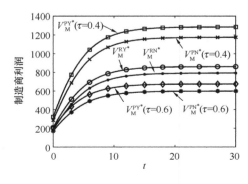

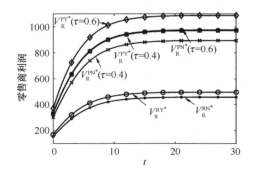

图 4.4　不同销售模式下制造商利润的最优轨迹　　图 4.5　不同销售模式下零售商利润的最优轨迹

从图 4.5 中可以看出，$V_R^{RY^*} > V_R^{RN^*}$，$V_R^{PY^*} > V_R^{PN^*}(\tau = 0.4)$，$V_R^{PY^*}(\tau = 0.6)$，$V_R^{PY^*}(\tau = 0.6) > V_R^{PY^*}(\tau = 0.4) > V_R^{RY^*}$。这表明在同种销售模式（转售模式或平台模式）下，零售商采取联合广告比采取独立广告获得的利润多；当采取联合广告时，高佣金比例的平台模式是零售商的首选，其次是低佣金比例的平台模式，最后是转售模式。因此综合来看，制造商和零售商的博弈结果为低佣金比例的平台模式且联合广告。

根据假设 4.6 以及命题 4.1 至命题 4.4 的均衡结果可以得到，在转售模式下，环境效益为 $EI^* = \alpha\theta g^* G^* /4$，消费者剩余为 $CS^* = \alpha^2\theta G/32\beta$，社会福利为 $SW^* = V_{SC}^* + EI^* + \alpha^2/32\beta$；在平台模式下，环境效益为 $EI^* = \alpha\theta g^* G^* /2$，消费者剩余为 $CS^* = \alpha^2\theta G/4\beta$，社会福利为 $SW^* = V_{SC}^* + EI^* + \alpha^2/4\beta$。对比两种销售模式下的消费者剩余可知，消费者在平台模式下可以获得更多的消费者剩余。

图 4.6 和图 4.7 分别展示了不同销售模式下环境效益和社会福利的最优轨迹。由此可知，从环境效益和社会福利来看，低佣金比例的平台模式最优，其次是高佣金比例的平台模式，最后是转售模式；而且制造商和零售商采取联合广告有利于增进环境效益和社会福利。另外，环境效益和社会福利会随着时间增长逐渐增加直到稳定状态。

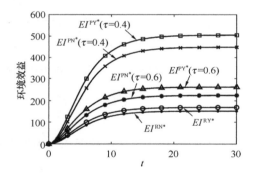

图 4.6 不同销售模式下环境效益的最优轨迹

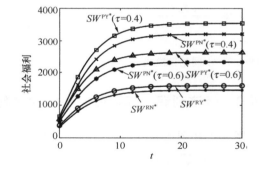

图 4.7 不同销售模式下社会福利的最优轨迹

4.6.4 不同销售模式下协调契约的有效性

表 4.2 展示了不同决策模型下的均衡策略和供应链绩效。可以看出，在转售模式下，与独立广告相比，制造商和零售商采取联合广告可以提高零售商的广告投资水平、产品绿色度、品牌商誉，以及制造商和零售商的利润，但与集中决策模型的结果仍相差甚远；若制造商和零售商采用收益共享—双边成本分担契约，则绿色供应链可以达到与集中决策模型相同的效果，并且当 $0.241 \leqslant \psi \leqslant 0.861$ 时，制造商和零售商的利润比独立广告下的高，当 $0.262 \leqslant \psi \leqslant 0.849$ 时，制造商和零售商的利润比联合广告下的高。

还可以看出，在平台模式下，制造商和零售商采取联合广告可以提高制造商和零售商的广告投资水平、产品绿色度、品牌商誉，以及制造商和零售商的利润，但仍达不到集中决策模型的效果；若制造商和零售商采用双边成本分担契约，绿色供应链不仅能够达到集中决策的效果，还能够增加制造商和零售商的利润。此外，从供应链效率方面来看，联合广告仅是通过提高供应链成员的广告投资水平来影响供应链效率，并不会改变制造商的绿色技术投资水平，也无法提高产品绿色度；而制造商和零售商采用协调契约可以激励彼此增加绿色技术投资和广告投资，提高产品绿色度和品牌商誉，进而提升供应链效率。也就是说，协同合作优于仅广告合作。

不同决策模型下的均衡策略和供应链绩效对比 表 4.2

项目	C 模型	RN 模型	RY 模型	RC 契约	PN 模型	PY 模型	PC 契约
p^*	10	15	15	10	10	10	10
Z^*	4.064	2.032	2.032	4.064	2.438	2.438	4.064
A^*	2.857	1.429	1.429	2.857	1.714	2.000	2.857
S^*	2.857	0.714	1.786	2.857	1.143	2.286	2.857
g_∞^*	10.836	5.418	5.418	10.836	6.502	6.502	10.836
G_∞^*	30.243	14.050	15.657	30.243	17.289	19.432	30.243
V_M^*	—	792.668	861.546	3293.122 ψ	1175.728	1285.116	1975.875
V_R^*	—	458.138	496.403	3293.122 $(1-\psi)$	895.952	972.686	1317.247
V_{SC}^*	3293.122	1250.806	1357.949	3293.122	2071.680	2257.802	3293.122

4.7　模型拓展：双渠道环境

上述研究分析了不同销售模式下单渠道绿色供应链的投资策略。然而随着电子商务的发展，越来越多的制造商在保留原有零售商渠道的同时开辟网络直销渠道，以便占据更多的市场份额。例如，格力、海尔等企业通过线下实体店分销的同时，增设了网络直销渠道，形成线上线下双渠道；也有企业通过京东、淘宝等电商平台型零售商销售的同时，增设自身的网络直销渠道，形成线上双渠道。在线上线下双渠道中，制造商和零售商大多采用转售模式；而在线上双渠道中，制造商和零售商既可以选择转售模式，也可以选择平台模式。那么，在不同销售模式下，双渠道绿色供应链如何制定投资策略是本节探讨的重点。不同销售模式下的双渠道绿色供应链结构如图4.8所示。

随着网络直销渠道的增设，绿色产品的市场需求函数发生了变化。因此，参考叶欣和周艳菊的研究，本节在4.2.2节模型假设的基础上，进一步假设在双渠道环境下，自建网络直销渠道和零售商渠道的市场需求函数分别为：

$$D_d(t) = [\alpha Q - p_d(t) + \beta p_r(t)]\theta G(t) \tag{4.61}$$

$$D_r(t) = [(1-\alpha)Q - p_r(t) + \beta p_d(t)]\theta G(t) \tag{4.62}$$

其中，$\alpha > 0$ 表示网络直销渠道所占市场份额比例，即消费者网络直销渠道偏好系数；$p_d(t)$ 表示网络直销渠道销售价格；$p_r(t)$ 表示零售商渠道销售价格；$\beta > 0$ 表示渠道转移价格敏感系数，β 越大，表示网络直销渠道和零售商渠道的竞争强度越大。

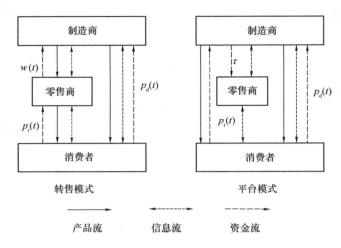

图 4.8　不同销售模式下的双渠道绿色供应链结构

基于上述假设，类比于 4.3 节，本节构建了不同销售模式下制造商和零售商分别采取独立广告和联合广告的微分博弈模型，如下所示：

（1）在双渠道环境下，转售模式—独立广告模型简记为 DRN 模型，用上标 DRN 表示。在该模型中，制造商和零售商进行独立广告，二者的决策目标函数分别为：

$$\max_{w,p_{\mathrm{d}},Z,A} J_{\mathrm{M}} = \int_0^\infty e^{-\rho t}(p_{\mathrm{d}}D_{\mathrm{d}} + wD_{\mathrm{r}} - k_Z Z^2/2 - k_A A^2/2)\mathrm{d}t \tag{4.63}$$

$$\max_{p_{\mathrm{r}},S} J_{\mathrm{R}} = \int_0^\infty e^{-\rho t}\big[(p_{\mathrm{r}} - w)D_{\mathrm{r}} - k_S S^2/2\big]\mathrm{d}t \tag{4.64}$$

（2）在双渠道环境下，转售模式—联合广告模型简记为 DRY 模型，用上标 DRY 表示。与 RY 模型相同，制造商和零售商在 DRY 模型下进行联合广告，互担广告投资成本。此时，制造商和零售商的决策目标函数分别为：

$$\max_{w,p_{\mathrm{d}},Z,A,\mu} J_{\mathrm{M}} = \int_0^\infty e^{-\rho t}\big[p_{\mathrm{d}}D_{\mathrm{d}} + wD_{\mathrm{r}} - k_Z Z^2/2 - (1-\eta)k_A A^2/2 - \mu k_S S^2/2\big]\mathrm{d}t \tag{4.65}$$

$$\max_{p_{\mathrm{r}},S} J_{\mathrm{R}} = \int_0^\infty e^{-\rho t}\big[(p_{\mathrm{r}} - w)D_{\mathrm{r}} - (1-\mu)k_S S^2/2 - \eta k_A A^2/2\big]\mathrm{d}t \tag{4.66}$$

（3）在双渠道环境下，平台模式—独立广告模型简记为 DPN 模型，用上标 DPN 表示。在该模型中，制造商和零售商进行独立广告，二者的决策目标函数分别为：

$$\max_{p_{\mathrm{d}},p_{\mathrm{r}},Z,A} J_{\mathrm{M}} = \int_0^\infty e^{-\rho t}\big[p_{\mathrm{d}}D_{\mathrm{d}} + (1-\tau)p_{\mathrm{r}}D_{\mathrm{r}} - k_Z Z^2/2 - k_A A^2/2\big]\mathrm{d}t \tag{4.67}$$

$$\max_S J_{\mathrm{R}} = \int_0^\infty e^{-\rho t}(\tau p_{\mathrm{r}}D_{\mathrm{r}} - k_S S^2/2)\mathrm{d}t \tag{4.68}$$

（4）在双渠道环境下，平台模式—联合广告模型简记为 DPY 模型，用上标 DPY 表示。与 PY 模型相同，制造商和零售商在 DPY 模型下进行联合广告，互担广告投资成本。此时，制造商和零售商的决策目标函数分别为：

$$\max_{p_d, p_r, Z, A, \mu} J_M = \int_0^\infty e^{-\rho t} \begin{bmatrix} p_d D_d + (1-\tau) p_r D_r - k_Z Z^2 / 2 \\ - (1-\eta) k_A A^2 / 2 - \mu k_S S^2 / 2 \end{bmatrix} dt \tag{4.69}$$

$$\max_{S, \eta} J_R = \int_0^\infty e^{-\rho t} [\tau p_r D_r - (1-\mu) k_S S^2 / 2 - \eta k_A A^2 / 2] dt \tag{4.70}$$

DRN 模型、DRY 模型、DPN 模型和 DPY 模型分别与 RN 模型、RY 模型、PN 模型和 PY 模型的求解过程相似，故不再赘述，均衡策略和供应链绩效见表 B1 和表 B2。

推论 4.7　在双渠道环境下，当在零售商渠道采用转售模式时，$p_r^{DRN*} = p_r^{DRY*}$，$p_d^{DRN*} = p_d^{DRY*}$，$Z^{DRN*} = Z^{DRY*}$，$A^{DRN*} = A^{DRY*}$，$S^{DRY*} > S^{DRN*}$，$g_\infty^{DRN*} = g_\infty^{DRY*}$，$G_\infty^{DRY*} > G_\infty^{DRN*}$；当在零售商渠道采用平台模式时，$p_r^{DPN*} = p_r^{DPY*}$，$p_d^{DPN*} = p_d^{DPY*}$，$Z^{DPN*} = Z^{DPY*}$，$A^{DPY*} > A^{DPN*}$，$S^{DPY*} > S^{DPN*}$，$g_\infty^{DPN*} = g_\infty^{DPY*}$，$G_\infty^{DPY*} > G_\infty^{DPN*}$。

证明：见本书附录 B。

推论 4.7 说明，在双渠道环境下，当在零售商渠道采用转售模式时，零售商渠道销售价格和网络直销渠道销售价格不变，制造商的绿色技术投资水平和广告投资水平不变，而零售商的广告投资水平提高，继而产品绿色度不变，品牌商誉提高。结合表 B1 可知，$\mu^{DRY*} > 0$，$\eta^{DRY*} = 0$，这意味着在转售模式下，仅制造商分担零售商的广告投资成本，而零售商无须分担制造商的广告投资成本，可以提高品牌商誉。当在零售商渠道采用平台模式时，零售商渠道销售价格和网络直销渠道销售价格不变，制造商的绿色技术投资水平不变，而制造商和零售商的广告投资水平提高，继而产品绿色度不变，品牌商誉提高。结合表 B1 可知，$\mu^{DPY*} > 0$，$\eta^{DPY*} > 0$，这意味着在平台模式下，制造商和零售商需要分担彼此的广告投资成本，进而提高品牌商誉。

进一步，将推论 4.1、推论 4.2 和推论 4.7 进行对比分析可以发现：无论制造商是否增设网络直销渠道，制造商和零售商采取联合广告，均有利于提高品牌商誉，但不改变销售价格和绿色技术投资水平；当在零售商渠道采用转售模式时，制造商和零售商进行联合广告的实质均是制造商单方面地分担零售商的广告投资成本，而零售商无须分担制造商的广告投资成本；当在零售商渠道采用平台模式时，制造商和零售商进行联合广告的实质均是二者共同分担彼此的广告投资成本。

推论 4.8　在 DRN 模型和 DRY 模型中，网络直销渠道所占市场份额比例 α 对均衡策略的影响如下：

(1) $\dfrac{\partial w^{DRN*}}{\partial \alpha} = \dfrac{\partial w^{DRY*}}{\partial \alpha} < 0$，$\dfrac{\partial p_d^{DRN*}}{\partial \alpha} = \dfrac{\partial p_d^{DRY*}}{\partial \alpha} > 0$，$\dfrac{\partial p_r^{DRN*}}{\partial \alpha} = \dfrac{\partial p_r^{DRY*}}{\partial \alpha} < 0$。

(2) 当 $0 < \alpha \leqslant \dfrac{1-\beta}{3-\beta}$ 时，$\dfrac{\partial Z^{DRN*}}{\partial \alpha} = \dfrac{\partial Z^{DRY*}}{\partial \alpha} \leqslant 0$，$\dfrac{\partial A^{DRN*}}{\partial \alpha} = \dfrac{\partial A^{DRY*}}{\partial \alpha} \leqslant 0$，反之当

$\dfrac{1-\beta}{3-\beta}<\alpha<1$ 时，$\dfrac{\partial Z^{\text{DRN}^*}}{\partial\alpha}=\dfrac{\partial Z^{\text{DRY}^*}}{\partial\alpha}>0$，$\dfrac{\partial A^{\text{DRN}^*}}{\partial\alpha}=\dfrac{\partial A^{\text{DRY}^*}}{\partial\alpha}>0$；当 $0<\alpha<1$ 时，$\dfrac{\partial S^{\text{DRN}^*}}{\partial\alpha}$

<0；当 $0<\alpha\leqslant\dfrac{5-3\beta}{13-3\beta}$ 时，$\dfrac{\partial S^{\text{DRY}^*}}{\partial\alpha}\leqslant 0$，反之当 $\dfrac{5-3\beta}{13-3\beta}<\alpha<1$ 时，$\dfrac{\partial S^{\text{DRY}^*}}{\partial\alpha}>0$。

(3) $\dfrac{\partial\mu^{\text{DRY}^*}}{\partial\alpha}>0$。

证明：见本书附录 B。

从推论 4.8 可知，在转售模式下，①随着 α 的增大，制造商会提高网络直销渠道销售价格，并降低零售商渠道批发价格，而零售商会降低零售商渠道销售价格，通过价格竞争获得更多的市场份额。②α 对制造商的绿色技术投资水平和广告投资水平的影响并非单调的，即随着 α 的增大，制造商的绿色技术投资水平和广告投资水平先减小后增大。③在 DRN 模型下，随着 α 的增大，零售商的广告投资水平单调递减；而在 DRY 模型下，随着 α 的增大，零售商的广告投资水平先减小后增大。④制造商对零售商的广告投资成本分担比例随着 α 的增大而增大。

这表明，随着网络直销渠道所占市场份额比例的提高，制造商可以通过提高网络直销渠道销售价格来增加自身收益，但收益的增加会降低制造商绿色技术投资和广告投资的积极性；然而在网络直销渠道所占市场份额比例达到一定程度时，制造商则需要通过增加绿色技术投资和广告投资来获取更多的潜在收益。与此同时，随着网络直销渠道所占市场份额比例的提高，零售商需要通过降低自身销售价格来维护自身渠道所占市场份额，并且会减少广告投资。为了提高零售商广告投资的积极性，制造商可以分担零售商一部分广告投资成本，并且成本分担比例随着网络直销渠道所占市场份额比例的提高而增大。相应地，随着网络直销渠道所占市场份额比例的提高，零售商先是减少广告投资，而后增加广告投资。

推论 4.9 在 DPN 模型和 DPY 模型中，网络直销渠道所占市场份额比例 α 对均衡策略的影响如下：

(1) $\dfrac{\partial p_{\text{d}}^{\text{DPN}^*}}{\partial\alpha}=\dfrac{\partial p_{\text{d}}^{\text{DPY}^*}}{\partial\alpha}>0$；在 $\tau\leqslant\dfrac{2(1-\beta)}{2-\beta}$ 情况下，$\dfrac{\partial p_{\text{r}}^{\text{DPN}^*}}{\partial\alpha}=\dfrac{\partial p_{\text{r}}^{\text{DPY}^*}}{\partial\alpha}\leqslant 0$，而在 $\tau>$

$\dfrac{2(1-\beta)}{2-\beta}$ 情况下，$\dfrac{\partial p_{\text{r}}^{\text{DPN}^*}}{\partial\alpha}=\dfrac{\partial p_{\text{r}}^{\text{DPY}^*}}{\partial\alpha}>0$。

(2) 在 $\tau\leqslant\dfrac{2(1-\beta)}{2-\beta}$ 情况下，当 $0<\alpha\leqslant\dfrac{2-\beta(2-\tau)-2\tau}{2(1-\beta)(2-\tau)}$ 时，$\dfrac{\partial Z^{\text{DPN}^*}}{\partial\alpha}=\dfrac{\partial Z^{\text{DPY}^*}}{\partial\alpha}\leqslant$

0，$\dfrac{\partial A^{\text{DPN}^*}}{\partial\alpha}\leqslant 0$，反之当 $\dfrac{2-\beta(2-\tau)-2\tau}{2(1-\beta)(2-\tau)}<\alpha<1$ 时，$\dfrac{\partial Z^{\text{DPN}^*}}{\partial\alpha}=\dfrac{\partial Z^{\text{DPY}^*}}{\partial\alpha}>0$，$\dfrac{\partial A^{\text{DPN}^*}}{\partial\alpha}>$

0；在 $\tau>\dfrac{2(1-\beta)}{2-\beta}$ 情况下，$\dfrac{\partial Z^{\text{DPN}^*}}{\partial\alpha}=\dfrac{\partial Z^{\text{DPY}^*}}{\partial\alpha}>0$，$\dfrac{\partial A^{\text{DPN}^*}}{\partial\alpha}>0$；在 $\tau<\dfrac{2(1-\beta)}{2-\beta}$ 情况下，

当 $0 < \alpha < \min\left\{\dfrac{\beta\left[2(1-\tau)-\beta(2-\tau)\right]^2 + 8(1-\tau)^2(1-\beta)}{2(1-\beta)\left[4(1-\tau)^2 - \beta^2(2-\tau)^2\right]}, 1\right\}$ 时，$\dfrac{\partial S^{\mathrm{DPN}*}}{\partial \alpha} < 0$，反之当

$\dfrac{\beta\left[2(1-\tau)-\beta(2-\tau)\right]^2 + 8(1-\tau)^2(1-\beta)}{2(1-\beta)\left[4(1-\tau)^2 - \beta^2(2-\tau)^2\right]} \leqslant \alpha < 1$ 时，$\dfrac{\partial S^{\mathrm{DPN}*}}{\partial \alpha} \geqslant 0$；在 $\tau \geqslant \dfrac{2(1-\beta)}{2-\beta}$ 情

况下，当 $0 < \alpha < 1$ 时，$\dfrac{\partial S^{\mathrm{DPN}*}}{\partial \alpha} < 0$；此外，$\dfrac{\partial A^{\mathrm{DPY}*}}{\partial \alpha}$ 和 $\dfrac{\partial S^{\mathrm{DPY}*}}{\partial \alpha}$ 的正负难以判断，但与 α 和

τ 的取值密切相关。

(3) $\dfrac{\partial \mu^{\mathrm{DPY}*}}{\partial \alpha} > 0$，$\dfrac{\partial \eta^{\mathrm{DPY}*}}{\partial \alpha} < 0$。

证明：见本书附录 B。

从推论 4.9 可以看出，在平台模式下，①随着 α 的增大，制造商会提高网络直销渠道销售价格，而零售商对零售商渠道销售价格的调整与佣金比例的大小有关，即当佣金比例较小时，零售商会降低零售商渠道销售价格，反之当佣金比例较大时，零售商会提高零售商渠道销售价格。②α 对制造商的绿色技术投资水平和广告投资水平，以及零售商的广告投资水平的影响与 α 和 τ 的取值范围有关。具体来说，在佣金比例较小的情况下，随着 α 的增大，制造商的绿色技术投资水平和广告投资水平先减小后增大；而在佣金比例较大的情况下，制造商的绿色技术投资水平和广告投资水平随着 α 的增大而单调递增。在佣金比例较小的情况下，随着 α 的增大，零售商的广告投资水平在一定范围内是减小的；而在佣金比例较大的情况下，零售商的广告投资水平随着 α 的增大而单调递减。③在联合广告情形下，随着 α 的增大，制造商对零售商的广告投资成本分担比例增大，而零售商对制造商的广告投资成本分担比例减小。

4.8 本章小结

本章构建了由单个制造商和单个零售商组成的绿色供应链，考虑产品绿色度和品牌商誉的动态性，基于微分博弈分别研究了绿色供应链在转售模式和平台模式下的投资策略与协调问题，并且着重分析了二者的广告投资策略。主要研究结论如下：

（1）在转售模式下，与独立广告相比，联合广告的绿色产品销售价格、制造商的绿色技术投资水平和广告投资水平不变，但零售商的广告投资水平提高，进而使得产品绿色度不变，品牌商誉提高。由此，在转售模式下，制造商与零售商应该采取联合广告。值得注意的是，在转售模式下，联合广告的实质是制造商单方面分担零售商的广告投资成本，而零售商无须分担制造商的广告投资成本。

（2）在平台模式下，与独立广告相比，联合广告的绿色产品销售价格和制造商的绿色技术投资水平不变，制造商和零售商的广告投资水平均提高，进而使得产品绿色度不变，品牌商誉提高。由此，在平台模式下，制造商与零售商应该采取联合广告。不同于转售模

式，平台模式下联合广告的实质是制造商和零售商互担广告投资成本。

（3）在联合广告达成一致的前提下，在转售模式和平台模式两种销售模式中，零售商总是倾向于选择平台模式，而制造商的选择与平台模式的佣金比例有关。从经济、环境和社会视角来看，低佣金比例的平台模式是制造商和零售商的最优选择。

（4）联合广告虽然能够实现绿色供应链的帕累托改进，但仍达不到集中决策的效果。在转售模式下，收益共享—双边成本分担契约可以完全协调绿色供应链。在平台模式下，双边成本分担契约可以完全协调绿色供应链。

（5）将研究拓展至双渠道环境，上述结论（1）和（2）不变。即，无论制造商是否增设网络直销渠道，制造商和零售商都应该采取联合广告，并且联合广告的实质仅与二者的销售模式有关。随着网络直销渠道所占市场份额比例的增大，制造商会提高网络直销渠道销售价格以及增加对零售商广告投资成本的分担比例。

根据上述研究结论，可以得出如下主要管理启示：

第一，在绿色实践中，制造商和零售商应当采取低佣金比例的平台模式，可以显著增加经济利润、环境效益和社会福利。也就是说，电商平台为绿色制造商提供较低的佣金比例，不仅能够提高彼此的利润，也能引导绿色品质升级，服务社会。

第二，在绿色实践中，无论制造商采取哪种销售模式，是否增设网络直销渠道，相对于独立广告，联合广告始终是制造商和零售商的最佳选择，能够提高产品绿色度和品牌商誉。实际上，格力、海尔等绿色制造商都已经与京东、天猫等电商平台开展联合广告，如"东联计划""超级品牌日"和"绿色会场"等。

5 双渠道情形下考虑绿色技术创新的 供应链投资策略及协调

第 4 章的研究表明联合广告是促进绿色供应链发展的有效措施之一，能够显著增加经济利润、环境效益和社会福利。事实上，绿色技术创新是实现绿色供应链发展的根本途径。然而，企业进行绿色技术创新往往需要较多的资金，短期内难以见效，并且创新成功的时间具有不确定性。因此，在第 4 章模型拓展的基础上，本章以双渠道绿色供应链为研究对象，引入绿色技术创新过程，考虑产品绿色度和品牌商誉的动态性，基于微分博弈研究供应链成员在技术创新成功前后的投资策略与协调问题，旨在为企业合理配置技术创新成功前后的资源以及实现双渠道供应链协调提供理论参考。

5.1 引言

促进经济社会发展全面绿色转型是我国在新时代的重要战略部署，为我国制造企业的转型升级提供了方向指引和根本遵循。在绿色产品市场，制造企业进行绿色转型和增强市场竞争力的根本途径是绿色技术创新，即通过绿色技术研发与积累形成自身核心技术。例如，比亚迪经过多年的研发与积累，已经掌握了"三电"核心技术，成为国际领先的新能源汽车制造企业。再如，格力通过自主研发掌握了三缸双级变容压缩机、双级增焓变频压缩机和永磁同步变频螺旋杆式冷水机组等核心技术，用以生产更加节能的变频空调、中央空调等系列产品，成为国内领先的家电制造企业。然而在实际研发过程中，面临技术、市场和政策等方面的不确定因素，绿色技术创新能否成功以及何时成功具有较大的不确定性[99]。例如，面临材料技术升级、市场形态不确定（电动能还是氢动能）、新能源汽车补贴退坡等因素，动力电池的性能何时实现技术突破尚不确定。由此可见，绿色技术创新并非一蹴而就，而是依赖于制造企业持续地进行绿色技术投资。因此，在绿色技术创新过程中，如何合理确定绿色技术投资水平成为供应链企业管理的重要议题。

与此同时，随着网络零售业和快递业的迅猛发展，消费者开始由单一的传统线下渠道的消费方式转变为线上和线下双渠道并存的消费方式。在实践中，越来越多的制造商在保留原有线下渠道的基础上增设线上直销渠道，以便占据更多的市场份额，获得更多的经济利润，例如格力、海尔、美的等企业。然而研究表明，制造商增设线上渠道会与原有的线下渠道形成竞争关系，引起渠道冲突[30]。对此，已有学者设计了两部定价契约[168]、收益共享契约[58]、成本分担契约[208]和联合契约[167]等契约合同来协调双渠道供应链。事实上，为了促进绿色消费，构建品牌商誉，制造商和零售商会分别在线上渠道和线下渠道进行广告宣传。基于此，在绿色发展和双渠道背景下，如何优化广告投资水平以及实现双渠道供应链协调也是供应链企业管理的重要议题。

目前，双渠道绿色供应链管理的研究大多是基于静态环境探讨定价决策、绿色决策及协调等问题（例如，余娜娜等[167]、Wang 和 Song[169]、周岩等[171]），忽略了企业生产经营活动是一个长期的动态过程。少量文献研究了动态环境下双渠道供应链的优化策略。例如，陈山等将低碳商誉作为状态变量，基于微分博弈探讨了低碳环境下双渠道供应链的线上线下广告合作策略。叶欣和周艳菊[208]考虑低碳商誉，研究了双渠道供应链的联合减排策略，并采用成本分担契约来实现供应链帕累托改进。但是，以上研究并未考虑绿色技术创新是一个过程。苏屹等[112]从知识聚合角度分析了技术创新过程。胡劲松等[47]将技术创新过程引入供应链管理研究中，研究了技术创新下供应链的最优决策。然而，鲜有文献研究动态环境下双渠道绿色供应链的协调问题。因此，在现有研究成果的基础上，本章将绿色技术创新过程引入供应链管理研究中，构建由制造商和零售商组成的双渠道绿色供应链，聚焦于解决以下研究问题：

（1）分别在集中、分散决策模型下，供应链企业如何制定技术创新成功前后的投资策略？产品绿色度和品牌商誉有何变化轨迹？经济利润、环境效益和社会福利如何变化？两部定价—双边成本分担契约能否实现双渠道绿色供应链协调？

（2）绿色技术创新和消费者线上渠道偏好对供应链企业的投资策略、产品绿色度和品牌商誉有何影响？对经济利润、环境效益和社会福利有何影响？

（3）若绿色技术创新并未成功（即未实现技术突破），企业采取未预期、低-低预期和高-高预期三种情形下的投资策略、产品绿色度、品牌商誉及利润对比如何？供应链企业在决策时是否应该考虑绿色技术创新，并对其进行预期？

5.2 模型描述与假设

5.2.1 模型描述

本章构建由单个制造商 M 和单个零售商 R 组成的双渠道绿色供应链（图 5.1），其中制造商是领导者，负责生产绿色产品，并在线上渠道直销和通过线下渠道批发给零售商，而零售商是跟随者，负责将批发的绿色产品在线下渠道出售给消费者。为了提高产品绿色度和品牌商誉，制造商进行绿色技术投资和线上广告投资，零售商进行线下广告投资。由于绿色技术创新将供应链企业的运营期间分为技术创新成功前后两个阶段，所以供应链企

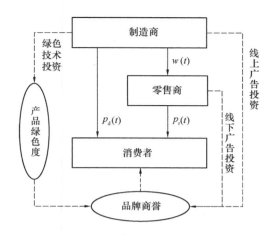

图 5.1　双渠道绿色供应链结构

业需要分别制定两个阶段的均衡策略。决策顺序：供应链企业首先以整个运营期间的利润最大化为目标来决策技术创新成功前的均衡策略，然后以技术创新成功后的利润最大化为目标来决策技术创新成功后的均衡策略。

5.2.2　模型假设

1. 基本假设

假设 5.1　假设 t 时刻制造商的绿色技术投资水平和线上广告投资水平分别为 $Z(t)$ 和 $A(t)$，零售商的线下广告投资水平为 $S(t)$。参考陈山等[226]、Liu 等[242]的研究，假设制造商的绿色技术投资成本和线上广告投资成本分别为 $kZ^2(t)/2$ 和 $h_A A^2(t)/2$，零售商的线下广告投资成本为 $h_S S^2(t)/2$。其中，$k>0$、$h_A>0$ 和 $h_S>0$ 分别表示绿色技术投资水平、线上广告投资水平和线下广告投资水平的成本系数。

假设 5.2　制造商的绿色技术投资对产品绿色度具有正向影响，即绿色技术投资水平的提高可以使产品绿色度增加；同时产品绿色度会由于现有绿色技术水平和生产设备的落后而存在自然衰减现象[41,242]。因此，将产品绿色度的动态变化过程刻画为：

$$\dot{g}(t) = \gamma Z(t) - \delta g(t), \; g(0) = g_0 \tag{5.1}$$

其中，$g(t)$ 表示 t 时刻产品的绿色度，g_0 表示产品绿色度的初始值；$\gamma>0$ 表示绿色技术投资水平对产品绿色度的影响系数；$\delta>0$ 表示产品绿色度的衰减率。

假设 5.3　提高产品绿色度以及加强线上渠道和线下渠道的广告宣传能够提升品牌商誉，然而品牌商誉会随着消费者遗忘或转移等而存在自然衰减现象[151,226]。借鉴陈山等[226]的研究，将品牌商誉的动态变化过程刻画为：

$$\dot{G}(t) = \eta g(t) + \lambda A(t) + \mu S(t) - \varepsilon G(t), \; G(0) = G_0 \tag{5.2}$$

其中，$G(t)$ 表示 t 时刻产品的品牌商誉，G_0 表示品牌商誉的初始值；$\eta>0$ 表示产品绿色度对品牌商誉的影响系数；$\lambda > 0$ 和 $\mu > 0$ 分别表示线上广告投资水平及线下广告投资水平对品牌商誉的影响系数；$\varepsilon > 0$ 表示品牌商誉的衰减率。

假设 5.4 借鉴叶欣和周艳菊[208]的研究，假定价格因素和非价格因素均与市场需求呈线性关系，并且可以采取可分离相乘的形式刻画两种因素对市场需求的影响[241]。在此基础上，假设绿色产品在线上渠道和线下渠道的市场需求函数分别为：

$$D_{\mathrm{d}}(t) = [\alpha Q - p_{\mathrm{d}}(t) + \beta p_{\mathrm{r}}(t)]\theta G(t) \tag{5.3}$$

$$D_{\mathrm{r}}(t) = [(1-\alpha)Q - p_{\mathrm{r}}(t) + \beta p_{\mathrm{d}}(t)]\theta G(t) \tag{5.4}$$

其中，$D_{\mathrm{d}}(t)$ 和 $D_{\mathrm{r}}(t)$ 分别表示 t 时刻线上渠道市场需求及线下渠道市场需求；Q 表示潜在市场需求总量；$\alpha > 0$ 表示线上渠道所占市场份额比例，反映了消费者线上渠道偏好程度；$p_{\mathrm{d}}(t)$ 和 $p_{\mathrm{r}}(t)$ 分别表示 t 时刻线上渠道销售价格及线下渠道销售价格；$\beta > 0$ 表示消费者渠道价格转移系数，$0 < \beta < 1$；$\theta > 0$ 表示消费者绿色品牌偏好系数。

假设 5.5 制造商和零售商在整个运营期间内的贴现率均为 $\rho(\rho > 0)$。

假设 5.6 假设社会福利 $SW(t)$ 由制造商利润最优值 $V_{\mathrm{M}}(t)$、零售商利润最优值 $V_{\mathrm{R}}(t)$、消费者剩余 $CS(t)$ 和环境效益 $EI(t)$ 四个部分构成，即 $SW(t) = V_{\mathrm{M}}(t) + V_{\mathrm{R}}(t) + CS(t) + EI(t)$。其中 $EI(t) = g(t)[D_{\mathrm{d}}(t) + D_{\mathrm{r}}(t)]$ 表示 t 时刻的环境效益[191]。消费者剩余 $CS(t) = \int_{p_{\mathrm{d\_mkt}}(t)}^{p_{\mathrm{d\_max}}(t)} D_{\mathrm{d}}(t)\mathrm{d}p_{\mathrm{d}}(t) + \int_{p_{\mathrm{r\_mkt}}(t)}^{p_{\mathrm{r\_max}}(t)} D_{\mathrm{r}}(t)\mathrm{d}p_{\mathrm{r}}(t) = \dfrac{D_{\mathrm{d}}(t)^2 + D_{\mathrm{r}}(t)^2}{2\theta G(t)}$，其中 $p_{\mathrm{d\_mkt}}(t)$ $= \alpha Q + \beta p_{\mathrm{r}}(t) - \dfrac{D_{\mathrm{d}}(t)}{\theta G(t)}$ 和 $p_{\mathrm{r\_mkt}}(t) = (1-\alpha)Q + \beta p_{\mathrm{d}}(t) - \dfrac{D_{\mathrm{r}}(t)}{\theta G(t)}$ 分别表示在 t 时刻该绿色产品在线上渠道及线下渠道的销售价格，$p_{\mathrm{d\_max}}(t) = \alpha Q + \beta p_{\mathrm{r}}(t)$ 和 $p_{\mathrm{r\_max}}(t) = (1-\alpha)Q + \beta p_{\mathrm{r}}(t)$ 表示在 t 时刻消费者在线上渠道及线下渠道愿意为该绿色产品支付的最高价格。

2. 绿色技术创新的形成过程

绿色技术创新是一个漫长且艰巨的过程，其实现时间具有不确定性。本章借鉴 Rubel 等[49]、Lu 和 Navas 等[50]的研究，利用随机到达过程刻画绿色技术创新过程。具体而言：假设 $\{\Gamma(t):t \geqslant 0\}$ 表示绿色技术创新的整个过程，企业可能在任意时刻 t 实现绿色技术创新，其概率为 $\tau \in [0,1]$，那么 $\lim\limits_{\Delta t \to 0} = \dfrac{P\{t \leqslant T < t + \Delta t \mid T \geqslant t\}}{\Delta t} = \tau$。其中，条件概率 $P\{t \leqslant T < t + \Delta t \mid T \geqslant t\}$ 表示绿色技术创新在 t 时刻没有实现而在 $[t, t + \Delta t)$ 内实现的概率。令 $F(t)$ 和 $f(t)$ 分别表示绿色技术创新过程的分布函数及概率密度，则 $F(t) = 1 - e^{-\tau t}$，$f(t) = \tau e^{-\tau t}$。

以绿色技术创新成功日期 T 划分企业运营期间为技术创新成功前 $t \in [0, T)$ 和技术创新成功后 $t \in [T, +\infty)$ 两个阶段，并且假设 $g(T^+) = (1+\chi)g(T^-)$。其中 $\chi \geqslant 0$ 表示绿色度提升率。因此，在绿色技术创新下，产品绿色度的动态变化过程为：

$$\begin{cases} \dot{g}_1(t) = \gamma_1 Z_1(t) - \delta_1 g_1(t), g_1(0) = g_0, 0 \leqslant t < T \\ \dot{g}_2(t) = \gamma_2 Z_2(t) - \delta_2 g_2(t), g_2(T^+) = (1+\chi)g_1(T^-), T \leqslant t \end{cases} \tag{5.5}$$

其中，$\gamma_2 > \gamma_1$，$\delta_2 < \delta_1$ 表示技术创新成功后产品绿色度受绿色技术投资水平的影响更大，但衰减率更小。

随着产品绿色度的提高，产品的品牌商誉得到提升。假设 $G(T^+) = (1+\kappa)G(T^-)$，其中 $\kappa \geqslant 0$ 表示品牌商誉提升率。那么在绿色技术创新下，品牌商誉的动态变化过程为：

$$\begin{cases} \dot{G}_1(t) = \eta_1 g_1(t) + \lambda_1 A_1(t) + \mu_1 S_1(t) - \varepsilon_1 G_1(t), G(0) = G_0, 0 \leqslant t < T \\ \dot{G}_2(t) = \eta_2 g_2(t) + \lambda_2 A_2(t) + \mu_2 S_2(t) - \varepsilon_2 G_2(t), G(T^+) = (1+\kappa)G(T^-), T \leqslant t \end{cases} \tag{5.6}$$

其中，$\eta_2 > \eta_1$，$\lambda_2 > \lambda_1$，$\mu_2 > \mu_1$ 和 $\varepsilon_2 < \varepsilon_1$ 表示技术创新成功后品牌商誉受产品绿色度和广告投资水平的影响更大，而衰减率更小。

此外，绿色技术创新会使产品的潜在市场需求增加，即 $Q(T^+) = (1+q)Q(T^-)$，其中 $q \geqslant 0$ 表示潜在市场需求提升率。此时，线上渠道和线下渠道的市场需求函数分别为：

$$\begin{cases} D_{d1}(t) = [\alpha Q_1 - p_{d1}(t) + \beta p_{r1}(t)]\theta G_1(t), Q_1 = Q, 0 \leqslant t < T \\ D_{d2}(t) = [\alpha Q_2 - p_{d2}(t) + \beta p_{r2}(t)]\theta G_2(t), Q_2 = (1+q)Q, T \leqslant t \end{cases} \tag{5.7}$$

$$\begin{cases} D_{r1}(t) = [(1-\alpha)Q_1 - p_{r1}(t) + \beta p_{d1}(t)]\theta G_1(t), Q_1 = Q, 0 \leqslant t < T \\ D_{r2}(t) = [(1-\alpha)Q_2 - p_{r2}(t) + \beta p_{d2}(t)]\theta G_2(t), Q_2 = (1+q)Q, T \leqslant t \end{cases} \tag{5.8}$$

综上所述，由于在技术创新成功前后两个阶段，绿色供应链成员的经营能力和市场环境发生变化，所以制造商和零售商会分别制定技术创新成功前后的最优策略。

技术创新成功前，制造商和零售商的利润函数分别为：

$$J_{M1} = \int_0^T e^{-\rho t}[p_{d1}(t)D_{d1}(t) + w_1(t)D_{r1}(t) - kZ_1^2(t)/2 - h_A A_1^2(t)/2]dt \tag{5.9}$$

$$J_{R1} = \int_0^T e^{-\rho t}\{[p_{r1}(t) - w_1(t)]D_{r1}(t) - h_S S_1^2(t)/2\}dt \tag{5.10}$$

技术创新成功后，制造商和零售商的利润函数分别为：

$$J_{M2} = \int_T^\infty e^{-\rho t}[p_{d2}(t)D_{d2}(t) + w_2(t)D_{r2}(t) - kZ_2^2(t)/2 - h_A A_2^2(t)/2]dt \tag{5.11}$$

$$J_{R2} = \int_T^\infty e^{-\rho t}\{[p_{r2}(t) - w_2(t)]D_{r2}(t) - h_S S_2^2(t)/2\}dt \tag{5.12}$$

其中，J_{M1} 和 J_{R1} 分别表示在技术创新成功前阶段 $[0, T)$，制造商和零售商的利润在初始时刻的贴现值；J_{M2} 和 J_{R2} 分别表示在技术创新成功后阶段 $[T,+\infty)$，制造商和零售商的利润在 t 时刻的贴现值。

由于供应链成员在技术创新成功前后两种环境下的利润与技术创新成功的时间 T 密切相关，并且 T 具有不确定性，所以制造商和零售商的利润是随机变量。通过对随机时间 T 取期望值，可得制造商和零售商在整个运营期间利润的期望净现值分别为：

$$J_M = E[J_{M1} + e^{-\rho T} J_{M2}] \tag{5.13}$$

$$J_R = E[J_{R1} + e^{-\rho T} J_{R2}] \tag{5.14}$$

其中，J_M 和 J_R 分别表示制造商和零售商在整个运营期间的利润在初始时刻的贴现值。

为了求解绿色技术创新这个随机控制问题，利用概率密度函数 $f(t)$ 对式（5.13）和式（5.14）求解，可得制造商和零售商在整个运营期间利润的期望净现值函数分别为：

$$J_M = \int_0^\infty e^{-(\rho+\tau)t} \left\{ \begin{matrix} p_{d1}(t)D_{d1}(t) + w_1(t)D_{r1}(t) - kZ_1^2(t)/2 - h_A A_1^2(t)/2 \\ + \tau J_{M2}[p_{d2}(t), w_2(t), Z_2(t), A_2(t)] \end{matrix} \right\} dt \tag{5.15}$$

$$J_R = \int_0^\infty e^{-(\rho+\tau)t} \left\{ [p_{r1}(t) - w_1(t)]D_{r1}(t) - h_S S_1^2(t)/2 + \tau J_{R2}[p_{r2}(t), S_2(t)] \right\} dt \tag{5.16}$$

为方便书写，模型部分将 t 省略。

5.3 模型构建与求解

本节将分别探讨在集中决策模型和分散决策模型下，绿色供应链成员在技术创新成功前后的均衡策略、产品绿色度、品牌商誉及利润。

5.3.1 集中决策模型

在集中决策模型（用上标 C 表示）中，制造商和零售商首先以绿色供应链在整个运营期间的利润最大化为目标来共同决策技术创新成功前的线上渠道销售价格 p_{d1}、线下渠道销售价格 p_{r1}、绿色技术投资水平 Z_1、线上广告投资水平 A_1 和线下广告投资水平 S_1；然后以绿色供应链在技术创新成功后的利润最大化为目标来共同决策技术创新成功后的线上渠道销售价格 p_{d2}、线下渠道销售价格 p_{r2}、绿色技术投资水平 Z_2、线上广告投资水平 A_2 和线下广告投资水平 S_2。此时，绿色供应链的决策目标函数为：

$$\max_{\substack{p_{d1}, p_{r1}, Z_1, A_1, S_1, \\ p_{d2}, p_{r2}, Z_2, A_2, S_2}} J_{SC} = \int_0^\infty e^{-(\rho+\tau)t} \left\{ \begin{matrix} p_{d1}D_{d1} + p_{r1}D_{r1} - kZ_1^2/2 - h_A A_1^2/2 \\ - h_S S_1^2/2 + \tau J_{SC2}(p_{d2}, p_{r2}, Z_2, A_2, S_2) \end{matrix} \right\} dt \tag{5.17}$$

命题 5.1 在集中决策模型中，均衡策略、产品绿色度、品牌商誉及利润如下：

（1）在集中决策模型中，技术创新成功前后两个阶段，最优线上渠道销售价格分别为 $p_{\mathrm{d1}}^{\mathrm{C}*} = \dfrac{Q(\alpha + \beta - \alpha\beta)}{2(1-\beta^2)}$ 和 $p_{\mathrm{d2}}^{\mathrm{C}*} = \dfrac{Q(1+q)(\alpha + \beta - \alpha\beta)}{2(1-\beta^2)}$，最优线下渠道销售价格分别为 $p_{\mathrm{r1}}^{\mathrm{C}*} = \dfrac{Q[1 - \alpha(1-\beta)]}{2(1-\beta^2)}$ 和 $p_{\mathrm{r2}}^{\mathrm{C}*} = \dfrac{Q(1+q)[1 - \alpha(1-\beta)]}{2(1-\beta^2)}$，制造商的最优绿色技术投资水平分别为 $Z_1^{\mathrm{C}*} = \dfrac{Q^2\theta\gamma_1\Omega_1[(\rho+\delta_2)\Theta_1\eta_1 + \Theta_2\eta_2]}{4k(1-\beta^2)(\rho+\tau+\delta_1)(\rho+\delta_2)(\rho+\tau+\varepsilon_1)(\rho+\varepsilon_2)}$ 和 $Z_2^{\mathrm{C}*} = \dfrac{Q^2\theta\gamma_2\eta_2\Omega_1(1+q)^2}{4k(1-\beta^2)(\rho+\delta_2)(\rho+\varepsilon_2)}$，制造商的最优线上广告投资水平分别为 $A_1^{\mathrm{C}*} = \dfrac{Q^2\theta\lambda_1\Omega_1\Theta_1}{4h_{\mathrm{A}}(1-\beta^2)(\rho+\tau+\varepsilon_1)(\rho+\varepsilon_2)}$ 和 $A_2^{\mathrm{C}*} = \dfrac{\theta\lambda_2 Q^2(1+q)^2\Omega_1}{4h_{\mathrm{A}}(1-\beta^2)(\rho+\varepsilon_2)}$，零售商的最优线下广告投资水平分别为 $S_1^{\mathrm{C}*} = \dfrac{Q^2\theta\mu_1\Omega_1\Theta_1}{4h_{\mathrm{S}}(1-\beta^2)(\rho+\tau+\varepsilon_1)(\rho+\varepsilon_2)}$ 和 $S_2^{\mathrm{C}*} = \dfrac{\theta\mu_2 Q^2(1+q)^2\Omega_1}{4h_{\mathrm{S}}(1-\beta^2)(\rho+\varepsilon_2)}$。其中 $\Omega_1 = 1 - 2\alpha(1-\alpha)(1-\beta)$，$\Theta_1 = \rho + (1+q)^2(1+\kappa)\tau + \varepsilon_2$，$\Theta_2 = (1+q)^2\tau(1+\chi)(\rho+\tau+\varepsilon_1)$。

（2）在集中决策模型中，产品绿色度的最优轨迹为：

$$\begin{cases} g_1^{\mathrm{C}*} = (g_0 - g_{1\infty}^{\mathrm{C}*})e^{-\delta_1 t} + g_{1\infty}^{\mathrm{C}*}, \ 0 \leqslant t < T \\ g_2^{\mathrm{C}*} = \{(1+\chi)[(g_0 - g_{1\infty}^{\mathrm{C}*})e^{-\delta_1 T} + g_{1\infty}^{\mathrm{C}*}] - g_{2\infty}^{\mathrm{C}*}\}e^{-\delta_2(t-T)} + g_{2\infty}^{\mathrm{C}*}, \ T \leqslant t \end{cases}$$
(5.18)

其中，$g_{1\infty}^{\mathrm{C}*} = \dfrac{Q^2\gamma_1^2\theta\Omega_1[(\rho+\delta_2)\Theta_1\eta_1 + \Theta_2\eta_2]}{4k\delta_1(1-\beta^2)(\rho+\tau+\delta_1)(\rho+\delta_2)(\rho+\tau+\varepsilon_1)(\rho+\varepsilon_2)}$ 表示技术创新成功前的产品绿色度稳态值；$g_{2\infty}^{\mathrm{C}*} = \dfrac{Q^2\gamma_2^2\theta\eta_2\Omega_1(1+q)^2}{4k\delta_2(1-\beta^2)(\rho+\delta_2)(\rho+\varepsilon_2)}$ 表示技术创新成功后的产品绿色度稳态值。

（3）在集中决策模型中，品牌商誉的最优轨迹为：

$$\begin{cases} G_1^{\mathrm{C}*} = \left[G_0 - G_{1\infty}^{\mathrm{C}*} - \dfrac{\eta_1(g_0 - g_{1\infty}^{\mathrm{C}*})}{\varepsilon_1 - \delta_1}\right]e^{-\varepsilon_1 t} + \dfrac{\eta_1(g_0 - g_{1\infty}^{\mathrm{C}*})}{\varepsilon_1 - \delta_1}e^{-\delta_1 t} + G_{1\infty}^{\mathrm{C}*}, \ 0 \leqslant t < T \\[3mm] G_2^{\mathrm{C}*} = \left\{G_2^{\mathrm{C}*}(T) - G_{2\infty}^{\mathrm{C}*} - \dfrac{\eta_2\{(1+\chi)[(g_0 - g_{1\infty}^{\mathrm{C}*})e^{-\delta_1 T} + g_{1\infty}^{\mathrm{C}*}] - g_{2\infty}^{\mathrm{C}*}\}}{\varepsilon_2 - \delta_2}\right\}e^{-\varepsilon_2(t-T)} \\[3mm] \qquad + \dfrac{\eta_2\{(1+\chi)[(g_0 - g_{1\infty}^{\mathrm{C}*})e^{-\delta_1 T} + g_{1\infty}^{\mathrm{C}*}] - g_{2\infty}^{\mathrm{C}*}\}}{\varepsilon_2 - \delta_2}e^{-\delta_2(t-T)} + G_{2\infty}^{\mathrm{C}*}, \ T \leqslant t \end{cases}$$

(5.19)

其中，$G_2^{\mathrm{C}*}(T) = (1+\kappa)\left\{\left[G_0 - G_{1\infty}^{\mathrm{C}*} - \dfrac{\eta_1(g_0 - g_{1\infty}^{\mathrm{C}*})}{\varepsilon_1 - \delta_1}\right]e^{-\varepsilon_1 T} + \dfrac{\eta_1(g_0 - g_{1\infty}^{\mathrm{C}*})}{\varepsilon_1 - \delta_1}e^{-\delta_1 T} + G_{1\infty}^{\mathrm{C}*}\right\}$ 表

示 T 时刻的品牌商誉；$G_{1\infty}^{C^*} = \dfrac{Q^2\theta\Omega_1\Theta_1(h_S\lambda_1^2+h_A\mu_1^2)}{4h_Ah_S\varepsilon_1(1-\beta^2)(\rho+\tau+\varepsilon_1)(\rho+\varepsilon_2)} + \dfrac{\eta_1 g_{1\infty}^{C^*}}{\varepsilon_1}$ 表示技术创新

成功前的品牌商誉稳态值；$G_{2\infty}^{C^*} = \dfrac{\theta\Omega_1Q^2(1+q)^2(h_S\lambda_2^2+h_A\mu_2^2)}{4h_Ah_S\varepsilon_2(1-\beta^2)(\rho+\varepsilon_2)} + \dfrac{\eta_2 g_{2\infty}^{C^*}}{\varepsilon_2}$ 表示技术创新成

功后的品牌商誉稳态值。

（4）在集中决策模型中，绿色供应链系统在整个运营期间的利润最优值函数和在技术创新成功后的利润最优值函数分别为：

$$V_{SC}^{C^*} = a_1^{C^*} g_1^{C^*} + b_1^{C^*} G_1^{C^*} + c_1^{C^*} \tag{5.20}$$

$$W_{SC}^{C^*} = a_2^{C^*} g_2^{C^*} + b_2^{C^*} G_2^{C^*} + c_2^{C^*} \tag{5.21}$$

其中：

$$a_1^{C^*} = \frac{Q^2\theta\Omega_1[(\rho+\delta_2)\Theta_1\eta_1+\Theta_2\eta_2]}{4(1-\beta^2)(\rho+\tau+\delta_1)(\rho+\delta_2)(\rho+\tau+\varepsilon_1)(\rho+\varepsilon_2)} \tag{5.22}$$

$$b_1^{C^*} = \frac{Q^2\theta\Omega_1\Theta_1}{4(1-\beta^2)(\rho+\tau+\varepsilon_1)(\rho+\varepsilon_2)} \tag{5.23}$$

$$c_1^{C^*} = \frac{Q^4\theta^2\Omega_1^2\gamma_1^2[(\rho+\delta_2)\Theta_1\eta_1+\Theta_2\eta_2]^2}{32(\rho+\tau)k(1-\beta^2)^2(\rho+\tau+\delta_1)^2(\rho+\delta_2)^2(\rho+\tau+\varepsilon_1)^2(\rho+\varepsilon_2)^2} \tag{5.24}$$

$$+ \frac{Q^4\theta^2\Omega_1^2(h_S\lambda_1^2+h_A\mu_1^2)\Theta_1^2}{32(\rho+\tau)h_Ah_S(1-\beta^2)^2(\rho+\tau+\varepsilon_1)^2(\rho+\varepsilon_2)^2} + \frac{\tau c_2^{C^*}}{\rho+\tau}$$

$$a_2^{C^*} = \frac{\theta\eta_2Q^2(1+q)^2\Omega_1}{4(1-\beta^2)(\rho+\delta_2)(\rho+\varepsilon_2)}, \quad b_2^{C^*} = \frac{\theta Q^2(1+q)^2\Omega_1}{4(1-\beta^2)(\rho+\varepsilon_2)} \tag{5.25}$$

$$c_2^{C^*} = \frac{\theta^2Q^4(1+q)^4\Omega_1^2[k(\rho+\delta_2)^2(h_S\lambda_2^2+h_A\mu_2^2)+h_Ah_S\gamma_2^2\eta_2^2]}{32k(1-\beta^2)^2\rho h_Ah_S(\rho+\delta_2)^2(\rho+\varepsilon_2)^2} \tag{5.26}$$

证明：由于绿色技术创新将整个运营期间划分为技术创新成功前后两个阶段，所以为了实现绿色供应链系统利润最大化，绿色供应链决策者需要分别制定技术创新成功前后两个阶段的均衡策略。在技术创新成功前，绿色供应链以整个运营期间的利润最大化为目标，而在技术创新成功后，绿色供应链以技术创新成功后的利润最大化为目标。采用逆向归纳法求解，根据式（5.11）和式（5.12）得出，在绿色技术创新成功后，绿色供应链系统的利润函数为：

$$J_{SC2} = \int_T^\infty e^{-\rho t}(p_{d2}D_{d2}+p_{r2}D_{r2}-kZ_2^2/2-h_AA_2^2/2-h_SS_2^2/2)\mathrm{d}t \tag{5.27}$$

用 W_{SC}^C 表示技术创新成功后绿色供应链系统的利润最优值函数。根据贝尔曼连续动态优化理论，W_{SC}^C 对于任意的 $g_2 \geqslant 0$ 和 $G_2 \geqslant 0$ 均满足 HJB 方程：

$$\rho W_{SC}^{C} = \max_{p_{d2}, p_{r2}, Z_2, A_2, S_2} \begin{bmatrix} p_{d2}D_{d2} + p_{r2}D_{r2} - kZ_2^2/2 - h_A A_2^2/2 \\ -h_S S_2^2/2 + W_{SC}^{C'}(g_2)(\gamma_2 Z_2 - \delta_2 g_2) \\ + W_{SC}^{C'}(G_2)(\eta_2 g_2 + \lambda_2 A_2 + \mu_2 S_2 - \varepsilon_2 G_2) \end{bmatrix} \tag{5.28}$$

根据一阶条件，将式（5.28）右端分别对 p_{d2}、p_{r2}、Z_2、A_2 和 S_2 求一阶偏导数，并令其等于零，可得：

$$p_{d2}^{C} = \frac{Q(1+q)(\alpha+\beta-\alpha\beta)}{2(1-\beta^2)}, \quad p_{r2}^{C} = \frac{Q(1+q)[1-\alpha(1-\beta)]}{2(1-\beta^2)} \tag{5.29}$$

$$Z_2^{C} = \frac{\gamma_2 W_{SC}^{C'}(g_2)}{k}, \quad A_2^{C} = \frac{\lambda_2 W_{SC}^{C'}(G_2)}{h_A}, \quad S_2^{C} = \frac{\mu_2 W_{SC}^{C'}(G_2)}{h_S} \tag{5.30}$$

将式（5.29）和式（5.30）代入式（5.28）中，化简整理可得：

$$\rho W_{SC}^{C} = \left[\eta_2 W_{SC}^{C'}(G_2) - \delta_2 W_{SC}^{C'}(g_2)\right]g_2 + \left[\frac{Q^2(1+q)^2 \Omega_1}{4(1-\beta^2)} - \varepsilon_2 W_{SC}^{C'}(G_2)\right]G_2$$

$$+ \frac{\gamma_2^2 W_{SC}^{C'}(g_2)^2}{2k} + \frac{\lambda_2^2 W_{SC}^{C'}(G_2)^2}{2h_A} + \frac{\mu_2^2 W_{SC}^{C'}(G_2)^2}{2h_S} \tag{5.31}$$

根据式（5.31）的形式结构，假设 $W_{SC}^{C} = a_2^{C} g_2^2 + b_2^{C} G_2^2 + c_2^{C}$，并将其代入式（5.31）中化简。然后根据恒等关系确定参数 $a_2^{C*} \sim c_2^{C*}$，进而可得 $W_{SC}^{C*} = a_2^{C*} g_2^{C*} + b_2^{C*} G_2^{C*} + c_2^{C*}$。紧接着，将 W_{SC}^{C} 代入式（5.30）中可以解得 Z_2^{C*}、A_2^{C*} 和 S_2^{C*}，并将其代入式（5.5）和式（5.6）中，进一步计算可得技术创新成功后的产品绿色度 g_2^{C*} 和品牌商誉 G_2^{C*}。

紧接着求解技术创新成功前的均衡结果。用 V_{SC}^{C} 表示绿色供应链系统在整个运营期间的利润最优值函数。根据 $g(T^+) = (1+\chi)g(T^-)$、$G(T^+) = (1+\kappa)G(T^-)$ 和式（5.17）可得，V_{SC}^{C} 对于任意的 $g_1 \geqslant 0$ 和 $G_1 \geqslant 0$ 均满足 HJB 方程：

$$(\rho+\tau)V_{SC}^{C} = \max_{p_{d1}, p_{r1}, Z_1, A_1, S_1} \left\{ \begin{array}{l} p_{d1}D_{d1} + p_{r1}D_{r1} - kZ_1^2/2 - h_A A_1^2/2 - h_S S_1^2/2 \\ + \tau W_{SC}^{C}[(1+\chi)g_1, (1+\kappa)G_1] + V_{SC}^{C'}(g_1)(\gamma_1 Z_1 - \delta_1 g_1) \\ + V_{SC}^{C'}(G_1)(\eta_1 g_1 + \lambda_1 A_1 + \mu_1 S_1 - \varepsilon_1 G_1) \end{array} \right\} \tag{5.32}$$

根据一阶条件，将式（5.32）右端分别对 p_{d1}、p_{r1}、Z_1、A_1 和 S_1 求一阶偏导数，并令其等于零，可得：

$$p_{d1}^{C} = \frac{Q(\alpha+\beta-\alpha\beta)}{2(1-\beta^2)}, \quad p_{r1}^{C} = \frac{Q[1-\alpha(1-\beta)]}{2(1-\beta^2)} \tag{5.33}$$

$$Z_1^C = \frac{\gamma_1 V_{SC}^{C'}(g_1)}{k}, \ A_1^C = \frac{\lambda_1 V_{SC}^{C'}(G_1)}{h_A}, \ S_1^C = \frac{\mu_1 V_{SC}^{C'}(G_1)}{h_S} \tag{5.34}$$

然后将式（5.33）和式（5.34）代入式（5.32）中，化简整理可得：

$$(\rho + \tau) V_{SC}^C = [\eta_1 V_{SC}^{C'}(G_1) + \tau a_2^{C^*}(1 + \chi) - \delta_1 V_{SC}^{C'}(g_1)] g_1$$

$$+ \left[\frac{\theta \Omega_1 Q^2}{1 - \beta^2} + \tau b_2^{C^*}(1 + \kappa) - \varepsilon_1 V_{SC}^{C'}(G_1) \right] G_1 \tag{5.35}$$

$$+ \frac{\gamma_1^2 V_{SC}^{C'}(g_1)^2}{2k} + \frac{\lambda_1^2 V_{SC}^{C'}(G_1)^2}{2h_A} + \frac{\mu_1^2 V_{SC}^{C'}(G_1)^2}{2h_S} + \tau c_2^{C^*}$$

根据式（5.35）的形式结构，假设 $V_{SC}^C = a_1^C g_1^C + b_1^C G_1^C + c_1^C$，并将其代入式（5.35）中化简可得 $V_{SC}^{C^*} = a_1^{C^*} g_1^{C^*} + b_1^{C^*} G_1^{C^*} + c_1^{C^*}$。然后将 V_{SC}^C 代入式（5.34）中可得 $Z_1^{C^*}$、$A_1^{C^*}$ 和 $S_1^{C^*}$。进一步将 $Z_1^{C^*}$、$A_1^{C^*}$ 和 $S_1^{C^*}$ 代入式（5.5）和式（5.6）中，化简可得技术创新成功前的产品绿色度 $g_1^{C^*}$ 和品牌商誉 $G_1^{C^*}$。将上述证明过程进行整理可以得出命题 5.1 中的结论。证毕。

5.3.2 分散决策模型

在分散决策模型（用上标 D 表示）中，制造商是领导者，零售商是跟随者，二者分别以自身利润最大化为目标，决策技术创新成功前后两个阶段的均衡策略。决策顺序：首先，制造商以自身在整个运营期间的利润最大化为目标来决策技术创新成功前的批发价格 w_1、线上渠道销售价格 p_{d1}、绿色技术投资水平 Z_1 和线上广告投资水平 A_1；其次，零售商以自身在整个运营期间的利润最大化为目标来决策技术创新成功前的线下渠道销售价格 p_{r1} 和线下广告投资水平 S_1；再次，制造商以自身在技术创新成功后阶段的利润最大化为目标来决策技术创新成功后的批发价格 w_2、线上渠道销售价格 p_{d2}、绿色技术投资水平 Z_2 和线上广告投资水平 A_2；最后，零售商以自身在技术创新成功后阶段的利润最大化为目标来决策技术创新成功后的线下渠道销售价格 p_{r2} 和线下广告投资水平 S_2。基于此，制造商和零售商的决策目标函数分别为：

$$\max_{\substack{p_{d1}, w_1, Z_1, A_1, \\ p_{d2}, w_2, Z_2, A_2}} J_M = \int_0^\infty e^{-(\rho+\tau)t} \left[\begin{matrix} p_{d1} D_{d1} + w_1 D_{r1} - kZ_1^2/2 - h_A A_1^2/2 \\ + \tau J_{M2}(p_{d2}, w_2, Z_2, A_2) \end{matrix} \right] dt \tag{5.36}$$

$$\max_{p_{r1}, S_1, p_{r2}, S_2} J_R = \int_0^\infty e^{-(\rho+\tau)t} [(p_{r1} - w_1) D_{r1} - h_S S_1^2/2 + \tau J_{R2}(p_{r2}, S_2)] dt \tag{5.37}$$

命题 5.2 在分散决策模型中，均衡策略、产品绿色度、品牌商誉及利润如下：

（1）在分散决策模型中，技术创新成功前后两个阶段，产品的最优批发价格分别为

$$w_1^{D^*} = \frac{Q(1-\alpha+\alpha\beta)}{2(1-\beta^2)}$$ 和 $$w_2^{D^*} = \frac{Q(1+q)[1-\alpha(1-\beta)]}{2(1-\beta^2)}$$，最优线上渠道销售价格分别为

$$p_{d1}^{D^*} = \frac{Q(\alpha+\beta-\alpha\beta)}{2(1-\beta^2)}$$ 和 $$p_{d2}^{D^*} = \frac{Q(1+q)[\alpha(1-\beta)+\beta]}{2(1-\beta^2)}$$，最优线下渠道销售价格分别为

$$p_{r1}^{D^*} = \frac{Q[(3-\beta^2)(1-\alpha)+2\alpha\beta]}{4(1-\beta^2)}$$ 和 $$p_{r2}^{D^*} = \frac{Q(1+q)[(3-\beta^2)(1-\alpha)+2\alpha\beta]}{4(1-\beta^2)}$$，制造商的最

优绿色技术投资水平分别为 $$Z_1^{D^*} = \frac{Q^2\gamma_1\Omega_2[(\rho+\delta_2)\Theta_1\eta_1+\Theta_2\eta_2]}{8k(1-\beta^2)(\rho+\tau+\delta_1)(\rho+\delta_2)(\rho+\tau+\varepsilon_1)(\rho+\varepsilon_2)}$$ 和

$$Z_2^{D^*} = \frac{Q^2(1+q)^2\theta\gamma_2\eta_2\Omega_2}{8k(1-\beta^2)(\rho+\delta_2)(\rho+\varepsilon_2)}$$，制造商的最优线上广告投资水平分别为 $$A_1^{D^*} =$$

$$\frac{Q^2\theta\lambda_1\Omega_2\Theta_1}{8h_A(1-\beta^2)(\rho+\tau+\varepsilon_1)(\rho+\varepsilon_2)}$$ 和 $$A_2^{D^*} = \frac{Q^2(1+q)^2\theta\lambda_2\Omega_2}{8h_A(1-\beta^2)(\rho+\varepsilon_2)}$$，零售商的最优线下广告投

资水平分别为 $$S_1^{D^*} = \frac{Q^2\theta\mu_1(1-\alpha)^2\Theta_1}{16h_S(\rho+\tau+\varepsilon_1)(\rho+\varepsilon_2)}$$ 和 $$S_2^{D^*} = \frac{Q^2(1+q)^2\theta\mu_2(1-\alpha)^2}{16h_A(\rho+\varepsilon_L)}$$。其中，

$\Omega_2 = (1+\beta^2)(1-\alpha)^2 + 2\alpha(\alpha+2\beta-2\alpha\beta)$，$\Theta_1 = \rho+(1+q)^2(1+\kappa)\tau+\varepsilon_2$，$\Theta_2 = (1+q)^2\tau$
$(1+\chi)(\rho+\tau+\varepsilon_1)$。

（2）在分散决策模型中，产品绿色度的最优轨迹为：

$$\begin{cases} g_1^{D^*} = (g_0-g_{1\infty}^{D^*})e^{-\delta_1 t}+g_{1\infty}^{D^*}, & 0 \leqslant t < T \\ g_2^{D^*} = \{(1+\chi)[(g_0-g_{1\infty}^{D^*})e^{-\delta_1 T}+g_{1\infty}^{D^*}]-g_{2\infty}^{D^*}\}e^{-\delta_2(t-T)}+g_{2\infty}^{D^*}, & T \leqslant t \end{cases} \tag{5.38}$$

其中，$$g_{1\infty}^{D^*} = \frac{Q^2\gamma_1^2\theta\Omega_2[(\rho+\delta_2)\Theta_1\eta_1+\Theta_2\eta_2]}{8k\delta_1(1-\beta^2)(\rho+\tau+\delta_1)(\rho+\delta_2)(\rho+\tau+\varepsilon_1)(\rho+\varepsilon_2)}$$ 表示技术创新成功

前的产品绿色度稳态值，$$g_{2\infty}^{D^*} = \frac{Q^2\gamma_2^2\theta\eta_2\Omega_2(1+q)^2}{8k\delta_2(1-\beta^2)(\rho+\delta_2)(\rho+\varepsilon_2)}$$ 表示技术创新成功后的产品

绿色度稳态值。

（3）在分散决策模型中，品牌商誉的最优轨迹为：

$$\begin{cases} G_1^{D^*} = \left[G_0-G_{1\infty}^{D^*}-\frac{\eta_1(g_0-g_{1\infty}^{D^*})}{\varepsilon_1-\delta_1}\right]e^{-\varepsilon_1 t}+\frac{\eta_1(g_0-g_{1\infty}^{D^*})}{\varepsilon_1-\delta_1}e^{-\delta_1 t}+G_{1\infty}^{D^*}, & 0 \leqslant t < T \\ \\ G_2^{D^*} = \left\{G_2^{D^*}(T)-G_{2\infty}^{D^*}-\frac{\eta_2\{(1+\chi)[(g_0-g_{1\infty}^{D^*})e^{-\delta_1 T}+g_{1\infty}^{D^*}]-g_{2\infty}^{D^*}\}}{\varepsilon_2-\delta_2}\right\}e^{-\varepsilon_2(t-T)} \\ \\ \qquad + \frac{\eta_2\{(1+\chi)[(g_0-g_{1\infty}^{D^*})e^{-\delta_1 T}+g_{1\infty}^{D^*}]-g_{2\infty}^{D^*}\}}{\varepsilon_2-\delta_2}e^{-\delta_2(t-T)}+G_{2\infty}^{D^*}, & T \leqslant t \end{cases}$$

$$\tag{5.39}$$

其中，$$G_2^{D^*}(T) = (1+\kappa)\left\{\left[G_0-G_{1\infty}^{D^*}-\frac{\eta_1(g_0-g_{1\infty}^{D^*})}{\varepsilon_1-\delta_1}\right]e^{-\varepsilon_1 T}+\frac{\eta_1(g_0-g_{1\infty}^{D^*})}{\varepsilon_1-\delta_1}e^{-\delta_1 T}+G_{1\infty}^{D^*}\right\}$$

表示 T 时刻的品牌商誉；$G_{1\infty}^{D^*} = \dfrac{Q^2\theta\Theta_1\left[2\Omega_2 h_S\lambda_1^2 + (1-\alpha)^2(1-\beta^2)h_A\mu_1^2\right]}{16h_A h_S\varepsilon_1(1-\beta^2)(\rho+\tau+\varepsilon_1)(\rho+\varepsilon_2)} + \dfrac{\eta_1 g_{1\infty}^{D^*}}{\varepsilon_1}$ 表示技

术创新成功前的品牌商誉稳态值；$G_{2\infty}^{D^*} = \dfrac{\theta Q^2(1+q)^2\left[2\Omega_2 h_S\lambda_2^2 + (1-\alpha)^2(1-\beta^2)h_A\mu_2^2\right]}{16h_A h_S\varepsilon_2(1-\beta^2)(\rho+\varepsilon_2)} +$

$\dfrac{\eta_2 g_{2\infty}^{D^*}}{\varepsilon_2}$ 表示技术创新成功后的品牌商誉稳态值。

（4）在分散决策模型中，制造商和零售商在整个运营期间的利润最优值函数，以及在技术创新成功后的利润最优值函数分别为：

$$V_M^{D^*} = a_1^{D^*} g_1^{D^*} + b_1^{D^*} G_1^{D^*} + c_1^{D^*} \tag{5.40}$$

$$V_R^{D^*} = d_1^{D^*} g_1^{D^*} + e_1^{D^*} G_1^{D^*} + f_1^{D^*} \tag{5.41}$$

$$W_M^{D^*} = a_2^{D^*} g_2^{D^*} + b_2^{D^*} G_2^{D^*} + c_2^{D^*} \tag{5.42}$$

$$W_R^{D^*} = d_2^{D^*} g_2^{D^*} + e_2^{D^*} G_2^{D^*} + f_2^{D^*} \tag{5.43}$$

其中：

$$a_1^{D^*} = \frac{Q^2\theta\Omega_2\left[(\rho+\delta_2)\Theta_1\eta_1 + \Theta_2\eta_2\right]}{8(1-\beta^2)(\rho+\tau+\delta_1)(\rho+\delta_2)(\rho+\tau+\varepsilon_1)(\rho+\varepsilon_2)} \tag{5.44}$$

$$b_1^{D^*} = \frac{Q^2\theta\Omega_2\Theta_1}{8(1-\beta^2)(\rho+\tau+\varepsilon_1)(\rho+\varepsilon_2)} \tag{5.45}$$

$$c_1^{D^*} = \frac{Q^4\theta^2\Omega_2^2\gamma_1^2\left[(\rho+\delta_2)\Theta_1\eta_1 + \Theta_2\eta_2\right]^2}{128(\rho+\tau)k(1-\beta^2)^2(\rho+\tau+\delta_1)^2(\rho+\delta_2)^2(\rho+\tau+\varepsilon_1)^2(\rho+\varepsilon_2)^2}$$
$$+ \frac{Q^4\theta^2\Omega_2\left[h_S\lambda_1^2\Omega_2 + h_A\mu_1^2(1-\alpha)^2(1-\beta^2)\right]\Theta_1^2}{128(\rho+\tau)h_A h_S(1-\beta^2)^2(\rho+\tau+\varepsilon_1)^2(\rho+\varepsilon_2)^2} + \frac{\tau c_2^{D^*}}{\rho+\tau} \tag{5.46}$$

$$d_1^{D^*} = \frac{Q^2\theta(1-\alpha)^2\left[(\rho+\delta_2)\Theta_1\eta_1 + \Theta_2\eta_2\right]}{16(\rho+\tau+\delta_1)(\rho+\delta_2)(\rho+\tau+\varepsilon_1)(\rho+\varepsilon_2)}, \quad e_1^{D^*} = \frac{Q^2\theta(1-\alpha)^2\Theta_2}{16(\rho+\tau+\varepsilon_1)(\rho+\varepsilon_2)} \tag{5.47}$$

$$f_1^{D^*} = \frac{4Q^4\theta^2\gamma_1^2\Omega_2(1-\alpha)^2\left[(\rho+\delta_2)\Theta_1\eta_1 + \Theta_2\eta_2\right]^2}{512(\rho+\tau)k(1-\beta^2)(\rho+\tau+\delta_1)^2(\rho+\delta_2)^2(\rho+\tau+\varepsilon_1)^2(\rho+\varepsilon_2)^2}$$
$$+ \frac{Q^4\theta^2(1-\alpha)^2\left[h_A\mu_1^2(1-\alpha)^2(1-\beta^2) + 4h_S\lambda_1^2\Omega_2\right]\Theta_1^2}{512(\rho+\tau)h_A h_S(1-\beta^2)(\rho+\tau+\varepsilon_1)^2(\rho+\varepsilon_2)^2} + \frac{\tau f_2^{D^*}}{\rho+\tau} \tag{5.48}$$

$$a_2^{D^*} = \frac{\theta\eta_2 Q^2(1+q)^2\Omega_2}{8(1-\beta^2)(\rho+\delta_2)(\rho+\varepsilon_2)}, \quad b_2^{D^*} = \frac{\theta Q^2(1+q)^2\Omega_2}{8(1-\beta^2)(\rho+\varepsilon_2)} \tag{5.49}$$

$$c_2^{D^*} = \frac{Q^4\theta^2(1+q)^4\Omega_2\left[h_S\lambda_2^2\Omega_2 + h_A\mu_2^2(1-\alpha)^2(1-\beta^2)\right]}{128\rho h_A h_S(1-\beta^2)^2(\rho+\varepsilon_2)^2}$$

$$+ \frac{Q^4 \theta^2 (1+q)^4 \Omega_2^2 \gamma_2^2 \eta_2^2}{128 k \rho (1-\beta^2)^2 (\rho+\delta_2)^2 (\rho+\varepsilon_2)^2} \tag{5.50}$$

$$d_2^{D^*} = \frac{\theta \eta_2 Q^2 (1+q)^2 (1-\alpha)^2}{16(\rho+\delta_2)(\rho+\varepsilon_2)}, \; e_2^{D^*} = \frac{\theta Q^2 (1+q)^2 (1-\alpha)^2}{16(\rho+\varepsilon_2)} \tag{5.51}$$

$$f_2^{D^*} = \frac{Q^4 \theta^2 (1+q)^4 (1-\alpha)^2 [4 h_S \lambda_2^2 \Omega_2 + h_A \mu_2^2 (1-\alpha)^2 (1-\beta^2)]}{512 \rho h_A h_S (1-\beta^2) (\rho+\varepsilon_2)^2} \tag{5.52}$$

$$+ \frac{Q^4 \theta^2 \gamma_2^2 \eta_2^2 \Omega_2 (1+q)^4 (1-\alpha)^2}{128 \rho k (1-\beta^2) (\rho+\delta_2)^2 (\rho+\varepsilon_2)^2}$$

由此可以进一步得到，绿色供应链系统在整个运营期间的利润和在技术创新成功后的利润分别为 $V_{SC}^{D^*} = V_M^{D^*} + V_R^{D^*}$ 和 $W_{SC}^{D^*} = W_M^{D^*} + W_R^{D^*}$。

证明：采用逆向归纳法求解，首先求解技术创新后的均衡策略，然后求解技术创新成功前的均衡策略。分别用 W_M^D 和 W_R^D 表示技术创新成功后制造商与零售商的利润最优值函数。根据贝尔曼连续动态优化理论，在技术创新成功后，W_M^D 和 W_R^D 对于任意的 $g_2 \geqslant 0$ 与 $G_2 \geqslant 0$ 分别满足 HJB 方程：

$$\rho W_M^D = \max_{p_{d2}, w_2, Z_2, A_2} \begin{bmatrix} p_{d2} D_{d2} + w_2 D_{r2} - k Z_2^2/2 - h_A A_2^2/2 + W_M^{D'}(g_2)(\gamma_2 Z_2 - \delta_2 g_2) \\ + W_M^{D'}(G_2)(\eta_2 g_2 + \lambda_2 A_2 + \mu_2 S_2 - \varepsilon_2 G_2) \end{bmatrix} \tag{5.53}$$

$$\rho W_R^D = \max_{p_{r2}, S_2} \begin{bmatrix} (p_{r2} - w_2) D_{r2} - h_S S_2^2/2 + W_R^{D'}(g_2)(\gamma_2 Z_2 - \delta_2 g_2) \\ + W_R^{D'}(G_2)(\eta_2 g_2 + \lambda_2 A_2 + \mu_2 S_2 - \varepsilon_2 G_2) \end{bmatrix} \tag{5.54}$$

首先将式（5.54）右端对 p_{r2} 和 S_2 分别求一阶偏导数，由一阶条件可得：

$$p_{r2}^D = \frac{\beta p_{d2} + (1-\alpha) Q(1+q) + w_2}{2}, \; S_2^D = \frac{\mu_2 W_R^{D'}(G_2)}{h_S} \tag{5.55}$$

将式（5.55）代入式（5.53）中化简整理，然后将式（5.53）右端分别对 p_{d2}、w_2、Z_2 和 A_2 求一阶偏导数，并令其等于零，求解可得：

$$p_{d2}^D = \frac{Q(1+q)[\alpha(1-\beta)+\beta]}{2(1-\beta^2)}, \; w_2^D = \frac{Q(1+q)[1-\alpha(1-\beta)]}{2(1-\beta^2)} \tag{5.56}$$

$$Z_2^D = \frac{\gamma_2 W_M^{D'}(g_2)}{k}, \; A_2^D = \frac{\lambda_2 W_M^{D'}(G_2)}{h_A} \tag{5.57}$$

将 p_{d2}^D 和 w_2^D 代入式（5.55）（p_{r2}^D）中，化简整理可得：

$$p_{r2}^{D} = \frac{[(3-\beta^2)(1-\alpha)+2\alpha\beta]Q(1+q)}{4(1-\beta^2)} \tag{5.58}$$

将 p_{d2}^{D}、w_2^{D}、p_{r2}^{D}、Z_2^{D}、A_2^{D} 和 S_2^{D} 代入式（5.53）与式（5.54）中，化简整理可得：

$$\rho W_{M}^{D} = [\eta_2 W_{M}^{D'}(G_2) - \delta_2 W_{M}^{D'}(g_2)]g_2 + \left[\frac{\theta\Omega_2 Q^2(1+q)^2}{8(1-\beta^2)} - \varepsilon_2 W_{M}^{D'}(G_2)\right]G_2$$

$$+ \frac{\gamma_2^2 W_{M}^{D'}(g_2)^2}{2k} + \frac{\lambda_2^2 W_{M}^{D'}(G_2)^2}{2h_A} + \frac{\mu_2^2 W_{R}^{D'}(G_2)W_{M}^{D'}(G_2)}{h_S} \tag{5.59}$$

$$\rho W_{R}^{D} = [\eta_2 W_{R}^{D'}(G_2) - \delta_2 W_{R}^{D'}(g_2)]g_2 + \left[\frac{(1-\alpha)^2 Q^2(1+q)^2}{16} - \varepsilon_2 W_{R}^{D'}(G_2)\right]G_2$$

$$+ \frac{\mu_2^2 W_{R}^{D'}(G_2)^2}{2h_S} + \frac{\gamma_2^2 W_{M}^{D'}(g_2)W_{R}^{D'}(g_2)}{k} + \frac{\lambda_2^2 W_{M}^{D'}(G_2)W_{R}^{D'}(G_2)}{h_A} \tag{5.60}$$

进一步，根据式（5.59）和式（5.60）的形式结构，假设 $W_{M}^{D} = a_2^{D}g_2^{D} + b_2^{D}G_2^{D} + c_2^{D}$ 和 $W_{R}^{D} = d_2^{D}g_2^{D} + e_2^{D}G_2^{D} + f_2^{D}$，并将 W_{M}^{D} 和 W_{R}^{D} 代入式（5.59）与式（5.60）中，根据恒等关系确定参数 $a_2^{D^*} \sim f_2^{D^*}$，进而可得式（5.42）和式（5.43）。然后将 W_{M}^{D} 和 W_{R}^{D} 代入式（5.55）与式（5.57）可以解得 $S_2^{D^*}$、$Z_2^{D^*}$ 和 $A_2^{D^*}$。将 $S_2^{D^*}$、$Z_2^{D^*}$ 和 $A_2^{D^*}$ 代入式（5.5）与式（5.6）中，进一步计算可以解得技术创新成功后的产品绿色度 $g_2^{D^*}$ 和品牌商誉 $G_2^{D^*}$。

紧接着，分别用 V_{M}^{D} 和 V_{R}^{D} 表示制造商与零售商在整个运营期间的利润最优值函数。根据 $g(T^+) = (1+\chi)g(T^-)$ 和 $G(T^+) = (1+\kappa)G(T^-)$ 以及式（5.36）与式（5.37）可得，V_{M}^{D} 和 V_{R}^{D} 对于任意的 $g_1 \geqslant 0$ 与 $G_1 \geqslant 0$ 分别满足 HJB 方程：

$$(\rho+\tau)V_{M}^{D} = \max_{p_{r1},\,w_1,\,Z_1,\,A_1} \left\{ \begin{aligned} & p_{d1}D_{d1} + w_1 D_{r1} - kZ_1^2/2 - h_A A_1^2/2 \\ & + \tau W_{M}^{D}[(1+\chi)g_1,(1+\kappa)G_1] + V_{M}^{D'}(g_1)(\gamma_1 Z_1 - \delta_1 g_1) \\ & + V_{M}^{D'}(G_1)(\eta_1 g_1 + \lambda_1 A_1 + \mu_1 S_1 - \varepsilon_1 G_1) \end{aligned} \right\} \tag{5.61}$$

$$(\rho+\tau)V_{R}^{D} = \max_{p_{r1},\,S_1} \left\{ \begin{aligned} & (p_{r1}-w_1)D_{r1} - h_S S_1^2/2 + \tau W_{R}^{D}[(1+\chi)g_1,(1+\kappa)G_1] \\ & + V_{R}^{D'}(g_1)(\gamma_1 Z_1 - \delta_1 g_1) + V_{R}^{D'}(G_1)(\eta_1 g_1 + \lambda_1 A_1 + \mu_1 S_1 - \varepsilon_1 G_1) \end{aligned} \right\} \tag{5.62}$$

通过求解式（5.61）和式（5.62）可以得到技术创新成功前的均衡策略、产品绿色度、品牌商誉及整个运营期间的利润函数。式（5.61）和式（5.62）的求解过程与技术创新成功后式（5.53）和式（5.54）的求解过程相似，所以不再赘述。最后，将上述证明过程进行整理可得命题5.2中的结论。证毕。

5.4 分析与讨论

本节一是要分析供应链企业的投资策略与重要参数的关系，对应推论5.1至推论5.4；二是要比较集中决策模型和分散决策模型下均衡结果的大小关系，对应推论5.5至推论5.7。

推论5.1 技术创新成功概率 τ 对绿色技术投资水平、线上广告投资水平和线下广告投资水平的影响如下：

$$(1)\ \frac{\partial Z_1^{C^*}}{\partial \tau} > 0(\Upsilon > 0\ \text{时}),\ \frac{\partial A_1^{C^*}}{\partial \tau} > 0,\ \frac{\partial S_1^{C^*}}{\partial \tau} > 0;\ \frac{\partial Z_2^{C^*}}{\partial \tau} = 0,\ \frac{\partial A_2^{C^*}}{\partial \tau} = 0,\ \frac{\partial S_2^{C^*}}{\partial \tau} = 0。$$

$$(2)\ \frac{\partial Z_1^{D^*}}{\partial \tau} > 0(\Upsilon > 0\ \text{时}),\ \frac{\partial A_1^{D^*}}{\partial \tau} > 0,\ \frac{\partial S_1^{D^*}}{\partial \tau} > 0;\ \frac{\partial Z_2^{D^*}}{\partial \tau} = 0,\ \frac{\partial A_2^{D^*}}{\partial \tau} = 0,\ \frac{\partial S_2^{D^*}}{\partial \tau} = 0。$$

其中 $\Upsilon = (1+q)^2(\rho+\tau+\delta_1)(\rho+\tau+\varepsilon_1)[(1+\kappa)(\rho+\delta_2)\eta_1 + (1+\chi)(\rho+2\tau+\varepsilon_1)\eta_2] - [(\rho+\tau+\delta_1) + (\rho+\tau+\varepsilon_1)][(\rho+\delta_2)\Theta_1\eta_1 + \Theta_2\eta_2]$。

证明：见本书附录C。

推论5.1说明，技术创新成功概率会影响决策者对技术创新成功前绿色技术投资水平、线上广告投资水平和线下广告投资水平的决策，而不会影响决策者对技术创新成功后绿色技术投资水平、线上广告投资水平和线下广告投资水平的决策。具体而言，随着技术创新成功概率的提高，技术创新成功前的绿色技术投资水平、线上广告投资水平和线下广告投资水平提高。这是因为技术创新成功概率的提高增强了决策者进行绿色技术创新的自信心，更加愿意为了实现绿色技术创新而增加投资。

推论5.2 绿色度提升率 χ 对绿色技术投资水平、线上广告投资水平和线下广告投资水平的影响如下：

$$(1)\ \frac{\partial Z_1^{C^*}}{\partial \chi} > 0,\ \frac{\partial A_1^{C^*}}{\partial \chi} 0,\ \frac{\partial S_1^{C^*}}{\partial \chi} = 0;\ \frac{\partial Z_2^{C^*}}{\partial \chi} = 0,\ \frac{\partial A_2^{C^*}}{\partial \chi} = 0,\ \frac{\partial S_2^{C^*}}{\partial \chi} = 0。$$

$$(2)\ \frac{\partial Z_1^{D^*}}{\partial \chi} > 0,\ \frac{\partial A_1^{D^*}}{\partial \chi} = 0,\ \frac{\partial S_1^{D^*}}{\partial \chi} = 0;\ \frac{\partial Z_2^{D^*}}{\partial \chi} = 0,\ \frac{\partial A_2^{D^*}}{\partial \chi} = 0,\ \frac{\partial S_2^{D^*}}{\partial \chi} = 0。$$

证明：见本书附录C。

推论5.2说明，随着绿色度提升率增加，技术创新成功前的绿色技术投资水平提高，而技术创新成功后的绿色技术投资水平不变。这表明，较高的绿色度提升率，使决策者更加关注技术创新成功后的产品绿色度，从而增加技术创新成功前的绿色技术投资。然而，绿色度提升率并不直接影响线上广告投资水平和线下广告投资水平，其原因是绿色度提升率并不等价于品牌商誉提升率。在实践中，企业对绿色产品进行广告宣传是为了树立绿色品牌形象，构建品牌商誉，进而引导消费者购买绿色产品。这意味着如果绿色度提升不能带来品牌商誉提升，企业不会增加广告投资。

推论 5.3 品牌商誉提升率 κ 对绿色技术投资水平、线上广告投资水平和线下广告投资水平的影响如下：

(1) $\dfrac{\partial Z_1^{C^*}}{\partial \kappa} > 0$，$\dfrac{\partial A_1^{C^*}}{\partial \kappa} > 0$，$\dfrac{\partial S_1^{C^*}}{\partial \kappa} > 0$；$\dfrac{\partial Z_2^{C^*}}{\partial \kappa} = 0$，$\dfrac{\partial A_2^{C^*}}{\partial \kappa} = 0$，$\dfrac{\partial S_2^{C^*}}{\partial \kappa} = 0$。

(2) $\dfrac{\partial Z_1^{D^*}}{\partial \kappa} > 0$，$\dfrac{\partial A_1^{D^*}}{\partial \kappa} > 0$，$\dfrac{\partial S_1^{D^*}}{\partial \kappa} > 0$；$\dfrac{\partial Z_2^{D^*}}{\partial \kappa} = 0$，$\dfrac{\partial A_2^{D^*}}{\partial \kappa} = 0$，$\dfrac{\partial S_2^{D^*}}{\partial \kappa} = 0$。

证明：见本书附录 C。

推论 5.3 说明，品牌商誉提升率会影响决策者对技术创新成功前绿色技术投资水平、线上广告投资水平和线下广告投资水平的决策，而不会影响决策者对技术创新成功后绿色技术投资水平、线上广告投资水平和线下广告投资水平的决策。这是因为品牌商誉的提高有利于促进绿色产品的进一步推广，提高绿色产品的市场需求。也就是说，较高的品牌商誉提升率使绿色供应链决策者更加关注技术创新成功后的品牌商誉，更加重视未来的市场需求，继而增加绿色技术投资和广告投资。

推论 5.4 消费者线上渠道偏好程度 α 对绿色技术投资水平、线上广告投资水平和线下广告投资水平的影响如下：

(1) 当 $0 < \alpha < \dfrac{1}{2}$ 时，$\dfrac{\partial Z_1^{C^*}}{\partial \alpha} < 0$，$\dfrac{\partial A_1^{C^*}}{\partial \alpha} < 0$，$\dfrac{\partial S_1^{C^*}}{\partial \alpha} < 0$，$\dfrac{\partial Z_2^{C^*}}{\partial \alpha} < 0$，$\dfrac{\partial A_2^{C^*}}{\partial \alpha} < 0$，$\dfrac{\partial S_2^{C^*}}{\partial \alpha} < 0$；当 $\dfrac{1}{2} \leqslant \alpha < 1$ 时，$\dfrac{\partial Z_1^{C^*}}{\partial \alpha} \geqslant 0$，$\dfrac{\partial A_1^{C^*}}{\partial \alpha} \geqslant 0$，$\dfrac{\partial S_1^{C^*}}{\partial \alpha} \geqslant 0$，$\dfrac{\partial Z_2^{C^*}}{\partial \alpha} \geqslant 0$，$\dfrac{\partial A_2^{C^*}}{\partial \alpha} \geqslant 0$，$\dfrac{\partial S_2^{C^*}}{\partial \alpha} \geqslant 0$。

(2) 当 $0 < \alpha < \dfrac{1-\beta}{3-\beta}$ 时，$\dfrac{\partial Z_1^{D^*}}{\partial \alpha} < 0$，$\dfrac{\partial A_1^{D^*}}{\partial \alpha} < 0$，$\dfrac{\partial Z_2^{D^*}}{\partial \alpha} < 0$，$\dfrac{\partial A_2^{D^*}}{\partial \alpha} < 0$；当 $\dfrac{1-\beta}{3-\beta} \leqslant \alpha < 1$ 时，$\dfrac{\partial Z_1^{D^*}}{\partial \alpha} \geqslant 0$，$\dfrac{\partial A_1^{D^*}}{\partial \alpha} \geqslant 0$，$\dfrac{\partial Z_2^{D^*}}{\partial \alpha} \geqslant 0$，$\dfrac{\partial A_2^{D^*}}{\partial \alpha} \geqslant 0$；当 $0 < \alpha < 1$ 时，$\dfrac{\partial S_1^{D^*}}{\partial \alpha} < 0$，$\dfrac{\partial S_2^{D^*}}{\partial \alpha} < 0$。

证明：见本书附录 C。

推论 5.4 表明，在集中决策模型下，消费者线上渠道偏好程度存在一个阈值 $\left(\dfrac{1}{2}\right)$，使得绿色技术投资水平、线上广告投资水平和线下广告投资水平随着消费者线上渠道偏好程度的增强先减小后增大。在分散决策模型下，消费者线上渠道偏好程度也存在一个阈值 $\left(\dfrac{1-\beta}{3-\beta}\right)$，使得绿色技术投资水平和线上广告投资水平随着消费者线上渠道偏好程度的增强先减小后增大，但不同的是该阈值受渠道价格转移系数的影响，而且小于集中决策模型下的阈值。另外，在分散决策模型下，线下广告投资水平随着消费者线上渠道偏好程度的增强而单调递减。

推论 5.5 在技术创新成功前后，两种决策模型下的线上渠道销售价格的对比分别为 $p_{d1}^{C^*} = p_{d1}^{D^*}$ 和 $p_{d2}^{C^*} = p_{d2}^{D^*}$，线下渠道销售价格的对比分别为 $p_{r1}^{C^*} < p_{r1}^{D^*}$ 和 $p_{r2}^{C^*} < p_{r2}^{D^*}$。

证明：见本书附录 C。

推论 5.5 表明，线上渠道销售价格在集中决策模型和分散决策模型下保持一致，而线下渠道销售价格在集中决策模型下较低，在分散决策模型下较高。这是因为在分散决策模型中，制造商为了获得更多的经济利润，会制定相对较高的批发价格，进而导致零售商的销售价格较高。

推论 5.6 在技术创新成功前后，两种决策模型下的绿色技术投资水平的对比分别为 $Z_1^{C^*} > Z_1^{D^*}$ 和 $Z_2^{C^*} > Z_2^{D^*}$，线上广告投资水平的对比分别为 $A_1^{C^*} > A_1^{D^*}$ 和 $A_2^{C^*} > A_2^{D^*}$，线下广告投资水平的对比分别为 $S_1^{C^*} > S_1^{D^*}$ 和 $S_2^{C^*} > S_2^{D^*}$。

证明：见本书附录 C。

推论 5.6 表明，与分散决策模型相比，集中决策模型下的绿色技术投资水平、线上广告投资水平和线下广告投资水平更高。这是因为在集中决策模型下，绿色供应链成员以绿色供应链系统利润最大化为目标，而在分散决策模型下，绿色供应链成员以各自的利润最大化为目标，从而存在"双重边际效应"。

推论 5.7 在技术创新成功前后，两种决策模型下的产品绿色度稳态值的对比分别为 $g_{1\infty}^{C^*} > g_{1\infty}^{D^*}$ 和 $g_{2\infty}^{C^*} > g_{2\infty}^{D^*}$，品牌商誉稳态值的对比分别为 $G_{1\infty}^{C^*} > G_{1\infty}^{D^*}$ 和 $G_{2\infty}^{C^*} > G_{2\infty}^{D^*}$。

证明：见本书附录 C。

推论 5.7 表明，在技术创新成功前后两个阶段，集中决策模型下的产品绿色度和品牌商誉高于分散决策模型下的对应值，即集中决策模型更优。

5.5 两部定价—双边成本分担契约

众所周知，在实际生产运营过程中，企业通常都是独立个体，并以自身利润最大化为目标，难以实现集中决策。但是在绿色发展背景下，实现供应链的绿色转型需要供应链上下游企业的通力合作，共同攻克绿色技术难题，那么如何促成供应链上下游合作进而达到集中决策的效果是具有研究意义的。为此，本书设计了两部定价—双边成本分担契约（用上标 TCS 表示）以实现双渠道绿色供应链协调。

具体来说，为了能够达到集中决策下供应链的整体利润，制造商可以提供两部定价契约，即直接按照集中决策下的定价策略进行定价，同时零售商向制造商支付一笔固定费用 F_i。与此同时，为了提高绿色技术投资水平和广告投资水平，制造商和零售商进行双边成本分担，即制造商对线下广告投资成本的分担比例为 ϕ_i，零售商对绿色技术投资成本的分担比例为 φ_i，对线上广告投资成本的分担比例为 ξ_i。其中，$i=1,2$ 分别表示技术创新成功前后两个阶段，下同。因此，在两部定价—双边成本分担契约下，制造商和零售商的决策目标函数分别为：

$$\max_{\substack{p_{\mathrm{d1}},\,w_1,\,Z_1,\,A_1,\,\phi_1,\\ p_{\mathrm{d2}},\,w_2,\,Z_2,\,A_2,\,\phi_2}} J_{\mathrm{M}} = \int_0^\infty e^{-(\rho+\tau)t} \left[\begin{array}{l} p_{\mathrm{d1}}D_{\mathrm{d1}} + w_1 D_{\mathrm{r1}} - (1-\varphi_1)kZ_1^2/2 - (1-\xi_1)h_{\mathrm{A}}A_1^2/2 \\ -\phi_1 h_{\mathrm{S}}S_1^2/2 + F_1 + \tau J_{\mathrm{M2}}(p_{\mathrm{d2}},w_2,Z_2,A_2,\phi_2,F_2) \end{array} \right] \mathrm{d}t \tag{5.63}$$

$$\max_{\substack{p_{\mathrm{r1}},\,S_1,\,\varphi_1,\,\xi_1,\\ p_{\mathrm{r2}},\,S_2,\,\varphi_2,\,\xi_2}} J_{\mathrm{R}} = \int_0^\infty e^{-(\rho+\tau)t} \left[\begin{array}{l} (p_{\mathrm{r1}}-w_1)D_{\mathrm{r1}} - (1-\phi_1)h_{\mathrm{S}}S_1^2/2 - \varphi_1 kZ_1^2/2 \\ -\xi_1 h_{\mathrm{A}}A_1^2/2 - F_1 + \tau J_{\mathrm{R2}}(p_{\mathrm{r2}},S_2,\varphi_2,\xi_2,F_2) \end{array} \right] \mathrm{d}t \tag{5.64}$$

命题 5.3 在两部定价—双边成本分担契约中，当制造商对线下广告投资成本的分担比例 ϕ_i，零售商对绿色技术投资成本的分担比例 φ_i，对线上广告投资成本的分担比例 ξ_i 固定时（$i=1,2$），制造商和零售商的均衡策略满足如下公式：

$$p_{\mathrm{d1}}^{\mathrm{TCS}^*} = \frac{Q(\alpha+\beta-\alpha\beta)}{2(1-\beta^2)}, \quad p_{\mathrm{d2}}^{\mathrm{TCS}^*} = \frac{Q(1+q)[\alpha(1-\beta)+\beta]}{2(1-\beta^2)} \tag{5.65}$$

$$p_{\mathrm{r1}}^{\mathrm{TCS}^*} = \frac{Q[1-\alpha(1-\beta)]}{2(1-\beta^2)}, \quad p_{\mathrm{r2}}^{\mathrm{TCS}^*} = \frac{Q(1+q)(1-\alpha+\alpha\beta)}{2(1-\beta^2)} \tag{5.66}$$

$$w_1^{\mathrm{TCS}^*} = \frac{Q\beta[\alpha(1-\beta)+\beta]}{2(1-\beta^2)}, \quad w_2^{\mathrm{TCS}^*} = \frac{Q\beta(1+q)[\alpha(1-\beta)+\beta]}{2(1-\beta^2)} \tag{5.67}$$

$$Z_1^{\mathrm{TCS}^*} = \frac{Q^2(\alpha+\beta-\alpha\beta)^2\theta\gamma_1[(\rho+\delta_2)\Theta_1\eta_1 + \Theta_2\eta_2]}{4k(1-\beta^2)(\rho+\tau+\delta_1)(\rho+\delta_2)(\rho+\tau+\varepsilon_1)(\rho+\varepsilon_2)(1-\varphi_1)} \tag{5.68}$$

$$Z_2^{\mathrm{TCS}^*} = \frac{Q^2(1+q)^2(\alpha+\beta-\alpha\beta)^2\theta\gamma_2\eta_2}{4k(1-\beta^2)(\rho+\delta_2)(\rho+\varepsilon_2)(1-\varphi_2)} \tag{5.69}$$

$$A_1^{\mathrm{TCS}^*} = \frac{Q^2(\alpha+\beta-\alpha\beta)^2\theta\Theta_1\lambda_1}{4h_{\mathrm{A}}(1-\beta^2)(\rho+\tau+\varepsilon_1)(\rho+\varepsilon_2)(1-\xi_1)} \tag{5.70}$$

$$A_2^{\mathrm{TCS}^*} = \frac{Q^2(1+q)^2(\alpha+\beta-\alpha\beta)^2\theta\lambda_2}{4h_{\mathrm{A}}(1-\beta^2)(\rho+\varepsilon_2)(1-\xi_2)} \tag{5.71}$$

$$S_1^{\mathrm{TCS}^*} = \frac{Q^2(1-\alpha)^2\theta\Theta_1\mu_1}{4h_{\mathrm{S}}(\rho+\tau+\varepsilon_1)(\rho+\varepsilon_2)(1-\phi_1)}, \quad S_2^{\mathrm{TCS}^*} = \frac{Q^2(1+q)^2(1-\alpha)^2\theta\mu_2}{4h_{\mathrm{S}}(\rho+\varepsilon_2)(1-\phi_2)} \tag{5.72}$$

其中，$\Theta_1 = \rho + (1+q)^2(1+\kappa)\tau + \varepsilon_2$，$\Theta_2 = (1+q)^2\tau(1+\chi)(\rho+\tau+\varepsilon_1)$。

命题 5.4 当 ϕ_i、φ_i 和 ξ_i 满足以下条件时（$i=1,2$），两部定价—双边成本分担契约能

够完全协调双渠道绿色供应链：

$$\phi_1^{\text{TCS}^*} = \phi_2^{\text{TCS}^*} = \frac{(\alpha+\beta-\alpha\beta)^2}{1-2\alpha(1-\alpha)(1-\beta)} \tag{5.73}$$

$$\varphi_1^{\text{TCS}^*} = \varphi_2^{\text{TCS}^*} = \frac{(1-\alpha)^2(1-\beta^2)}{1-2\alpha(1-\alpha)(1-\beta)} \tag{5.74}$$

$$\xi_1^{\text{TCS}^*} = \xi_2^{\text{TCS}^*} = \frac{(1-\alpha)^2(1-\beta^2)}{1-2\alpha(1-\alpha)(1-\beta)} \tag{5.75}$$

进一步可得，产品绿色度 $g^{\text{TCS}^*} = g^{\text{C}^*}$ 和品牌商誉 $G^{\text{TCS}^*} = G^{\text{C}^*}$。

命题 5.5　在两部定价—双边成本分担契约中，制造商和零售商在整个运营期间的利润最优值函数，以及在技术创新成功后的利润最优值函数分别为：

$$V_{\text{M}}^{\text{TCS}^*} = a_1^{\text{TCS}^*} g_1^{\text{TCS}^*} + b_1^{\text{TCS}^*} G_1^{\text{TCS}^*} + c_1^{\text{TCS}^*} \tag{5.76}$$

$$V_{\text{R}}^{\text{TCS}^*} = d_1^{\text{TCS}^*} g_1^{\text{TCS}^*} + e_1^{\text{TCS}^*} G_1^{\text{TCS}^*} + f_1^{\text{TCS}^*} \tag{5.77}$$

$$W_{\text{M}}^{\text{TCS}^*} = a_2^{\text{TCS}^*} g_2^{\text{TCS}^*} + b_2^{\text{TCS}^*} G_2^{\text{TCS}^*} + c_2^{\text{TCS}^*} \tag{5.78}$$

$$W_{\text{R}}^{\text{TCS}^*} = d_2^{\text{TCS}^*} g_2^{\text{TCS}^*} + e_2^{\text{TCS}^*} G_2^{\text{TCS}^*} + f_2^{\text{TCS}^*} \tag{5.79}$$

其中：

$$a_1^{\text{TCS}^*} = \frac{Q^2(\alpha+\beta-\alpha\beta)^2\theta[(\rho+\delta_2)\Theta_1\eta_1+\Theta_2\eta_2]}{4(1-\beta^2)(\rho+\tau+\delta_1)(\rho+\delta_2)(\rho+\tau+\varepsilon_1)(\rho+\varepsilon_2)} \tag{5.80}$$

$$b_1^{\text{TCS}^*} = \frac{Q^2(\alpha+\beta-\alpha\beta)^2\theta\Theta_1}{4(1-\beta^2)(\rho+\tau+\varepsilon_1)(\rho+\varepsilon_2)} \tag{5.81}$$

$$c_1^{\text{TCS}^*} = \frac{Q^4\Omega_1(\alpha+\beta-\alpha\beta)^2\theta^2\gamma_1^2[(\rho+\delta_2)\Theta_1\eta_1+\Theta_2\eta_2]^2}{32(\rho+\tau)k(1-\beta^2)^2(\rho+\tau+\delta_1)^2(\rho+\delta_2)^2(\rho+\tau+\varepsilon_1)^2(\rho+\varepsilon_2)^2}$$

$$+ \frac{Q^4\Omega_1(\alpha+\beta-\alpha\beta)^2\theta^2\Theta_1^2(h_S\lambda_1^2+h_A\mu_1^2)}{32(\rho+\tau)h_Ah_S(1-\beta^2)^2(\rho+\tau+\varepsilon_1)^2(\rho+\varepsilon_2)^2} + \frac{F_1+\tau c_2^{\text{TCS}^*}}{\rho+\tau}$$

$$\tag{5.82}$$

$$d_1^{\text{TCS}^*} = \frac{Q^2(1-\alpha)^2\theta[(\rho+\delta_2)\Theta_1\eta_1+\Theta_2\eta_2]}{4(1-\beta^2)(\rho+\tau+\delta_1)(\rho+\delta_2)(\rho+\tau+\varepsilon_1)(\rho+\varepsilon_2)} \tag{5.83}$$

$$e_1^{\text{TCS}^*} = \frac{Q^2(1-\alpha)^2\theta\Theta_1}{4(\rho+\tau+\varepsilon_1)(\rho+\varepsilon_2)} \tag{5.84}$$

$$f_1^{\text{TCS}^*} = \frac{Q^4(1-\alpha)^2\Omega_1\theta^2\gamma_1^2[(\rho+\delta_2)\Theta_1\eta_1+\Theta_2\eta_2]^2}{32(\rho+\tau)k(1-\beta^2)(\rho+\tau+\delta_1)^2(\rho+\delta_2)^2(\rho+\tau+\varepsilon_1)^2(\rho+\varepsilon_2)^2}$$

$$\tag{5.85}$$

$$+ \frac{Q^4(1-\alpha)^2\Omega_1\theta^2\Theta_1^2(h_S\lambda_1^2+h_A\mu_1^2)}{32(\rho+\tau)h_Ah_S(1-\beta^2)(\rho+\tau+\varepsilon_1)^2(\rho+\varepsilon_2)^2} + \frac{-F_1+\tau f_2^{\text{TCS}^*}}{\rho+\tau}$$

$$a_2^{\text{TCS}^*} = \frac{Q^2 (1+q)^2 (\alpha+\beta-\alpha\beta)^2 \theta\eta_2}{4(1-\beta^2)(\rho+\delta_2)(\rho+\varepsilon_2)}, \quad b_2^{\text{TCS}^*} = \frac{Q^2 (1+q)^2 (\alpha+\beta-\alpha\beta)^2 \theta}{4(1-\beta^2)(\rho+\varepsilon_2)} \quad (5.86)$$

$$c_2^{\text{TCS}^*} = \frac{F_2}{\rho} + \frac{Q^4 \theta^2 \Omega_1 (1+q)^4 (\alpha+\beta-\alpha\beta)^2 [h_{\text{A}}h_{\text{S}}\gamma_2^2\eta_2^2 + k(h_{\text{S}}\lambda_2^2 + h_{\text{A}}\mu_2^2)(\rho+\delta_2)^2]}{32\rho k h_{\text{A}} h_{\text{S}}(1-\beta^2)^2 (\rho+\delta_2)^2 (\rho+\varepsilon_2)^2}$$

$$(5.87)$$

$$d_2^{\text{TCS}^*} = \frac{Q^2 (1+q)^2 (1-\alpha)^2 \theta\eta_2}{4(\rho+\delta_2)(\rho+\varepsilon_2)}, \quad e_2^{\text{TCS}^*} = \frac{Q^2 (1+q)^2 (1-\alpha)^2 \theta}{4(\rho+\varepsilon_2)} \quad (5.88)$$

$$f_2^{\text{TCS}^*} = -\frac{F_2}{\rho} + \frac{Q^4 \theta^2 \Omega_1 (1+q)^4 (1-\alpha)^2 [h_{\text{A}}h_{\text{S}}\gamma_2^2\eta_2^2 + k(h_{\text{S}}\lambda_2^2 + h_{\text{A}}\mu_2^2)(\rho+\delta_2)^2]}{32\rho k h_{\text{A}} h_{\text{S}}(1-\beta^2)(\rho+\delta_2)^2 (\rho+\varepsilon_2)^2}$$

$$(5.89)$$

命题 5.3、命题 5.4 和命题 5.5 的证明：见本书附录 C。

命题 5.6 为了保证绿色供应链成员都能够接受该契约，在技术创新成功前阶段，F_1 需要满足 $V_{\text{M}}^{\text{TCS}^*} \geqslant V_{\text{M}}^{\text{D}^*}$ 和 $V_{\text{R}}^{\text{TCS}^*} \geqslant V_{\text{R}}^{\text{D}^*}$；在技术创新成功后阶段，$F_2$ 需要满足 $W_{\text{M}}^{\text{TCS}^*} \geqslant W_{\text{M}}^{\text{D}^*}$ 和 $W_{\text{R}}^{\text{TCS}^*} \geqslant W_{\text{R}}^{\text{D}^*}$。因此，当 F_1 和 F_2 满足式（5.90）时，两部定价—双边成本分担契约不仅能够使绿色供应链系统达到最优，还能够实现绿色供应链各成员的帕累托改进。

$$\begin{cases} V_{\text{M}}^{\text{TCS}^*} - V_{\text{M}}^{\text{D}^*} \geqslant 0, \quad V_{\text{R}}^{\text{TCS}^*} - V_{\text{R}}^{\text{D}^*} \geqslant 0 \\ W_{\text{M}}^{\text{TCS}^*} - W_{\text{M}}^{\text{D}^*} \geqslant 0, \quad W_{\text{R}}^{\text{TCS}^*} - W_{\text{R}}^{\text{D}^*} \geqslant 0 \end{cases} \quad (5.90)$$

如命题 5.2 和命题 5.5 所示，分散决策模型和两部定价—双边成本分担契约下的利润函数较为复杂，使得式（5.90）难以求解。因此，本章将在数值算例部分，通过赋值求解式（5.90），确定 F_1 和 F_2 的取值，进而验证两部定价—双边成本分担契约的有效性。

5.6 数值算例

本节通过数值算例对比分析不同决策模型下的均衡结果，验证两部定价—双边成本分担契约的协调性，分析绿色技术创新和消费者线上渠道偏好的影响。参考叶欣和周艳菊[208]、胡劲松等[47]的研究成果，将相关参数设定为：$Q = 20$，$\beta = 0.1$，$\rho = 0.3$，$\theta = 0.4$，$\gamma_1 = 0.8$，$\gamma_2 = 1.2$，$\delta_1 = 0.3$，$\delta_2 = 0.2$，$\eta_1 = 0.8$，$\eta_2 = 1.2$，$\lambda_1 = 0.8$，$\lambda_2 = 1.2$，$\mu_1 = 0.7$，$\mu_2 = 1.1$，$\varepsilon_1 = 0.4$，$\varepsilon_2 = 0.3$，$\tau = 0.8$，$\chi = 0.8$，$q = 0.2$，$\kappa = 0.8$，$k = 15$，$h_{\text{A}} = 12$，$h_{\text{S}} = 12$。中国电子信息产业发展研究院发布的《2020 年第一季度中国家电市场报告》显示，在 2020 年第一季度，我国家电线上销售占比首超 50%，达到 55.8%。为了便于对比分析，本节设定消费者线上渠道所占市场份额的比例为 $\alpha = 0.5$。

5.6.1 均衡结果对比与协调性分析

表 5.1 列示了分别在集中决策、分散决策、两部定价—双边成本分担契约下，供应链

成员的均衡策略。可知，在 $\phi_1 = \phi_2 = 0.550$、$\varphi_1 = \varphi_2 = 0.450$ 和 $\xi_1 = \xi_2 = 0.450$ 的条件下，两部定价—双边成本分担契约可以达到与集中决策相同的均衡策略。在此基础上，本小节要进一步确定技术创新成功前后的固定费用以使各成员均接受该契约。

不同决策模型下的均衡策略对比 表 5.1

均衡	集中决策		分散决策		两部定价—双边成本分担契约	
策略	创新成功前	创新成功后	创新成功前	创新成功后	创新成功前	创新成功后
w^*	—	—	5.556	6.667	0.556	0.667
p_d^*	5.556	6.667	5.556	6.667	5.556	6.667
p_r^*	5.556	6.667	8.056	9.667	5.556	6.667
Z^*	9.034	10.240	7.001	7.936	9.034	10.240
A^*	4.401	5.333	3.411	4.133	4.401	5.333
S^*	3.851	4.889	0.433	0.550	3.851	4.889
ϕ^*	—	—	—	—	0.550	0.550
φ^*	—	—	—	—	0.450	0.450
ξ^*	—	—	—	—	0.450	0.450

进一步，探讨三种决策模型下绿色供应链系统及供应链成员的利润。

（1）在集中决策模型下，绿色供应链系统在整个运营期间的利润和在技术创新成功后的利润如下：

$$\begin{cases} V_{SC}^{C*}(t) = 11697.6 + 8515.68e^{-0.4t} - 16802.4e^{-0.3t} \\ W_{SC}^{C*}(t) = 26733.7 + 12383.67e^{-1-0.3t} + 2486.51e^{3-0.3t} - 33301.4e^{-1-0.2t} \\ \qquad\quad - 13884.47e^{2-0.2t} + 9250.4e^{-0.3t} \end{cases} \quad (5.91)$$

（2）在分散决策模型下，制造商、零售商和绿色供应链系统在整个运营期间的利润及在技术创新成功后的利润如下：

$$\begin{cases} V_M^{D*}(t) = 6614.79 + 5343.15e^{-0.4t} - 10092e^{-0.3t} \\ V_R^{D*}(t) = 1214.81 + 775.618e^{-0.4t} - 1464.96e^{-0.3t} \\ V_{SC}^{D*}(t) = 7829.59 + 6118.76e^{-0.4t} - 11556.9e^{-0.3t} \\ W_M^{D*}(t) = 15362.3 + 7770.11e^{-1-0.3t} + 1652.16e^{3-0.3t} - 20001.7e^{-1-0.2t} \\ \qquad\quad - 8339.36e^{2-0.2t} + 5556.02e^{-0.3t} \\ W_R^{D*}(t) = 2502.12 + 1127.92e^{-1-0.3t} + 239.83e^{3-0.3t} - 2903.47e^{-1-0.2t} \\ \qquad\quad - 1210.55e^{2-0.2t} + 806.519e^{-0.3t} \\ W_{SC}^{D*}(t) = 17864.4 + 8898.02e^{-1-0.3t} + 1891.99e^{3-0.3t} - 22905.1e^{-1-0.2t} \\ \qquad\quad - 9549.92e^{2-0.2t} + 6362.54e^{-0.3t} \end{cases} \quad (5.92)$$

（3）在两部定价—双边成本分担契约下，制造商、零售商和绿色供应链系统在整个运营期间的利润及在技术创新成功后的利润如下：

$$
\begin{cases}
V_{\mathrm{M}}^{\mathrm{TCS}^*}(t) = 6433.68 + 4683.62e^{-0.4t} - 9241.35e^{-0.3t} + 0.91F_1 + 2.42F_2 \\[6pt]
V_{\mathrm{R}}^{\mathrm{TCS}^*}(t) = 5263.92 + 3832.06e^{-0.4t} - 7561.1e^{-0.3t} - 0.91F_1 - 2.42F_2 \\[6pt]
V_{\mathrm{SC}}^{\mathrm{TCS}^*}(t) = 11697.6 + 8515.68e^{-0.4t} - 16802.4e^{-0.3t} \\[6pt]
W_{\mathrm{M}}^{\mathrm{TCS}^*}(t) = 14703.5 + 6811.02e^{-1-0.3t} + 1367.58e^{3-0.3t} - 18315.8e^{-1-0.2t} \\[4pt]
\qquad\qquad\quad - 7636.46e^{2-0.2t} + 5087.72e^{-0.3t} + 3.33F_2 \\[6pt]
W_{\mathrm{R}}^{\mathrm{TCS}^*}(t) = 12030.2 + 5572.65e^{-1-0.3t} + 1118.93e^{3-0.3t} - 14985.6e^{-1-0.2t} \\[4pt]
\qquad\qquad\quad - 6248.01e^{2-0.2t} + 4162.68e^{-0.3t} - 3.33F_2 \\[6pt]
W_{\mathrm{SC}}^{\mathrm{TCS}^*}(t) = 26733.7 + 12383.67e^{-1-0.3t} + 2486.51e^{3-0.3t} - 33301.4e^{-1-0.2t} \\[4pt]
\qquad\qquad\quad - 13884.47e^{2-0.2t} + 9250.4e^{-0.3t}
\end{cases}
\tag{5.93}
$$

通过对比可以发现，$V_{\mathrm{SC}}^{\mathrm{TCS}^*} = V_{\mathrm{SC}}^{\mathrm{C}^*} > V_{\mathrm{SC}}^{\mathrm{D}^*}$，$W_{\mathrm{SC}}^{\mathrm{TCS}^*} = W_{\mathrm{SC}}^{\mathrm{C}^*} > W_{\mathrm{SC}}^{\mathrm{D}^*}$，即集中决策模型下的绿色供应链系统利润优于分散决策模型下的绿色供应链系统利润，而且两部定价—双边成本分担契约可以达到与集中决策模型相同的利润。为了验证两部定价—双边成本分担契约能够实现绿色供应链成员帕累托改进，根据命题 5.6，联立求解 $V_{\mathrm{M}}^{\mathrm{TCS}^*} \geqslant V_{\mathrm{M}}^{\mathrm{D}^*}$、$V_{\mathrm{R}}^{\mathrm{TCS}^*} \geqslant V_{\mathrm{R}}^{\mathrm{D}^*}$、$W_{\mathrm{M}}^{\mathrm{TCS}^*} \geqslant W_{\mathrm{M}}^{\mathrm{D}^*}$ 和 $W_{\mathrm{R}}^{\mathrm{TCS}^*} \geqslant W_{\mathrm{R}}^{\mathrm{D}^*}$ 可得：

$$
\begin{cases}
F_1 \geqslant 199.221 + 725.474e^{-0.4t} - 935.686e^{-0.3t} - 2.667F_2 \\[6pt]
F_1 \leqslant 4454.02 + 3362.08e^{-0.4t} - 6705.75e^{-0.3t} - 2.67F_2 \\[6pt]
F_2 \geqslant 197.629 + 287.727e^{-1-0.3t} + 85.376e^{3-0.3t} - 505.766e^{-1-0.2t} \\[4pt]
\qquad\quad - 210.871e^{2-0.2t} + 140.49e^{-0.3t} \\[6pt]
F_2 \leqslant 2858.41 + 1333.42e^{-1-0.3t} + 263.729e^{3-0.3t} - 3624.65e^{-1-0.2t} \\[4pt]
\qquad\quad - 1511.24e^{2-0.2t} + 1006.85e^{-0.3t}
\end{cases}
\tag{5.94}
$$

进一步化简求解可得，当 $t \to \infty$ 时：

$$
\begin{cases}
165.047 - 2.67F_2 \leqslant F_1 \leqslant 1110.35 - 2.67F_2 \\[6pt]
197.629 \leqslant F_2 \leqslant 1528.489
\end{cases}
\tag{5.95}
$$

由于实际中固定费用 F_1 和 F_2 均不为负，所以需要进一步将式（5.95）化简为：

$$\begin{cases} 0 \leqslant F_1 \leqslant 1110.35 - 2.67F_2 \\ 197.629 \leqslant F_2 \leqslant 415.861 \end{cases} \tag{5.96}$$

综上所述，当 F_1 和 F_2 满足条件式（5.96）时，两部定价—双边成本分担契约不仅能够完全协调绿色供应链，而且能够实现绿色供应链成员帕累托改进。其中，F_1 的取值受 F_2 取值的影响，即 F_2 越大，F_1 的取值上限越小。特别指出，如果供应链成员在技术创新成功前后采取相同的固定收费，则式（5.96）可以化简为 $197.629 \leqslant F_1 = F_2 \leqslant 302.548$。由此可知，绿色技术创新并不改变两部定价—双边成本分担契约的协调性。

5.6.2　供应链企业的投资策略分析

本小节主要分析绿色技术创新和消费者线上渠道偏好对绿色技术投资水平、线上广告投资水平和线下广告投资水平的影响。

图 5.2 展示了技术创新成功概率对供应链企业投资策略的影响。从图 5.2 中可以看出，随着技术创新成功概率的增加，技术创新成功前的绿色技术投资水平、线上广告投资水平和线下广告投资水平增加，而技术创新成功后的绿色技术投资水平、线上广告投资水平和线下广告投资水平不变。这是因为较高的技术创新成功概率可以增强决策者的自信心，进而使决策者增加绿色技术投资。在分散决策模型下，技术创新成功概率对绿色技术

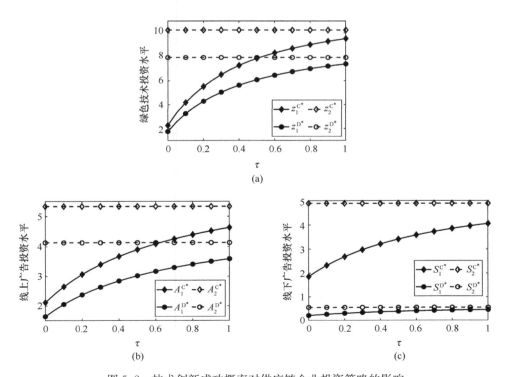

图 5.2　技术创新成功概率对供应链企业投资策略的影响

（a）τ 对绿色技术投资水平的影响；（b）τ 对线上广告投资水平的影响；（c）τ 对线下广告投资水平的影响

投资水平和线上广告投资水平的影响较大，而对线下广告投资水平的影响较小。但是可以明显看出，集中决策模型下的线下广告投资水平显著高于分散决策模型下的对应值。这表明在绿色技术创新过程中，处于供应链上游的制造商表现得更加积极，而处于供应链下游的零售商积极性较弱；只有当制造商和零售商进行集中决策时，零售商才愿意付出更多的广告投资。

图 5.3 和图 5.4 分别展示了绿色度提升率和品牌商誉提升率对供应链企业投资策略的影响。从图 5.3、图 5.4 中可以看出，随着绿色度提升率和品牌商誉提升率的增加，技术创新成功前的绿色技术投资水平增加，而技术创新成功后的绿色技术投资水平不变；随着品牌商誉提升率的增加，技术创新成功前的线上广告投资水平和线下广告投资水平增加，而技术创新成功后的线上广告投资水平和线下广告投资水平不变。这是因为绿色度提升率并不等价于品牌商誉提升率。比如，在新能源汽车市场初期，与燃油汽车相比，新能源汽车的绿色度较高，但由于缺乏有效的市场推广、消费者认可度不高等因素，新能源汽车的品牌商誉反而较低。绿色技术投资水平直接影响着产品绿色度，所以较高的绿色度提升率可以激励制造商增加绿色技术投资，开展绿色技术创新活动。品牌商誉的提升得益于绿色技术创新和广告宣传，而良好的品牌商誉有利于企业开拓绿色产品市场，所以较高的品牌商誉提升率能够激励企业增加绿色技术投资、线上广告投资和线下广告投资。

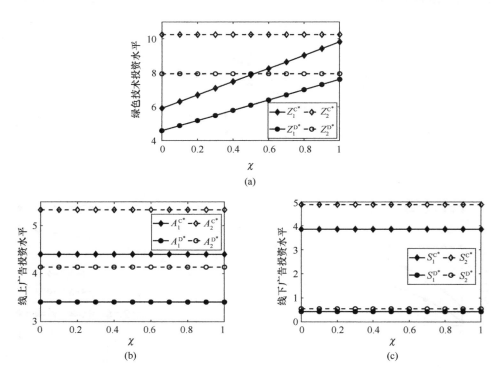

图 5.3　绿色度提升率对供应链企业投资策略的影响

（a）χ 对绿色技术投资水平的影响；（b）χ 对线上广告投资水平的影响；（c）χ 对线下广告投资水平的影响

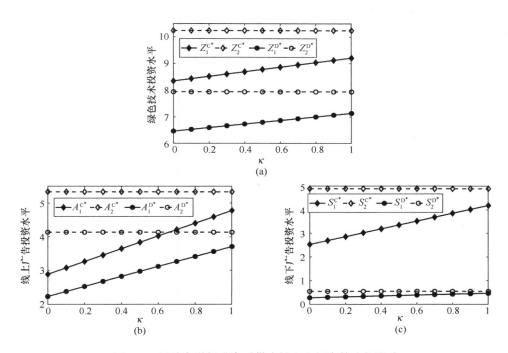

图 5.4 品牌商誉提升率对供应链企业投资策略的影响

（a）κ 对绿色技术投资水平的影响；（b）κ 对线上广告投资水平的影响；（c）κ 对线下广告投资水平的影响

图 5.5 展示了消费者线上渠道偏好对供应链企业投资策略的影响。从图 5.5 中可以看

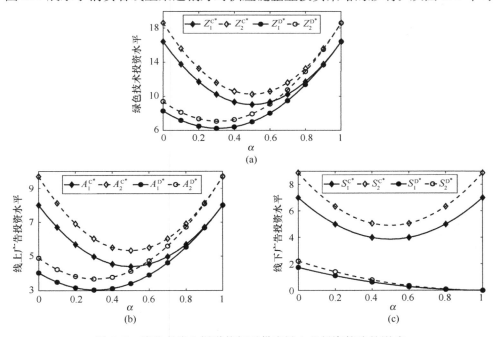

图 5.5 消费者线上渠道偏好对供应链企业投资策略的影响

（a）α 对绿色技术投资水平的影响；（b）α 对线上广告投资水平的影响；（c）α 对线下广告投资水平的影响

出，在集中决策模型和分散决策模型下，随着消费者线上渠道偏好程度的增加，绿色技术投资水平和线上广告投资水平先减小后增大，但分散决策模型的拐点 α 值小于集中决策模型的拐点 α 值。其原因是，当制造商增设线上渠道时，随着消费者线上渠道偏好程度的增加，线上渠道和线下渠道之间的竞争先加剧后减弱，而渠道竞争的加剧会导致企业减少绿色技术投资和线上广告投资。随着消费者线上渠道偏好程度的增加，两种决策模型下绿色技术投资水平和线上广告投资水平的差距都逐渐减小。在集中决策模型下，线下广告投资水平随着消费者线上渠道偏好程度的增加先减小后增大；在分散决策模型下，线下广告投资水平随着消费者线上渠道偏好程度的增加而单调递减，这表明线下渠道所占市场份额的流失会降低零售商线下广告投资的积极性。

5.6.3 产品绿色度和品牌商誉的最优轨迹

本小节将绿色技术创新划分为低成功概率—低提升率（LL）、高成功概率—低提升率（HL）、低成功概率—高提升率（LH）和高成功概率—高提升率（HH）四种绿色技术创新情况来分析产品绿色度和品牌商誉的最优轨迹，如图 5.6、图 5.7 所示。

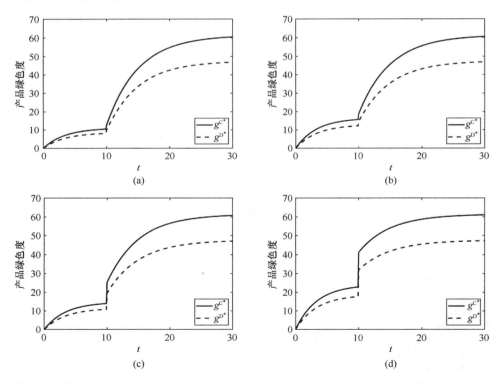

图 5.6 产品绿色度的最优轨迹

（a）LL 下产品绿色度的最优轨迹；（b）HL 下产品绿色度的最优轨迹；

（c）LH 下产品绿色度的最优轨迹；（d）HH 下产品绿色度的最优轨迹

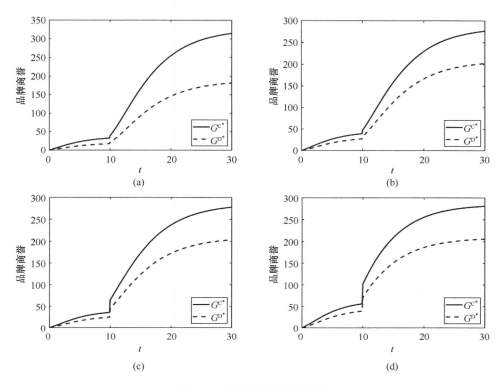

图 5.7 品牌商誉的最优轨迹

(a) LL 下品牌商誉的最优轨迹；(b) HL 下品牌商誉的最优轨迹；

(c) LH 下品牌商誉的最优轨迹；(d) HH 下品牌商誉的最优轨迹

图 5.6 和图 5.7 分别展示了 LL ($\tau = 0.2, \chi = \kappa = 0.2$)、HL ($\tau = 0.8, \chi = \kappa = 0.2$)、LH ($\tau = 0.2, \chi = \kappa = 0.8$) 和 HH ($\tau = 0.8, \chi = \chi = 0.8$) 四种绿色技术创新情况下的产品绿色度和品牌商誉的最优轨迹。可以看出，在技术创新成功前阶段，产品绿色度和品牌商誉随着时间增长逐渐增加直至稳定状态或者技术创新成功时；在技术创新成功时，绿色技术创新的成功打破了产品绿色度和品牌商誉原有的稳定状态或者变化轨迹，使产品绿色度和品牌商誉得到较大提升；在技术创新成功后阶段，产品绿色度和品牌商誉随着时间增长逐渐增加，直至达到新的稳定状态。在企业持续性进行绿色技术投资和广告投资的前提条件下，如果企业触发了绿色技术创新成功这一要素，那么供应链所处的内外部环境会发生变化，产品绿色度和品牌商誉会随之改变原有变化轨迹，沿着技术创新成功后的新轨道进行变化，直至达到新的稳定状态。

还可以看出，技术创新成功概率、绿色度提升率和品牌商誉提升率的提高能够增加供应链企业运营期间的产品绿色度和品牌商誉。但是受时间因素影响，在技术创新成功前阶段，产品绿色度比品牌商誉变化得更加明显；反之，在技术创新成功后阶段，品牌商誉比产品绿色度变化得更加明显。这是因为产品绿色度的提升得益于绿色技术投资，需要经历从量变到质变的过程，而品牌商誉的提升依赖于绿色技术创新是否能够成功，即只有当绿色技术创新成功，企业的广告宣传才能真正发挥作用。

图 5.8 和图 5.9 分别展示了消费者线上渠道偏好对稳态产品绿色度和品牌商誉的影响。从图 5.8、图 5.9 中可以看出，在集中决策模型和分散决策模型下，随着消费者线上渠道偏好程度的增加，稳态产品绿色度和品牌商誉都呈现先减小后增大的变化态势。其中，在集中决策模型下，当 $\alpha = 0$ 或者 $\alpha = 1$ 时，稳态产品绿色度和品牌商誉达到最大值。这意味着制造商增设线上渠道，形成线上和线下双渠道并存的销售结构会导致产品绿色度和品牌商誉降低，不利于供应链的绿色发展。结合图 5.5 可以推断，其原因是，在双渠道销售结构下，供应链企业会因渠道竞争而减少绿色技术投资、线上广告投资和线下广告投资。另外，随着消费者线上渠道偏好程度的增加，集中决策模型下的产品绿色度和品牌商誉与分散决策模型下对应值的差距逐渐缩小。

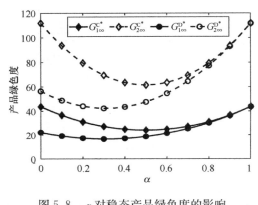

图 5.8 α 对稳态产品绿色度的影响

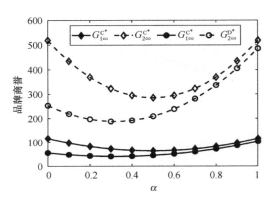

图 5.9 α 对稳态品牌商誉的影响

5.6.4 经济利润、环境效益和社会福利

本小节主要分析经济利润（绿色供应链系统利润）、环境效益和社会福利的最优轨迹，以及消费者线上渠道偏好程度对三者的影响，如图 5.10、图 5.11 所示。

图 5.10 展示了经济利润、环境效益和社会福利的最优轨迹。可以看出，绿色技术创新成功将经济利润、环境效益和社会福利划分为技术创新成功前与技术创新成功后两个阶段。在技术创新成功前后，经济利润、环境效益和社会福利均随着时间增长逐渐增加直至稳定状态，这得益于供应链企业积极实施绿色供应链管理。也可以看出，技术创新成功后的经济利润、环境效益和社会福利均显著高于技术创新成功前的对应值，翻了数倍，这得益于供应链企业通过积极开展绿色技术研发活动，实现了绿色技术创新。由此可见，在绿色供应链管理过程中，企业只有实现绿色技术创新，才能在较大程度上增加经济利润、环境效益和社会福利，即绿色技术创新发挥了根本性作用。

图 5.11 展示了在稳定状态下，消费者线上渠道偏好程度对经济利润、环境效益和社

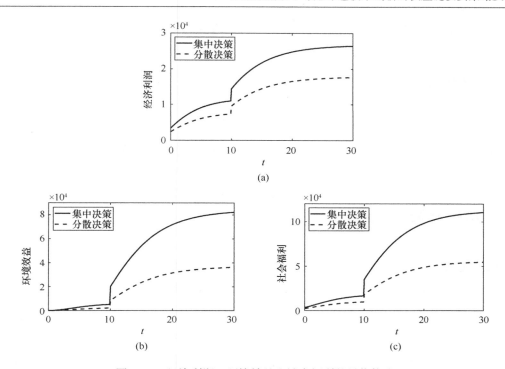

图 5.10 经济利润、环境效益和社会福利的最优轨迹

（a）经济利润的最优轨迹；（b）环境效益的最优轨迹；（c）社会福利的最优轨迹

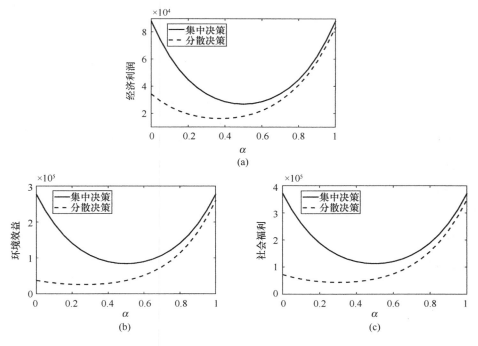

图 5.11 消费者线上渠道偏好程度对稳态经济利润、环境效益和社会福利的影响

（a）α 对稳态经济利润的影响；（b）α 对稳态环境效益的影响；（c）α 对稳态社会福利的影响

会福利的影响。从制造商是否增设线上渠道来看，在集中决策模型下，制造商增设线上渠道会导致经济利润、环境效益和社会福利减少；在分散决策模型下，制造商只有在消费者线上渠道偏好程度较大时增设线上渠道才可以增加经济利润、环境效益和社会福利。另外，在制造商采取双渠道销售结构的前提下，经济利润、环境效益和社会福利的变化趋势与上述稳态产品绿色度和品牌商誉的变化趋势相同，即随着消费者线上渠道偏好程度的增加而先减小后增大。这意味着渠道竞争的加剧不利于供应链企业增加经济利润、改善环境效益和增进社会福利。

5.7 模型拓展：创新未成功

从上述结论可知，供应链企业在决策时考虑绿色技术创新，可以激励企业增加绿色技术投资和广告投资，并且随着预期的技术创新成功概率、绿色度提升率和品牌商誉提升率的提高而增加。然而在实际研发过程中，企业的绿色技术创新未必会实现，而且实现的日期 T 也是不确定的。如果绿色技术创新并未成功，或者没有达到企业决策时对绿色技术创新的预期，这会对企业的生产运营产生什么样的影响是值得思考的。基于此，本节假定绿色技术创新在整个运营期间均未成功，然后在此条件下以集中决策模型为例，探讨未预期、低—低预期、高—高预期三种情形下绿色供应链的均衡策略、产品绿色度、品牌商誉及利润，并进行对比分析。

在未预期情形（用上标 N 表示）下，绿色供应链企业无须考虑绿色技术创新的不确定性和突破性，此时绿色供应链系统的决策目标函数为：

$$\max_{p_{\mathrm{d}},\, p_{\mathrm{r}},\, Z,\, A,\, S} J_{\mathrm{SC}} = \int_0^{\infty} e^{-\rho t}(p_{\mathrm{d}} D_{\mathrm{d}} + p_{\mathrm{r}} D_{\mathrm{r}} - kZ^2/2 - h_{\mathrm{A}} A^2/2 - h_{\mathrm{S}} S^2/2)\mathrm{d}t \qquad (5.97)$$

通过求解式（5.97）可以得到未预期情形下的均衡结果，具体内容见本书附录 C。

根据命题 5.1，可以得到在绿色技术创新预期下，绿色供应链的均衡策略、产品绿色度、品牌商誉及利润。由于本节假定绿色技术创新未成功，所以绿色供应链在整个运营期间均处于技术创新成功前这一阶段。按照 5.6 节的参数假定，本节采用数值算例对未预期、低—低预期（$\tau = 0.2, \chi = \kappa = 0.2$）、高—高预期（$\tau = 0.8, \chi = \kappa = 0.8$）三种情形下的均衡策略和供应链绩效进行对比分析。

表 5.2 列出了不同预期情形下绿色供应链的均衡策略。从表 5.2 中可知，绿色供应链的决策者是否进行绿色技术创新预期并不影响绿色产品的线上渠道销售价格和线下渠道销售价格，但会影响绿色技术投资水平、线上广告投资水平和线下广告投资水平。具体而言，与未预期相比，预期情形下的绿色技术投资水平、线上广告投资水平和线下广告投资水平较高，尤其是在高—高预期情形下。其原因是绿色技术创新预期反映了决策者在当前

的供应链内外部环境下，对未来绿色技术创新的合理评估，体现了决策者对绿色技术创新成功的乐观程度。所以，合理预期可以激励供应链企业增加绿色技术投资、线上广告投资和线下广告投资。

不同预期情形下的均衡策略对比

表 5.2

均衡策略	未预期	低—低预期	高—高预期
p_d^*	5.556	5.556	5.556
p_r^*	5.556	5.556	5.556
Z^*	2.258	4.123	9.034
A^*	2.116	2.594	4.401
S^*	1.852	2.270	3.851

　　图 5.12、图 5.13 和图 5.14 分别展示了不同预期情形下产品绿色度、品牌商誉和绿色供应链系统利润的最优轨迹。从图 5.12~图 5.14 中看出，三种预期情形下的产品绿色度、品牌商誉、绿色供应链系统利润均随着时间增长逐渐增加直至稳定状态；而且三者在高—高预期情形下达到最高，在未预期情形下达到最低，这表明决策者对绿色技术创新进行合理预期的重要性。也就是说，合理预期会激励供应链企业为实

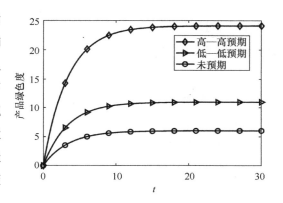

图 5.12　不同预期情形下的产品绿色度对比

现绿色技术创新而增加绿色投资，即使未能成功实现绿色创新，企业的绿色投资努力也将对绿色供应链的长期发展产生有利作用。其原因是绿色技术创新预期会提高供应链企业的绿色技术投资水平和广告投资水平，加快产品绿色度和品牌商誉的积累速度，使产品绿色度、品牌商誉和绿色供应链系统利润较快地达到更高的稳定状态。

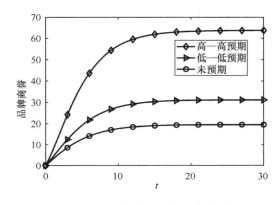

图 5.13　不同预期情形下的品牌商誉对比

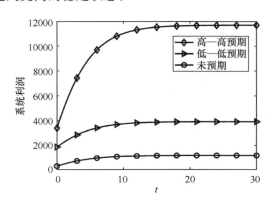

图 5.14　不同预期情形下的绿色供应链系统利润对比

5.8 本章小结

本章以单个制造商和单个零售商组成的双渠道绿色供应链为研究对象，引入绿色技术创新过程，考虑产品绿色度和品牌商誉的动态性，基于微分博弈研究了集中决策模型和分散决策模型下的均衡结果，并进行了对比分析；设计了两部定价—双边成本分担契约以协调双渠道绿色供应链；采用数值算例进一步验证了两部定价—双边成本分担契约的协调性，分析了绿色技术创新和消费者线上渠道偏好对均衡结果的影响；最后在模型拓展部分探究了企业进行绿色技术创新预期的必要性。主要研究结论如下：

（1）与分散决策模型相比，集中决策模型下的绿色技术投资水平、线上广告投资水平和线下广告投资水平更高，产品绿色度和品牌商誉也更高，进而使绿色供应链获得更多的经济利润、环境效益和社会福利。即，集中决策模型优于分散决策模型。

（2）两部定价—双边成本分担契约在技术创新成功前后均能够完全协调双渠道绿色供应链，并且实现绿色供应链成员帕累托改进。特别指出，在技术创新成功前后两个阶段，零售商向制造商缴纳的固定费用以及二者的成本分担比例可以固定不变，即绿色技术创新并不改变两部定价—双边成本分担契约的协调性。

（3）较高的技术创新成功概率、绿色度提升率和品牌商誉提升率可以激励供应链企业增加技术创新成功前的绿色技术投资、线上广告投资和线下广告投资。在绿色技术创新过程中，产品绿色度、品牌商誉、经济利润、环境效益和社会福利均随着时间增长逐渐增加直至稳定状态，但它们的变化轨迹会因绿色技术创新成功而出现跳跃。

（4）消费者线上渠道偏好会影响供应链企业的投资策略，进而影响产品绿色度和品牌商誉，以及经济利润、环境效益和社会福利。具体而言，随着消费者线上渠道偏好程度的增加，企业的绿色技术投资水平和广告投资水平会先减小后增加，相应的产品绿色度、品牌商誉、经济利润、环境效益和社会福利也先减小后增加。另外，在集中决策模型下，制造商增设线上渠道并不利于供应链的绿色发展。

（5）与未预期相比，绿色技术创新预期能够激励供应链企业增加绿色技术投资和广告投资，进而提高供应链绩效。即使绿色技术创新在整个运营期间都没有成功，合理的预期也能够提高产品绿色度、品牌商誉和绿色供应链系统利润。

根据上述研究结论，可以得出如下主要管理启示：

第一，面对复杂多变的经济形势，现阶段我国制造企业应该具有洞知市场技术动态和方向的预见性特征，科学地进行前瞻性战略布局，通过合理的绿色技术创新预期来增加绿色技术投资，即提高绿色研发经费和增加科研人员，实现绿色技术创新。实际上，格力、海尔等企业一直致力于绿色实践，通过绿色技术创新制造环保家电产品。

第二，对于绿色制造企业而言，应结合自身情况决定是否增设线上渠道；在集中决策情形下，增设线上渠道并不利于供应链的绿色发展。如比亚迪、上海蔚来汽车有限公司（简称蔚来）等新能源汽车制造企业专注于线下渠道，加强渠道和换电设施建设。其中，比亚迪—汉依旧采用传统的4S店线下销售方式。

6　制造商竞争下考虑绿色技术创新的供应链投资策略及协调

第 5 章讨论了供应链中下游企业（制造商和零售商）在绿色技术创新下的投资策略及协调问题，并且探讨了考虑绿色技术创新的必要性。然而在实践中，上游供应商的绿色技术创新（如开发绿色环保型原材料，设计低能耗零部件）在新能源汽车、节能家电等供应链中占有重要地位，是制造商生态设计的基础，而且制造商之间普遍存在竞争关系。因此，本章聚焦于生产端，构建由单个共享供应商和两个竞争性制造商组成的绿色供应链，基于微分博弈研究供应链中上游企业在技术创新成功前后的投资策略及协调问题，以及分析绿色竞争强度对投资策略及协调的影响。

6.1　引言

绿色生产是实现经济社会发展全面绿色转型的重要环节，其中绿色技术研发是制造企业生产绿色产品的关键。在实践中，随着政府、社会组织和企业对绿色消费的积极引导，越来越多的消费者愿意购买绿色产品，但也导致绿色产品市场竞争加剧。例如，海尔、美的、格力等企业竞相开发绿色智能家电，如无氟变频空调；比亚迪、上汽集团、特斯拉等企业竞相研发新能源汽车，如电动汽车。已有研究表明，产品之间的竞争关系对供应链成员决策和利润具有重要影响作用。在绿色产品市场，企业通过绿色技术研发与积累可以形成核心技术，即实现绿色技术创新。绿色技术创新兼具"绿色"和"创新"两大发展理念，是企业协调好经济利润和环境效益的根本途径，是企业增强市场竞争力和实现长足发展的重要手段。

从供应链视角来看，供应商的绿色技术创新（如开发绿色环保型原材料，设计使用过程中能耗更低的零部件）在电子产品、汽车、家电等供应链中占有重要地位，是制造商生态设计的基础。例如，动力电池的性能是消费者考量新能源汽车的重要指标。在实际生产运营过程中，一家供应商往往会向多家制造商提供原材料或零部件，本章将此类供应商称为共享供应商[246]。以宁德时代为例，年度报告显示，宁德时代在 2020 年投入高达 35.69 亿元（五年复合增长超 30%）用于动力电池的技术研发，并且同时向上海汽车集团股份有限公司（简称上汽集团）、广州汽车集团股份有限公司（简称广汽集团）、吉利汽车集团有限公司（简称吉利汽车）等车企提供动力电池。然而，现阶段动力电池续航里程短、充电慢、成本高等因素制约了新能源汽车的进一步发展。为了解决这一问题，诸多车企纷纷与电池供应商制定合作契约，共同促进动力电池的绿色技术创新。例如，上汽集团、广汽集团分别于 2017 年和 2018 年与宁德时代成立合资企业，就动力电池系统的研发达成战略合作协议。在此基础上，具有产品竞争关系的制造商也会开展横向研发合作。例如，广汽集团与上汽集团在 2019 年签署了 5 年的战略合作协议，联合投资、开发新能源领域的核心技术，共享产业链资源。再如，大众汽车集团和福特汽车公司（简称福特）在 2020 年签署战略联盟协议，在电动化、商用车和自动驾驶三个领域进行研发合作，共同分担研发成本。因此，在绿色技术创新下，研究具有竞争关系的制造商和共享供应商的绿色技术投资决策与合作契约设计，对于实现供应链绿色协调发展具有重要意义。

与本章密切相关的研究主要涉及竞争情形下绿色供应链管理研究。现有文献大多是从供应链内竞争和供应链间竞争两个方面进行分析。例如，Ma 等[175]、Guo 等[178]、许格妮等[181]分别研究了制造商竞争、零售商竞争、链与链竞争对绿色供应链决策的影响，发现制造商竞争有利于进行绿色投资的制造商，零售商竞争会降低产品绿色度，以及供应链绿色度竞争会影响供应链成员的绿色成本分担策略。刘会燕和戢守峰研究了两个绿色制造商之间的横向竞合博弈和共同研发问题。然而，以上研究均是基于静态环境。少量文献基于动态环境研究了竞争情形下绿色供应链决策及协调问题。例如，叶同等构建了由两个制造商和单个零售商组成的供应链，以低碳水平和低碳商誉为状态变量，探讨了广告和低碳双重竞争对供应链决策的影响，并设计了收益共享和成本分担混合契约来协调供应链。李小燕和李锋构建了由单个制造商和两个零售商组成的供应链，以碳减排量和商誉为状态变量，探讨了零售商之间的低碳宣传努力竞争强度对供应链决策的影响，并设计了成本分担契约来协调供应链。然而，鲜有文献考虑到供应商的绿色技术创新在供应链中发挥的重要作用，研究动态环境下由供应商和竞争性制造商组成的绿色供应链的投资策略及协调问题。因此，本章在现有研究成果的基础上，构建由单个共享供应商和两个制造商组成的绿色供应链，引入绿色技术创新过程，考虑制造商之间存在绿色竞争，聚焦于解决以下研究问题：

（1）当预测到未来存在绿色技术创新时，分别在集中决策模型和分散决策模型下，共享供应商和竞争性制造商如何决策技术创新成功前后的绿色技术投资水平？产品绿色度和绿色供应链系统利润将如何变化？

（2）如何设计合作契约对共享供应商和竞争性制造商进行协调？该契约在技术创新成功前后两个阶段是否均能够协调绿色供应链？协调效果如何？

（3）技术创新成功概率、绿色度提升率以及绿色竞争强度对共享供应商和竞争性制造商在技术创新成功前后的绿色技术投资水平、产品绿色度及绿色供应链系统利润有何影响？

6.2 模型描述与假设

6.2.1 模型描述

本章以单个共享供应商 S 与两个制造商 M_1 和 M_2 组成的绿色供应链为研究对象，设一家制造商为 $M_i(i=1,2)$，与其竞争的制造商为 M_j，则 $j=3-i$，如图 6.1 所示。共享供应商负责生产关键零部件并提供给两家制造商，而制造商 M_i 负责生产并销售绿色产品 i。不同制造商生产的绿色产品在功能使用上无任何差别，但存在绿色度差异。为了实现绿色

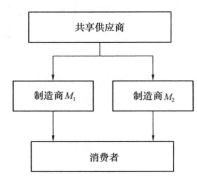

图 6.1　制造商竞争下的绿色
供应链结构

转型，共享供应商和两家制造商均投入资金用于绿色技术研发，力争攻克绿色技术难题。在绿色供应链中，共享供应商 S 每一时刻的决策变量为绿色技术投资水平 $Z_S(t)$，制造商 M_i 每一时刻的决策变量为绿色技术投资水平 $Z_i(t)$，并且共享供应商和两家制造商进行 Nash 博弈，同时决策各自的绿色技术投资水平。由于绿色技术创新的实现具有不确定性，所以共享供应商和制造商 M_i 在预测到未来存在绿色技术创新时，需要合理决策技术创新成功前后的绿色技术投资水平，进而实现资源的合理配置。决策顺序：共享供应商和制造商 M_i 首先

以各自在整个运营期间的利润最大化为目标来决策技术创新成功前的绿色技术投资水平，然后以各自在技术创新成功后阶段的利润最大化为目标来决策技术创新成功后的绿色技术投资水平。

6.2.2 模型假设

1. 基本假设

假设 6.1　供应商和制造商的绿色技术投资对产品绿色度具有正向影响，即绿色技术投资水平越高，产品的绿色度越高[231]；同时由于现有绿色技术水平和投资设备的落后，产品绿色度存在自然衰减现象[41]。因此，参考朱桂菊和游达明、夏西强等的研究，假设产品绿色度的动态变化过程为：

$$\dot{g}_i(t) = \alpha Z_S(t) + \beta Z_i(t) - \varepsilon g_i(t), \ g_i(0) = g_0 \tag{6.1}$$

其中，$g_i(t)$ 表示 t 时刻绿色产品 i 的绿色度，g_0 表示产品绿色度的初始值；$\alpha > 0$ 和 $\beta > 0$ 分别表示共享供应商与制造商 M_i 的绿色技术投资水平对产品绿色度的影响系数；$\varepsilon > 0$ 表示产品绿色度的衰减率。

假设 6.2 类似众多学者关于绿色技术投资成本[41,231]的假定，假设共享供应商和制造商 M_i 的绿色技术投资成本分别为 $kZ_S^2(t)/2$ 和 $h_iZ_i^2(t)/2$，其中 $k>0$ 和 $h_i>0$ 分别表示共享供应商与制造商 M_i 的绿色技术投资成本系数。此外，本章仅考虑绿色供应链成员进行绿色技术投资的情形，即 $Z_S(t)>0$ 和 $Z_i(t)>0$。

假设 6.3 不同制造商生产的绿色产品在销售市场上存在绿色竞争关系，对于制造商 M_i 而言，其生产的绿色产品的市场需求会随着 $g_i(t)$ 的增加而增加，随着 $g_j(t)$ 的增加而减少[181,245]。借鉴许格妮等[181]、李小燕和李锋[245]的研究，将绿色产品 i 的市场需求函数刻画为：

$$D_i(t) = D_0 + \gamma g_i(t) - \chi_g \gamma [g_j(t) - g_i(t)] \tag{6.2}$$

其中，$D_i(t)$ 表示 t 时刻绿色产品 i 的市场需求函数，D_0 表示绿色产品 i 的潜在市场需求；$\gamma>0$ 表示产品绿色度对市场需求的影响系数，即消费者绿色偏好系数；$0 \leqslant \chi_g \leqslant 1$ 表示制造商之间的绿色竞争强度。

假设 6.4 借鉴许明辉和刘晚霞[209]的研究，假设共享供应商和制造商 M_i 的边际利润分别为 $\pi_S>0$ 和 $\pi_i>0$，并且在整个运营期间内的贴现率均为 $p(\rho>0)$。

2. 绿色技术创新形成过程

绿色技术创新是一个漫长且艰巨的过程，其实现时间具有不确定性。本章借鉴 Rubel 等[49]、Lu 和 Navas 等[50]的研究，利用随机到达过程来刻画绿色技术创新过程。具体来说，假设 $\langle \Gamma(t):t \geqslant 0 \rangle$ 表示绿色技术创新的整个过程，企业可能在任意时刻 t 实现绿色技术创新，其概率为 τ，那么 $\lim\limits_{\Delta \to 0} = \dfrac{P\{t \leqslant T < t+\Delta \mid T \geqslant t\}}{\Delta t} = \tau$。其中，条件概率 $P\{t \leqslant T < t+\Delta t \mid T \geqslant t\}$ 表示绿色技术创新在 t 时刻没有实现而在 $[t, t+\Delta t)$ 内实现的概率，$\tau \in [0,1]$ 表示技术创新成功概率。令 $F(t)$ 和 $f(t)$ 分别表示绿色技术创新过程的分布函数与概率密度，那么 $F(t) = 1-e^{-\tau t}$，$f(t) = \tau e^{-\tau t}$。

以绿色技术创新成功日期 T 将企业的运营时间段划分为技术创新成功前 $t \in [0, T)$ 和技术创新成功后 $t \in [T, \infty)$，并且用 $r=(F, L)$ 分别表示技术创新成功前后两个阶段。假设 $g_i(T^+) = (1+\theta)g_i(T^-)$，其中 $g_i(T^+)$ 和 $g_i(T^-)$ 分别表示在 T 时刻技术创新成功前后的绿色产品 i 的瞬时产品绿色度，$\theta>0$ 表示绿色度提升率。因此，将绿色技术创新下产品绿色度的动态变化过程刻画为：

$$\begin{cases} \dot{g}_{iF}(t) = \alpha_F Z_{SF}(t) + \beta_F Z_{iF}(t) - \varepsilon_F g_{iF}(t), g_{iF}(0) = g_0, 0 \leqslant t < T \\ \dot{g}_{iL}(t) = \alpha_L Z_{SL}(t) + \beta_L Z_{iL}(t) - \varepsilon_L g_{iL}(t), g_{iL}(T^+) = (1+\theta)g_{iF}(T^-), T \leqslant t \end{cases} \tag{6.3}$$

其中，$\alpha_L>\alpha_F$，$\beta_L<\beta_F$，$\varepsilon_F>\varepsilon_L$ 表示与技术创新成功前相比，技术创新成功后产品绿色度受绿色技术投资水平的影响更大，但衰减率更小。与此同时，假设 $\pi_{SL}>\pi_{SF}$ 和 $\pi_{iL}>\pi_{iF}$，即技术创新成功后共享供应商和制造商 M_i 的盈利能力提高。

综上所述，由于在技术创新成功前后两个阶段，绿色供应链成员的经营能力和市场环境发生变化，所以共享供应商和制造商 M_i 会分别制定技术创新成功前后的最优策略。具体内容如下：

技术创新成功前，共享供应商和制造商 M_i 的利润函数分别为：

$$J_{SF} = \int_0^T e^{-\rho t}\{\pi_{SF}[2D_0 + \gamma g_{1F}(t) + \gamma g_{2F}(t)] - kZ_{SF}^2(t)/2\}dt \tag{6.4}$$

$$J_{M_iF} = \int_0^T e^{-\rho t}\{\pi_{iF}\{D_0 + \gamma g_{iF}(t) - \chi_g\gamma[g_{jF}(t) - g_{iF}(t)]\} - h_i Z_{iF}^2(t)/2\}dt \tag{6.5}$$

其中，J_{SF} 和 J_{M_iF} 分别表示在技术创新成功前阶段 $[0, T)$，共享供应商和制造商 M_i 的利润在初始时刻的贴现值。

技术创新成功后，共享供应商和制造商 M_i 的利润函数分别为：

$$J_{SL} = \int_T^\infty e^{-\rho t}\{\pi_{SL}[2D_0 + \gamma g_{1L}(t) + \gamma g_{2L}(t)] - kZ_{SL}^2(t)/2\}dt \tag{6.6}$$

$$J_{M_iL} = \int_T^\infty e^{-\rho t}\{\pi_{iL}\{D_0 + \gamma g_{iL}(t) - \chi_g\gamma[g_{jL}(t) - g_{iL}(t)]\} - h_i Z_{iL}^2(t)/2\}dt \tag{6.7}$$

其中，J_{SL} 和 J_{M_iL} 分别表示在技术创新成功后阶段 $[T, \infty)$，共享供应商和制造商 M_i 的利润在 T 时刻的贴现值。

由于绿色技术创新成功的时间 T 具有不确定性，且共享供应商和制造商 M_i 在技术创新成功前后两个阶段的利润与技术创新成功的时间 T 密切相关，因此共享供应商和制造商 M_i 的利润是随机变量。进一步，通过对随机时间 T 取期望值，可以得到共享供应商和制造商 M_i 在整个运营期间利润的期望净现值分别为：

$$J_S = E[J_{SF} + e^{-\rho T}J_{SL}] \tag{6.8}$$

$$J_{M_i} = E[J_{M_iF} + e^{-\rho T}J_{M_iL}] \tag{6.9}$$

其中，J_S 和 J_{M_i} 分别表示共享供应商和制造商 M_i 在整个运营期间的利润在初始时刻的贴现值。为了求解绿色技术创新这个随机控制问题，利用概率密度函数 $f(t) = \tau e^{-\tau t}$ 对式（6.8）和式（6.9）求解，可得共享供应商和制造商 M_i 在整个运营期间利润的期望净现值函数分别为：

$$J_S = \int_0^\infty e^{-(\rho+\tau)t}\{\pi_{SF}[2D_0 + \gamma g_{1F}(t) + \gamma g_{2F}(t)] - kZ_{SF}^2(t)/2 + \tau J_{SL}[S_L(t)]\}dt \tag{6.10}$$

$$J_{M_i} = \int_0^\infty e^{-(\rho+\tau)t}\left\{\begin{aligned}&\pi_{iF}\{D_0 + \gamma g_{iF}(t) - \chi_g\gamma[g_{jF}(t) - g_{iF}(t)]\}\\&- h_i Z_{iF}^2(t)/2 + \tau J_{M_iL}[Z_{iL}(t)]\end{aligned}\right\}dt \tag{6.11}$$

为方便书写，模型部分将 t 省略。

6.3　模型构建与求解

本节将探讨集中决策模型和分散决策模型下的均衡结果。由于均衡解的形式较为复杂，所以设定 $\Delta\pi_{iF} = \pi_{iF}(\rho + \varepsilon_L) + \tau\pi_{iL}(1+\theta)$，$\Delta\pi_{SF} = \pi_{SF}(\rho + \varepsilon_L) + \tau\pi_{SL}(1+\theta)$。

6.3.1　集中决策模型

在集中决策模型（用上标 C 表示）中，共享供应商和两家制造商以绿色供应链系统利润的最大化为目标，共同决策技术创新成功前后两个阶段的绿色技术投资水平。虽然在实际中供应链成员难以实现集成化管理，但是集中决策是供应链协调研究的理论基础，也是分析供应链成员在合作情形下绿色技术投资水平决策的重要手段，因此研究集中决策仍然具有重要的理论意义。基于此，在集中决策模型中，绿色供应链系统的决策目标函数为：

$$\max_{\substack{z_{iF}, z_{SF} \\ z_{iL}, z_{SL}}} J_{SC}^{C} = \int_0^\infty e^{-(\rho+\tau)t} \left\{ \begin{array}{l} \displaystyle\sum_{i=1}^{2} \{\pi_{iF}[D_0 + \gamma g_{iF} - \chi_g\gamma(g_{jF} - g_{iF})] - h_i Z_{iF}^2/2\} \\ + \pi_{SF}(2D_0 + \gamma g_{1F} + \gamma g_{2F}) - kZ_{SF}^2/2 + \tau J_{SCL}^C(Z_{iL}, Z_{SL}) \end{array} \right\} \mathrm{d}t$$

(6.12)

命题 6.1　在集中决策模型中，在满足 $\Delta\pi_{iF} \geqslant \Delta\pi_{jF}$ 或者 $\Delta\pi_{iF} < \Delta\pi_{jF}$ 且 $0 < \chi_g < \dfrac{\Delta\pi_{iF} + \Delta\pi_{SF}}{\Delta\pi_{jF} - \Delta\pi_{iF}}$，以及 $\pi_{iL} \geqslant \pi_{jL}$ 或者 $\pi_{iL} < \pi_{jL}$ 且 $0 < \chi_g < \dfrac{\pi_{iL} + \pi_{SL}}{\pi_{jL} - \pi_{iL}}$ 的条件下，绿色供应链系统的均衡策略、产品绿色度和利润如下：

（1）在集中决策情形中，绿色技术创新成功前后，共享供应商的最优绿色技术投资水平分别为 $Z_{SF}^{C^*} = \dfrac{\gamma\alpha_F(\Delta\pi_{1F} + \Delta\pi_{2F} + 2\Delta\pi_{SF})}{k(\rho + \tau + \varepsilon_F)(\rho + \varepsilon_L)}$ 和 $Z_{SL}^{C^*} = \dfrac{\gamma\alpha_L(\pi_{1L} + \pi_{2L} + 2\pi_{SL})}{k(\rho + \varepsilon_L)}$，制造商 M_i 的最优绿色技术投资水平分别为 $Z_{iF}^{C^*} = \dfrac{\gamma\beta_F[\Delta\pi_{iF} + \Delta\pi_{SF} + \chi_g(\Delta\pi_{iF} - \Delta\pi_{jF})]}{h_i(\rho + \tau + \varepsilon_F)(\rho + \varepsilon_L)}$ 和 $Z_{iL}^{C^*} = \dfrac{\gamma\beta_L[\pi_{iL} + \pi_{SL} + \chi_g(\pi_{iL} - \pi_{jL})]}{h_i(\rho + \varepsilon_L)}$。

（2）在集中决策模型中，产品绿色度的最优轨迹为：

$$\begin{cases} g_{iF}^{C^*} = (g_0 - \bar{g}_{iF}^{C^*})e^{-\varepsilon_F t} + \bar{g}_{iF}^{C^*}, t \in [0, T) \\ g_{iL}^{C^*} = \{[(g_0 - \bar{g}_{iF}^{C^*})e^{-\varepsilon_F T} + \bar{g}_{iF}^{C^*}](1+\theta) - \bar{g}_{iL}^{C^*}\}e^{-\varepsilon_L(t-T)} + \bar{g}_{iL}^{C^*}, t \in [T, \infty) \end{cases}$$

(6.13)

其中，$\bar{g}_{iF}^{C^*} = \dfrac{\gamma\alpha_F^2(\Delta\pi_{iF} + \Delta\pi_{jF} + 2\Delta\pi_{SF})}{k\varepsilon_F(\rho + \tau + \varepsilon_F)(\rho + \varepsilon_L)} + \dfrac{\gamma\beta_F^2[\Delta\pi_{iF} + \Delta\pi_{SF} + \chi_g(\Delta\pi_{iF} - \Delta\pi_{jF})]}{h_i\varepsilon_F(\rho + \tau + \varepsilon_F)(\rho + \varepsilon_L)}$ 和

$$\overline{g}_{iL}^{C^*} = \frac{\gamma \alpha_L^2 (\pi_{iL} + \pi_{jL} + 2\pi_{SL})}{k\varepsilon_L (\rho + \varepsilon_L)} + \frac{\gamma \beta_L^2 [\pi_{iL} + \pi_{SL} + \chi_g (\pi_{iL} - \pi_{jL})]}{h_i \varepsilon_L (\rho + \varepsilon_L)} \text{ 分别表示在技术创新成功前}$$

后产品绿色度的稳态值。

（3）在集中决策模型中，绿色供应链系统在整个运营期间的利润最优值函数，以及在技术创新成功后的利润最优值函数分别为：

$$V_{SC}^{C^*} = a_1^{C^*} g_{1F}^{C^*} + a_2^{C^*} g_{2F}^{C^*} + a_3^{C^*} \tag{6.14}$$

$$W_{SC}^{C^*} = b_1^{C^*} g_{1L}^{C^*} + b_2^{C^*} g_{2L}^{C^*} + b_3^{C^*} \tag{6.15}$$

其中：

$$a_1^{C^*} = \frac{\gamma [\Delta\pi_{1F} + \Delta\pi_{SF} + \chi_g (\Delta\pi_{1F} - \Delta\pi_{2F})]}{(\rho + \tau + \varepsilon_F)(\rho + \varepsilon_L)} \tag{6.16}$$

$$a_2^{C^*} = \frac{\gamma [\Delta\pi_{2F} + \Delta\pi_{SF} + \chi_g (\Delta\pi_{2F} - \Delta\pi_{1F})]}{(\rho + \tau + \varepsilon_F)(\rho + \varepsilon_L)} \tag{6.17}$$

$$a_3^{C^*} = \frac{\tau b_3^{C^*} + D_0 (\pi_{1F} + \pi_{2F} + 2\pi_{SF})}{\rho + \tau} + \frac{\gamma^2 \alpha_F^2 (\Delta\pi_{1F} + \Delta\pi_{2F} + 2\Delta\pi_{SF})^2}{2k(\rho + \tau)(\rho + \tau + \varepsilon_F)^2 (\rho + \varepsilon_L)^2}$$
$$+ \sum_{i=1}^{2} \frac{\gamma^2 \beta_F^2 [\Delta\pi_{iF} + \Delta\pi_{SF} + \chi_g (\Delta\pi_{iF} - \Delta\pi_{jF})]^2}{2h_i (\rho + \tau)(\rho + \tau + \varepsilon_F)^2 (\rho + \varepsilon_L)^2} \tag{6.18}$$

$$b_1^{C^*} = \frac{\gamma [\pi_{1L} + \pi_{SL} + \chi_g (\pi_{1L} - \pi_{2L})]}{\rho + \varepsilon_L}, \ b_2^{C^*} = \frac{\gamma [\pi_{2L} + \pi_{SL} + \chi_g (\pi_{2L} - \pi_{1L})]}{\rho + \varepsilon_L} \tag{6.19}$$

$$b_3^{C^*} = \frac{D_0 (\pi_{1L} + \pi_{2L} + 2\pi_{SL})}{\rho} + \frac{\gamma^2 \alpha_L^2 (\pi_{1L} + \pi_{2L} + 2\pi_{SL})^2}{2\rho k (\rho + \varepsilon_L)^2}$$
$$+ \sum_{i=1}^{2} \frac{\gamma^2 \beta_L^2 [\pi_{iL} + \pi_{SL} + \chi_g (\pi_{iL} - \pi_{jL})]^2}{2\rho h_i (\rho + \varepsilon_L)^2} \tag{6.20}$$

证明：为了实现绿色供应链系统利润的最大化，共享供应商和两家制造商需要作为一个整体实现技术创新成功前后两个阶段的绿色供应链系统利润最大化。采用逆向归纳法求解，首先，绿色供应链系统需要制定技术创新成功后阶段的最优投资策略。根据式（6.6）和式（6.7）得出，技术创新成功后绿色供应链系统的利润函数为：

$$J_{SCL}^{C} = \int_{T}^{\infty} e^{-\rho t} \left\{ \begin{array}{l} \sum_{i=1}^{2} \{\pi_{iL} [D_0 + \gamma g_{iL} - \chi_g \gamma (g_{jL} - g_{iL})] - h_i Z_{iL}^2 / 2\} \\ + \pi_{SL} (2D_0 + \gamma g_{1L} + \gamma g_{2L}) - k Z_{SL}^2 / 2 \end{array} \right\} dt \tag{6.21}$$

用 W_{SC}^{C} 表示绿色供应链系统在技术创新成功后的利润最优值函数。根据贝尔曼连续动态优化理论，W_{SC}^C 对于任意的 $g_{iL} \geqslant 0 (i = 1,2)$ 均满足 HJB 方程：

$$\rho W_{SC}^C = \max_{Z_{SL}, Z_{iL}} \left\{ \begin{array}{l} \sum_{i=1}^{2} \{\pi_{iL}[D_0 + \gamma g_{iL} - \chi_g \gamma (g_{jL} - g_{iL})] - h_i Z_{iL}^2/2\} \\[2mm] + \pi_{SL}(2D_0 + \gamma g_{1L} + \gamma g_{2L}) - kZ_{SL}^2/2 \\[2mm] + \sum_{i=1}^{2} W_{SC}^{C'}(g_{iL})(\alpha_L Z_{SL} + \beta_L Z_{iL} - \varepsilon_L g_{iL}) \end{array} \right\} \tag{6.22}$$

将式（6.22）右端分别对 S_L 和 Z_{iL} 求一阶偏导数，并令其等于零，由一阶条件可得：

$$Z_{SL}^C = \frac{\alpha_L[W_{SC}^{C'}(g_{1L}) + W_{SC}^{C'}(g_{2L})]}{k}, \quad Z_{iL}^C = \frac{\beta_L W_{SC}^{C'}(g_{iL})}{h_i} \tag{6.23}$$

将式（6.23）代入式（6.22）中，化简整理可得：

$$\rho W_{SC}^C = \sum_{i=1}^{2} \{\pi_{iL}[\gamma g_{iL} - \chi_g \gamma (g_{jL} - g_{iL})] + \pi_{SL}\gamma g_{iL} - W_{SC}^{C'}(g_{iL})\varepsilon_L g_{iL}\}$$

$$+ \sum_{i=1}^{2} \left\{ \pi_{iL}D_0 + \frac{\beta_L^2 W_{SC}^{C'}(g_{iL})^2}{2h_i} + \frac{\alpha_L^2 W_{SC}^{C'}(g_{iL})[W_{SC}^{C'}(g_{iL}) + W_{SC}^{C'}(g_{jL})]}{k} \right\}$$

$$+ 2\pi_{SL}D_0 - \frac{\alpha_L^2 [W_{SC}^{C'}(g_{1L}) + W_{SC}^{C'}(g_{2L})]^2}{2k} \tag{6.24}$$

根据式（6.24）的形式结构，可以假设 $W_{SC}^C = b_1^C g_{1L}^C + b_2^C g_{2L}^C + b_3^C$。将 W_{SC}^C 代入式（6.24）中进行化简，根据恒等关系确定参数 $b_1^{C^*} \sim b_3^{C^*}$，进而得到 $W_{SC}^{C^*} = b_1^{C^*} g_{1L}^C + b_2^{C^*} g_{2L}^C + b_3^{C^*}$。进一步将 W_{SC}^C 代入式（6.23）中化简可得 $Z_{SL}^{C^*}$ 和 $Z_{iL}^{C^*}$，然后将 $Z_{SL}^{C^*}$ 和 $Z_{iL}^{C^*}$ 代入式（6.3）中，进一步计算可得技术创新成功后的产品绿色度 $g_{iL}^{C^*}$。紧接着，用 V_{SC}^C 表示绿色供应链系统在整个运营期间的利润最优值函数。根据 $g_i(T^+) = (1+\theta)g_i(T^-)$ 以及式（6.12）可得，V_{SC}^C 对于任意的 $g_{iF} \geqslant 0 (i = 1, 2)$ 均满足 HJB 方程：

$$(\rho + \tau)V_{SC}^C = \max_{Z_{SF}, Z_{iF}} \left\{ \begin{array}{l} \sum_{i=1}^{2} \{\pi_{iF}[D_0 + \gamma g_{iF} - \chi_g \gamma (g_{jF} - g_{iF})] - h_i Z_{iF}^2/2\} \\[2mm] + \pi_{SF}(2D_0 + \gamma g_{1F} + \gamma g_{2F}) - kZ_{SF}^2/2 \\[2mm] + \tau W_{SC}^C[(1+\theta)g_{1F}, (1+\theta)g_{2F}] \\[2mm] + \sum_{i=1}^{2} V_{SC}^{C'}(g_{iF})(\alpha_F Z_{SF} + \beta_F Z_{iF} - \varepsilon_F g_{iF}) \end{array} \right\} \tag{6.25}$$

将式（6.25）右端分别对 Z_{SF} 和 Z_{iF} 求一阶偏导数，由一阶条件可以解得：

$$Z_{SF}^C = \frac{\alpha_F[V_{SC}^{C'}(g_{1F}) + V_{SC}^{C'}(g_{2F})]}{k}, \quad Z_{iF}^C = \frac{\beta_F V_{SC}^{C'}(g_{iF})}{h_i} \tag{6.26}$$

将式（6.26）代入式（6.25）中，化简整理可得：

$$(\rho + \tau)V_{SC}^C = \sum_{i=1}^2 \{\pi_{iF}[\gamma g_{iF} - \chi_g \gamma(g_{jF} - g_{iF})] + \pi_{SF} \gamma g_{iF} - V_{SC}^{C'}(g_{iF})\varepsilon_F g_{iF}\}$$

$$+ \tau[b_1^{C^*}(1+\theta)g_{1F} + b_2^{C^*}(1+\theta)g_{2F} + b_3^{C^*}] + 2\pi_{SF} D_0$$

$$+ \sum_{i=1}^2 \left\{ \pi_{iF} D_0 + \frac{\beta_F^2 V_{SC}^{C'}(g_{iF})^2}{2h_i} + \frac{\alpha_F^2 V_{SC}^{C'}(g_{iF})[V_{SC}^{C'}(g_{iF}) + V_{SC}^{C'}(g_{jF})]}{k} \right\}$$

$$- \frac{\alpha_F^2 [V_{SC}^{C'}(g_{1F}) + V_{SC}^{C'}(g_{2F})]^2}{2k}$$

$$\tag{6.27}$$

根据式（6.27）的形式结构，可以假设 $V_{SC}^C = a_1^C g_{1F} + a_2^C g_{2F} + a_3^C$。将 V_{SC}^C 代入式 （6.27）中进行化简，根据恒等关系确定参数 $a_1^{C^*} \sim a_2^{C^*}$，进而可得 $V_{SC}^{C^*} = a_1^{C^*} g_{1F} + a_2^{C^*} g_{2F} + a_3^{C^*}$。然后将 V_{SC}^C 代入式（6.26）中，化简可得 $Z_{SF}^{C^*}$ 和 $Z_{iF}^{C^*}$。进一步将 $Z_{SF}^{C^*}$ 和 $Z_{iF}^{C^*}$ 代入式（6.3）中，进一步计算可得绿色技术创新成功前的产品绿色度 $g_{iF}^{C^*}$。

由于本章仅讨论企业进行绿色技术投资的情形，即 $Z_S(t) > 0$ 和 $Z_i(t) > 0$，所以令 $Z_{SF}^{C^*} > 0$，$Z_{iF}^{C^*} > 0$，$Z_{SL}^{C^*} > 0$ 和 $Z_{iL}^{C^*} > 0$，通过联立求解可得 $\Delta\pi_{iF} \geqslant \Delta\pi_{jF}$ 或者 $\Delta\pi_{iF} < \Delta\pi_{jF}$ 且 $0 < \chi_g < \dfrac{\Delta\pi_{iF} + \Delta\pi_{SF}}{\Delta\pi_{jF} - \Delta\pi_{iF}}$，以及 $\pi_{iL} \geqslant \pi_{jL}$ 或者 $\pi_{iL} < \pi_{jL}$ 且 $0 < \chi_g < \dfrac{\pi_{iL} + \pi_{SL}}{\pi_{jL} - \pi_{iL}}$。最后，将上述证明过程进行整理可得出命题6.1中的结论。证毕。

6.3.2 分散决策模型

在分散决策模型（用上标 D 表示）中，为了攻克绿色技术难题，提高产品绿色度，共享供应商和两家制造商分别以自身利润最大化为目标来制定技术创新成功前后两种环境下的绿色技术投资水平。因此，在分散决策模型中，共享供应商和制造商 M_i 的决策目标函数分别为：

$$\max_{Z_{SF},Z_{SL}} J_S^D = \int_0^\infty e^{-(\rho+\tau)t}[\pi_{SF}(2D_0 + \gamma g_{1F} + \gamma g_{2F}) - kZ_{SF}^2/2 + \tau J_{SL}^D(Z_{SL})]dt \tag{6.28}$$

$$\max_{Z_{iF},Z_{iL}} J_{M_i}^D = \int_0^\infty e^{-(\rho+\tau)t}\{\pi_{iF}[D_0 + \gamma g_{iF} - \chi_g \gamma(g_{jF} - g_{iF})] - h_i Z_{iF}^2/2 + \tau J_{M_i L}^D(Z_{iL})\}dt$$

$$\tag{6.29}$$

命题 6.2 在分散决策模型中，绿色供应链的均衡策略、产品绿色度及利润如下：

（1）在分散决策模型中，技术创新成功前后，共享供应商的最优绿色技术投资水平分别为 $Z_{SF}^{D^*} = \dfrac{2\gamma\alpha_F\Delta\pi_{SF}}{k(\rho+\tau+\varepsilon_F)(\rho+\varepsilon_L)}$ 和 $Z_{SL}^{D^*} = \dfrac{2\gamma\alpha_L\pi_{SL}}{k(\rho+\varepsilon_L)}$，制造商 M_i 的最优绿色技术投资水平分别为 $Z_{iF}^{D^*} = \dfrac{\gamma\beta_F(1+\chi_g)\Delta\pi_{iF}}{h_i(\rho+\tau+\varepsilon_F)(\rho+\varepsilon_L)}$ 和 $Z_{iL}^{D^*} = \dfrac{\gamma\pi_{iL}\beta_L(1+\chi_g)}{h_i(\rho+\varepsilon_L)}$。

（2）在分散决策模型中，产品绿色度的最优轨迹为：

$$
\begin{cases}
g_{iF}^{D^*} = (g_0 - \bar{g}_{iF}^{D^*})e^{-\varepsilon_F t} + \bar{g}_{iF}^{D^*}, \ t\in[0,T) \\
g_{iL}^{D^*} = \{[(g_0 - \bar{g}_{iF}^{D^*})e^{-\varepsilon_F T} + \bar{g}_{iF}^{D^*}](1+\theta) - \bar{g}_{iL}^{D^*}\}e^{-\varepsilon_L(t-T)} + \bar{g}_{iL}^{D^*}, t\in[T,\infty)
\end{cases}
\tag{6.30}
$$

其中，$\bar{g}_{iF}^{D^*} = \dfrac{\gamma[2h_i\alpha_F^2\Delta\pi_{SF} + k\beta_F^2(1+\chi_g)\Delta\pi_{iF}]}{kh_i\varepsilon_F(\rho+\tau+\varepsilon_F)(\rho+\varepsilon_L)}$ 表示技术创新成功前产品绿色度的稳态值，$\bar{g}_{iL}^{D^*} = \dfrac{\gamma[2h_i\alpha_L^2\pi_{SL} + k\beta_L^2(1+\chi_g)\pi_{iL}]}{kh_i\varepsilon_L(\rho+\varepsilon_L)}$ 表示技术创新成功后产品绿色度的稳态值。

（3）在分散决策模型中，共享供应商和制造商 M_i 在整个运营期间的利润最优值函数，以及在技术创新成功后的利润最优值函数分别为：

$$
V_S^{D^*} = a_1^{D^*}g_{1F}^{D^*} + a_2^{D^*}g_{2F}^{D^*} + a_3^{D^*}
\tag{6.31}
$$

$$
V_{M_i}^{D^*} = a_4^{D^*}g_{iF}^{D^*} + a_5^{D^*}g_{jF}^{D^*} + a_6^{D^*}
\tag{6.32}
$$

$$
W_S^{D^*} = b_1^{D^*}g_{1L}^{D^*} + b_2^{D^*}g_{2L}^{D^*} + b_3^{D^*}
\tag{6.33}
$$

$$
W_{M_i}^{D^*} = b_4^{D^*}g_{iL}^{D^*} + b_5^{D^*}g_{jL}^{D^*} + b_6^{D^*}
\tag{6.34}
$$

其中：

$$
a_1^{D^*} = a_2^{D^*} = \frac{\gamma\Delta\pi_{SF}}{(\rho+\tau+\varepsilon_F)(\rho+\varepsilon_L)}
\tag{6.35}
$$

$$
a_3^{D^*} = \frac{\tau b_3^{D^*} + 2\pi_{SF}D_0}{\rho+\tau} + \frac{\gamma^2\Delta\pi_{SF}[k\beta_F^2(1+\chi_g)(h_j\Delta\pi_{iF} + h_i\Delta\pi_{jF}) + 2h_ih_j\alpha_F^2\Delta\pi_{SF}]}{kh_ih_j(\rho+\tau)(\rho+\tau+\varepsilon_F)^2(\rho+\varepsilon_L)^2}
\tag{6.36}
$$

$$
a_4^{D^*} = \frac{\gamma(1+\chi_g)\Delta\pi_{iF}}{(\rho+\tau+\varepsilon_F)(\rho+\varepsilon_L)}, \ a_5^{D^*} = -\frac{\gamma\chi_g\Delta\pi_{iF}}{(\rho+\tau+\varepsilon_F)(\rho+\varepsilon_L)}
\tag{6.37}
$$

$$
a_6^{D^*} = \frac{\gamma^2\Delta\pi_{iF}\{k\beta_F^2(1+\chi_g)[(1+\chi_g)h_j\Delta\pi_{iF} - 2\chi_gh_i\Delta\pi_{jF}] + 4h_ih_j\alpha_F^2\Delta\pi_{SF}\}}{2kh_ih_j(\rho+\tau)(\rho+\tau+\varepsilon_F)^2(\rho+\varepsilon_L)^2}
$$

$$+\frac{\tau b_6^{D^*}+\pi_{iF}D_0}{\rho+\tau} \tag{6.38}$$

$$b_1^{D^*}=b_2^{D^*}=\frac{\gamma\pi_{SL}}{\rho+\varepsilon_L} \tag{6.39}$$

$$b_3^{D^*}=\frac{2\pi_{SL}D_0}{\rho}+\frac{\pi_{SL}\gamma^2\left[k\beta_L^2(1+\chi_g)(h_j\pi_{iL}+h_i\pi_{jL})+2h_ih_j\pi_{SL}\alpha_L^2\right]}{\rho k h_i h_j(\rho+\varepsilon_L)^2} \tag{6.40}$$

$$b_4^{D^*}=\frac{\gamma\pi_{iL}(1+\chi_g)}{\rho+\varepsilon_L},\ b_5^{D^*}=-\frac{\gamma\chi_g\pi_{iL}}{\rho+\varepsilon_L} \tag{6.41}$$

$$b_6^{D^*}=\frac{\pi_{iL}D_0}{\rho}+\frac{\pi_{iL}\gamma^2\{k\beta_L^2(1+\chi_g)[(1+\chi_g)h_j\pi_{iL}-2\chi_g h_i\pi_{jL}]+4h_ih_j\pi_{SL}\alpha_L^2\}}{2\rho k h_i h_j(\rho+\varepsilon_L)^2} \tag{6.42}$$

由此，绿色供应链系统在整个运营期间的利润函数和在技术创新成功后的利润函数分别为 $V_{SC}^{D^*}=V_S^{D^*}+\sum_{i=1}^{2}V_{M_i}^{D^*}$ 与 $W_{SC}^{D^*}=W_S^{D^*}+\sum_{i=1}^{2}W_{M_i}^{D^*}$。

证明：共享供应商和制造商 M_i 需要分别实现技术创新成功前后两个阶段各自的利润最大化。采用逆向归纳法求解，首先解决技术创新成功后共享供应商和两家制造商的最优策略。分别用 W_S^D 和 $W_{M_i}^D$ 表示分散决策模型下共享供应商和制造商 M_i 在技术创新成功后的利润最优值函数。根据贝尔曼连续动态优化理论，由式（6.6）和式（6.7）可得，W_S^D 和 $W_{M_i}^D$ 对于任意的 $g_{iL}\geqslant 0(i=1,2)$ 均分别满足 HJB 方程：

$$\rho W_S^D=\max_{Z_{SL}}\left[\begin{array}{l}\pi_{SL}(2D_0+\gamma g_{1L}+\gamma g_{2L})-kZ_{SL}^2/2\\+\sum_{i=1}^{2}W_S^{D'}(g_{iL})(\alpha_L Z_{SL}+\beta_L Z_{iL}-\varepsilon_L g_{iL})\end{array}\right] \tag{6.43}$$

$$\rho W_{M_i}^D=\max_{Z_{iL}}\left\{\begin{array}{l}\pi_{iL}[D_0+\gamma g_{iL}-\chi_g\gamma(g_{jL}-g_{iL})]-h_iZ_{iL}^2/2\\+W_{M_i}^{D'}(g_{iL})(\alpha_L Z_{SL}+\beta_L Z_{iL}-\varepsilon_L g_{iL})\\+W_{M_i}^{D'}(g_{jL})(\alpha_L Z_{SL}+\beta_L Z_{jL}-\varepsilon_L g_{jL})\end{array}\right\} \tag{6.44}$$

可以看到，式（6.43）和式（6.44）分别是关于 Z_{SL} 与 Z_{iL} 的凹函数。根据一阶条件，将式（6.43）和式（6.44）右端分别对 Z_{SL} 与 Z_{iL} 求一阶导数可得：

$$Z_{SL}^D=\frac{\alpha_L\left[W_S^{D'}(g_{iL})+W_S^{D'}(g_{jL})\right]}{k},\ Z_{iL}^D=\frac{\beta_L W_{M_i}^{D'}(g_{iL})}{h_i} \tag{6.45}$$

将式（6.45）代入式（6.43）和式（6.44）中，化简整理可得：

$$\rho W_{\mathrm{S}}^{\mathrm{D}} = \sum_{i=1}^{2}\left[\pi_{\mathrm{SL}}\gamma - W_{\mathrm{S}}^{\mathrm{D}'}(g_{i\mathrm{L}})\varepsilon_{\mathrm{L}}\right]g_{i\mathrm{L}} + 2\pi_{\mathrm{SL}}D_0$$

$$+\frac{\alpha_{\mathrm{L}}^{2}\left[W_{\mathrm{S}}^{\mathrm{D}'}(g_{1\mathrm{L}}) + W_{\mathrm{S}}^{\mathrm{D}'}(g_{2\mathrm{L}})\right]^{2}}{2k} + \sum_{i=1}^{2}\frac{\beta_{\mathrm{L}}^{2}W_{\mathrm{M}_i}^{\mathrm{D}'}(g_{i\mathrm{L}})W_{\mathrm{S}}^{\mathrm{D}'}(g_{i\mathrm{L}})}{h_i} \tag{6.46}$$

$$\rho W_{\mathrm{M}_i}^{\mathrm{D}} = \left[\pi_{i\mathrm{L}}\gamma(1-\chi_{\mathrm{g}}) - W_{\mathrm{M}_i}^{\mathrm{D}'}(g_{i\mathrm{L}})\varepsilon_{\mathrm{L}}\right]g_{i\mathrm{L}} - \left[\pi_{i\mathrm{L}}\chi_{\mathrm{g}}\gamma + W_{\mathrm{M}_i}^{\mathrm{D}'}(g_{j\mathrm{L}})\varepsilon_{\mathrm{L}}\right]g_{j\mathrm{L}}$$

$$+\pi_{i\mathrm{L}}D_0 + \frac{\alpha_{\mathrm{L}}^{2}\left[W_{\mathrm{S}}^{\mathrm{D}'}(g_{i\mathrm{L}}) + W_{\mathrm{S}}^{\mathrm{D}'}(g_{j\mathrm{L}})\right]\left[W_{\mathrm{M}_i}^{\mathrm{D}'}(g_{i\mathrm{L}}) + W_{\mathrm{M}_i}^{\mathrm{D}'}(g_{j\mathrm{L}})\right]}{k} \tag{6.47}$$

$$+\frac{\beta_{\mathrm{L}}^{2}W_{\mathrm{M}_i}^{\mathrm{D}'}(g_{i\mathrm{L}})^{2}}{2h_i} + \frac{\beta_{\mathrm{L}}^{2}W_{\mathrm{M}_j}^{\mathrm{D}'}(g_{j\mathrm{L}})W_{\mathrm{M}_i}^{\mathrm{D}'}(g_{j\mathrm{L}})}{h_j}$$

根据式（6.46）和式（6.47）的形式结构，假设 $W_{\mathrm{S}}^{\mathrm{D}} = b_1^{\mathrm{D}}g_{1\mathrm{L}}^{\mathrm{D}} + b_2^{\mathrm{D}}g_{2\mathrm{L}}^{\mathrm{D}} + b_3^{\mathrm{D}}$，$W_{\mathrm{M}_i}^{\mathrm{D}} = b_4^{\mathrm{D}}g_{i\mathrm{L}}^{\mathrm{D}} + b_5^{\mathrm{D}}g_{j\mathrm{L}}^{\mathrm{D}} + b_6^{\mathrm{D}}$。将 $W_{\mathrm{S}}^{\mathrm{D}}$ 和 $W_{\mathrm{M}_i}^{\mathrm{D}}$ 代入式（6.46）与式（6.47）中，根据恒等关系确定参数 $b_1^{\mathrm{D}^*} \sim b_6^{\mathrm{D}^*}$，可以得到式（6.33）和式（6.34）。将 $W_{\mathrm{S}}^{\mathrm{D}^*}$ 与 $W_{\mathrm{M}_i}^{\mathrm{D}^*}$ 代入式（6.45）化简可得 $Z_{\mathrm{SL}}^{\mathrm{D}^*}$ 与 $Z_{i\mathrm{L}}^{\mathrm{D}^*}$，然后将 $Z_{\mathrm{SL}}^{\mathrm{D}^*}$ 与 $Z_{i\mathrm{L}}^{\mathrm{D}^*}$ 代入式（6.3），进一步计算求解可得技术创新成功后的产品绿色度 $g_{i\mathrm{L}}^{\mathrm{D}^*}$。

紧接着，分别用 $V_{\mathrm{S}}^{\mathrm{D}}$ 和 $V_{\mathrm{M}_i}^{\mathrm{D}}$ 表示分散决策模型下共享供应商与制造商 M_i 在整个运营期间的利润最优值函数。根据 $g_i(T^+) = (1+\theta)g_i(T^-)$ 以及式（6.10）和式（6.11）可得，$V_{\mathrm{S}}^{\mathrm{D}}$ 和 $V_{\mathrm{M}_i}^{\mathrm{D}}$ 对于任意的 $g_{i\mathrm{F}} \geqslant 0(i=1,2)$ 均分别满足 HJB 方程：

$$(\rho+\tau)V_{\mathrm{S}}^{\mathrm{D}} = \max_{Z_{\mathrm{SF}}}\left\{\begin{array}{l} \pi_{\mathrm{SF}}(2D_0 + \gamma g_{1\mathrm{F}} + \gamma g_{2\mathrm{F}}) - kZ_{\mathrm{SF}}^2/2 \\[4pt] + \tau W_{\mathrm{S}}^{\mathrm{D}}\left[(1+\theta)g_{1\mathrm{F}}, (1+\theta)g_{2\mathrm{F}}\right] \\[4pt] + \sum_{i=1}^{2}V_{\mathrm{S}}^{\mathrm{D}'}(g_{i\mathrm{F}})(\alpha_{\mathrm{F}}Z_{\mathrm{SF}} + \beta_{\mathrm{F}}Z_{i\mathrm{F}} - \varepsilon_{\mathrm{F}}g_{i\mathrm{F}}) \end{array}\right\} \tag{6.48}$$

$$(\rho+\tau)V_{\mathrm{M}_i}^{\mathrm{D}} = \max_{Z_{i\mathrm{F}}}\left\{\begin{array}{l} \pi_{i\mathrm{F}}\left[D_0 + \gamma g_{i\mathrm{F}} - \chi_{\mathrm{g}}\gamma(g_{j\mathrm{F}} - g_{i\mathrm{F}})\right] - h_i Z_{i\mathrm{F}}^2/2 \\[4pt] + \tau W_{\mathrm{M}_i}^{\mathrm{D}}\left[(1+\theta)g_{i\mathrm{F}}, (1+\theta)g_{j\mathrm{F}}\right] \\[4pt] + V_{\mathrm{M}_i}^{\mathrm{D}'}(g_{i\mathrm{F}})(\alpha_{\mathrm{F}}Z_{\mathrm{SF}} + \beta_{\mathrm{F}}Z_{i\mathrm{F}} - \varepsilon_{\mathrm{F}}g_{i\mathrm{F}}) \\[4pt] + V_{\mathrm{M}_i}^{\mathrm{D}'}(g_{j\mathrm{F}})(\alpha_{\mathrm{F}}Z_{\mathrm{SF}} + \beta_{\mathrm{F}}Z_{j\mathrm{F}} - \varepsilon_{\mathrm{F}}g_{j\mathrm{F}}) \end{array}\right\} \tag{6.49}$$

将式（6.48）和式（6.49）右端分别对 Z_{SF} 和 $Z_{i\mathrm{F}}$ 求一阶导数，由一阶条件可得：

$$Z_{\mathrm{SF}} = \frac{\alpha_{\mathrm{F}}\left[V_{\mathrm{S}}^{\mathrm{D}'}(g_{1\mathrm{F}}) + V_{\mathrm{S}}^{\mathrm{D}'}(g_{2\mathrm{F}})\right]}{k}, \ Z_{i\mathrm{F}} = \frac{\beta_{\mathrm{F}}V_{\mathrm{M}_i}^{\mathrm{D}'}(g_{i\mathrm{F}})}{h_i} \tag{6.50}$$

将式（6.50）代入式（6.48）和式（6.49）中，化简整理可得：

$$
\begin{aligned}
(\rho+\tau)V_S^D = & \left[\pi_{SF}\gamma + \tau b_1^{D^*}(1+\theta) - \varepsilon_F V_S^{D'}(g_{1F})\right]g_{1F} \\
& + \left[\pi_{SF}\gamma + \tau b_2^{D^*}(1+\theta) - \varepsilon_F V_S^{D'}(g_{2F})\right]g_{2F} \\
& + 2\pi_{SF}D_0 + \tau b_3^{D^*} + \frac{\alpha_F^2\left[V_S^{D'}(g_{1F}) + V_S^{D'}(g_{2F})\right]^2}{2k} \\
& + \frac{\beta_F^2 V_{M_2}^{D'}(g_{2F})V_S^{D'}(g_{2F})}{h_2} + \frac{\beta_F^2 V_{M_1}^{D'}(g_{1F})V_S^{D'}(g_{1F})}{h_1}
\end{aligned}
\tag{6.51}
$$

$$
\begin{aligned}
(\rho+\tau)V_{M_i}^D = & \left[\pi_{iF}\gamma(1+\chi_g) + \tau b_4^{D^*}(1+\theta) - \varepsilon_F V_{M_i}^{D'}(g_{iF})\right]g_{iF} \\
& + \left[-\pi_{iF}\chi_g\gamma + \tau b_5^{D^*}(1+\theta) - \varepsilon_F V_{M_i}^{D'}(g_{jF})\right]g_{jF} + \pi_{iF}D_0 + \tau b_6^{D^*} \\
& + \frac{\alpha_F^2\left[V_S^{D'}(g_{iF}) + V_S^{D'}(g_{jF})\right]\left[V_{M_i}^{D'}(g_{iF}) + V_{M_i}^{D'}(g_{jF})\right]}{k} \\
& + \frac{\beta_F^2 V_{M_i}^{D'}(g_{iF})^2}{2h_i} + \frac{\beta_F^2 V_{M_j}^{D'}(g_{jF})V_{M_i}^{D'}(g_{jF})}{h_j}
\end{aligned}
\tag{6.52}
$$

根据式（6.51）和式（6.52）的形式结构，可以假设 $V_S^D = a_1^D g_{1F} + a_2^D g_{2F} + a_3^D$，$V_{M_i}^D = a_4^D g_{iF} + a_5^D g_{jF} + a_6^D$。将 V_S^D 和 $V_{M_i}^D$ 代入式（6.51）与式（6.52）中，根据恒等关系确定参数 $a_1^{D^*} \sim a_6^{D^*}$，进而得到 $V_S^{D^*} = a_1^* g_{1F}^D + a_2^* g_{2F}^D + a_3^*$ 和 $V_{M_i}^{D^*} = a_4^* g_{iF}^D + a_5^* g_{jF}^D + a_6^*$。将 $V_S^{D^*}$ 和 $V_{M_i}^{D^*}$ 代入式（6.50）可得 $Z_{SF}^{D^*}$ 和 $Z_{iF}^{D^*}$，然后将 $Z_{SF}^{D^*}$ 和 $Z_{iF}^{D^*}$ 代入式（6.3），进一步计算求解可得技术创新成功前的产品绿色度 $g_{iF}^{D^*}$。最后，将上述证明过程进行整理，可得命题 6.2 中结论。证毕。

6.4 分析与讨论

本节分析与讨论的内容包括两个部分：一是分析供应链企业的绿色技术投资水平与关键参数的关系，对应推论 6.1 至推论 6.3；二是比较集中决策模型和分散决策模型下共享供应商的绿色技术投资水平、制造商 M_i 的绿色技术投资水平、产品绿色度和绿色供应链系统利润，对应推论 6.4 至推论 6.6。

推论 6.1 在集中决策模型中，共享供应商和制造商 M_i 在技术创新成功前后的绿色技术投资水平与技术创新成功概率、绿色度提升率和绿色竞争强度的关系如下：

(1) $\dfrac{\partial Z_{SF}^{C^*}}{\partial \tau} > 0$，$\dfrac{\partial Z_{iF}^{C^*}}{\partial \tau} > 0$，$\dfrac{\partial Z_{SL}^{C^*}}{\partial \tau} = \dfrac{\partial Z_{iL}^{C^*}}{\partial \tau} = 0$。

(2) $\dfrac{\partial Z_{SF}^{C^*}}{\partial \theta} > 0$，$\dfrac{\partial Z_{iF}^{C^*}}{\partial \theta} > 0$，$\dfrac{\partial Z_{SL}^{C^*}}{\partial \theta} = \dfrac{\partial Z_{iL}^{C^*}}{\partial \theta} = 0$。

(3) $\dfrac{\partial^2 Z_{SF}^{C^*}}{\partial \tau \partial \chi_g} = 0$；当 $\dfrac{\pi_{iL} - \pi_{jL}}{\pi_{iF} - \pi_{jF}} \geqslant \dfrac{\rho + \varepsilon_L}{(1+\theta)(\rho + \varepsilon_F)}$ 时，$\dfrac{\partial^2 Z_{iF}^{C^*}}{\partial \tau \partial \chi_g} \geqslant 0$，反之当 $\dfrac{\pi_{iL} - \pi_{jL}}{\pi_{iF} - \pi_{jF}} <$

$\dfrac{\rho + \varepsilon_L}{(1+\theta)(\rho + \varepsilon_F)}$ 时，$\dfrac{\partial^2 Z_{iF}^{C^*}}{\partial \tau \partial \chi_g} < 0$。

(4) $\dfrac{\partial^2 Z_{SF}^{C^*}}{\partial \theta \partial \chi_g} = 0$；当 $\pi_{iL} \geqslant \pi_{jL}$ 时，$\dfrac{\partial^2 Z_{iF}^{C^*}}{\partial \theta \partial \chi_g} \geqslant 0$，反之当 $\pi_{iL} < \pi_{jL}$ 时，$\dfrac{\partial^2 Z_{iF}^{C^*}}{\partial \theta \partial \chi_g} < 0$。

证明：见本书附录 D。

推论 6.1（1）和（2）分别反映了在集中决策模型下，技术创新成功概率和绿色度提升率对技术创新成功前后绿色技术投资水平的影响。可以看出，当预测到未来存在绿色技术创新时，共享供应商和制造商会增加技术创新成功前的绿色技术投资，并且随着技术创新成功概率和绿色度提升率的提高，共享供应商和制造商会进一步增加技术创新成功前的绿色技术投资；而技术创新成功后的绿色技术投资与技术创新成功概率和绿色度提升率无关。其原因是，绿色技术创新的可能性提高了决策者的自信心，改变了决策者的时间偏好，更加注重技术创新成功后所获得的利润；较高的绿色度提升率可以大幅度提升产品绿色度，使供应链成员前期的绿色技术投资效率提高，进而提高供应链成员前期绿色技术投资的积极性。

推论 6.1（3）和（4）分别反映了在集中决策模型下，技术创新成功概率和绿色度提升率对技术创新成功前后绿色技术投资水平的影响与绿色竞争强度的关系。具体来说，对于边际利润较大的制造商而言，技术创新成功概率和绿色度提升率对绿色技术投资水平的影响与绿色竞争强度正相关；对于边际利润较小的制造商而言，技术创新成功概率和绿色度提升率对绿色技术投资水平的影响与绿色竞争强度负相关。这表明，在绿色竞争强度较大时，当绿色供应链成员预期的技术创新成功概率和绿色度提升率较高，那么边际利润较大的制造商应当增加更多的绿色技术投资，并边际利润较小的制造商应当减少绿色技术投资。其原因在于，边际利润越大，绿色技术投资的效率越高；集中决策是以绿色供应链系统利润的最大化为目标，所以供应链的决策者会让边际利润较大的制造商承担更多的绿色技术投资，让边际利润较小的制造商承担较少的绿色技术投资，从而实现绿色研发投入资源的协调分配。

推论 6.2　在分散决策模型中，共享供应商和制造商 M_i 在技术创新成功前后的绿色技术投资水平与技术创新成功概率、绿色度提升率和绿色竞争强度的关系如下：

(1) $\dfrac{\partial Z_{SF}^{D^*}}{\partial \tau} > 0$，$\dfrac{\partial Z_{iF}^{D^*}}{\partial \tau} > 0$，$\dfrac{\partial Z_{SL}^{D^*}}{\partial \tau} = \dfrac{\partial Z_{iL}^{D^*}}{\partial \tau} = 0$。

(2) $\dfrac{\partial Z_{SF}^{D^*}}{\partial \theta} > 0,\ \dfrac{\partial Z_{iF}^{D^*}}{\partial \theta} > 0,\ \dfrac{\partial Z_{SL}^{D^*}}{\partial \theta} = \dfrac{\partial Z_{iL}^{D^*}}{\partial \theta} = 0$。

(3) $\dfrac{\partial^2 Z_{SF}^{D^*}}{\partial \tau\, \partial \chi_g} = 0,\ \dfrac{\partial^2 Z_{SF}^{D^*}}{\partial \theta\, \partial \chi_g} = 0;\ \dfrac{\partial^2 Z_{iF}^{D^*}}{\partial \tau\, \partial \chi_g} > 0,\ \dfrac{\partial^2 Z_{iF}^{D^*}}{\partial \theta\, \partial \chi_g} > 0$。

证明：见本书附录 D。

推论 6.2（1）和（2）分别反映了在分散决策模型下，技术创新成功概率和绿色度提升率对技术创新成功前后绿色技术投资水平的影响。可以看出，当预测到未来存在技术创新时，共享供应商和制造商会加大技术创新成功前的绿色技术投资，并且提高技术创新成功概率和绿色度提升率能够激励供应链成员进一步增加绿色技术投资。其原因与集中决策模型的原因相同。

推论 6.2（3）反映了在分散决策模型下，技术创新成功概率和绿色度提升率对技术创新成功前后绿色技术投资水平的影响与绿色竞争强度的关系。与集中决策模型不同，在分散决策模型下，技术创新成功概率和绿色度提升率对共享供应商绿色技术投资水平的影响与绿色竞争强度无关，而对制造商绿色技术投资水平的影响与绿色竞争强度负相关。这是因为绿色竞争会刺激制造商更加积极地开展绿色技术创新活动，使其更加关注技术创新成功概率和绿色度提升率。

推论 6.3 在分散决策模型中，共享供应商和制造商 M_i 在技术创新成功前后的绿色技术投资水平与自身边际利润和绿色竞争强度的关系如下：

(1) $\dfrac{\partial Z_{SF}^{D^*}}{\partial \pi_{SF}} > 0,\ \dfrac{\partial Z_{SF}^{D^*}}{\partial \pi_{SL}} > 0,\ \dfrac{\partial Z_{iF}^{D^*}}{\partial \pi_{iF}} > 0,\ \dfrac{\partial Z_{iF}^{D^*}}{\partial \pi_{iL}} > 0$。

(2) $\dfrac{\partial Z_{SL}^{D^*}}{\partial \pi_{SF}} = 0,\ \dfrac{\partial Z_{iL}^{D^*}}{\partial \pi_{iF}} = 0,\ \dfrac{\partial Z_{SL}^{D^*}}{\partial \pi_{SL}} > 0,\ \dfrac{\partial Z_{iL}^{D^*}}{\partial \pi_{iL}} > 0$。

(3) $\dfrac{\partial^2 Z_{SF}^{D^*}}{\partial \pi_{SF}\, \partial \chi_g} = 0,\ \dfrac{\partial^2 Z_{SF}^{D^*}}{\partial \pi_{SL}\, \partial \chi_g} = 0,\ \dfrac{\partial^2 Z_{iF}^{D^*}}{\partial \pi_{iF}\, \partial \chi_g} > 0,\ \dfrac{\partial^2 Z_{iF}^{D^*}}{\partial \pi_{iL}\, \partial \chi_g} > 0$。

(4) $\dfrac{\partial^2 Z_{SL}^{D^*}}{\partial \pi_{SL}\, \partial \chi_g} = 0,\ \dfrac{\partial^2 Z_{iL}^{D^*}}{\partial \pi_{iL}\, \partial \chi_g} > 0$。

证明：见本书附录 D。

推论 6.3（1）反映了技术创新成功前后的边际利润对技术创新成功前绿色技术投资水平的影响，推论 6.3（2）反映了技术创新成功前后的边际利润对技术创新成功后绿色技术投资水平的影响。可以看出，绿色技术投资水平随着边际利润的增大而提高。但是，共享供应商和制造商在决策技术创新成功前的绿色技术投资水平时需要同时考虑创新成功前后两个阶段的边际利润，在决策技术创新成功后的绿色技术投资水平时只需要考虑当期的边际利润。原因在于，企业是趋利的，只有预测到绿色技术创新能够带来可观的经济利润才会增加前期的绿色技术投资，这体现了供应链决策者的远见。

推论 6.3（3）和（4）说明，随着绿色竞争强度增大，边际利润对制造商绿色技术投资的激励作用加大。

综上所述，可观的边际利润是制造企业进行绿色技术创新的内在动力，而绿色竞争是制造企业进行绿色技术创新的外在助推力。

推论 6.4　在集中决策模型和分散决策模型下，共享供应商和制造商 M_i 的绿色技术投资水平有如下关系：

（1）$Z_{\mathrm{SF}}^{\mathrm{C}^*} > Z_{\mathrm{SF}}^{\mathrm{D}^*}$，$Z_{\mathrm{SL}}^{\mathrm{C}^*} > Z_{\mathrm{SL}}^{\mathrm{D}^*}$。

（2）当 $\Delta\pi_{\mathrm{SF}} \geqslant \Delta\pi_{j\mathrm{F}}$ 或者 $\Delta\pi_{\mathrm{SF}} < \Delta\pi_{j\mathrm{F}}$ 且 $0 < \chi_{\mathrm{g}} \leqslant \dfrac{\Delta\pi_{\mathrm{SF}}}{\Delta\pi_{j\mathrm{F}}}$ 时，$Z_{i\mathrm{F}}^{\mathrm{C}^*} \geqslant Z_{i\mathrm{F}}^{\mathrm{D}^*}$。

（3）当 $\pi_{\mathrm{SL}} \geqslant \pi_{j\mathrm{L}}$ 或者 $\pi_{\mathrm{SL}} < \pi_{j\mathrm{L}}$ 且 $0 < \chi_{\mathrm{g}} \leqslant \dfrac{\pi_{\mathrm{SL}}}{\pi_{j\mathrm{L}}}$ 时，$Z_{i\mathrm{L}}^{\mathrm{C}^*} \geqslant Z_{i\mathrm{L}}^{\mathrm{D}^*}$。

证明： 由于 $Z_{\mathrm{SF}}^{\mathrm{C}^*} - Z_{\mathrm{SF}}^{\mathrm{D}^*} = \dfrac{\gamma\alpha_{\mathrm{F}}(\Delta\pi_{1\mathrm{F}} + \Delta\pi_{2\mathrm{F}})}{k(\rho + \tau + \varepsilon_{\mathrm{F}})(\rho + \varepsilon_{\mathrm{L}})} > 0$，$Z_{\mathrm{SL}}^{\mathrm{C}^*} - Z_{\mathrm{SL}}^{\mathrm{D}^*} = \dfrac{\gamma\alpha_{\mathrm{L}}(\pi_{1\mathrm{L}} + \pi_{2\mathrm{L}})}{k(\rho + \varepsilon_{\mathrm{L}})} >$

0，所以得到 $Z_{\mathrm{SF}}^{\mathrm{C}^*} > Z_{\mathrm{SF}}^{\mathrm{D}^*}$，$Z_{\mathrm{SL}}^{\mathrm{C}^*} > Z_{\mathrm{SL}}^{\mathrm{D}^*}$；由于 $Z_{i\mathrm{F}}^{\mathrm{C}^*} - Z_{i\mathrm{F}}^{\mathrm{D}^*} = \dfrac{\gamma\beta_{\mathrm{F}}(\Delta\pi_{\mathrm{SF}} - \chi_{\mathrm{g}}\Delta\pi_{j\mathrm{F}})}{h_i(\rho + \tau + \varepsilon_{\mathrm{F}})(\rho + \varepsilon_{\mathrm{L}})}$，所以当

$\Delta\pi_{\mathrm{SF}} \geqslant \Delta\pi_{j\mathrm{F}}$ 或者 $\Delta\pi_{\mathrm{SF}} < \Delta\pi_{j\mathrm{F}}$ 且 $0 < \chi_{\mathrm{g}} \leqslant \dfrac{\Delta\pi_{\mathrm{SF}}}{\Delta\pi_{j\mathrm{F}}}$ 时，$Z_{i\mathrm{F}}^{\mathrm{C}^*} - Z_{i\mathrm{F}}^{\mathrm{D}^*} > 0$，即 $Z_{i\mathrm{F}}^{\mathrm{C}^*} \geqslant Z_{i\mathrm{F}}^{\mathrm{D}^*}$；由于

$Z_{i\mathrm{L}}^{\mathrm{C}^*} - Z_{i\mathrm{L}}^{\mathrm{D}^*} = \dfrac{\gamma\beta_{\mathrm{L}}(\pi_{\mathrm{SL}} - \pi_{j\mathrm{L}}\chi_{\mathrm{g}})}{h_i(\rho + \varepsilon_{\mathrm{L}})}$，所以当 $\pi_{\mathrm{SL}} \geqslant \pi_{j\mathrm{L}}$ 或者 $\pi_{\mathrm{SL}} < \pi_{j\mathrm{L}}$ 且 $0 < \chi_{\mathrm{g}} \leqslant \dfrac{\pi_{\mathrm{SL}}}{\pi_{j\mathrm{L}}}$ 时，$Z_{i\mathrm{L}}^{\mathrm{C}^*} -$

$Z_{i\mathrm{L}}^{\mathrm{D}^*} > 0$，即 $Z_{i\mathrm{L}}^{\mathrm{C}^*} \geqslant Z_{i\mathrm{L}}^{\mathrm{D}^*}$。证毕。

推论 6.4 说明，共享供应商在集中决策模型下的绿色技术投资水平大于在分散决策模型下的绿色技术投资水平；对于制造商而言，当共享供应商的边际利润大于制造商的边际利润，或者共享供应商的边际利润小于制造商的边际利润但绿色竞争强度满足特定阈值时，制造商在集中决策模型下的绿色技术投资更多。这表明集中决策能够激励共享供应商增加绿色技术投资，而对制造商绿色技术投资的激励与供应链成员的边际利润和绿色竞争强度有关。其原因是，集中决策能够消除绿色供应链的双重边际效应，使供应链企业更加合理配置绿色研发投入资源，进而提高供应链效率。

推论 6.5　在集中决策模型和分散决策模型下，产品绿色度有如下关系：

（1）当 $\Delta\pi_{\mathrm{SF}} \geqslant \Delta\pi_{j\mathrm{F}}$ 或者 $\Delta\pi_{\mathrm{SF}} < \Delta\pi_{j\mathrm{F}}$ 且 $0 < \chi_{\mathrm{g}} \leqslant \dfrac{h_i\alpha_{\mathrm{F}}^2(\Delta\pi_{i\mathrm{F}} + \Delta\pi_{j\mathrm{F}})}{k\beta_{\mathrm{F}}^2\Delta\pi_{j\mathrm{F}}} + \dfrac{\Delta\pi_{\mathrm{SF}}}{\Delta\pi_{j\mathrm{F}}}$ 时，$\bar{g}_{i\mathrm{F}}^{\mathrm{C}^*} \geqslant \bar{g}_{i\mathrm{F}}^{\mathrm{D}^*}$。

（2）当 $\pi_{\mathrm{SL}} \geqslant \pi_{j\mathrm{L}}$ 或者 $\pi_{\mathrm{SL}} < \pi_{j\mathrm{L}}$ 且 $0 < \chi_{\mathrm{g}} \leqslant \dfrac{h_i a_{\mathrm{L}}^2(\pi_{i\mathrm{L}} + \pi_{j\mathrm{L}})}{k\beta_{\mathrm{L}}^2\pi_{j\mathrm{L}}} + \dfrac{\pi_{\mathrm{SL}}}{\pi_{j\mathrm{L}}}$ 时，$\bar{g}_{i\mathrm{L}}^{\mathrm{C}^*} \geqslant \bar{g}_{i\mathrm{L}}^{\mathrm{D}^*}$。

证明： 由于 $\bar{g}_{i\mathrm{F}}^{\mathrm{C}^*} - \bar{g}_{i\mathrm{F}}^{\mathrm{D}^*} = \dfrac{\gamma h_i\alpha_{\mathrm{F}}^2(\Delta\pi_{i\mathrm{F}} + \Delta\pi_{j\mathrm{F}}) + k\gamma\beta_{\mathrm{F}}^2(\Delta\pi_{\mathrm{SF}} - \chi_{\mathrm{g}}\Delta\pi_{j\mathrm{F}})}{kh_i\varepsilon_{\mathrm{F}}(\rho + \tau + \varepsilon_{\mathrm{F}})(\rho + \varepsilon_{\mathrm{L}})}$，所以当 $\Delta\pi_{\mathrm{SF}} \geqslant$

$\Delta\pi_{jF}$ 或者 $\Delta\pi_{SF}<\Delta\pi_{jF}$ 且 $0<\chi_g\leqslant\dfrac{h_i\alpha_L^2(\Delta\pi_{iF}+\Delta\pi_{jF})}{k\beta_F^2\Delta\pi_{jF}}+\dfrac{\Delta\pi_{SF}}{\Delta\pi_{jF}}$ 时，$\bar{g}_{iF}^{C^*}-\bar{g}_{iF}^{D^*}>0$，即 $\bar{g}_{iF}^{C^*}\geqslant$

$\bar{g}_{iF}^{D^*}$；由于 $\bar{g}_{iL}^{C^*}-\bar{g}_{iL}^{D^*}=\dfrac{\gamma[h_i\alpha_L^2(\pi_{iL}+\pi_{jL})+k\beta_L^2(\pi_{SL}-\pi_{jL}\chi_g)]}{kh_i\varepsilon_L(\rho+\varepsilon_L)}$，所以当 $\pi_{SL}\geqslant\pi_{jL}$ 或者 $\pi_{SL}<$

π_{jL} 且 $0<\chi_g\leqslant\dfrac{h_i\alpha_L^2(\pi_{iL}+\pi_{jL})}{k\beta_L^2\pi_{jL}}+\dfrac{\pi_{SL}}{\pi_{jL}}$ 时，$\bar{g}_{iL}^{C^*}-\bar{g}_{iL}^{D^*}>0$，即 $\bar{g}_{iL}^{C^*}\geqslant\bar{g}_{iL}^{D^*}$。证毕。

根据推论 6.5 可得，当共享供应商的边际利润大于制造商的边际利润，或者共享供应商的边际利润小于制造商的边际利润但绿色竞争强度满足特定阈值时，集中决策下的产品绿色度优于分散决策下的产品绿色度。结合推论 6.1 和推论 6.5，这是由于在集中决策模型下，共享供应商增加了绿色技术投资，边际利润较大的制造商承担更多的绿色技术投资，边际利润较小的制造商承担更少的绿色技术投资。即供应链企业进行集中决策会投入更多的绿色研发资源，也会更加合理分配，从而使得产品绿色度提高。

推论 6.6 在集中决策模型和分散决策模型下，绿色供应链系统利润有如下关系：满足 $\Delta\pi_{SF}\geqslant\Delta\pi_{iF}$ 或者 $\Delta\pi_{SF}<\Delta\pi_{iF}$ 且 $0<\chi_g\leqslant\dfrac{h_i\alpha_F^2(\Delta\pi_{iF}+\Delta\pi_{jF})}{k\beta_F^2\Delta\pi_{iF}}+\dfrac{\Delta\pi_{SF}}{\Delta\pi_{iF}}(i=1,2)$ 时，$V_{SC}^{C^*}>V_{SC}^{D^*}$。

证明：根据命题 6.1 和命题 6.2，将 V_{SC}^C 和 V_{SC}^D 作差可得：

$$V_{SC}^{C^*}-V_{SC}^{D^*}=H_1+H_2+\frac{\gamma^2\beta_F^2(\Delta\pi_{SF}-\chi_g\Delta\pi_{2F})^2}{2h_1(\rho+\tau)(\rho+\varepsilon_L)^2(\rho+\tau+\varepsilon_F)^2}+\frac{\gamma^2\tau\beta_L^2(\pi_{SL}-\chi_g\pi_{2L})^2}{2\rho h_1(\rho+\tau)(\rho+\varepsilon_L)}$$
$$+\frac{\gamma^2[h_1h_2\alpha_F^2(\Delta\pi_{1F}+\Delta\pi_{2F})^2+k\beta_F^2h_1(\Delta\pi_{SF}-\chi_g\Delta\pi_{1F})^2]}{2kh_1h_2(\rho+\tau)(\rho+\varepsilon_L)^2(\rho+\tau+\varepsilon_F)^2}$$
$$+\frac{\gamma^2\tau[h_1h_2\alpha_F^2(\pi_{1L}+\pi_{2L})^2+k\beta_L^2h_1(\pi_{SL}-\chi_g\pi_{1L})^2]}{2\rho kh_1h_2(\rho+\tau)(\rho+\varepsilon_L)}$$

$$(6.53)$$

$$H_1=\frac{\gamma^2[\Delta\pi_{1F}+\Delta\pi_{SF}+\chi_g(\Delta\pi_{1F}-\Delta\pi_{2F})][h_1\alpha_F^2(\Delta\pi_{1F}+\Delta\pi_{2F})+k\beta_F^2(\Delta\pi_{SF}-\chi_g\Delta\pi_{2F})]}{kh_1\varepsilon_F(\rho+\varepsilon_L)^2(\rho+\tau+\varepsilon_F)^2},$$

$$H_2=\frac{\gamma^2[\Delta\pi_{2F}+\Delta\pi_{SF}+\chi_g(\Delta\pi_{2F}-\Delta\pi_{1F})][h_2\alpha_F^2(\Delta\pi_{1F}+\Delta\pi_{2F})+k\beta_F^2(\Delta\pi_{SF}-\chi_g\Delta\pi_{1F})]}{kh_2\varepsilon_F(\rho+\varepsilon_L)^2(\rho+\tau+\varepsilon_F)^2}。$$

根据假设 6.2 和命题 6.2 可知，$\Delta\pi_{1F}+\Delta\pi_{SF}+\chi_g(\Delta\pi_{1F}-\Delta\pi_{2F})>0$，$\Delta\pi_{2F}+\Delta\pi_{SF}+\chi_g(\Delta\pi_{2F}-\Delta\pi_{1F})>0$。因此，观察 $V_{SC}^{C^*}-V_{SC}^{D^*}$ 的结果可以得知，当满足 $\Delta\pi_{SF}\geqslant\Delta\pi_{iF}$ 或者 $\Delta\pi_{SF}<\Delta\pi_{iF}$ 且 $0<\chi_g\leqslant\dfrac{h_i\alpha_F^2(\Delta\pi_{iF}+\Delta\pi_{jF})}{k\beta_F^2\Delta\pi_{iF}}+\dfrac{\Delta\pi_{SF}}{\Delta\pi_{iF}}(i=1,2)$ 时，有 $h_1\alpha_F^2(\Delta\pi_{1F}+\Delta\pi_{2F})+k\beta_F^2(\Delta\pi_{SF}-\chi_g\Delta\pi_{2F})>0$ 和 $h_2\alpha_F^2(\Delta\pi_{1F}+\Delta\pi_{2F})+k\beta_F^2(\Delta\pi_{SF}-\chi_g\Delta\pi_{1F})>0$，相应地，必然有

$V_{SC}^{C} - V_{SC}^{D} > 0$。因此，满足 $\Delta\pi_{SF} \geqslant \Delta\pi_{iF}$ 或者 $\Delta\pi_{SF} < \Delta\pi_{iF}$ 且 $0 < \chi_g \leqslant \dfrac{h_i\alpha_F^2(\Delta\pi_{iF} + \Delta\pi_{jF})}{k\beta_F^2\Delta\pi_{iF}} +$

$\dfrac{\Delta\pi_{SF}}{\Delta\pi_{iF}}(i = 1, 2)$ 条件时，$V_{SC}^{C} > V_{SC}^{D}$。证毕。

由推论 6.6 可知，当共享供应商的边际利润大于制造商的边际利润，或者共享供应商的边际利润小于制造商的边际利润但绿色竞争强度满足特定阈值时，集中决策模型下的绿色供应链系统利润大于分散决策模型下的绿色供应链系统利润，此时共享供应商和两家制造商应该选择合作。结合推论 6.5 可知，集中决策的产品绿色度大于分散决策的产品绿色度。由于产品绿色度提高能够增加绿色产品的市场需求，所以在边际利润不变的情况下，供应链企业进行集中决策能够获得更多的经济效益。

6.5 双边成本分担契约

根据推论 6.5 和推论 6.6，集中决策在一定条件下能够使绿色供应链取得更高的产品绿色度和更多的经济利润，实现经济效益和环境效益双赢。众所周知，在实际生产运营过程中，企业通常是独立个体，并以自身利润最大化为目标，难以实现集中决策。但是在绿色发展背景下，实现供应链的绿色转型需要供应链内上下游企业通力合作，共同攻克绿色技术难题，那么如何促成供应链成员合作进而达到集中决策的效果是具有研究意义的。因此，为了实现绿色供应链协调，本章设计了双边成本分担契约（用上标 CS 表示），即在技术创新成功前后两个阶段，共享供应商分担制造商 M_i 一定比例 ϕ_{iF} 和 ϕ_{iL} 的绿色技术投资成本。与此同时，制造商 M_i 分担共享供应商一定比例 λ_{iF} 和 λ_{iL} 的绿色技术投资成本。此时，在双边成本分担契约下，共享供应商和制造商 M_i 的决策目标函数分别为：

$$\max_{Z_{SF}, Z_{SL}, \phi_{iF}, \phi_{iL}} J_S^{CS} = \int_0^\infty e^{-(\rho+\tau)t} \begin{bmatrix} \pi_{SF}(2D_0 + \gamma g_{1F} + \gamma g_{2F}) - (1-\lambda_{1F}-\lambda_{2F})kZ_{SF}^2/2 \\ - \phi_{1F}h_1Z_{1F}^2/2 - \phi_{2F}h_2Z_{2F}^2/2 + \tau J_{SL}^{CS}(Z_{SL}, \phi_{iL}) \end{bmatrix} dt$$

$$(6.54)$$

$$\max_{Z_{iF}, \lambda_{iF}, Z_{iL}, \lambda_{iL}} J_{M_i}^{CS} = \int_0^\infty e^{-(\rho+\tau)t} \begin{Bmatrix} \pi_{iF}[D_0 + \gamma g_{iF} - \chi_g\gamma(g_{jF} - g_{iF})] \\ - (1-\phi_{iF})h_iZ_{iF}^2/2 - \lambda_{iF}kZ_{SF}^2/2 + \tau J_{M_iL}^{CS}(Z_{iL}, \lambda_{iL}) \end{Bmatrix} dt$$

$$(6.55)$$

命题 6.3 在双边成本分担契约中，当共享供应商分担制造商 M_i 绿色技术投资成本的比例 ϕ_{iF} 和 ϕ_{iL}，以及制造商 M_i 分担共享供应商绿色技术投资成本比例 λ_{iF} 和 λ_{iL} 固定时，共享供应商和制造商 M_i 的绿色技术投资满足下列公式：

$$Z_{SF}^{CS*} = \frac{2\gamma\alpha_F\Delta\pi_{SF}}{k(\rho+\tau+\varepsilon_F)(\rho+\varepsilon_L)(1-\lambda_{1F}-\lambda_{2F})}, \quad Z_{SL}^{CS*} = \frac{2\gamma\alpha_L\pi_{SL}}{k(\rho+\varepsilon_L)(1-\lambda_{1L}-\lambda_{2L})}$$

$$(6.56)$$

$$Z_{iF}^{CS^*} = \frac{\gamma\beta_F(1+\chi_g)\Delta\pi_{iF}}{h_i(\rho+\tau+\varepsilon_F)(\rho+\varepsilon_L)(1-\phi_{iF})}, \quad Z_{iL}^{CS^*} = \frac{\gamma\beta_L(1+\chi_g)\pi_{iL}}{h_i(\rho+\varepsilon_L)(1-\phi_{iL})} \quad (6.57)$$

证明：见本书附录 D。

命题 6.4　在 $\chi_g < \Delta\pi_{SF}/\Delta\pi_{jF}$ 且 $\chi_g < \pi_{SL}/\pi_{jL}$ 的前提下，当共享供应商分担制造商 M_i 的绿色技术投资成本的比例 ϕ_{iF} 和 ϕ_{iL}，以及制造商 M_i 分担共享供应商的绿色技术投资成本比例 λ_{iF} 和 λ_{iL} 满足以下条件时，双边成本分担契约可以完全协调绿色供应链：

$$\phi_{iF} = \frac{\Delta\pi_{SF} - \chi_g\Delta\pi_{jF}}{\Delta\pi_{iF} + \Delta\pi_{jF} + \chi_g(\Delta\pi_{iF} - \Delta\pi_{jF})}, \quad \phi_{iL} = \frac{\pi_{SL} - \chi_g\pi_{jL}}{\pi_{iL} + \pi_{jL} + \chi_g(\pi_{iL} - \pi_{jL})} \quad (6.58)$$

$$\lambda_{1F} + \lambda_{2F} = \frac{\Delta\pi_{1F} + \Delta\pi_{2F}}{\Delta\pi_{1F} + \Delta\pi_{2F} + \Delta\pi_{SF}}, \quad \lambda_{1L} + \lambda_{2L} = \frac{\pi_{1L} + \pi_{2L}}{\pi_{1L} + \pi_{2L} + \pi_{SL}} \quad (6.59)$$

证明：根据命题 6.1 和命题 6.3，令 $Z_{SF}^{CS^*} = Z_{SF}^{C^*}$，$Z_{SL}^{CS^*} = Z_{SL}^{C^*}$，$Z_{iF}^{CS^*} = Z_{iF}^{C^*}$，$Z_{iL}^{CS^*} = Z_{iL}^{C^*}$，联立求解可得式（6.58）和式（6.59）。证毕。

命题 6.4 说明，当共享供应商的边际利润大于制造商的边际利润或者共享供应商的边际利润小于制造商的边际利润但绿色竞争强度满足特定阈值时，双边成本分担契约能够达到集中决策的效果。在技术创新成功前后两个阶段，两家制造商为共享供应商分担绿色技术投资成本的比例之和分别为 $\frac{\Delta\pi_{1F} + \Delta\pi_{2F}}{\Delta\pi_{1F} + \Delta\pi_{2F} + \Delta\pi_{SF}}$ 和 $\frac{\pi_{1L} + \pi_{2L}}{\pi_{1L} + \pi_{2L} + \pi_{SL}}$，即两家制造商为共享供应商分担的绿色技术投资成本之和固定。这表明，在制定双边成本分担契约之前，两家制造商首先要形成联盟，以制造商联盟的形式对共享供应商提供绿色技术投资支持。

由于制造商联盟达成后通常在一段时间内保持不变，所以本章假定两家制造商对共享供应商提供绿色技术投资支持所需成本（简记为联盟共担成本）的分配比例为常数。具体来说，两家制造商共同决策制造商 M_1 在技术创新成功前后分担联盟共担成本的比例分别为 ξ_F 和 ξ_L，那么制造商 M_2 分担联盟共担成本的比例分别为 $1-\xi_F$ 和 $1-\xi_L$。由此可得，$\lambda_{1F} = \xi_F(\lambda_{1F} + \lambda_{2F})$、$\lambda_{2F} = (1-\xi_F)(\lambda_{1F} + \lambda_{2F})$、$\lambda_{1L} = \xi_L(\lambda_{1L} + \lambda_{2L})$ 和 $\lambda_{2L} = (1-\xi_L)(\lambda_{1L} + \lambda_{2L})$。为了保证绿色供应链所有成员都能够接受该契约，需要保证该契约下绿色供应链所有成员的利润均不小于分散决策下的利润。也就是说，共享供应商和制造商联盟接受双边成本分担契约的条件是：存在 ξ_F 和 ξ_L 使得 $V_S^{CS} \geqslant V_S^D$ 与 $V_{M_i}^{CS} \geqslant V_{M_i}^D$ 同时成立。由于该条件的理论求解较为复杂，本章将在数值算例部分通过赋值的方法进一步分析 ξ_F 和 ξ_L 对双边成本分担契约协调效果的影响，进而验证双边成本分担契约的协调性。

推论 6.7　在双边成本分担契约中，共享供应商对两家制造商的绿色技术投资成本的分担比例与绿色竞争强度负相关，与自身边际利润正相关；两家制造商对共享供应商的绿色技术投资成本的分担比例之和与绿色竞争强度无关，与二者边际利润正相关。

证明：根据式（6.58）和式（6.59）可得，$\dfrac{\partial \phi_{iF}}{\partial \chi_g} = -\dfrac{\Delta\pi_{iF}(\Delta\pi_{SF}+\Delta\pi_{jF})}{[\Delta\pi_{SF}+\Delta\pi_{iF}+\chi_g(\Delta\pi_{iF}-\Delta\pi_{jF})]^2}<0$

和 $\dfrac{\partial \phi_{iL}}{\partial \chi_g} = -\dfrac{\pi_{iL}(\pi_{SL}+\pi_{jL})}{[\pi_{SL}+\pi_{iL}+\chi_g(\pi_{iL}-\pi_{jL})]^2}<0$；显然有 $\dfrac{\partial(\lambda_{1F}+\lambda_{2F})}{\partial \chi_g}=0$ 和 $\dfrac{\partial(\lambda_{1L}+\lambda_{2L})}{\partial \chi_g}=0$；同理可证 ϕ_{iF}、ϕ_{iL}、$\lambda_{1F}+\lambda_{2F}$ 和 $\lambda_{1L}+\lambda_{2L}$ 与边际利润的关系。证毕。

推论 6.7 表明，共享供应商和制造商 M_i 可获得的边际利润越高，越倾向于为对方承担部分绿色技术投资成本，即越有利于绿色供应链成员达成双边成本分担契约。然而，制造商之间的绿色竞争强度增加会减弱共享供应商为制造商承担部分绿色技术投资成本的意愿。结合推论 6.2 可知，当绿色竞争强度较大时，制造商会自发地增加绿色技术投资，共享供应商就可以适当减少对制造商的绿色技术投资成本的分担。

6.6　数值算例

本节将通过数值算例从以下四个方面对上述理论结果进行验证分析：首先是均衡策略对比与协调性分析，其次是供应链企业的投资策略分析，再次是产品绿色度和经济利润的最优轨迹分析，最后是绿色竞争强度对产品绿色度和经济利润的影响。参考叶同等[244]、胡劲松等[47]的研究，将相关参数设置如下：$\alpha_F=0.8$，$\beta_F=0.6$，$\alpha_L=1$，$\beta_L=0.8$，$\varepsilon_F=0.3$，$\varepsilon_L=0.2$，$\rho=0.3$，$\pi_{SF}=1.5$，$\pi_{1F}=2.5$，$\pi_{2F}=3$，$\pi_{SL}=2.5$，$\pi_{1L}=4$，$\pi_{2L}=5$，$k=2$，$h_1=2$，$h_2=2$，$D_0=20$，$\gamma=1$，$g_0=0$，$\tau=0.5$，$\theta=0.5$。参考许格妮等[181]的研究，将绿色竞争强度的范围设定为 $\chi_g\in[0,1]$，并且设定 $\chi_g=0.4$。

6.6.1　均衡策略对比与协调性分析

表 6.1 列出了分别在集中决策模型、分散决策模型和两部定价—双边成本分担契约下，供应链成员在技术创新成功前后的均衡策略。从表 6.1 中可以看出以下几点：

不同决策模型下的均衡策略对比　　　　　　　　　　　　　　　　表 6.1

均衡策略	集中决策模型		分散决策模型		两部定价—双边成本分担契约	
	创新成功前	创新成功后	创新成功前	创新成功后	创新成功前	创新成功后
Z_S	10.727	14.000	3.818	5.000	10.727	14.000
Z_1	3.532	4.880	3.246	4.480	3.532	4.880
Z_2	4.514	6.320	4.009	5.600	4.514	6.320
ϕ_1	—	—	—	—	0.081	0.082
ϕ_2	—	—	—	—	0.112	0.114
$\lambda_1+\lambda_2$	—	—	—	—	0.644	0.643

（1）共享供应商和制造商 M_i 在技术创新成功后的绿色技术投资水平高于技术创新成功前的绿色技术投资水平。以集中决策模型为例，共享供应商、制造商 M_1 和制造商 M_2

在技术创新成功前的绿色技术投资水平分别为 10.727、3.532 和 4.514，而在技术创新成功后的绿色技术投资水平分别为 14.000、4.880 和 6.320，分别提高了 30.51%、38.17% 和 40.01%。其原因是，绿色技术创新成功改变了企业的经营环境，提高了企业的盈利能力，使企业愿意投入更多的投资用于新一轮的绿色技术创新。

（2）与分散决策模型相比，集中决策模型下的共享供应商和制造商 M_i 的绿色技术投资水平得到提高。以技术创新成功前为例，共享供应商、制造商 M_1 和制造商 M_2 的绿色技术投资水平在分散决策模型下分别为 3.818、3.246、4.009，而在集中决策模型下分别为 10.727、3.532 和 4.514，分别提高了 180.96%、8.81% 和 12.60%。其中，共享供应商的绿色技术投资水平显著提高的原因是，共享供应商为两家制造商提供关键的绿色零部件，是绿色供应链突破目前发展困境的关键。因此，在集中决策模型下，绿色供应链会投入大量资金用于关键零部件的绿色技术研发。

（3）两部定价—双边成本分担契约可以达到与集中决策模型相同的投资策略。但是可以发现，在技术创新成功前后，共享供应商对制造商 M_i 的绿色技术投资成本的分担比例约为 0.1，而制造商 M_i 对共享供应商的绿色技术投资成本的分担比例之和约为 0.64，二者相差甚远。这是因为，要想达到集中决策的投资水平，共享供应商需要提高近 2 倍的绿色技术投资水平。此时为了激励共享供应商增加绿色技术投资，两家制造商需要加大对共享供应商的绿色技术投资成本的分担比例。

图 6.2 展示了在技术创新成功前后，共享供应商和两家制造商在双边成本分担契约和分散决策两种决策模型下利润的差值，即双边成本分担契约的协调效果。从图 6.2 中可以看出，在技术创新成功前后均存在 ξ_F 和 ξ_L 使得 $V_{M_1}^{CS} - V_{M_1}^{D} > 0$、$V_{M_2}^{CS} - V_{M_2}^{D} > 0$ 和 $V_S^{CS} - V_S^{D} > 0$，$W_{M_1}^{CS} - W_{M_1}^{D} > 0$、$W_{M_2}^{CS} - W_{M_2}^{D} > 0$ 和 $W_S^{CS} - W_S^{D} > 0$，这表明共享供应商和两家制造商均能接受双边成本分担契约，并且该契约在技术创新成功前后均能协调绿色供应链。由此，

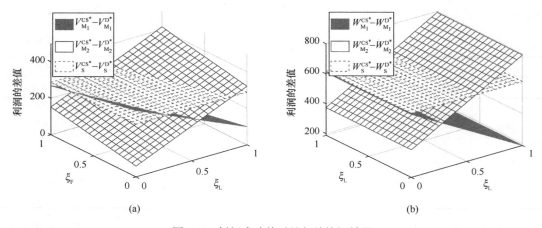

图 6.2　创新成功前后的契约协调效果

（a）创新成功前的契约协调效果；（b）创新成功后的契约协调效果

绿色技术创新并不会改变双边成本分担契约对绿色供应链的协调性。

从图 6.2 中还可以看出，技术创新成功前的契约协调效果受 ξ_F 和 ξ_L 的共同影响，技术创新成功后的契约协调效果仅受 ξ_L 的影响，这意味着在技术创新成功前两家制造商就要协调确定好 ξ_F 和 ξ_L。另外，通过调节 ξ_F 和 ξ_L 可以协调两家制造商获得的利润差值，即随着 ξ_F 和 ξ_L 的增大，共享供应商利润的差值不受影响，边际利润较小的制造商 M_1 的利润的差值减小，而边际利润较大的制造商 M_2 的利润的差值增大。

图 6.3 展示了在技术创新成功前后两个阶段，绿色竞争强度对双边成本分担契约协调效果的影响。从图 6.3 中可以看出，无论是在技术创新成功前，还是在技术创新成功后，随着绿色竞争强度的增大，制造商 M_1、制造商 M_2 和共享供应商的利润的差值均逐渐减小。也就是说，双边成本分担契约对两家制造商和共享供应商的协调效果随着绿色竞争强度的增大而减小。这表明，随着绿色竞争强度的增大，双边成本分担契约的优势逐渐减弱。

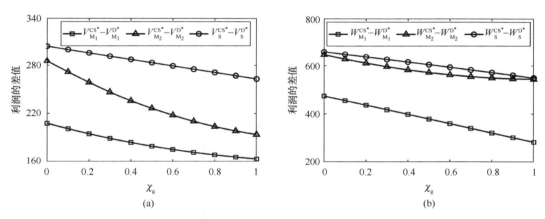

图 6.3　绿色竞争强度对创新成功前后的契约协调效果

（a）χ_g 对创新成功前契约协调效果的影响；（b）χ_g 对创新成功后契约协调效果的影响

6.6.2　供应链企业的投资策略分析

表 6.2 列出了不同绿色竞争强度、技术创新成功概率和绿色度提升率下，供应链成员在集中决策模型和分散决策模型下技术创新成功前的绿色技术投资水平。通过对比分析，可以得出以下结论：

（1）在绿色竞争强度保持不变的前提下，随着技术创新成功概率和绿色度提升率的增大，共享供应商和制造商 M_i 的绿色技术投资水平均得到提高。以 $\chi_g = 0.2$ 为例，在 $\tau = \theta = 0.2$ 条件下，共享供应商、制造商 M_1 和制造商 M_2 的绿色技术投资水平分别为 7.610、2.597 和 3.111，并且随着技术创新成功概率 τ 增长至 0.8 而分别提高到 10.109、3.428 和 4.154，随着绿色度提升率 θ 增长至 0.8 而分别提高到 9.290、3.164 和 3.804。

因此，绿色供应链的决策者会因技术创新成功概率和绿色度提升率的提高而更加关注未来，也更愿意投入资金进行绿色技术创新。

绿色技术投资水平的灵敏度分析　　　　表 6.2

参数值		Z_{SF}^{C*}	Z_{1F}^{C*}	Z_{2F}^{C*}	Z_{SF}^{D*}	Z_{1F}^{D*}	Z_{2F}^{D*}
$\chi_g = 0.2$	$\tau = 0.2$	7.610	2.597	3.111	2.700	1.989	2.430
	$\tau = 0.5$	9.200	3.126	3.775	3.273	2.389	2.946
	$\tau = 0.8$	10.109	3.428	4.154	3.600	2.618	3.240
$\chi_g = 0.5$	$\tau = 0.2$	7.610	2.486	3.221	2.700	2.486	3.038
	$\tau = 0.5$	9.200	2.986	3.914	3.273	2.986	3.682
	$\tau = 0.8$	10.109	3.272	4.309	3.600	3.272	4.050
$\chi_g = 0.8$	$\tau = 0.2$	7.610	2.376	3.332	2.700	2.984	3.645
	$\tau = 0.5$	9.200	2.847	4.053	3.273	3.584	4.418
	$\tau = 0.8$	10.109	3.117	4.465	3.600	3.927	4.860
$\chi_g = 0.2$	$\theta = 0.2$	7.610	2.597	3.111	2.700	1.989	2.430
	$\theta = 0.5$	8.450	2.880	3.455	3.000	2.205	2.700
	$\theta = 0.8$	9.290	3.164	3.804	3.300	2.205	2.970
$\chi_g = 0.5$	$\theta = 0.2$	7.610	2.486	3.221	2.700	2.486	3.038
	$\theta = 0.5$	8.450	2.756	3.581	3.000	2.756	3.375
	$\theta = 0.8$	9.290	3.026	3.941	3.300	3.026	3.713
$\chi_g = 0.8$	$\theta = 0.2$	7.610	2.376	3.332	2.700	2.984	3.645
	$\theta = 0.5$	8.450	2.633	3.705	3.000	3.308	4.050
	$\theta = 0.8$	9.290	2.889	4.079	3.300	3.632	4.455

（2）在技术创新成功概率和绿色度提升率不变的前提下，绿色竞争强度会影响两家制造商的绿色技术投资水平，但影响方式与决策模型有关。具体来说，以 $\tau = 0.8$ 为例，在集中决策模型下，随着绿色竞争强度 χ_g 从 0.2 增加至 0.8，边际利润较小的制造商的绿色技术投资水平降低（从 3.428 下降为 3.117），而边际利润较大的制造商的绿色技术投资水平提高（从 4.154 上升为 4.465）；而在分散决策模型下，随着绿色竞争强度 χ_g 从 0.2 增加至 0.8，两家制造商的绿色技术投资水平均提高（分别从 2.618、3.240 上升为 3.927、4.860）。因此，面对绿色竞争强度增大，供应链企业在集中决策时会更加关注资源分配问题，在分散决策时会更加关注自身资源投入问题。

6.6.3　产品绿色度和经济利润的最优轨迹

本小节按照技术创新成功概率和绿色度提升率的高低，将绿色技术创新划分为低成功概率—低提升率（$\tau = 0.2, \theta = 0.2$）、高成功概率—低提升率（$\tau = 0.8, \theta = 0.2$）、低成功概率—高提升率（$\tau = 0.2, \theta = 0.8$）和高成功概率—高提升率（$\tau = 0.8, \theta = 0.8$）四种情况，分别简写为 LL、HL、LH 和 HH 四种绿色技术创新情况。

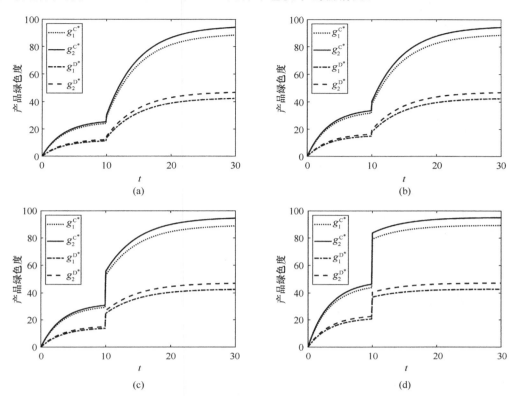

图 6.4 不同绿色技术创新情况下产品绿色度的最优轨迹

(a) LL 下产品绿色度的最优轨迹；(b) HL 下产品绿色度的最优轨迹；

(c) LH 下产品绿色度的最优轨迹；(d) HH 下产品绿色度的最优轨迹

图 6.4 展示了不同绿色技术创新情况下产品绿色度的最优轨迹。可以发现，在技术创新成功前后两个阶段，产品绿色度均随着时间增长趋于稳态，但技术创新成功后产品绿色度的稳态值远大于技术创新成功前产品绿色度的稳态值。较高的技术创新概率和绿色度提升率可以提高技术创新成功前与技术创新成功后一段时间的产品绿色度，但并不会影响技术创新成功后产品绿色度的稳态值。这是因为，当预测到技术创新成功概率与绿色度提升率较高时，企业会增加绿色技术投资，提高技术创新过程中的产品绿色度，但技术创新成功后产品绿色度的稳态值与技术创新成功概率和绿色度提升率的预期无关。集中决策模型下两家制造商生产的绿色产品的绿色度均高于分散决策模型下的对应值，尤其是在技术创新成功后阶段。因此，从产品绿色度来看，集中决策优于分散决策。

图 6.5 展示了不同绿色技术创新情况下绿色供应链系统利润（即经济利润）的最优轨迹。可以发现，在技术创新成功前后两个阶段，绿色供应链系统利润随着时间增长趋于稳定，但技术创新成功后的利润远远高于技术创新成功前的利润，实现了利润的翻倍增长。这表明，加大绿色技术投资，推进绿色技术创新是制造企业实现经济快速发展的有效途

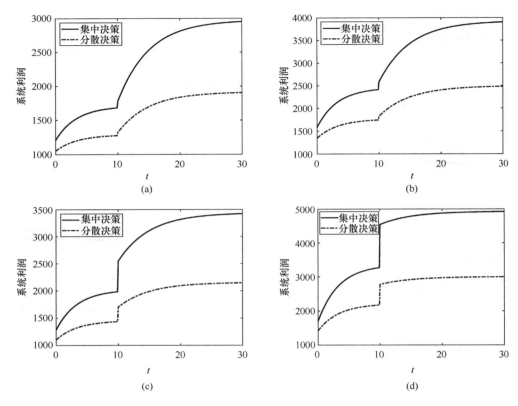

图 6.5　不同绿色技术创新情况下绿色供应链系统利润的最优轨迹

（a）LL 下绿色供应链系统利润的最优轨迹；（b）HL 下绿色供应链系统利润的最优轨迹；
（c）LH 下绿色供应链系统利润的最优轨迹；（d）HH 下绿色供应链系统利润的最优轨迹

径。而且随着技术创新成功概率和绿色度提升率的增大，绿色供应链在整个运营期间的利润能够得到提升，这是因为较高的技术创新成功概率和绿色度提升率能够激励绿色供应链成员在技术创新成功前投入更多的绿色技术投资。此外，绿色供应链在集中决策模型下的利润远高于分散决策模型下的利润，尤其是在技术创新成功后阶段。因此，从经济利润来看，集中决策优于分散决策。

6.6.4　绿色竞争强度对供应链绩效的影响

图 6.6 展示了绿色竞争强度对稳态产品绿色度的影响。可以看出，绿色竞争强度会改变产品绿色度的稳态值，但对产品绿色度的影响与决策模型有关。在分散决策模型下，随着绿色竞争强度的增大，产品绿色度 $g_1^{D^*}$ 和 $g_2^{D^*}$ 均增大；在集中决策模型下，随着绿色竞争强度的增大，产品绿色度 $g_1^{C^*}$ 减小，而 $g_2^{C^*}$ 增大。其原因是，在分散决策模型下，绿色竞争能够激励两家制造商投入更多的资金用于绿色技术研发，从而同时提高各自产品的绿色度。在集中决策模型下，绿色竞争属于内部消耗，会使绿色供应链的决策者将更多的资

源倾向于边际利润较高的制造商，但会导致两家制造商生产的绿色产品的绿色度差距随着绿色竞争强度的增大而增大，这与实际中一家制造企业往往同时生产并销售高端产品和低端产品，而不是同时生产两种或多种具有竞争关系的高端产品是一致的。

图 6.7 展示了绿色竞争强度对稳态系统利润（即经济利润）的影响。从图 6.7 中可知，绿色竞争强度对稳态系统利润具有一定的正向影响作用，但影响作用的大小与决策模型有关。具体来说，在集中决策模型下，绿色供应链系统利润的变化并不显著，而在分散决策模型下，绿色供应链系统利润显著增加。结合图 6.6 可知，在集中决策模型下，边际利润较大的制造商生产的绿色产品的绿色度提高，边际利润较小的制造商生产的绿色产品的绿色度降低，但是二者对绿色供应链系统利润的综合影响作用是正向的，只是增长幅度不大；在分散决策模型下，两家制造商生产的绿色产品的绿色度均大幅度提高，进而对绿色供应链系统利润形成双重增长效应。因此，在完全竞争市场中，良好有序的市场竞争环境有利于绿色供应链的长久发展。

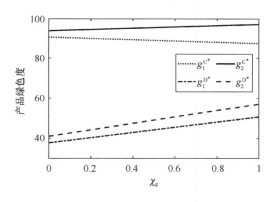

图 6.6　χ_g 对稳态产品绿色度的影响

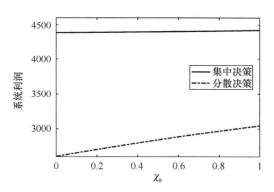

图 6.7　χ_g 对稳态系统利润的影响

6.7　本章小结

本章以单个共享供应商和两个制造商组成的绿色供应链为研究对象，引入绿色技术创新过程，考虑制造商之间的绿色竞争关系，基于微分博弈研究了集中决策模型和分散决策模型下绿色供应链的均衡结果，并进行了灵敏度分析和对比分析，以及设计了双边成本分担契约来协调竞争性绿色供应链。最后，通过数值算例进一步分析了技术创新成功概率、绿色度提升率和绿色竞争强度对投资策略、产品绿色度和绿色供应链系统利润的影响，以及验证了双边成本分担契约的协调性。主要结论如下：

（1）绿色技术创新的预期会影响供应链成员对技术创新成功前绿色技术投资水平的决策，进而影响产品绿色度和供应链利润，这与第 5 章的本章小结（3）相同。具体而言，共享供应商和两家制造商在技术创新成功前的绿色技术投资水平、产品绿色度和供应链利润随着技术创新成功概率与绿色度提升率的提高而增加。此外，供应链成员决策技术创新成功前的绿色技术投资水平时会同时考虑技术创新成功前后的边际利润，这体现了决策者的远见。

（2）绿色技术创新对制造商绿色技术投资水平的影响程度与绿色竞争强度有关。具体来说，在分散决策模型下，随着绿色竞争强度增大，绿色技术创新对制造商绿色技术投资水平的影响增大；在集中决策模型下，随着绿色竞争强度增大，绿色技术创新对边际利润较大的制造商的绿色技术投资水平的影响增大，对边际利润较小的制造商的绿色技术投资水平的影响减小。由此可见，绿色竞争能够提高制造商绿色技术创新的积极性，引导制造商在不同决策情形下合理分配研发投入资源。

（3）在一定条件下，集中决策优于分散决策，而且双边成本分担契约在技术创新成功前后两个阶段均可以实现绿色供应链协调，这与第5章的本章小结（2）相同。换句话说，在竞争环境下，绿色技术创新不会改变双边成本分担契约的协调性。但是，绿色竞争强度增大会减弱双边成本分担契约的优势。

（4）在双边成本分担契约中，共享供应商对两家制造商绿色技术投资成本的分担比例与绿色竞争强度负相关，而两家制造商对共享供应商绿色技术投资成本的分担比例之和是确定的。也就是说，当制造商的绿色技术投资水平受绿色竞争的激励增大时，共享供应商可以选择适当地减小其对制造商绿色技术投资成本的分担比例。

根据上述研究结论，可以得出如下主要管理启示：

第一，在竞争激烈的绿色产品市场，同层制造商应该加强联盟合作，共同激励上游供应商进行绿色技术创新，攻克绿色技术难题。如在新能源汽车领域，一汽大众、广汽集团等车企都已经与供应商宁德时代达成战略合作协议，共同推动动力电池的技术升级。

第二，构建有序的良性竞争环境能够激发制造企业绿色技术投资的积极性，引导制造企业合理分配绿色研发投入资源，从而有利于我国制造企业实现绿色技术创新。如我国出台《绿色制造　制造企业绿色供应链管理　导则》GB/T 33635—2017、《国家发展改革委关于创新和完善促进绿色发展价格机制的意见》等政策来规范绿色产品市场，构建良性绿色竞争环境。

7 不同政府补贴方式下的绿色
供应链动态定价与投资策略

第 3 章至第 6 章主要研究了绿色供应链的投资策略。事实上，销售价格是影响绿色产品购买的重要因素，是供应链企业运营管理决策的重点。从第 5 章和第 6 章得知，绿色技术投资是实现绿色技术创新的前提，但会导致企业面临较大的资金负担。在实践中，企业为了缓解资金压力，往往会提高绿色产品的销售价格，导致绿色产品的市场推广受阻。为了鼓励企业进行绿色技术投资，促进绿色产品的推广，政府通常会给予制造企业一定的补贴。因此，本章构建由单个制造商和单个零售商组成的绿色供应链，研究供应链成员在不同政府补贴方式（单位生产补贴和绿色研发补贴）下的动态定价与投资策略，探讨政府补贴方式和补贴力度对定价及投资策略的影响。

7.1 引言

21 世纪以来，经济高速发展的同时，全球变暖、雾霾天气等生态环境问题日益突出，社会各界积极推进绿色供应链发展。在此背景下，企业不得不实施绿色供应链管理，研发和生产绿色产品。例如，格力、美的等家电企业研发无氟变频空调，比亚迪、上汽集团等车企生产新能源汽车。然而在绿色实践中，制造企业常常面临两大难题：一是企业会面临技术匮乏和研发成本高昂的局面；二是高昂的成本会导致绿色产品销售价格较高，绿色产品市场扩张受阻。这两大难题的存在极大地影响了制造企业绿色研发和生产的积极性，阻碍了绿色供应链的发展，此时政府的财政补贴不可或缺。例如，政府对生产高效节能的家电制造商和新能源汽车制造商提供绿色补贴。已有研究表明，政府补贴会影响企业的绿色投资行为和企业对绿色产品的定价决策。对于供应链企业而言，在政府补贴背景下，如何制定合理的销售价格和投资策略是绿色供应链生产运营管理的重要组成部分。

为了支持绿色供应链发展，常见的政府补贴方式有三种：其一是研发成本补贴，即政府对制造商的绿色研发成本进行分担。例如，2020 年我国上海市长宁区发布了《长宁区低碳发展专项资金管理办法》，按低能耗建筑项目节能增量成本的 50% 给予企业补贴。其二是单位生产补贴，即政府为制造商生产的每单位绿色产品提供补贴。例如，印度电力部为全国企业的每单位 LED 灯泡采购提供补贴。其三是消费者补贴，即政府为消费者所购买的每单位绿色产品提高补贴。例如，2022 年我国商务部等 13 部门联合发布了《关于促进绿色智能家电消费的若干措施》，鼓励有条件的地方对购买绿色智能家电产品的消费者给予补贴。研究表明，不同的补贴方式所产生的补贴效果也不尽相同。例如，温兴琦等[184]对比分析了投入成本补贴策略、生产成本补贴策略和绿色度补贴策略，得出三种补贴策略分别是以产品绿色度、制造商利润和零售商利润为评价标准下的最优补贴策略。曹裕等[190]对比分析了无政府补贴策略、制造商补贴策略和消费者补贴策略，发现政府补贴优于无政府补贴，制造商补贴在提高绿色质量水平方面更优，消费者补贴在提高供应链利润方面更优。冯颖等[192]对比分析了绿色度补贴和绿色研发创新补贴，发现绿色研发创新补贴在增加供应链绩效方面表现更优，但会导致零售价格增加。那么，如何选择恰当的政府补贴方式及补贴力度，从而鼓励企业的绿色研发和生产行为，是政府制定绿色补贴政策的重点。

目前，国内外学者关于政府补贴对绿色供应链决策的影响已经取得丰富的研究成果。例如，Madani 和 Rasti-Barzoki[195]探讨了在政府管制下企业的产品定价、绿色投入和碳关税决策问题。江世英和方鹏骞[187]、梁晓蓓等[196]将两阶段绿色供应链的研究拓展到三阶段绿色供应链，前者研究了政府补贴对产品绿色度的影响，后者研究了政府补贴和决策者风险规避对产品定价、绿色度和社会福利的影响。然而，上述文献大多是从静态环境分析政府补贴策略的影响。少数文献基于动态环境研究了政府补贴对绿色供应链决策的影响。例如，王道平和王婷婷[228]构建由单个制造商和单个零售商组成的供应链，考虑产品减排量和商誉，基于微分博弈研究了政府补贴对供应链减排努力、促销努力和利润分配的影响。徐春秋和王芹鹏[153]以制造商和零售商组成的供应链为研究对象，探讨了政府参与方式（无政府补贴、有政府补贴、政府干预）对供应链低碳商誉、成员努力程度的影响。然而，以上基于动态环境的研究并未考虑供应链对绿色产品的定价策略，也未分析不同政府补贴方式的补贴效果。因此，本章在现有研究成果的基础上，构建由单个制造商和单个零售商组成的绿色供应链，考虑政府对绿色生产或研发进行补贴，聚焦于解决以下研究问题：

（1）分别在单位生产补贴方式和绿色研发补贴方式下，制造商和零售商如何制定最优定价和投资策略？产品绿色度和供应链成员利润如何？

（2）消费者绿色偏好系数、企业运营低效系数和政府补贴系数对企业的定价和投资策略有何影响？对产品绿色度有何影响？

（3）相同政府补贴支出下，哪种补贴方式的补贴效果更好，受哪些因素影响？

（4）政府的长期性补贴是否具有可持续性？若不具有，政府应如何制定补贴退坡策略？补贴退坡对供应链企业的定价和投资有何影响？

7.2 模型描述与假设

7.2.1 模型描述

本章构建政府补贴下由单个制造商 M 和单个零售商 R 组成的绿色供应链，其中制造商是供应链的领导者，负责绿色研发和生产，并将绿色产品批发给零售商；而零售商是供应链的跟随者，负责将绿色产品销售给消费者；政府则通过单位生产补贴方式或者绿色研发补贴方式对制造商的绿色生产或研发行为进行补贴，以此激励和引导绿色产品市场的发展。按照政府补贴方式，本章考虑两种决策情形：单位生产补贴方式和绿色研发补贴方式。其中，制造商的决策变量为绿色产品的批发价格和绿色技术投资水平，零售商的决策变量为绿色产品的销售价格。

7.2.2 模型假设

本章相关基本假设如下。

假设 7.1 企业增加绿色技术投资可以提高产品绿色度；随着科技进步、绿色标准提高，以及现有投资设备的落后等，产品绿色度存在自然衰减现象。因此，参考朱桂菊和游达明、Liu 等的研究，假设产品绿色度的动态变化过程为：

$$\dot{g}(t) = \alpha Z(t) - \delta g(t), \quad g(0) = g_0 \tag{7.1}$$

其中，$g(t)$ 表示 t 时刻绿色产品的绿色度，g_0 为产品绿色度的初始值；$\alpha > 0$ 表示绿色技术投资水平对产品绿色度的影响系数；$\delta > 0$ 表示产品绿色度的衰减率。

假设 7.2 类似众多学者关于绿色技术投资成本[41,242]的假定，假设制造商的绿色技术投资成本为 $kZ(t)^2/2$，其中 $k > 0$ 表示绿色技术投资成本系数。此外，绿色技术投资会带来额外成本，本章将可变单位成本刻画为 $c(t) = c_0 + c_1 g(t)$，其中 $c_1 \geqslant 0$ 表示产品绿色度提高带来的边际生产成本，即企业运营低效系数。特别地，当 $c_1 = 0$ 时，企业运营不存在低效性，此时单位生产成本为固定常数 c_0。

假设 7.3 消费者购买绿色产品会受到产品销售价格和产品绿色度的影响，并且绿色产品的市场需求随着产品绿色度的增加而增加，随着销售价格的增加而减小。参考 Ghosh 和 Shah[61]、杨天剑等[243]的研究，将绿色产品的市场需求函数刻画为：

$$D(t) = D_0 - \beta p(t) + \gamma g(t) \tag{7.2}$$

其中，D_0 表示潜在市场需求；$p(t)$ 表示 t 时刻该绿色产品的销售价格；$\beta > 0$ 表示需求价格弹性系数；$\gamma > 0$ 表示产品绿色度对市场需求的影响系数，即消费者绿色偏好系数。

假设 7.4 参考曹裕等[191]的研究，在单位生产补贴方式下，政府按照产品绿色度对制造商生产的绿色产品进行补贴 $s_1 g(t)$，其中 s_1 表示政府的单位绿色度补贴系数，那么在 t 时刻政府补贴支出为 $GS(t) = s_1 g(t)[D_0 - \beta p(t) + \gamma g(t)]$。参考梁晓蓓等[196]的研究，在绿色研发补贴方式下，政府按照一定比例 s_2 分担制造商的绿色技术投资成本，其中 s_2 表示政府的绿色研发成本补贴系数，那么在 t 时刻政府补贴支出为 $s_2 kZ(t)^2/2$。在后续研究中，s_1 和 s_2 统称为政府补贴系数。

假设 7.5 社会福利 $SW(t)$ 由制造商利润最优值 $V_M(t)$、零售商利润最优值 $V_R(t)$、消费者剩余 $CS(t)$、环境效益 $EI(t)$ 和政府补贴支出 $GS(t)$ 五个部分构成，即 $SW(t) = V_M(t) + V_R(t) + CS(t) + EI(t) - GS(t)$。其中 $EI(t) = g(t)D(t)$ 表示 t 时刻的环境效益[191]。消费者剩余 $CS(t) = \int_{p_{\mathrm{mkt}}(t)}^{p_{\max}(t)} D(t)\mathrm{d}p(t) = \dfrac{D(t)^2}{2\beta}$，其中 $p_{\mathrm{mkt}}(t) = \dfrac{D_0 + \gamma g(t) - D(t)}{\beta}$ 表示在 t 时刻该绿色产品的市场销售价格，$p_{\max}(t) = \dfrac{D_0 + \gamma g(t)}{\beta}$ 表示在 t 时刻消费者愿意为该绿色产品支付的最高价格。

假设 7.6 制造商和零售商在整个运营期间内的贴现率均为 $\rho(\rho > 0)$。

综上所述，未考虑政府补贴时制造商和零售商在整个运营期间的利润函数分别为：

$$J_M = \int_0^\infty e^{-\rho t} \{[w(t) - c_0 - c_1 g(t)][D_0 - \beta p(t) + \gamma g(t)] - kZ(t)^2/2\}\mathrm{d}t$$

(7.3)

$$J_R = \int_0^\infty e^{-\rho t}[p(t) - w(t)][D_0 - \beta p(t) + \gamma g(t)]\mathrm{d}t$$

(7.4)

以式（7.3）和式（7.4）为基础，单位生产补贴方式和绿色研发补贴方式下的供应链成员在整个运营期间的利润函数见 7.3.1 节和 7.3.2 节。为方便书写，模型部分将 t 省略。

7.3 模型构建与求解

7.3.1 单位生产补贴方式

在单位生产补贴方式（用上标 M 表示）下，政府为了激励制造商生产更加具有绿色环保性能的产品，可以按照产品绿色度对制造商进行生产补贴。例如，政府按照纯电动续驶里程、电池系统能量密度和能耗等绿色性能对新能源汽车进行生产补贴。在此情形下，制造商和零售商的决策目标函数分别为：

$$J_M^M = \int_0^\infty e^{-\rho t}[(w - c_0 - c_1 g + s_1 g)(D_0 - \beta p + \gamma g) - kZ^2/2]\mathrm{d}t$$

(7.5)

$$J_R^M = \int_0^\infty e^{-\rho t}(p - w)(D_0 - \beta p + \gamma g)\mathrm{d}t$$

(7.6)

命题 7.1　在单位生产补贴方式下，绿色供应链的均衡结果如下：

（1）最优批发价格、销售价格和绿色技术投资水平分别为：

$$w^{M^*} = \frac{\gamma + \beta c_1 - s_1 \beta}{2\beta} g^{M^*} + \frac{D_0 + \beta c_0}{2\beta} \tag{7.7}$$

$$p^{M^*} = \frac{3\gamma + \beta c_1 - s_1 \beta}{4\beta} g^{M^*} + \frac{3D_0 + \beta c_0}{4\beta} \tag{7.8}$$

$$Z^{M^*} = \frac{k\beta(2\delta + \rho) - \Delta_1}{2k\alpha\beta} g^{M^*} + \frac{\alpha(D_0 - \beta c_0)(\gamma + s_1\beta - \beta c_1)}{2(k\beta\rho + \Delta_1)} \tag{7.9}$$

其中，$\Delta_1 = \sqrt{k^2\beta^2(2\delta + \rho)^2 - k\alpha^2\beta(\gamma + s_1\beta - \beta c_1)^2}$。

（2）产品绿色度的最优变化轨迹为：

$$g^{M^*} = (g_0 - g^{M^*}_\infty)e^{-\delta^M t} + g^{M^*}_\infty \tag{7.10}$$

其中，$\delta^M = \dfrac{\Delta_1^2 - k^2\beta^2\rho^2}{2k\beta(k\beta\rho + \Delta_1)} > 0$，$g^{M^*}_\infty = \dfrac{k\beta\alpha^2(D_0 - \beta c_0)(\gamma + s_1\beta - \beta c_1)}{\Delta_1^2 - k^2\beta^2\rho^2}$ 表示单位生产

补贴方式下产品绿色度的稳态值。

（3）制造商和零售商的利润最优值分别为：

$$V_M^{M^*} = a_1^{M^*} g^{M^* 2} + a_2^{M^*} g^{M^*} + a_3^{M^*} \tag{7.11}$$

$$V_R^{M^*} = a_4^{M^*} g^{M^* 2} + a_5^{M^*} g^{M^*} + a_6^{M^*} \tag{7.12}$$

其中：

$$a_1^{M^*} = \frac{k\beta(2\delta + \rho) - \Delta_1}{4\alpha^2\beta}, \; a_2^{M^*} = \frac{k(D_0 - \beta c_0)(\gamma + s_1\beta - \beta c_1)}{2(k\beta\rho + \Delta_1)} \tag{7.13}$$

$$a_3^{M^*} = \frac{(D_0 - \beta c_0)^2}{\rho}\left[\frac{1}{8\beta} + \frac{k\alpha^2(\gamma + s_1\beta - \beta c_1)^2}{8(k\beta\rho + \Delta_1)^2}\right], \; a_4^{M^*} = \frac{k(\gamma + s_1\beta - \beta c_1)^2}{16\Delta_1} \tag{7.14}$$

$$a_5^{M^*} = \frac{k(D_0 - \beta c_0)(\gamma + s_1\beta - \beta c_1)\left[k\alpha^2\beta(\gamma + s_1\beta - \beta c_1)^2 + 2\Delta_1(k\beta\rho + \Delta_1)\right]}{8\Delta_1(k\beta\rho + \Delta_1)^2} \tag{7.15}$$

$$a_6^{M^*} = \frac{(D_0 - \beta c_0)^2}{\rho}\left[\frac{1}{16\beta} + \frac{k\alpha^2(\gamma + s_1\beta - \beta c_1)^2}{8(k\beta\rho + \Delta_1)^2} + \frac{k^2\alpha^4\beta(\gamma + s_1\beta - \beta c_1)^4}{16\Delta_1(k\beta\rho + \Delta_1)^3}\right] \tag{7.16}$$

证明：见本书附录 E。

从命题 7.1 可以看出，批发价格、销售价格和绿色技术投资水平都是产品绿色度的线性函数。这意味着，制造商和零售商在制定批发价格和销售价格时会考虑产品绿色度的变化情况。另外，制造商利润和零售商利润是关于产品绿色度的凸函数，即制造商和零售商的边际利润随着产品绿色度的提高而增加。这表明，企业实施绿色供应链管理有利于提升企业获取经济利润的能力。

进一步，将式（7.10）代入式（7.7）至式（7.9）中，可得批发价格、销售价格和绿色技术投资水平的最优轨迹，如命题 7.2 所示。

命题 7.2 在单位生产补贴方式下，批发价格、销售价格和绿色技术投资水平的最优轨迹分别为：

$$w^{M^*} = \frac{D_0 + \beta c_0 + (\gamma + \beta c_1 - s_1\beta)g_\infty^{M^*}}{2\beta} + \frac{(\gamma + \beta c_1 - s_1\beta)}{2\beta}(g_0 - g_\infty^{M^*})e^{-\delta^M t} \quad (7.17)$$

$$p^{M^*} = \frac{3D_0 + \beta c_0 + (3\gamma + \beta c_1 - s_1\beta)g_\infty^{M^*}}{4\beta} + \frac{3\gamma + \beta c_1 - s_1\beta}{4\beta}(g_0 - g_\infty^{M^*})e^{-\delta^M t} \quad (7.18)$$

$$Z^{M^*} = \frac{[k\beta(2\delta + \rho) - \Delta_1]g_\infty^{M^*}}{2k\alpha\beta} + \frac{\alpha(D_0 - \beta c_0)(\gamma + s_1\beta - \beta c_1)}{2(k\beta\rho + \Delta_1)}$$
$$\quad (7.19)$$
$$+ \frac{k\beta(2\delta + \rho) - \Delta_1}{2k\alpha\beta}(g_0 - g_\infty^{M^*})e^{-\delta^M t}$$

从式（7.17）和式（7.18）可知，制造商和零售商具有两种定价策略（撇脂定价策略和渗透定价策略），而且定价策略的选择与产品绿色度的初始值和稳态值的大小关系有关。具体来说，当产品绿色度的初始值高于稳态值（$g_0 > g_\infty^{M^*}$）时，企业选择撇脂定价策略；当产品绿色度的初始值低于稳态值（$g_0 < g_\infty^{M^*}$）时，企业选择渗透定价策略。结合式（7.10）可得，当 $g_0 > g_\infty^{M^*}$ 时，产品绿色度有一个较高的初始值，并且随着时间逐渐递减。相应地，企业要想获得更多利润就应当设置一个较高的初始价格，但价格会随着产品绿色度的下降而不得不降低。当 $g_0 < g_\infty^{M^*}$ 时，产品绿色度随着时间逐渐递增，企业可以逐步提高产品价格来获取更多利润。另外，从式（7.19）可知，绿色技术投资水平与价格的变化趋势相同。即当 $g_0 > g_\infty^{M^*}$ 时，制造商随时间逐渐降低绿色技术投资水平；当 $g_0 < g_\infty^{M^*}$ 时，制造商随时间逐渐提高绿色技术投资水平。

将 $g_\infty^{M^*}$ 代入式（7.17）至式（7.19）中，可以得到稳态批发价格 $w_\infty^{M^*}$、销售价格 $p_\infty^{M^*}$ 和绿色技术投资水平 $Z_\infty^{M^*}$。

7.3.2 绿色研发补贴方式

在绿色研发补贴方式（用上标 N 表示）下，为了激励制造商的绿色技术创新行为，加大绿色技术投资，政府可以按照绿色技术投资成本对制造商进行补贴。在此情形下，制造商和零售商的决策目标函数分别为：

$$J_M^N = \int_0^\infty e^{-\rho t}[(w - c_0 - c_1 g)(D_0 - \beta p + \gamma g) - (1 - s_2)kZ^2/2]dt \quad (7.20)$$

$$J_R^N = \int_0^\infty e^{-\rho t}(p - w)(D_0 - \beta p + \gamma g)dt \quad (7.21)$$

命题 7.3 在绿色研发补贴方式下，绿色供应链的均衡结果如下：

（1）最优批发价格、销售价格和绿色技术投资水平分别为：

$$w^{N^*} = \frac{\gamma + \beta c_1}{2\beta} g^{N^*} + \frac{D_0 + \beta c_0}{2\beta} \tag{7.22}$$

$$p^{N^*} = \frac{3\gamma + \beta c_1}{4\beta} g^{N^*} + \frac{3D_0 + \beta c_0}{4\beta} \tag{7.23}$$

$$Z^{N^*} = \frac{k\beta(2\delta + \rho)(1 - s_2) - \Delta_2}{2k\alpha\beta(1 - s_2)} g^{N^*} + \frac{\alpha(D_0 - \beta c_0)(\gamma - \beta c_1)}{2[k\beta\rho(1 - s_2) + \Delta_2]} \tag{7.24}$$

其中，$\Delta_2 = \sqrt{k\beta(1 - s_2)[k\beta(2\delta + \rho)^2(1 - s_2) - \alpha^2(\gamma - \beta c_1)^2]}$。

（2）产品绿色度的最优变化轨迹为：

$$g^{N^*} = (g_0 - g_\infty^{N^*})e^{-\delta^N t} + g_\infty^{N^*} \tag{7.25}$$

其中，$\delta^N = \dfrac{\Delta_2^2 - k^2\beta^2\rho^2(1 - s_2)^2}{2k\beta(1 - s_2)[k\beta\rho(1 - s_2) + \Delta_2]} > 0$，$g_\infty^{N^*} = \dfrac{k\beta\alpha^2(D_0 - \beta c_0)(\gamma - \beta c_1)}{\Delta_2^2 - k^2\beta^2\rho^2(1 - s_2)^2}$ 表示绿色研发补贴方式下产品绿色度的稳态值。

（3）制造商和零售商的利润最优值分别为：

$$V_M^N = a_1^{N^*} g^{N^{*2}} + a_2^{N^*} g^{N^*} + a_3^{N^*} \tag{7.26}$$

$$V_R^N = a_4^{N^*} g^{N^{*2}} + a_5^{N^*} g^{N^*} + a_6^{N^*} \tag{7.27}$$

其中：

$$a_1^{N^*} = \frac{k\beta(2\delta + \rho)(1 - s_2) - \Delta_2}{4\alpha^2\beta}, a_2^{N^*} = \frac{k(D_0 - \beta c_0)(\gamma - \beta c_1)(1 - s_2)}{2[k\beta\rho(1 - s_2) + \Delta_2]} \tag{7.28}$$

$$a_3^{N^*} = \frac{(D_0 - \beta c_0)^2}{8\rho}\left[\frac{1}{\beta} + \frac{k\alpha^2(\gamma - \beta c_1)^2(1 - s_2)}{[k\beta\rho(1 - s_2) + \Delta_2]^2}\right], a_4^{N^*} = \frac{k(\gamma - \beta c_1)^2(1 - s_2)}{16\Delta_2} \tag{7.29}$$

$$a_5^{N^*} = \frac{k(D_0 - \beta c_0)(\gamma - \beta c_1)\{k\alpha^2\beta(1 - s_2)(\gamma - \beta c_1)^2 + 2\Delta_2[k\beta\rho(1 - s_2) + \Delta_2]\}}{8\Delta_2[k\beta\rho(1 - s_2) + \Delta_2]^2} \tag{7.30}$$

$$a_6^{N^*} = \frac{(D_0 - \beta c_0)^2}{\rho}\left\{\frac{1}{16\beta} + \frac{k\alpha^2(\gamma - \beta c_1)^2(1 - s_2)}{8[k\beta\rho(1 - s_2) + \Delta_2]^2} + \frac{k^2\alpha^4\beta(\gamma - \beta c_1)^4(1 - s_2)^2}{16\Delta_2[k\beta\rho(1 - s_2) + \Delta_2]^3}\right\} \tag{7.31}$$

证明：见本书附录 E。

从命题 7.3 可以看出，在绿色研发补贴方式下，最优批发价格、销售价格和绿色技术投资水平均关于产品绿色度 g^N 单调递增。也就是说，产品绿色度的提高能够激励制造商增加绿色技术投资，以及提高产品定价。另外，制造商和零售商的利润最优值函数都是关于产品绿色度的凸函数，这表明二者的边际利润随着产品绿色度递增。

进一步，将式（7.25）代入式（7.22）至式（7.24）中，可以得到批发价格、销售价格和绿色技术投资水平的最优轨迹，如命题7.4所示。

命题7.4 在绿色研发补贴方式下，批发价格、销售价格和绿色技术投资水平的最优轨迹分别为：

$$w^{N^*} = \frac{D_0 + \beta c_0 + (\gamma + \beta c_1)g_\infty^{N^*}}{2\beta} + \frac{\gamma + \beta c_1}{2\beta}(g_0 - g_\infty^{N^*})e^{-\delta^N t} \tag{7.32}$$

$$p^{N^*} = \frac{3D_0 + \beta c_0 + (3\gamma + \beta c_1)g_\infty^{N^*}}{4\beta} + \frac{3\gamma + \beta c_1}{4\beta}(g_0 - g_\infty^{N^*})e^{-\delta^N t} \tag{7.33}$$

$$Z^{N^*} = \frac{[k\beta(2\delta + \rho)(1 - s_2) - \Delta_2]g_\infty^{N^*}}{2k\alpha\beta(1 - s_2)} + \frac{\alpha(D_0 - \beta c_0)(\gamma - \beta c_1)}{2[k\beta\rho(1 - s_2) + \Delta_2]}$$
$$+ \frac{k\beta(2\delta + \rho)(1 - s_2) - \Delta_2}{2k\alpha\beta(1 - s_2)}(g_0 - g_\infty^{N^*})e^{-\delta^N t} \tag{7.34}$$

从命题7.4可以看出，与单位生产补贴方式下相同，制造商和零售商在绿色研发补贴方式下依然具有两种定价策略：撇脂定价策略和渗透定价策略。具体来说，当 $g_0 > g_\infty^{N^*}$ 时，企业采取撇脂定价策略，即企业随着产品绿色度的下降逐渐降低产品定价，同时减少绿色技术投资；当 $g_0 < g_\infty^{N^*}$ 时，企业选择渗透定价策略，即企业随着产品绿色度的提高逐渐增加产品定价，同时增加绿色技术投资，从而获得更多利润。

将 $g_\infty^{N^*}$ 代入式（7.32）至式（7.34）中，可以得到稳态批发价格 $w_\infty^{N^*}$、销售价格 $p_\infty^{N^*}$ 和绿色技术投资水平 $Z_\infty^{N^*}$。

7.4 分析与讨论

本节将对政府补贴下供应链企业的均衡策略进行灵敏度分析，对应推论7.1至推论7.3，以及探讨供应链企业的定价和投资策略，对应推论7.4和推论7.5。

推论7.1 在两种政府补贴方式下，稳态产品绿色度 $g_\infty^{M^*}$（$g_\infty^{N^*}$）与消费者绿色偏好系数 γ、政府补贴系数 s_1（s_2）和运营低效系数 c_1 具有如下关系：$\frac{\partial g_\infty^{M^*}}{\partial \gamma} > 0$，$\frac{\partial g_\infty^{M^*}}{\partial s_1} > 0$，

$\frac{\partial g_\infty^{M^*}}{\partial c_1} < 0$；$\frac{\partial g_\infty^{N^*}}{\partial \gamma} > 0$，$\frac{\partial g_\infty^{N^*}}{\partial s_2} > 0$，$\frac{\partial g_\infty^{N^*}}{\partial c_1} < 0$。

证明：见本书附录 E。

推论7.1说明，在两种政府补贴方式下，产品绿色度均随着消费者绿色偏好系数和政府补贴系数的增大而增加，但随着企业运营低效系数的增大而减小。这意味着，增强消费者的绿色环保意识，加大政府补贴力度，可以激励企业实施绿色供应链管理，提高产品绿色度。然而，若是提高产品绿色度的同时显著增加了额外的单位生产成本，给企业的生产运营管理带来沉重负担，即企业运营效率较低，这时企业会选择适当降低产品绿色度以降低生产成本。其中，消费者绿色偏好和政府补贴是影响产品绿色度的外在因素，而企业运

营效率是影响产品绿色度的内在因素。由此，更好地实施绿色供应链管理，提高产品绿色度，决策者需要同时兼顾企业的内外部影响因素。

推论 7.2　在两种政府补贴方式下，稳态绿色技术投资水平 $Z_\infty^{\mathrm{M}^*}$（$Z_\infty^{\mathrm{N}^*}$）与消费者绿色偏好系数 γ、政府补贴系数 s_1（s_2）和运营低效系数 c_1 具有如下关系：$\dfrac{\partial Z_\infty^{\mathrm{M}^*}}{\partial \gamma} > 0$，

$\dfrac{\partial Z_\infty^{\mathrm{M}^*}}{\partial s_1} > 0$，$\dfrac{\partial Z_\infty^{\mathrm{M}^*}}{\partial c_1} < 0$；$\dfrac{\partial Z_\infty^{\mathrm{N}^*}}{\partial \gamma} > 0$，$\dfrac{\partial Z_\infty^{\mathrm{N}^*}}{\partial s_2} > 0$，$\dfrac{\partial Z_\infty^{\mathrm{N}^*}}{\partial c_1} < 0$。

证明：见本书附录 E。

推论 7.2 说明，在两种政府补贴方式下，企业的绿色技术投资水平随着消费者绿色偏好系数和政府补贴系数的增大而增加，但随着企业运营低效系数的增大而减少。这表明，受外界消费者绿色环保意识增强和政府补贴力度加大的影响，企业更加倾向于增加绿色技术投资。然而，较低的企业运营效率会打击企业绿色技术投资的积极性。其原因是，当企业运营效率较低时，企业实施绿色技术研发实践，除了增加绿色技术投资成本，还会增加产品的单位生产成本，即企业生产运营管理的负担增大。

推论 7.3　在两种政府补贴方式下，稳态销售价格 $p_\infty^{\mathrm{M}^*}$（$p_\infty^{\mathrm{N}^*}$）与消费者绿色偏好系数 γ、政府补贴系数 s_1（s_2）和运营低效系数 c_1 具有如下关系：$\dfrac{\partial p_\infty^{\mathrm{M}^*}}{\partial \gamma} > 0$，$\dfrac{\partial p_\infty^{\mathrm{M}^*}}{\partial s_1} > 0$，

$\dfrac{\partial p_\infty^{\mathrm{M}^*}}{\partial c_1} < 0$，$\dfrac{\partial p_\infty^{\mathrm{N}^*}}{\partial \gamma} > 0$，$\dfrac{\partial p_\infty^{\mathrm{N}^*}}{\partial s_2} > 0$，$\dfrac{\partial p_\infty^{\mathrm{N}^*}}{\partial c_1} < 0$。

从推论 7.3 可以看出，在两种政府补贴方式下，绿色产品的销售价格随着消费者绿色偏好系数的增大而增加。其原因是，企业会因为消费者对绿色产品的需求增大而提高批发价格和销售价格，即需求增大引起价格提高，符合实践。另外，稳态销售价格会随着政府补贴系数的增大而增大，随着企业运营低效系数的增大而减小。

证明：见本书附录 E。

推论 7.4　在单位生产补贴方式下，供应链成员有如下定价和投资策略：

（1）当 $g_0 \leqslant \bar{g}_0$ 时，对于任意的 $s_1 \in (0, \bar{s}_1)$，供应链成员选择渗透定价策略，并且提高绿色技术投资水平。

（2）当 $g_0 > \bar{g}_0$ 时，存在一个阈值 $\hat{s}_1$ 可以使定价策略发生改变，即若 $s_1 \in (0, \hat{s}_1)$，则供应链成员选择撇脂定价策略，并降低绿色技术投资水平，若 $s_1 \in (\hat{s}_1, \bar{s}_1)$，则供应链成员选择渗透定价策略，并提高绿色技术投资水平。

在推论 7.4 中，$\bar{s}_1 = \dfrac{2\sqrt{k\beta\delta(\delta+\rho)} - \alpha(\gamma - \beta c_1)}{\alpha\beta}$，$\bar{g}_0 = \dfrac{\alpha^2(\gamma - \beta c_1)(D_0 - \beta c_0)}{4k\beta\delta(\delta+\rho) - \alpha^2(\gamma - \beta c_1)^2}$，

$\hat{s}_1 = \dfrac{4\{g_0[4k\beta\delta(\delta+\rho) - \alpha^2(\gamma - \beta c_1)^2] - \alpha^2(D_0 - \beta c_0)(\gamma - \beta c_1)\}}{2\alpha\beta[\alpha(D_0 - \beta c_0) + 2g_0\alpha(\gamma - \beta c_1) + \sqrt{16g_0^2 k\beta\delta(\delta+\rho) + \alpha^2(D_0 - \beta c_0)^2}]}$。

证明：由命题 7.2 可知，销售价格和绿色技术投资水平的单调性依赖于 g_0 和 $g_\infty^{\mathrm{M}^*}$ 的

大小关系，并且 $s_1 \in (0, \bar{s}_1)$。当 $g_0 < g_\infty^{M^*}$ 时，销售价格和绿色技术投资水平随时间单调递增，即企业选择渗透定价策略和增加绿色技术投资；当 $g_0 > g_\infty^{M^*}$ 时，销售价格和绿色技术投资水平随时间单调递减，即企业选择撇脂定价策略和减少绿色技术投资。首先令 $g_\infty^{M^*} = g_0$，可以解得 $\hat{s}_1$（$\hat{s}_1$ 表示产品绿色度初始值和稳态值相等时政府补贴系数 s_1 关于 g_0 的取值函数），并且 $\partial \hat{s}_1 / \partial g_0 > 0$（即 $\hat{s}_1$ 是关于 g_0 的单调递增函数），然后令 $\hat{s}_1 = 0$ 得到 $\bar{g}_0$。当 $g_0 \leqslant \bar{g}_0$ 时，有 $\hat{s}_1 < 0$；又因为 $g_\infty^{M^*}$ 是关于 s_1 的单调增函数，所以对于任意的 $s_1 \in (0, \bar{s}_1)$，$g_\infty^{M^*} > g_0$ 均成立，即企业选择渗透定价策略，提高绿色技术投资水平。当 $g_0 > \bar{g}_0$ 时，有 $\hat{s}_1 > 0$；又因为 $g_\infty^{M^*}$ 是关于 s_1 的单调递增函数，所以当 $s_1 \in (0, \hat{s}_1)$ 时，$g_\infty^{M^*} < g_0$ 成立，即企业选择撇脂定价策略，降低绿色技术投资水平，当 $s_1 \in (\hat{s}_1, \bar{s}_1)$ 时，$g_\infty^{M^*} > g_0$ 成立，即企业选择渗透定价策略，提高绿色技术投资水平。证毕。

推论 7.5 在绿色研发补贴方式下，供应链成员有如下定价和投资策略：

（1）当 $g_0 \leqslant \bar{g}_0$ 时，对于任意的 $s_2 \in (0, \bar{s}_2)$，供应链成员选择渗透定价策略，并且提高绿色技术投资水平。

（2）当 $g_0 > \bar{g}_0$ 时，存在一个阈值 $\hat{s}_2$ 可以使定价策略发生改变，即若 $s_2 \in (0, \hat{s}_2)$，则供应链成员选择撇脂定价策略，并降低绿色技术投资水平，若 $s_2 \in (\hat{s}_2, \bar{s}_2)$，则供应链成员选择渗透定价策略，并提高绿色技术投资水平。

在推论 7.5 中，$\bar{s}_2 = \dfrac{4k\beta\delta(\delta+\rho) - \alpha^2(\gamma-\beta c_1)^2}{4k\beta\delta(\delta+\rho)}$，$\bar{g}_0 = \dfrac{\alpha^2(\gamma-\beta c_1)(D_0-\beta c_0)}{4k\beta\delta(\delta+\rho) - \alpha^2(\gamma-\beta c_1)^2}$，

$\hat{s}_2 = \dfrac{2\{g_0[4k\beta\delta(\delta+\rho) - \alpha^2(\gamma-\beta c_1)^2] - \alpha^2(D_0-\beta c_0)(\gamma-\beta c_1)\}}{g_0[8k\beta\delta(\delta+\rho) - \alpha^2(\gamma-\beta c_1)^2] + \alpha\sqrt{g_0(\gamma-\beta c_1)\Upsilon}}$，$\Upsilon = g_0\alpha^2(\gamma-\beta c_1)^3 + 16k\beta\delta(\delta+\rho)(D_0-\beta c_0)$。

证明：与推论 7.4 的证明过程相似，不再赘述。

从推论 7.4 和推论 7.5 可以得出，面对不同的政府补贴系数，企业会选择不同的定价和投资策略。以 $\bar{g}_0$ 为分界线，当初始产品绿色度较低时，无论政府制定的补贴系数 s_1 或者 s_2 如何变化，企业都将增加绿色技术投资，并且采用渗透定价策略。但是当初始产品绿色度较高时，随着政府补贴系数 s_1 或者 s_2 的增大，企业最初会减少绿色技术投资，并采用撇脂定价策略，而后会增加绿色技术投资，并采用渗透定价策略。这表明，当产品绿色度初始值较高时，政府补贴系数存在一个阈值，使得企业的定价策略由撇脂定价策略转为渗透定价策略。另外，较高的政府补贴系数可以激励企业的绿色技术投资行为，进而提高产品绿色度，但也导致较高的销售价格。

7.5 数值算例

本节首先分析企业在不同政府补贴方式下的定价和投资策略，然后对不同政府补贴方

式下的销售价格、绿色技术投资水平和产品绿色度进行灵敏度分析，最后根据假设 7.5 引入环境效益和社会福利，并且从经济利润、环境效益和社会福利三个维度分析两种政府补贴方式的补贴效果。参考曹裕等[191]、王道平和王婷婷[228]的参数设置并结合实际情况，本节将相关参数设定如下：$D_0 = 20$，$\alpha = 0.8$，$\delta = 0.3$，$\beta = 2$，$\gamma = 1.2$，$c_0 = 1$，$k = 3$，$\rho = 0.3$。由于 $0 \leqslant c_1 < \gamma/\beta$，所以 c_1 的取值范围设置为 $[0, 0.6]$。由于 $0 \leqslant s_2 < 1 - \dfrac{\alpha^2(\gamma - \beta c_1)^2}{4k\beta\delta(\delta + \rho)}$，即 $0 \leqslant s_2 < 1 - 0.59(0.6 - c_1)^2$，所以本节确定 s_2 的取值范围为 $[0, 0.8]$。为了解决两种政府补贴方式的可比性问题，假设政府补贴支出是相同的，即 $s_1 g^{M^*} D^{M^*} = s_2 k Z^{N^*2}/2$，并在此前提条件下对比分析不同政府补贴方式的均衡结果和补贴效果。由此，在政府补贴支出相等的条件下，将 s_2 在取值区间 $[0, 0.8]$ 上以步长 0.1 进行变化，可以得到稳态下两种政府补贴系数 s_1 和 s_2 的对应值，如表 7.1 所示。此外，为了保证后续研究进行灵敏度分析，进一步假定 $g_0 = 0$，$c_1 = 0.5$，$s_1 = 0.0136$，$s_2 = 0.3$。

政府补贴支出相同时两种政府补贴系数的对应值　　　　　　　　　表 7.1

s_1	0	0.0030	0.0073	0.0136	0.0229	0.0371	0.0602	0.1016	0.1915
s_2	0	0.1	0.2	0.3	0.4	0.5	0.6	0.7	0.8

7.5.1　企业动态定价和投资策略分析

本小节分析不同政府补贴方式下的定价和投资策略。首先根据推论 7.4 和推论 7.5 以及基准参数值，可以求得 $\bar{g}_0 = 0.5365$；然后分别探讨在 $g_0 \leqslant \bar{g}_0 (g_0 = 0)$ 和 $g_0 > \bar{g}_0 (g_0 = 1.5)$ 两种情形（分别记为情形 I 和情形 II）下，不同政府补贴方式下的销售价格的变化轨迹，分析政府补贴系数 s_1 和 s_2 对定价策略的影响，如图 7.1 和图 7.2 所示。

从图 7.1（a）和图 7.2（a）可以看出，在两种政府补贴方式下，当产品绿色度初始值较小时，以 $g_0 = 0$ 为例，无论政府补贴系数 s_1（s_2）如何变化，销售价格均随着时间递

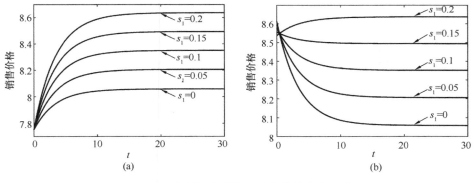

图 7.1　政府补贴系数 s_1 对定价策略的影响

（a）情形 I 下政府补贴系数 s_1 对定价策略的影响；（b）情形 II 下政府补贴系数 s_1 对定价策略的影响

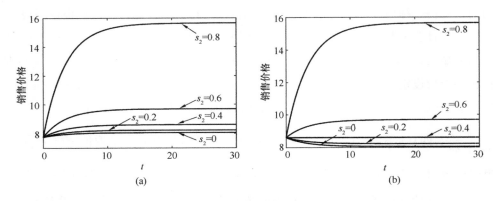

图 7.2　政府补贴系数 s_2 对定价策略的影响

（a）情形 I 下政府补贴系数 s_2 对定价策略的影响；（b）情形 II 下政府补贴系数 s_2 对定价策略的影响

增直到稳态，即企业采取渗透定价策略。当产品绿色度初始值较大时，以 $g_0 = 1.5$ 为例，根据推论 7.4 和推论 7.5 可以求得阈值 $\hat{s}_1 = 0.1692$、阈值 $\hat{s}_2 = 0.4$。从图 7.1（b）和图 7.2（b）可以看出，在两种政府补贴方式下，当 $s_1 < 0.1692$($s_2 < 0.4$) 时，销售价格随着时间递减至稳态，即企业采取撇脂定价策略，而当 $s_1 > 0.1692$($s_2 > 0.4$) 时，销售价格随着时间递增至稳态，即企业采取渗透定价策略。由此，产品绿色度初始值较低的企业可以采取渗透定价策略来获取更高的边际利润。产品绿色度初始值较高的企业在补贴力度较小的情况下，可以采取撇脂定价策略，降低销售价格，促进绿色产品的推广，而在补贴力度较大的情况下，可以采取渗透定价策略以获得更高的边际利润。

另外，企业采取渗透定价策略时，会适当增加绿色技术投资，而采取撇脂定价策略时，会适当减少绿色技术投资。即，绿色技术投资水平与销售价格的变化趋势具有一致性。限于篇幅限制，本小节仅展示 $s_1 = 0.05$ 和 $s_2 = 0.2$ 下的绿色技术投资水平最优轨迹，如图 7.3 所示。然而，与销售价格不同的是，绿色技术投资水平受时间因素的影响相对较小。由此，企业制定的绿色技术投资策略在一定程度上具有稳定性。

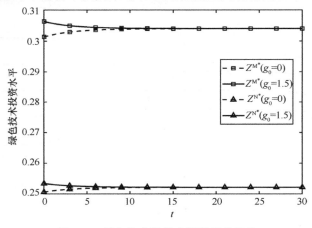

图 7.3　绿色技术投资水平的最优轨迹

7.5.2 稳态价格和投资的灵敏度分析

根据上述基准参数值和表 7.1，本小节在政府补贴支出相同的前提条件下，分析消费者绿色偏好系数 γ、企业运营低效系数 c_1 和政府补贴系数 s_2 对稳态绿色技术投资水平、产品绿色度和销售价格的影响，如图 7.4 和图 7.5 所示。其中，由于 $0 \leqslant c_1 < \gamma/\beta$，所以在展示 γ 在区间 $[0, 1.5]$ 内的灵敏度分析时，特别假定 $c_1 = 0$。

从图 7.4 和图 7.5 可知，当消费者绿色偏好增强以及政府补贴力度加大时，决策者会选择增加绿色技术投资，提高产品绿色度，制定更高的销售价格；当企业运营效率较低时，企业会选择减少绿色技术投资，降低产品绿色度，从而降低单位生产成本，继而降低销售价格。因此，面对消费者对绿色产品的青睐，以及政府的补贴支持，企业在增加绿色技术投资，提高产品绿色度的同时，会制定更高的销售价格来获取更高的边际利润，但运营低效性会显著降低产品销售价格，影响企业获取经济利润的能力。

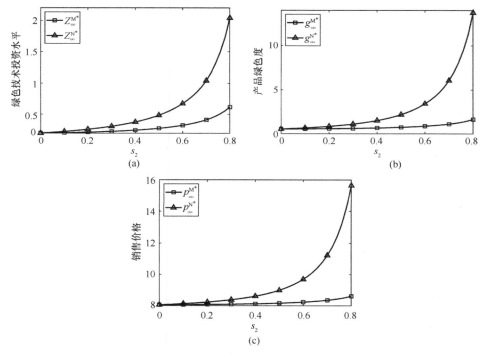

图 7.4　s_2 对稳态绿色技术投资水平、产品绿色度和销售价格的影响

(a) s_2 对绿色技术投资水平的影响；(b) s_2 对产品绿色度的影响；(c) s_2 对销售价格的影响

另外，绿色研发补贴方式下的产品绿色度和绿色技术投资水平显著高于单位生产补贴方式下的对应值，但会导致更高的销售价格，且二者的差距随着消费者绿色偏好系数的增大、企业运营低效系数的减小以及政府补贴系数的增大而增大。这意味着，相同政府补贴支出下，绿色研发补贴方式更能够激励企业增加绿色技术投资，进而提高产品绿色度，尤

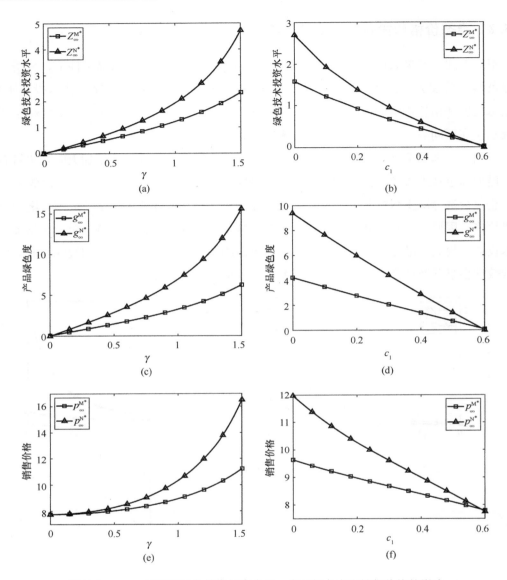

图 7.5 γ、c_1 对稳态绿色技术投资水平、产品绿色度和销售价格的影响

(a) γ 对绿色技术投资水平的影响；(b) c_1 对绿色技术投资水平的影响；(c) γ 对产品绿色度的影响；

(d) c_1 对产品绿色度的影响；(e) γ 对销售价格的影响；(f) c_1 对销售价格的影响

其是在消费者绿色偏好较强、政府补贴力度较大，以及企业运营效率较高的情形下。在单位生产补贴方式下，消费者可以买到价格较为低廉的绿色产品，并且政府增加补贴支出不会导致销售价格大幅度增加，有利于市场价格稳定。因此，绿色研发补贴方式具有投资激励优势，而单位生产补贴方式具有价格稳定优势。

7.5.3 不同政府补贴方式的效果分析

本节进一步分析不同政府补贴方式下制造商利润、零售商利润、环境效益和社会福利的变化轨迹，以及对比分析不同政府补贴方式的补贴效果。

图 7.6、图 7.7、图 7.8 和图 7.9 分别展示了制造商利润、零售商利润、环境效益和社会福利的最优轨迹。从图 7.6～图 7.9 中可知，在两种政府补贴方式下，制造商利润、零售商利润、环境效益和社会福利均随着时间逐渐递增至稳态，而且绿色研发补贴方式下的制造商利润、零售商利润、环境效益和社会福利更优。这表明，从经济利润、环境效益和社会福利视角来看，绿色研发补贴方式优于单位生产补贴方式。另外，在整个运营期间，两种补贴方式补贴效果的差距随着时间增长逐渐增大，直至稳态达到最大。这意味着，从长期来看，绿色研发补贴方式的优势更加凸显。

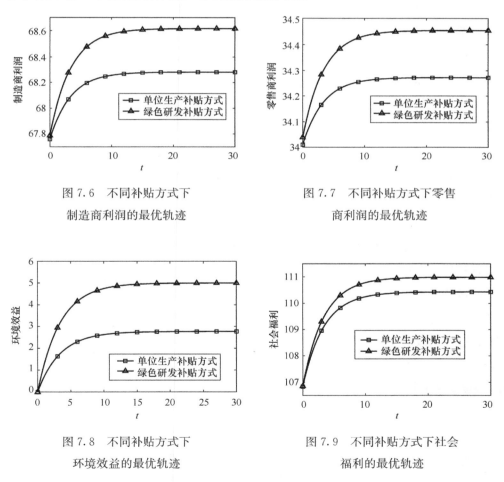

图 7.6　不同补贴方式下
制造商利润的最优轨迹

图 7.7　不同补贴方式下零售
商利润的最优轨迹

图 7.8　不同补贴方式下
环境效益的最优轨迹

图 7.9　不同补贴方式下社会
福利的最优轨迹

在此基础上，本小节进一步分析当稳态政府补贴支出相同时，政府补贴系数对稳态制造商利润、零售商利润、环境效益和社会福利的影响，如表 7.2 所示。

政府补贴支出相同时政府补贴系数对供应链绩效的影响 　　　　表 7.2

s_2	0.1	0.2	0.3	0.4	0.5	0.6	0.7	0.8
V_M^{M*}	68.142	68.197	68.282	68.417	68.645	69.072	70.019	72.964
V_M^{N*}	68.223	68.384	68.616	68.968	69.542	70.587	72.842	79.457
V_R^{M*}	34.178	34.215	34.272	34.362	34.515	34.801	35.436	37.424
V_R^{N*}	34.224	34.319	34.454	34.655	34.977	35.555	36.779	40.303
EI^{M*}	2.503	2.611	2.769	3.003	3.365	3.965	5.0802	7.758
EI^{N*}	3.005	3.813	5.000	6.845	9.948	15.798	29.0313	71.272
SW^{M*}	109.943	110.136	110.426	110.868	111.577	112.818	115.335	122.273
SW^{N*}	110.581	111.655	113.219	115.631	119.651	127.152	143.901	196.273

从表 7.2 可以看出，随着政府补贴系数的增大，两种补贴方式下的制造商利润、零售商利润、环境效益和社会福利均逐渐增大，且增长速度从 $s_2 = 0.5$ 开始明显提升；相同政府补贴支出下，绿色研发补贴方式下的制造商利润、零售商利润、环境效益和社会福利显著高于单位生产补贴方式下的对应值，且差值随着政府补贴系数的增大而增加，尤其是环境效益和社会福利。以社会福利为例，当 s_2 从 0.1 增加至 0.5 时，SW^{M*} 和 SW^{N*} 分别增加了 1.634 和 9.07，且二者的差值也由 0.638 增加至 8.074；但当 s_2 从 0.5 增加至 0.8 时，SW^{M*} 和 SW^{N*} 分别增加了 10.696 和 76.622，且二者的差值也由 8.074 增加至 74。由此可见，政府力度越大，企业实施绿色供应链管理所获得的经济利润、环境效益和社会福利越大。与此同时，政府补贴力度越大，相较于单位生产补贴方式，绿色研发补贴方式的优势愈加凸显，尤其是在提升环境效益和社会福利两个方面。

但是从另一个角度来看，如果政府补贴力度不变，即政府补贴系数固定，当绿色供应链内企业运营至稳定状态时，政府的补贴支出达到最大，且在此后的每个时刻 t 均提供最大补贴支出，但无法进一步提高经济利润、环境效益和社会福利。这也意味着，企业运营至稳定状态时，政府补贴失灵，即政府补贴效率为 0。

7.6　模型拓展：政府补贴退坡

基于上述研究内容可知，在政府补贴支出限度范围内，政府加大补贴力度，增加补贴支出，能够同时提升经济利润、环境效益和社会福利。但是当企业运营至稳态时，在政府补贴力度不变的情况下，政府持续增加补贴支出，不仅不能提升经济利润、环境效益和社会福利，即政府补贴效率为 0，还会给政府带来高额的财政负担。这时，政府对制造企业的绿色补贴就需要退坡。然而，如何设计补贴退坡策略，既可以减少补贴支出，又可以保证绿色产品市场不退化成为政府关注的重点。下面结合新能源汽车补贴背景，以单位生产补贴方式为例进行讨论。

政府对新能源汽车进行补贴时，不仅需要关注新能源汽车的绿色度（包括纯电动续驶里程、电池系统能量密度和能耗等），还要考虑补贴带来的新能源汽车销售量增加、车企利润增长、环境效益改善和社会福利增加等积极影响。当政府持续有效地对新能源汽车进行财政补贴时，经过一段时间，新能源汽车市场的销售量增加，消费者对新能源汽车的接受程度增加，消费者绿色偏好系数 γ 将逐渐上升。

由于消费者绿色偏好提升是新能源汽车市场发展的根本动力，所以本小节将根据消费者绿色偏好的增加程度来制定政府的补贴退坡策略。为了保证新能源汽车市场不退化，政府补贴退坡速率不能过快。假设消费者绿色偏好系数 γ 增长至 $\gamma + \Delta\gamma$ 时，政府实施补贴退坡策略，设置补贴退坡率为 ε，则补贴退坡幅度为 $\Delta s_1 = \varepsilon s_1$。政府实施补贴退坡策略之后，应保证新能源汽车的绿色度和销售量至少维持在补贴退坡前的水平，即同时满足 $g_\infty^{M^*}|_{\gamma+\Delta\gamma, s_1-\Delta s_1} \geqslant g_\infty^{M^*}|_{\gamma, s_1}$ 和 $D_\infty^{M^*}|_{\gamma+\Delta\gamma, s_1-\Delta s_1} \geqslant D_\infty^{M^*}|_{\gamma, s_1}$，可以解得：

$$0 \leqslant \Delta s_1 \leqslant \frac{\Delta\gamma}{\beta} \tag{7.35}$$

补贴退坡率 ε 应当满足 $0 \leqslant \varepsilon \leqslant \Delta\gamma / s_1\beta$，其中 $\varepsilon = \Delta\gamma / s_1\beta$ 意味着新能源汽车的绿色度和销售量与退坡前水平相同。然而，当补贴退坡率超过该范围时，新能源汽车市场将可能发生一定的退化。

接下来，面对新能源汽车补贴退坡策略的实施，如何制定销售价格和投资策略成为新能源汽车企业关注的重点。根据命题 7.1 的均衡解可知，当 $\varepsilon = \Delta\gamma / s_1\beta$ 时，新能源汽车企业的销售价格和绿色技术投资水平与退坡前相比，分别有如下变化：

$$p_\infty^{M^*}|_{\gamma+\Delta\gamma, s_1-\Delta s_1} - p_\infty^{M^*}|_{\gamma, s_1} = \frac{\Delta\gamma}{\beta} g_\infty^{M^*} \tag{7.36}$$

$$Z_\infty^{M^*}|_{\gamma+\Delta\gamma, s_1-\Delta s_1} - Z_\infty^{M^*}|_{\gamma, s_1} = 0 \tag{7.37}$$

由式（7.36）和式（7.37）可知，当政府确定补贴退坡率为 $\varepsilon = \Delta\gamma / s_1\beta$ 时，新能源汽车制造企业不会降低现有的绿色技术投资水平，但会提高新能源汽车的销售价格。这也正好解释了在实践中，特斯拉、大众汽车集团和蔚来等车企在新能源汽车补贴退坡后纷纷上调了新能源汽车的销售价格。例如，根据市场调研数据，在 2022 年第一季度，特斯拉 Model 3 和 Model Y 的销售价格分别上调了 1 万元和 2.1 万元；大众 ID.6 CROZZ 和 ID.4 CROZZ 两款纯电车型的销售价格都上涨了 5400 元。这意味着，在政府实施新能源汽车补贴退坡策略后，新能源汽车企业会采取上调销售价格的手段，将边际利润的损失转嫁给消费者，从而维持较高的边际利润。

7.7 本章小结

本章考虑由单个制造商和单个零售商组成的绿色供应链，基于微分博弈方法研究了单位生产补贴和绿色研发补贴两种政府补贴方式下绿色供应链成员的动态定价与投资策略；揭示了消费者绿色偏好系数、企业运营低效系数和政府补贴系数对定价策略及投资策略的影响；在相同政府补贴支出下，对比分析了不同政府补贴方式下的产品绿色度、销售价格和绿色技术投资水平，以及探讨了不同政府补贴方式在经济利润、环境效益和社会福利三个方面的补贴效果，并且分析了政府补贴系数对补贴效果的影响；此外，还通过模型拓展分析了政府补贴退坡策略及其对供应链企业定价和投资的影响。得到如下主要结论：

（1）在两种政府补贴方式下，当产品绿色度初始值较低时，无论政府补贴系数为何值，企业均选择渗透定价策略，并提高绿色技术投资水平；当产品绿色度初始值较高时，政府补贴系数存在一个阈值，使企业的定价策略由撇脂定价策略转为渗透定价策略，与此同时企业先是降低绿色技术投资水平，而后提高绿色技术投资水平。但是，相较于销售价格，绿色技术投资水平受时间因素的影响较小。即，企业的绿色技术投资策略在一定程度上具有稳定性。

（2）消费者绿色偏好系数和政府补贴系数的增大，会使企业的销售价格和绿色技术投资水平增加；然而企业运营低效性系数的增大，会使企业的销售价格和绿色技术投资水平减少。因此，企业实施绿色供应链管理过程中，除了要关注消费者绿色偏好和政府补贴等外在环境因素，还应当提高运营效率以降低单位生产成本。

（3）在相同政府补贴支出下，绿色研发成本补贴方式在提高产品绿色度，增加企业经济利润、环境效益和社会福利方面更具有优势，但会导致较高的销售价格。

（4）政府对企业的长期绿色补贴是不可持续的。当企业运营至稳定状态时，政府补贴效率为0，此时政府应当实施补贴退坡策略，并且采用恰当的补贴退坡策略可以使产品的绿色度和市场需求量至少维持在退坡前水平。在该补贴退坡策略下，企业不会降低绿色技术投资水平，但会通过提高销售价格的方式来维持较高的边际利润。

根据上述研究结论，可以得出如下主要管理启示：

第一，在绿色产品市场发展初期，政府应当积极实施绿色补贴政策，如我国政府实施的节能家电补贴政策和新能源汽车补贴政策，促进绿色产品的研发、生产和推广，引导和支持制造企业的绿色研发与绿色生产活动，促进供应链的绿色转型发展，从而促进经济社会发展全面绿色转型。而且，在相同政府补贴支出下，从经济利润、环境效益和社会福利三重视角来看，政府应该实施绿色研发补贴方式。

第二，在绿色产品市场发展稳定期，政府应该采取补贴退坡策略，如新能源汽车补贴退坡政策，但是退坡力度应当适时根据消费者绿色偏好增长等市场情况确定，避免补贴退坡导致新能源汽车产品市场退化。

第三，面对政府补贴政策，供应链企业应当结合政府补贴力度和自身产品绿色度灵活调整定价与投资策略。在政府实施补贴策略政策时，供应链企业也应该调整定价策略。如在新能源汽车补贴政策落地后，特斯拉、比亚迪等车企提高了新能源汽车的销售价格。另外，供应链企业还需要根据消费者对绿色产品的偏好程度和自身企业的运营效率来调整定价与投资策略。

8　结论与展望

随着生态环境日益恶化，传统粗放式经济增长范式被推翻，社会各界开始关注绿色可持续发展。面对政府对绿色发展的政策引导和消费者对绿色产品的青睐，企业积极实施绿色供应链管理，通过绿色技术投资来提高产品绿色度，借助广告投资来提升品牌商誉，以及加强供应链上下游企业的协同合作，以应对复杂多变的市场环境。考虑到企业的绿色实践是一项长期的动态过程，开展动态环境下绿色供应链的决策优化与协调研究具有重要的理论意义和现实意义。鉴于此，本书基于微分博弈、最优控制、随机过程和供应链契约等理论，从长期动态视角研究了不同场景下绿色供应链的最优决策及协调问题。本章通过对本书主要工作和结论进行总结，得出相应的管理启示，凝练研究创新点，指出本书的研究不足并给出未来的研究方向。

8.1　研究结论与启示

8.1.1　研究结论

在系统梳理国内外相关文献的基础上，本书结合绿色可持续发展和市场环境变化等现实背景，将产品绿色度作为状态变量来刻画动态环境，进一步考虑品牌商誉、联合广告、绿色技术创新和政府补贴等影响因素，基于微分博弈、最优控制、随机过程和供应链契约等理论，从长期动态视角分别研究了三级单渠道、不同销售模式、双渠道、制造商竞争和不同政府补贴方式五种场景下绿色供应链的最优决策及协调问题。本书的主要工作和研究结论总结如下：

（1）以三级绿色供应链为研究对象，其中供应商和制造商负责绿色技术投资，制造商和零售商负责广告投资，引入品牌商誉，同时考虑产品绿色度和品牌商誉的动态性，利用价格加成系数刻画采购价格、批发价格和销售价格之间的关系，研究三级绿色供应链的投资策略及协调问题。研究发现：①产品绿色度和品牌商誉均随着时间增长逐渐达到稳定状态。不同的是，产品绿色度的最优轨迹具有两种变化趋势，而品牌商誉的最优轨迹具有三种变化趋势，但是二者的变化趋势均依赖于各自的初始值和稳态值的大小关系。②各决策模型下的最优反馈均衡策略均与时间无关，这对于绿色供应链系统制定投资策略具有一定的管理实践意义，在实践操作方面具有可行性。③有成本分担契约的分散决策模型可以实现绿色供应链的帕累托改进，但改进效果有限；在一定条件下，双边成本分担契约可以完全协调绿色供应链，该条件与价格加成系数有关。④供应链上下游企业协同合作能够提升环境效益和社会福利，尤其是在消费者对绿色品牌偏好较强的情形下；而且环境效益和社会福利随着时间增长逐步增加，体现了绿色实践的正向累积作用。

（2）在第 1 部分考虑产品绿色度和品牌商誉动态性的基础上，进一步聚焦于销售端，以单个制造商和单个零售商组成的绿色供应链为研究对象，研究不同销售模式下考虑联合广告的绿色供应链投资策略及协调问题。研究发现：①无论是在转售模式下还是在平台模式下，制造商和零售商均选择采取联合广告。但是在转售模式下，联合广告的实质是制造商单方面分担零售商的广告投资成本，而在平台模式下，联合广告的实质是二者互担广告投资成本。②当制造商与零售商对联合广告达成一致时，在两种销售模式中，零售商总是倾向于选择平台模式，而制造商的选择与平台模式的佣金比例有关。从经济利润、环境效益和社会福利三个方面来看，制造商和零售商选择低佣金比例的平台模式是最优策略，而且采取联合广告有利于增加经济利润、环境效益和社会福利。③在转售模式下，收益共享—双边成本分担契约可以完全协调绿色供应链。在平台模式下，双边成本分担契约可以实现绿色供应链完全协调。④将研究拓展至双渠道环境下，结论①依旧成立，但是制造商对零售商广告投资成本的分担比例随着消费者网络直销渠道偏好的增大而增加。

（3）在第 2 部分有关双渠道绿色供应链研究的基础上，构建由单个制造商和单个零售商组成的双渠道绿色供应链，引入绿色技术创新过程，研究供应链企业在技术创新成功前后的投资策略及协调问题。研究发现：①两部定价-双边成本分担契约在技术创新成功前后均能够完全协调双渠道绿色供应链，并且实现供应链各成员帕累托改进。②在两部定价—双边成本分担契约下，零售商在技术创新成功前后两个阶段向制造商缴纳的固定费用以及二者的成本分担比例可以固定不变，即绿色技术创新并不改变两部定价-双边成本分担契约的协调性。③各决策模型下反馈的最优均衡策略与创新成功日期无关，而与决策者对绿色技术创新的预期有关。较高的技术创新成功概率和绿色度提升率可以激励供应链企业增加绿色技术投资和广告投资，进而增加产品绿色度、品牌商誉和经济利润，即使是绿色技术创新并未实现。④绿色技术创新能够打破经济利润、环境效益和社会福利原有的稳定状态，使其随着时间进一步增加，直至达到一个新的、更高的稳定状态。这充分体现了绿色技术创新是实现供应链绿色发展和增进社会福利的根本途径。⑤消费者线上渠道偏好增加会导致供应链企业的绿色技术投资水平和广告投资水平先减小后增加。特别指出的是，在集中决策模型下，制造商增设线上渠道并不利于供应链的绿色发展。

（4）在第 3 部分研究内容的基础上，进一步聚焦于生产端，考虑制造商竞争，构建由单个共享供应商和两个制造商组成的绿色供应链，研究制造商竞争下供应链企业在技术创新成功前后的投资策略及协调问题。研究发现：①供应链成员决策技术创新成功前的绿色技术投资水平时会同时考虑技术创新成功前后的边际利润，这体现了决策者的远见。②绿色技术创新对制造商绿色技术投资水平的影响程度与绿色竞争强度有关。具体来说，在分散决策模型下，随着绿色竞争强度增大，绿色技术创新对制造商绿色技术投资水平的影响增大；在集中决策模型下，随着绿色竞争强度增大，绿色技术创新对边际利润较大的制造商的绿色技术投资水平的影响增大，对边际利润较小的制造商的绿色技术投资水平的影响减小。③双边成本分担契约在技术创新成功前后两个阶段均可以实现供应链协调，并且技术创新成功前后的成本分担比例相同，即成本分担比例不会因绿色技术创新成功而改变。④当绿色竞争强度增大时，共享供应商可以选择适当地减小其对制造商绿色技术投资成本的分担比例，而两家制造商对共享供应商的绿色技术投资成本的分担比例之和不变。

（5）在上述研究内容的基础上，引入政府补贴因素，考虑单位生产补贴和绿色研发补贴两种政府补贴方式，研究不同政府补贴方式下绿色供应链的动态定价与投资策略。研究发现：①当产品绿色度初始值较低时，随着政府补贴系数的增加，企业采取渗透定价策略；当产品绿色度初始值较高时，政府补贴系数存在一个阈值，使企业的定价策略由撇脂定价策略转为渗透定价策略。绿色技术投资水平与销售价格具有相同的变化趋势，但相较于定价策略，绿色技术投资策略受时间因素的影响较小，在一定程度上具有稳定性。②消费者绿色偏好增强、政府补贴力度加大和企业运营效率提高，会使企业增加绿色技术投资，以及制定更高的销售价格。③相同政府补贴支出下，绿色研发成本补贴方式在提高产品绿色度、提升企业经济利润、增进环境效益和增加社会福利方面更具有优势，但会导致销售价格较高。④政府对企业的绿色补贴是不可持续的，特别是当企业运营至稳定状态时，政府补贴效率为 0。政府实施恰当的补贴退坡策略可以使产品的绿色度和市场需求至少维持在退坡前水平，这时企业会通过提高销售价格的方式来维持较高的边际利润，但不会降低绿色技术投资水平。

8.1.2 管理启示

依托于上述研究结论，结合我国的绿色发展现状，本书拟从政府、供应链企业和消费者三个层面，针对绿色供应链的运营决策与协调发展给出如下管理启示：

（1）从政府视角来看，①应当积极采取政府补贴来引导制造企业进行绿色技术投资，进而提高产品绿色度。相对于单位生产补贴方式而言，绿色研发补贴方式能够更加激励制造企业增加绿色技术投资，更有利于推动绿色产品市场的发展。②应当结合绿色产品市场发展情况，比如消费者绿色偏好的增长情况，在恰当的时候实施补贴退坡策略，避免因过快的退坡速率导致绿色产品市场退化，如在新能源汽车市场，我国政府逐步采取新能源汽车补贴退坡政策。当企业运营至稳定状态时，政府补贴效率为 0，即政府的长期性绿色补贴不具有可持续性。③应该在全社会范围内大力宣传绿色产品，如绿色公益广告，提高社会公众对绿色产品的认知度和接受度，培育消费者的绿色环保意识，引导消费者将绿色环保意识转化为绿色消费行为，这将有利于绿色产品市场的进一步发展，进而有助于实现经济社会发展全面绿色转型。

（2）从供应链企业视角来看，管理启示体现在企业认知、运营决策和合作三个层面。

企业认知层面：①应当认识到绿色实践是一个长期的动态过程，只有通过长期的积累，才能有效提高产品绿色度和品牌商誉，进而提升经济利润、改善环境效益和增加社会福利。②必须要深刻认识到绿色技术创新是供应链绿色转型的根本途径，坚持绿色技术创新。在实践中，企业要想实现绿色技术创新，生产绿色度更高的产品，要结合企业实际情况合理地增加绿色技术投资，即提高绿色研发经费和增加科研人员。

企业运营决策层面：①面对复杂多变的经济形势，现阶段我国制造企业应该具有洞知市场技术动态和方向的预见性特征，科学地进行前瞻性战略布局，通过合理的绿色技术创新预期来增加绿色技术投资。②当绿色技术投资经费不足时，企业应当积极争取政府补贴，不仅能够缓解资金压力，还能降低单位生产成本，提高产品绿色度，增加企业利润。但是面对不同的补贴方式和补贴退坡策略，应当适时调整定价和投资策略。③面对销售模式的变化，低佣金比例的平台模式是制造企业和零售企业的最优选择，既能提高经济利润，也能增加环境效益和社会福利。④根据消费者行为适时调整定价和投资策略，比如消费者绿色偏好行为、品牌偏好行为和渠道偏好行为。

企业合作层面：应当通过契约合同加强供应链上下游企业或者同层企业间的协同合作，进一步整合供应链的内部资源。一方面，制造商应当加强与下游零售商的广告合作，共同加大对绿色产品的宣传，提升绿色品牌商誉，如一汽大众启用"绿色合作伙伴行动计划"，为下游零售商分担绿色广告成本；另一方面，同层制造商之间应该形成联盟，共同激励上游共享供应商对关键零部件进行绿色技术创新，如广汽集团与上汽集团签署战略合作协议，联合投资、开发新能源领域的核心技术，共享产业链资源。

（3）从消费者视角来看，①具有绿色环保意识的消费者更倾向于企业实施绿色供应链管理，因为企业进行绿色实践能够给消费者带来更加绿色的环境友好型产品，使消费者获得更多的消费者剩余。②价格敏感度较高的消费者倾向于政府采取单位生产补贴方式，因为其能提供价格相对较低的绿色产品，但此时产品的绿色环保性能有限；绿色偏好度较高的消费者倾向于政府实施绿色研发补贴方式，因为其能提供绿色环保性能较强的绿色产品，但此时产品的销售价格相对较高。③消费者应当培养自身的绿色环保意识，在能力范围内尽可能地购买绿色产品，因为消费者的绿色消费行为是企业实施绿色供应链管理的根本动力，有助于改善生态环境和增进社会福利。

8.2 研究创新点

在已有研究成果的基础上，本书基于微分博弈、最优控制、随机过程和供应链契约等理论，从长期动态视角研究了不同场景下绿色供应链的最优决策及协调问题，得到一些研究结论。通过凝练得出，本书的研究创新点主要体现在以下几个方面：

（1）引入品牌商誉，将生产端和销售端的绿色努力行为同时纳入绿色供应链管理研究中，从长期动态视角研究供应链企业的绿色技术投资策略和广告投资策略。

已有关于绿色供应链管理的文献大多基于静态环境，其实是假定了企业只进行一次绿色投资，忽略了企业生产运营活动是一个长期的动态过程，也忽略了产品绿色度和品牌商誉随时间动态变化的事实。也有学者基于动态环境研究了绿色供应链的投资策略，但研究内容主要侧重于生产端或者销售端。鲜有文献将生产端和销售端的绿色努力行为同时纳入动态环境下绿色供应链管理的研究中。因此，本书引入品牌商誉，同时考虑绿色技术投资和广告投资，从长期动态视角分别研究了三级单渠道绿色供应链和不同销售模式下绿色供应链的投资策略，分别对应本书的第 3 章和第 4 章。

（2）引入绿色技术创新过程，利用随机到达过程刻画绿色技术创新对绿色技术投资的影响，从创新过程视角研究供应链企业在技术创新成功前后的投资策略。

目前，在实证研究方面，国内外学者关于绿色技术创新已经取得了诸多研究成果。但是在理论模型方面，已有研究大多基于静态视角研究供应链企业的绿色技术投资决策和绿色技术创新合作问题，并未考虑到绿色技术创新是一个过程。事实上，绿色技术创新的实现需要长期的绿色技术研发与积累，并且实现时间具有不确定性，但能够实现产品绿色性能的重大跃迁。因此，本书将绿色技术创新过程纳入供应链管理研究，考虑绿色技术创新的突破性和不确定性，分别研究了双渠道情形和制造商竞争下供应链企业在技术创新成功前后的投资策略，分别对应本书的第 5 章和第 6 章。

（3）考虑渠道结构、销售模式和制造商竞争等因素，从长期动态协调视角设计不同场景下绿色供应链的契约协调机制，丰富动态环境下绿色供应链协调理论体系。

已有研究大多基于静态视角研究绿色供应链的协调问题，且多以两级单渠道绿色供应链为研究对象。在实际中，企业的生产运营活动是一个长期的动态过程，面临更为复杂的市场环境，比如供应链渠道结构复杂化、销售模式多样化，以及绿色竞争加剧等。因此，本书结合不同渠道结构、销售模式和竞争情形，从长期动态视角分别研究了不同场景下绿色供应链的协调契约设计问题，分别对应本书的第 3 章至第 6 章。另外，本书将成本分担契约、两部定价契约、收益共享契约等传统契约在一定程度上进行了改进或联合使用，并且将契约的应用背景拓展至动态环境，使其更具实践价值。

（4）引入政府补贴，从长期动态视角研究不同政府补贴方式下绿色供应链的动态定价与投资策略，探究政府补贴方式、补贴力度和补贴退坡对定价与投资的影响。

目前，国内外学者关于政府补贴对绿色供应链决策的影响已经取得丰富的研究成果，得到政府补贴对于绿色供应链的发展具有重要作用。然而，现有研究从长期动态视角探讨政府补贴方式和政府补贴效果的较少，也较少关注政府补贴对企业动态定价和投资策略的影响。因此，本书从长期动态视角研究了绿色供应链企业在单位生产补贴和绿色研发补贴两种补贴方式下的动态定价与投资策略，分析了补贴方式和补贴力度对定价与投资策略的影响，以及从经济利润、环境效益和社会福利三个方面探讨了政府补贴效果。另外，从理论模型角度证实了政府补贴的不可持续性，设计了补贴退坡策略并分析了其对企业定价和投资的影响。该创新点对应本书的第 7 章。

8.3　研究不足与展望

本书对动态环境下绿色供应链的最优决策与协调问题开展了初步研究，取得一些研究进展，但仍然存在不足之处，具体表现为以下几个方面：

（1）进一步研究动态不确定环境下绿色供应链的最优决策与协调问题。本书第 3 章和第 4 章的研究是基于确定环境开展的，第 5 章和第 6 章考虑了绿色技术创新实现的不确定性。然而在实际的生产、运营以及销售过程中存在诸多不确定因素，比如生产过程、市场需求和投资影响等。可以利用随机最优控制理论、随机微分博弈或者鲁棒最优控制理论研究动态不确定环境下绿色供应链的最优决策与协调问题。

（2）进一步研究多渠道环境下的绿色供应链的最优决策与协调问题。本书研究了单渠道和双渠道环境下的最优决策与协调问题。然而在实际中，一些企业会采用多渠道销售模式，比如线上双渠道和线下渠道并存的多渠道销售结构。因此，在未来研究中，可以尝试研究动态环境下多渠道绿色供应链的最优决策与协调问题。

（3）进一步研究绿色供应链网络中企业的最优决策与协调问题。本书研究的绿色供应链结构相对简单（二级和三级），可以看作是针对绿色供应链网络的局部开展的研究。然而要实现绿色发展，需要多个企业的共同努力，实现复杂的供应链网络每个节点的绿色化。因此，研究绿色供应链网络中企业的决策与协调更加贴近实际。

综上所述，未来需要从以上方面对绿色供应链的最优决策与协调问题进行更加全面、细致和深入的研究。

附录 A　第 3 章相关证明

命题 3.3 的证明

证明：分别用 V_S^YD、V_M^YD 和 V_R^YD 表示有成本分担契约的分散决策模型下供应商、制造商和零售商的利润最优值函数。采用逆向归纳法求解，首先由式（3.33）和式（3.35）可以得出，V_S^YD 和 V_R^YD 对于任意的 $g \geqslant 0$ 与 $G \geqslant 0$ 均满足的 HJB 方程分别为：

$$\rho V_\mathrm{S}^\mathrm{YD} = \max_{Z_\mathrm{S}} \begin{bmatrix} \Delta_1 w(D_0 - \beta \Delta_2 w)\theta G - (1 - \mu_\mathrm{M})k_\mathrm{S} Z_\mathrm{S}^2/2 \\ + V_\mathrm{S}^{\mathrm{YD}'}(g)(\alpha_\mathrm{S} Z_\mathrm{S} + \alpha_\mathrm{M} Z_\mathrm{M} - \delta g) \\ + V_\mathrm{S}^{\mathrm{YD}'}(G)(\phi_\mathrm{M} A_\mathrm{M} + \phi_\mathrm{R} A_\mathrm{R} + \gamma g - \varepsilon G) \end{bmatrix} \tag{A1}$$

$$\rho V_\mathrm{R}^\mathrm{YD} = \max_{A_\mathrm{R}} \begin{bmatrix} (\Delta_2 w - w)(D_0 - \beta \Delta_2 w)\theta G - (1 - \eta_\mathrm{M})h_\mathrm{R} A_\mathrm{R}^2/2 \\ + V_\mathrm{R}^{\mathrm{YD}'}(g)(\alpha_\mathrm{S} Z_\mathrm{S} + \alpha_\mathrm{M} Z_\mathrm{M} - \delta g) \\ + V_\mathrm{R}^{\mathrm{YD}'}(G)(\phi_\mathrm{M} A_\mathrm{M} + \phi_\mathrm{R} A_\mathrm{R} + \gamma g - \varepsilon G) \end{bmatrix} \tag{A2}$$

显然，式（A1）和式（A2）分别是关于 Z_S 与 A_R 的凹函数，由一阶条件可得：

$$Z_\mathrm{S}^\mathrm{YD} = \frac{\alpha_\mathrm{S} V_\mathrm{S}^{\mathrm{YD}'}(g)}{k_\mathrm{S}(1 - \mu_\mathrm{M})}, \quad A_\mathrm{R}^\mathrm{YD} = \frac{\phi_\mathrm{R} V_\mathrm{R}^{\mathrm{YD}'}(G)}{h_\mathrm{R}(1 - \eta_\mathrm{M})} \tag{A3}$$

根据式（3.34）可以得到，V_M^YD 对于任意的 $g \geqslant 0$ 和 $G \geqslant 0$ 均满足 HJB 方程：

$$\rho V_\mathrm{M}^\mathrm{YD} = \max_{w, Z_\mathrm{M}, A_\mathrm{M}, \mu_\mathrm{M}, \eta_\mathrm{M}} \begin{bmatrix} w(1 - \Delta_1)(D_0 - \beta \Delta_2 w)\theta G - k_\mathrm{M} Z_\mathrm{M}^2/2 - h_\mathrm{M} A_\mathrm{M}^2/2 \\ - \mu_\mathrm{M} k_\mathrm{S} Z_\mathrm{S}^2/2 - \eta_\mathrm{M} h_\mathrm{R} A_\mathrm{R}^2/2 + V_\mathrm{M}^{\mathrm{CS}'}(g)(\alpha_\mathrm{S} Z_\mathrm{S} + \alpha_\mathrm{M} Z_\mathrm{M} - \delta g) \\ + V_\mathrm{M}^{\mathrm{CS}'}(G)(\phi_\mathrm{M} A_\mathrm{M} + \phi_\mathrm{R} A_\mathrm{R} + \gamma g - \varepsilon G) \end{bmatrix} \tag{A4}$$

将式（A3）代入式（A4）中化简整理，并且确定 w、Z_M、A_M、μ_M 和 η_M 使得式（A4）右端最大化，可以得到：

$$w^\mathrm{YD} = \frac{D_0}{2\beta \Delta_2}, \quad Z_\mathrm{M}^\mathrm{YD} = \frac{\alpha_\mathrm{M} V_\mathrm{M}^{\mathrm{YD}'}(g)}{k_\mathrm{M}}, \quad A_\mathrm{M}^\mathrm{YD} = \frac{\phi_\mathrm{M} V_\mathrm{M}^{\mathrm{YD}'}(G)}{h_\mathrm{M}} \tag{A5}$$

$$\mu_{\mathrm{M}}^{\mathrm{YD}} = \frac{2V_{\mathrm{M}}^{\mathrm{YD'}}(g) - V_{\mathrm{S}}^{\mathrm{YD'}}(g)}{2V_{\mathrm{M}}^{\mathrm{YD'}}(g) + V_{\mathrm{S}}^{\mathrm{YD'}}(g)}, \quad \eta_{\mathrm{M}}^{\mathrm{YD}} = \frac{2V_{\mathrm{M}}^{\mathrm{YD'}}(G) - V_{\mathrm{R}}^{\mathrm{YD'}}(G)}{2V_{\mathrm{M}}^{\mathrm{YD'}}(G) + V_{\mathrm{R}}^{\mathrm{YD'}}(G)} \tag{A6}$$

进一步，将 $\mu_{\mathrm{M}}^{\mathrm{YD}}$ 和 $\eta_{\mathrm{M}}^{\mathrm{YD}}$ 代入式（A3）中化简可得：

$$Z_{\mathrm{S}}^{\mathrm{YD}} = \frac{\alpha_{\mathrm{S}}[2V_{\mathrm{M}}^{\mathrm{YD'}}(g) + V_{\mathrm{S}}^{\mathrm{YD'}}(g)]}{2k_{\mathrm{S}}}, \quad A_{\mathrm{R}}^{\mathrm{YD}} = \frac{\phi_{\mathrm{R}}[2V_{\mathrm{M}}^{\mathrm{YD'}}(G) + V_{\mathrm{R}}^{\mathrm{YD'}}(G)]}{2h_{\mathrm{R}}} \tag{A7}$$

将式（A5）、式（A6）和式（A7）代入式（A1）、式（A2）与式（A4）中，化简整理得到：

$$
\begin{aligned}
\rho V_{\mathrm{S}}^{\mathrm{YD}} = {} & [\gamma V_{\mathrm{S}}^{\mathrm{YD'}}(G) - \delta V_{\mathrm{S}}^{\mathrm{YD'}}(g)]g + \left[\frac{\theta D_0^2 \Delta_1}{4\beta\Delta_2} - \varepsilon V_{\mathrm{S}}^{\mathrm{YD'}}(G)\right]G \\
& + \frac{\alpha_{\mathrm{S}}^2 V_{\mathrm{S}}^{\mathrm{YD'}}(g)[2V_{\mathrm{M}}^{\mathrm{YD'}}(g) + V_{\mathrm{S}}^{\mathrm{YD'}}(g)]}{4k_{\mathrm{S}}} + \frac{\alpha_{\mathrm{M}}^2 V_{\mathrm{S}}^{\mathrm{YD'}}(g) V_{\mathrm{M}}^{\mathrm{YD'}}(g)}{k_{\mathrm{M}}} \\
& + \frac{\phi_{\mathrm{M}}^2 V_{\mathrm{S}}^{\mathrm{YD'}}(G) V_{\mathrm{M}}^{\mathrm{YD'}}(G)}{h_{\mathrm{M}}} + \frac{\phi_{\mathrm{R}}^2 V_{\mathrm{S}}^{\mathrm{YD'}}(G)[2V_{\mathrm{M}}^{\mathrm{YD'}}(G) + V_{\mathrm{R}}^{\mathrm{YD'}}(G)]}{2h_{\mathrm{R}}}
\end{aligned}
\tag{A8}
$$

$$
\begin{aligned}
\rho V_{\mathrm{R}}^{\mathrm{YD}} = {} & [\gamma V_{\mathrm{R}}^{\mathrm{YD'}}(G) - \delta V_{\mathrm{R}}^{\mathrm{YD'}}(g)]g + \left[\frac{\theta D_0^2(\Delta_2 - 1)}{4\beta\Delta_2} - \varepsilon V_{\mathrm{R}}^{\mathrm{YD'}}(G)\right]G \\
& + \frac{\phi_{\mathrm{R}}^2 V_{\mathrm{R}}^{\mathrm{YD'}}(G)[2V_{\mathrm{M}}^{\mathrm{YD'}}(G) + V_{\mathrm{R}}^{\mathrm{YD'}}(G)]}{4h_{\mathrm{R}}} + \frac{\alpha_{\mathrm{M}}^2 V_{\mathrm{R}}^{\mathrm{YD'}}(g) V_{\mathrm{M}}^{\mathrm{YD'}}(g)}{k_{\mathrm{M}}} \\
& + \frac{\alpha_{\mathrm{S}}^2 V_{\mathrm{R}}^{\mathrm{YD'}}(g)[2V_{\mathrm{M}}^{\mathrm{YD'}}(g) + V_{\mathrm{S}}^{\mathrm{YD'}}(g)]}{2k_{\mathrm{S}}} + \frac{\phi_{\mathrm{M}}^2 V_{\mathrm{R}}^{\mathrm{YD'}}(G) V_{\mathrm{M}}^{\mathrm{YD'}}(G)}{h_{\mathrm{M}}}
\end{aligned}
\tag{A9}
$$

$$
\begin{aligned}
\rho V_{\mathrm{M}}^{\mathrm{YD}} = {} & [\gamma V_{\mathrm{M}}^{\mathrm{YD'}}(G) - \delta V_{\mathrm{M}}^{\mathrm{YD'}}(g)]g + \left[\frac{D_0^2(1 - \Delta_1)}{4\beta\Delta_2}\theta - \varepsilon V_{\mathrm{M}}^{\mathrm{YD'}}(G)\right]G + \frac{\alpha_{\mathrm{M}}^2 V_{\mathrm{M}}^{\mathrm{YD'}}(g)^2}{2k_{\mathrm{M}}} \\
& + \frac{\phi_{\mathrm{M}}^2 V_{\mathrm{M}}^{\mathrm{YD'}}(G)^2}{2h_{\mathrm{M}}} + \frac{\alpha_{\mathrm{S}}^2 [2V_{\mathrm{M}}^{\mathrm{YD'}}(g) + V_{\mathrm{S}}^{\mathrm{YD'}}(g)]^2}{8k_{\mathrm{S}}} + \frac{\phi_{\mathrm{R}}^2 [2V_{\mathrm{M}}^{\mathrm{YD'}}(G) + V_{\mathrm{R}}^{\mathrm{YD'}}(G)]^2}{8h_{\mathrm{R}}}
\end{aligned}
\tag{A10}
$$

根据式（A8）至式（A10）的形式结构，可以假设 $V_{\mathrm{S}}^{\mathrm{YD}} = c_1^{\mathrm{YD}} g^{\mathrm{YD}} + c_2^{\mathrm{YD}} G^{\mathrm{YD}} + c_3^{\mathrm{YD}}$、$V_{\mathrm{M}}^{\mathrm{YD}} = c_4^{\mathrm{YD}} g^{\mathrm{YD}} + c_5^{\mathrm{YD}} G^{\mathrm{YD}} + c_6^{\mathrm{YD}}$ 和 $V_{\mathrm{R}}^{\mathrm{YD}} = c_7^{\mathrm{YD}} g^{\mathrm{YD}} + c_8^{\mathrm{YD}} G^{\mathrm{YD}} + c_9^{\mathrm{YD}}$，其中 $c_1^{\mathrm{YD}} \sim c_9^{\mathrm{YD}}$ 为未知常数。将 $V_{\mathrm{S}}^{\mathrm{YD'}}(g) = c_1^{\mathrm{YD}}$、$V_{\mathrm{S}}^{\mathrm{YD'}}(G) = c_2^{\mathrm{YD}}$、$V_{\mathrm{M}}^{\mathrm{YD'}}(g) = c_4^{\mathrm{YD}}$、$V_{\mathrm{M}}^{\mathrm{YD'}}(G) = c_5^{\mathrm{YD}}$、$V_{\mathrm{R}}^{\mathrm{YD'}}(g) = c_7^{\mathrm{YD}}$ 和 $V_{\mathrm{R}}^{\mathrm{YD'}}(G) = c_8^{\mathrm{YD}}$ 代入式（A8）至式（A10）中化简，根据恒等关系求解确定 $c_1^{\mathrm{YD}*} \sim c_9^{\mathrm{YD}*}$。然后将 $c_1^{\mathrm{YD}*} \sim c_9^{\mathrm{YD}*}$ 代入式（A5）至式（A7）中，解得 $Z_{\mathrm{S}}^{\mathrm{YD}*}$、$Z_{\mathrm{M}}^{\mathrm{YD}*}$、$A_{\mathrm{M}}^{\mathrm{YD}*}$、$A_{\mathrm{R}}^{\mathrm{YD}*}$、$\mu_{\mathrm{M}}^{\mathrm{YD}*}$ 和 $\eta_{\mathrm{M}}^{\mathrm{YD}*}$，进一步计算可得产品绿色度和品牌商誉的最优轨迹，如式（3.36）和式（3.37）所示。证毕。

命题 3.4、命题 3.5 和命题 3.6 的证明

证明：与命题 3.3 的证明过程相似，分别用 $V_{\mathrm{S}}^{\mathrm{CS}}$、$V_{\mathrm{M}}^{\mathrm{CS}}$ 和 $V_{\mathrm{R}}^{\mathrm{CS}}$ 表示双边成本分担契约下供应商、制造商和零售商的利润最优值函数，并且假定参数 η_{S}、μ_{M}、η_{M} 和 μ_{R} 是给定的。

采用逆向归纳法求解，首先由式（3.42）和式（3.44）可以得出，V_S^{CS} 和 V_R^{CS} 对于任意的 $g \geqslant 0$ 与 $G \geqslant 0$ 均满足的 HJB 方程分别为：

$$\rho V_S^{CS} = \max_{Z_S} \begin{bmatrix} \Delta_1 w (D_0 - \beta \Delta_2 w) \theta G - (1 - \mu_M) k_S Z_S^2 / 2 - \eta_S h_M A_M^2 / 2 \\ + V_S^{CS'}(g)(\alpha_S Z_S + \alpha_M Z_M - \delta g) \\ + V_S^{CS'}(G)(\phi_M A_M + \phi_R A_R + \gamma g - \varepsilon G) \end{bmatrix} \tag{A11}$$

$$\rho V_R^{CS} = \max_{A_R} \begin{bmatrix} (\Delta_2 w - w)(D_0 - \beta \Delta_2 w) \theta G - (1 - \eta_M) h_R A_R^2 / 2 \\ - \mu_R k_M Z_M^2 / 2 + V_R^{CS'}(g)(\alpha_S Z_S + \alpha_M Z_M - \delta g) \\ + V_R^{CS'}(G)(\phi_M A_M + \phi_R A_R + \gamma g - \varepsilon G) \end{bmatrix} \tag{A12}$$

根据一阶条件，将式（A11）和式（A12）的右端分别对 Z_S 与 A_R 求一阶导数，并令其等于零，可以得到：

$$Z_S^{CS} = \frac{\alpha_S V_S^{CS'}(g)}{k_S (1 - \mu_M)}, \ A_R^{CS} = \frac{\phi_R V_R^{CS'}(G)}{h_R (1 - \eta_M)} \tag{A13}$$

由式（3.43）可知，V_M^{CS} 对于任意的 $g \geqslant 0$ 和 $G \geqslant 0$ 均满足 HJB 方程：

$$\rho V_M^{CS} = \max_{w, Z_M, A_M} \begin{bmatrix} (w - \Delta_1 w)(D_0 - \beta \Delta_2 w) \theta G - (1 - \mu_R) k_M Z_M^2 / 2 \\ - (1 - \eta_S) h_M A_M^2 / 2 - \mu_M k_S Z_S^2 / 2 - \eta_M h_R A_R^2 / 2 \\ + V_M^{CS'}(g)(\alpha_S Z_S + \alpha_M Z_M - \delta g) \\ + V_M^{CS'}(G)(\phi_M A_M + \phi_R A_R + \gamma g - \varepsilon G) \end{bmatrix} \tag{A14}$$

将式（A13）代入式（A14）中化简，然后对式（A14）右端分别求 w、Z_M 和 A_M 的一阶偏导数，由一阶条件可得：

$$w^{CS} = \frac{D_0}{2 \beta \Delta_2}, \ Z_M^{CS} = \frac{\alpha_M V_M^{CS'}(g)}{k_M (1 - \mu_R)}, \ A_M^{CS} = \frac{\phi_M V_M^{CS'}(G)}{h_M (1 - \eta_S)} \tag{A15}$$

将式（A13）和式（A15）代入式（A11）、式（A12）与式（A14）中，化简整理可以得到：

$$\rho V_S^{CS} = \left[\gamma V_S^{CS'}(G) - \delta V_S^{CS'}(g) \right] g + \left[\frac{\theta \Delta_1 D_0^2}{4 \beta \Delta_2} - \varepsilon V_S^{CS'}(G) \right] G$$

$$+ \frac{\alpha_S^2 V_S^{CS'}(g)^2}{2 k_S (1 - \mu_M)} - \frac{\eta_S \phi_M^2 V_M^{CS'}(G)^2}{2 h_M (1 - \eta_S)^2} + \frac{\alpha_M^2 V_S^{CS'}(g) V_M^{CS'}(g)}{k_M (1 - \mu_R)}$$

$$+ \frac{\phi_M^2 V_S^{CS'}(G) V_M^{CS'}(G)}{h_M(1-\eta_S)} + \frac{\phi_R^2 V_S^{CS'}(G)^2}{h_R(1-\eta_M)} \tag{A16}$$

$$\rho V_R^{CS} = \left[\gamma V_R^{CS'}(G) - \delta V_R^{CS'}(g)\right]g + \left[\frac{(\Delta_2-1)\theta D_0^2}{4\beta\Delta_2} - \varepsilon V_R^{CS'}(G)\right]G + \frac{\phi_R^2 V_R^{CS'}(G)^2}{2h_R(1-\eta_M)}$$

$$- \frac{\mu_R \alpha_M^2 V_M^{CS'}(g)^2}{2k_M(1-\mu_R)^2} + \frac{\alpha_S^2 V_R^{CS'}(g) V_S^{CS'}(g)}{k_S(1-\mu_M)} + \frac{\alpha_M^2 V_R^{CS'}(g) V_M^{CS'}(g)}{k_M(1-\mu_R)}$$

$$+ \frac{\phi_M^2 V_R^{CS'}(G) V_M^{CS'}(G)}{h_M(1-\eta_S)} \tag{A17}$$

$$\rho V_M^{CS} = \left[\gamma V_M^{CS'}(G) - \delta V_M^{CS'}(g)\right]g + \left[\frac{(1-\Delta_1)\theta D_0^2}{4\beta\Delta_2} - \varepsilon V_M^{CS'}(G)\right]G + \frac{\alpha_M^2 V_M^{CS'}(g)^2}{2k_M(1-\mu_R)}$$

$$- \frac{\phi_M^2 V_M^{CS'}(G)^2}{2h_M(1-\eta_S)} - \frac{\mu_M \alpha_S^2 V_S^{CS'}(g)^2}{2k_S(1-\mu_M)^2} - \frac{\eta_M \phi_R^2 V_R^{CS'}(G)^2}{2h_R(1-\eta_M)^2} + \frac{\alpha_S^2 V_M^{CS'}(g) V_S^{CS'}(g)}{k_S(1-\mu_M)}$$

$$+ \frac{\phi_M^2 V_M^{CS'}(G) V_M^{CS'}(G)}{h_M(1-\eta_S)} + \frac{\phi_R^2 V_M^{CS'}(G) V_R^{CS'}(G)}{h_R(1-\eta_M)} \tag{A18}$$

根据式（A16）、式（A17）和式（A18）的形式结构，假设 $V_S^{CS} = d_1^{CS} g^{CS} + d_2^{CS} G^{CS} + d_3^{CS}$、$V_M^{CS} = d_4^{CS} g^{CS} + d_5^{CS} G^{CS} + d_6^{CS}$ 和 $V_R^{CS} = d_7^{CS} g^{CS} + d_8^{CS} G^{CS} + d_9^{CS}$，其中 $d_1^{CS} \sim d_9^{CS}$ 为未知常数。显然有，$V_S^{CS'}(g) = d_1^{CS}$、$V_S^{CS'}(G) = d_2^{CS}$、$V_M^{CS'}(g) = d_4^{CS}$、$V_M^{CS'}(G) = d_5^{CS}$、$V_R^{CS'}(g) = d_7^{CS}$ 和 $V_R^{CS'}(G) = d_8^{CS}$，然后将其代入式（A16）、式（A17）和式（A18）中进行化简。根据恒等关系求解可得 $d_1^{CS} \sim d_9^{CS}$。将 $d_1^{CS} \sim d_9^{CS}$ 代入式（A13）和式（A15）可得命题 3.4 中的结论。进一步根据命题 3.1 和命题 3.4，令 $Z_S^{CS^*} = Z_S^{C^*}$、$Z_M^{CS^*} = Z_M^{C^*}$、$A_M^{CS^*} = A_M^{C^*}$ 和 $A_R^{CS^*} = A_R^{C^*}$，联立求解可得式（3.45），即命题 3.5 中的结论。最后，将式（3.45）代入 $d_1^{CS} \sim d_9^{CS}$ 中化简可得命题 3.6 中的结论。

综上所述，命题 3.4、命题 3.5 和命题 3.6 得证。证毕。

附录 B 第 4 章相关证明

命题 4.2 的证明

证明：分别用 V_M^{RY} 和 V_R^{RY} 表示 RY 模型下制造商与零售商的利润最优值函数。根据式 (4.19) 和式 (4.20) 可得，制造商的利润最优值函数 V_M^{RY} 和零售商的利润最优值函数 V_R^{RY} 对于任意的 $g \geqslant 0$ 与 $G \geqslant 0$ 都必须满足的 HJB 方程分别为：

$$\rho V_M^{RY} = \max_{w,Z,A,\mu} \left[\begin{array}{c} w\theta G(Q-\beta p) - k_Z Z^2/2 - (1-\eta)k_A A^2/2 - \mu k_S S^2/2 \\ + V_M^{RY'}(g)(\gamma Z - \delta g) + V_M^{RY'}(G)(\phi A + \phi S + \lambda g - \varepsilon G) \end{array} \right] \tag{B1}$$

$$\rho V_R^{RY} = \max_{p,S,\eta} \left[\begin{array}{c} (p-w)\theta G(Q-\beta p) - (1-\mu)k_S S^2/2 - \eta k_A A^2/2 \\ + V_R^{RY'}(g)(\gamma Z - \delta g) + V_R^{RY'}(G)(\varphi A + \phi S + \lambda g - \varepsilon G) \end{array} \right] \tag{B2}$$

采用逆向归纳法求解，首先根据一阶条件，将式（B2）右端对 p 和 S 分别求一阶偏导数，并令其等于零，可得：

$$p^{RY} = \frac{Q+\beta w}{2\beta}, \quad S^{RY} = \frac{\phi V_R^{RY'}(G)}{k_S(1-\mu)} \tag{B3}$$

将式（B3）代入式（B1）中化简，然后将式（B1）右端分别对 w、Z 和 A 求一阶偏导数，由一阶条件可得：

$$w^{RY} = \frac{Q}{2\beta}, \quad Z^{RY} = \frac{\gamma V_M^{RY'}(g)}{k_Z}, \quad A^{RY} = \frac{\varphi V_M^{RY'}(G)}{k_A(1-\eta)} \tag{B4}$$

将 $w^{RY} = \dfrac{Q}{2\beta}$ 代入 $p^{RY} = \dfrac{Q+\beta w}{2\beta}$ 中化简得到 $p^{RY} = \dfrac{3Q}{4\beta}$。然后将式（B4）、$p^{RY} = \dfrac{3Q}{4\beta}$ 和 $S^{RY} = \dfrac{\phi V_R^{RY'}(G)}{k_S(1-\mu)}$ 代入式（B1）和式（B2）中，化简整理可得：

$$\rho V_M^{RY} = \max_{\mu} \left\{ \begin{array}{c} [\lambda V_M^{RY'}(G) - \delta V_M^{RY'}(g)]g + \left[\dfrac{Q^2\theta}{8\beta} - \varepsilon V_M^{RY'}(G) \right]G + \dfrac{\gamma^2 V_M^{RY'}(g)^2}{2k_Z} \\ + \dfrac{\varphi^2 V_M^{RY'}(G)^2}{2k_A(1-\eta)} - \dfrac{\mu \phi^2 V_R^{RY'}(G)^2}{2k_S(1-\mu)^2} + \dfrac{\phi^2 V_M^{RY'}(G)V_R^{RY'}(G)}{k_S(1-\mu)} \end{array} \right\} \tag{B5}$$

$$\rho V_{\mathrm{R}}^{\mathrm{RY}} = \max_{\eta} \left\{ \begin{array}{l} \left[\lambda V_{\mathrm{R}}^{\mathrm{RY'}}(G) - \delta V_{\mathrm{R}}^{\mathrm{RY'}}(g)\right]g + \left[\dfrac{Q^2\theta}{16\beta} - \varepsilon V_{\mathrm{R}}^{\mathrm{RY'}}(G)\right]G + \dfrac{\phi^2 V_{\mathrm{R}}^{\mathrm{RY'}}(G)^2}{2k_{\mathrm{S}}(1-\mu)} \\[4mm] -\dfrac{\eta \varphi^2 V_{\mathrm{M}}^{\mathrm{RY'}}(G)^2}{2k_{\mathrm{A}}(1-\eta)^2} + \dfrac{\gamma^2 V_{\mathrm{R}}^{\mathrm{RY'}}(g)V_{\mathrm{M}}^{\mathrm{RY'}}(g)}{k_{\mathrm{Z}}} + \dfrac{\varphi^2 V_{\mathrm{R}}^{\mathrm{RY'}}(G)V_{\mathrm{M}}^{\mathrm{RY'}}(G)}{k_{\mathrm{A}}(1-\eta)} \end{array} \right\} \tag{B6}$$

进一步，确定 μ 和 η 以使式（B5）和式（B6）右端最大化，可得：

$$\eta^{\mathrm{RY}} = \frac{2V_{\mathrm{R}}^{\mathrm{RY'}}(G) - V_{\mathrm{M}}^{\mathrm{RY'}}(G)}{2V_{\mathrm{R}}^{\mathrm{RY'}}(G) + V_{\mathrm{M}}^{\mathrm{RY'}}(G)}, \quad \mu^{\mathrm{RY}} = \frac{2V_{\mathrm{M}}^{\mathrm{RY'}}(G) - V_{\mathrm{R}}^{\mathrm{RY'}}(G)}{2V_{\mathrm{M}}^{\mathrm{RY'}}(G) + V_{\mathrm{R}}^{\mathrm{RY'}}(G)} \tag{B7}$$

将式（B7）代入 $S^{\mathrm{RY}} = \dfrac{\phi V_{\mathrm{R}}^{\mathrm{RY'}}(G)}{k_{\mathrm{S}}(1-\mu)}$ 和 $A^{\mathrm{RY}} = \dfrac{\varphi V_{\mathrm{M}}^{\mathrm{RY'}}(G)}{k_{\mathrm{A}}(1-\eta)}$ 中化简可得：

$$S^{\mathrm{RY}} = \frac{\phi\left[2V_{\mathrm{M}}^{\mathrm{RY'}}(G) + V_{\mathrm{R}}^{\mathrm{RY'}}(G)\right]}{2k_{\mathrm{S}}}, \quad A^{\mathrm{RY}} = \frac{\varphi\left[V_{\mathrm{M}}^{\mathrm{RY'}}(G) + 2V_{\mathrm{R}}^{\mathrm{RY'}}(G)\right]}{2k_{\mathrm{A}}} \tag{B8}$$

然后，将上述所得的 w^{RY}、p^{RY}、Z^{RY}、A^{RY}、S^{RY}、μ^{RY} 和 η^{RY} 代入式（B5）和式（B6）中，化简整理可得：

$$\rho V_{\mathrm{M}}^{\mathrm{RY}} = \left[\lambda V_{\mathrm{M}}^{\mathrm{RY'}}(G) - \delta V_{\mathrm{M}}^{\mathrm{RY'}}(g)\right]g + \left[\frac{Q^2\theta}{8\beta} - \varepsilon V_{\mathrm{M}}^{\mathrm{RY'}}(G)\right]G + \frac{\gamma^2 V_{\mathrm{M}}^{\mathrm{RY'}}(g)^2}{2k_{\mathrm{Z}}}$$
$$+ \frac{\varphi^2 V_{\mathrm{M}}^{\mathrm{RY'}}(G)\left[V_{\mathrm{M}}^{\mathrm{RY'}}(G) + 2V_{\mathrm{R}}^{\mathrm{RY'}}(G)\right]}{4k_{\mathrm{A}}} + \frac{\phi^2\left[2V_{\mathrm{M}}^{\mathrm{RY'}}(G) + V_{\mathrm{R}}^{\mathrm{RY'}}(G)\right]^2}{8k_{\mathrm{S}}} \tag{B9}$$

$$\rho V_{\mathrm{R}}^{\mathrm{RY}} = \left[\lambda V_{\mathrm{R}}^{\mathrm{RY'}}(G) - \delta V_{\mathrm{R}}^{\mathrm{RY'}}(g)\right]g + \left[\frac{Q^2\theta}{16\beta} - \varepsilon V_{\mathrm{R}}^{\mathrm{RY'}}(G)\right]G + \frac{\gamma^2 V_{\mathrm{M}}^{\mathrm{RY'}}(g)V_{\mathrm{R}}^{\mathrm{RY'}}(g)}{k_{\mathrm{Z}}}$$
$$+ \frac{\phi^2 V_{\mathrm{R}}^{\mathrm{RY'}}(G)\left[2V_{\mathrm{M}}^{\mathrm{RY'}}(G) + V_{\mathrm{R}}^{\mathrm{RY'}}(G)\right]}{4k_{\mathrm{S}}} + \frac{\varphi^2\left[V_{\mathrm{M}}^{\mathrm{RY'}}(G) + 2V_{\mathrm{R}}^{\mathrm{RY'}}(G)\right]^2}{8k_{\mathrm{A}}} \tag{B10}$$

根据式（B9）和式（B10）的形式结构，可以假设 $V_{\mathrm{M}}^{\mathrm{RY}} = a_1^{\mathrm{RY}}g^{\mathrm{RY}} + a_2^{\mathrm{RY}}G^{\mathrm{RY}} + a_3^{\mathrm{RY}}$ 和 $V_{\mathrm{R}}^{\mathrm{RY}} = a_4^{\mathrm{RY}}g^{\mathrm{RY}} + a_5^{\mathrm{RY}}G^{\mathrm{RY}} + a_6^{\mathrm{RY}}$，其中 $a_1^{\mathrm{RY}} \sim a_6^{\mathrm{RY}}$ 为未知常数。显然有，$V_{\mathrm{M}}^{\mathrm{RY'}}(g) = a_1^{\mathrm{RY}}$、$V_{\mathrm{M}}^{\mathrm{RY'}}(G) = a_2^{\mathrm{RY}}$、$V_{\mathrm{R}}^{\mathrm{RY'}}(g) = a_4^{\mathrm{RY}}$ 和 $V_{\mathrm{R}}^{\mathrm{RY'}}(G) = a_5^{\mathrm{RY}}$。然后将其代入式（B9）和式（B10）中，根据恒等关系确定参数 $a_1^{\mathrm{RY}^*} \sim a_6^{\mathrm{RY}^*}$，从而得到式（4.23）和式（4.24）。紧接着，将 $a_1^{\mathrm{RY}^*} \sim a_6^{\mathrm{RY}^*}$ 代入式（B4）、式（B7）和式（B8）中，可以解得 Z^{RY^*}、A^{RY^*}、S^{RY^*}、μ^{RY^*} 和 η^{RY^*}。最后，进一步计算可以解得产品绿色度和品牌商誉的最优轨迹，如式（4.21）和式（4.22）所示。证毕。

命题 4.3 的证明

证明：分别用 $V_{\mathrm{M}}^{\mathrm{PN}}$ 和 $V_{\mathrm{R}}^{\mathrm{PN}}$ 表示 PN 模型下制造商和零售商的利润最优值函数。根据贝尔曼动态最优化原理，$V_{\mathrm{M}}^{\mathrm{PN}}$ 和 $V_{\mathrm{R}}^{\mathrm{PN}}$ 对于任意的 $g \geqslant 0$ 与 $G \geqslant 0$ 均分别满足 HJB 方程：

$$\rho V_{\mathrm{M}}^{\mathrm{PN}} = \max_{p,Z,A} \begin{bmatrix} (1-\tau)\,p\,\theta G(Q-\beta p) - k_Z Z^2/2 - k_A A^2/2 + V_{\mathrm{M}}^{\mathrm{PN}\prime}(g)(\gamma Z - \delta g) \\ + V_{\mathrm{M}}^{\mathrm{PN}\prime}(G)(\varphi A + \phi S + \lambda g - \varepsilon G) \end{bmatrix} \tag{B11}$$

$$\rho V_{\mathrm{R}}^{\mathrm{PN}} = \max_{S} \begin{bmatrix} \tau\,p\,\theta G(Q-\beta p) - k_S S^2/2 + V_{\mathrm{R}}^{\mathrm{PN}\prime}(g)(\gamma Z - \delta g) \\ + V_{\mathrm{R}}^{\mathrm{PN}\prime}(G)(\varphi A + \phi S + \lambda g - \varepsilon G) \end{bmatrix} \tag{B12}$$

采用逆向归纳法求解，首先将式（B12）右端对 S 求一阶偏导数，由一阶条件可得：

$$S^{\mathrm{PN}} = \frac{\phi V_{\mathrm{R}}^{\mathrm{RY}\prime}(G)}{k_S} \tag{B13}$$

将式（B13）代入式（B11），并确定 p、Z 和 A 以使式（B11）右端最大化，得到：

$$p^{\mathrm{PN}} = \frac{Q}{2\beta},\ Z^{\mathrm{PN}} = \frac{\gamma V_{\mathrm{M}}^{\mathrm{RY}\prime}(g)}{k_Z},\ A^{\mathrm{PN}} = \frac{\varphi V_{\mathrm{M}}^{\mathrm{RY}\prime}(G)}{k_A} \tag{B14}$$

将式（B13）和式（B14）代入式（B11）与式（B12）中，化简整理可得：

$$\rho V_{\mathrm{M}}^{\mathrm{PN}} = \left[\lambda V_{\mathrm{M}}^{\mathrm{PN}\prime}(G) - \delta V_{\mathrm{M}}^{\mathrm{PN}\prime}(g)\right]g + \left[\frac{Q^2\theta(1-\tau)}{4\beta} - \varepsilon V_{\mathrm{M}}^{\mathrm{PN}\prime}(G)\right]G$$
$$+ \frac{\gamma^2 V_{\mathrm{M}}^{\mathrm{RY}\prime}(g)^2}{2k_Z} + \frac{\varphi^2 V_{\mathrm{M}}^{\mathrm{RY}\prime}(G)^2}{2k_A} + \frac{\phi^2 V_{\mathrm{M}}^{\mathrm{PN}\prime}(G)V_{\mathrm{R}}^{\mathrm{RY}\prime}(G)}{k_S} \tag{B15}$$

$$\rho V_{\mathrm{R}}^{\mathrm{PN}} = \left[\lambda V_{\mathrm{R}}^{\mathrm{PN}\prime}(G) - \delta V_{\mathrm{R}}^{\mathrm{PN}\prime}(g)\right]g + \left[\frac{\tau Q^2\theta}{4\beta} - \varepsilon V_{\mathrm{R}}^{\mathrm{PN}\prime}(G)\right]G$$
$$+ \frac{\phi^2 V_{\mathrm{R}}^{\mathrm{RY}\prime}(G)^2}{2k_S} + \frac{\gamma^2 V_{\mathrm{M}}^{\mathrm{RY}\prime}(g)V_{\mathrm{R}}^{\mathrm{PN}\prime}(g)}{k_Z} + \frac{\varphi^2 V_{\mathrm{M}}^{\mathrm{RY}\prime}(G)V_{\mathrm{R}}^{\mathrm{PN}\prime}(G)}{k_A} \tag{B16}$$

根据式（B15）和式（B16）的形式结构，可以假设 $V_{\mathrm{M}}^{\mathrm{PN}} = a_1^{\mathrm{PN}} g^{\mathrm{PN}} + a_2^{\mathrm{PN}} G^{\mathrm{PN}} + a_3^{\mathrm{PN}}$ 和 $V_{\mathrm{R}}^{\mathrm{PN}} = a_4^{\mathrm{PN}} g^{\mathrm{PN}} + a_5^{\mathrm{PN}} G^{\mathrm{PN}} + a_6^{\mathrm{PN}}$，其中 $a_1^{\mathrm{PN}} \sim a_6^{\mathrm{PN}}$ 为未知系数。显然有，$V_{\mathrm{M}}^{\mathrm{PN}\prime}(g) = a_1^{\mathrm{PN}}$、$V_{\mathrm{M}}^{\mathrm{PN}\prime}(G) = a_2^{\mathrm{PN}}$、$V_{\mathrm{R}}^{\mathrm{PN}\prime}(g) = a_4^{\mathrm{PN}}$ 和 $V_{\mathrm{R}}^{\mathrm{PN}\prime}(G) = a_5^{\mathrm{PN}}$，将其代入式（B15）和式（B16）中化简整理，根据恒等关系可以确定 $a_1^{\mathrm{PN}*} \sim a_6^{\mathrm{PN}*}$。然后，将 $a_1^{\mathrm{PN}*} \sim a_6^{\mathrm{PN}*}$ 代入式（B13）和式（B14）中，可以解得 $S^{\mathrm{PN}*}$、$Z^{\mathrm{PN}*}$ 和 $A^{\mathrm{PN}*}$，进一步求解可得产品绿色度和品牌商誉的最优轨迹，如式（4.28）和式（4.29）所示。证毕。

命题 4.4 的证明

证明：分别用 $V_{\mathrm{M}}^{\mathrm{PY}}$ 和 $V_{\mathrm{R}}^{\mathrm{PY}}$ 表示 PY 模型下制造商和零售商的利润最优值函数。根据贝尔曼动态最优化原理，$V_{\mathrm{M}}^{\mathrm{PY}}$ 和 $V_{\mathrm{R}}^{\mathrm{PY}}$ 对于任意的 $g \geqslant 0$ 与 $G \geqslant 0$ 均分别满足 HJB 方程：

$$\rho V_{\mathrm{M}}^{\mathrm{PY}} = \max_{p,Z,A,\mu} \begin{bmatrix} (1-\tau)\,p\,\theta G(Q-\beta p) - k_Z Z^2/2 - (1-\eta)k_A A^2/2 - \mu k_S S^2/2 \\ + V_{\mathrm{M}}^{\mathrm{PY}\prime}(g)(\gamma Z - \delta g) + V_{\mathrm{M}}^{\mathrm{PY}\prime}(G)(\varphi A + \phi S + \lambda g - \varepsilon G) \end{bmatrix} \tag{B17}$$

$$\rho V_{\mathrm{R}}^{\mathrm{PY}} = \max_{S,\eta} \begin{bmatrix} \tau p\theta G(Q-\beta p) - (1-\mu)k_S S^2/2 - \eta k_A A^2/2 \\ + V_{\mathrm{R}}^{\mathrm{PY}\prime}(g)(\gamma Z - \delta g) + V_{\mathrm{R}}^{\mathrm{PY}\prime}(G)(\varphi A + \phi S + \lambda g - \varepsilon G) \end{bmatrix} \tag{B18}$$

采用逆向归纳法求解，首先将式（B18）右端对 S 求一阶偏导数，由一阶条件可得：

$$S^{\mathrm{PY}} = \frac{\phi V_{\mathrm{R}}^{\mathrm{PY}\prime}(G)}{k_S(1-\mu)} \tag{B19}$$

将式（B17）右端分别对 p、Z 和 A 求一阶偏导数，由一阶条件可得：

$$p^{\mathrm{PY}} = \frac{Q}{2\beta}, \; Z^{\mathrm{PY}} = \frac{\gamma V_{\mathrm{M}}^{\mathrm{RY}\prime}(g)}{k_Z}, \; A^{\mathrm{PY}} = \frac{\varphi V_{\mathrm{M}}^{\mathrm{PY}\prime}(G)}{k_A(1-\eta)} \tag{B20}$$

将式（B19）和式（B20）代入式（B17）与式（B18）中，化简整理可得：

$$\rho V_{\mathrm{M}}^{\mathrm{PY}} = \max_{\mu} \left\{ \begin{aligned} & [\lambda V_{\mathrm{M}}^{\mathrm{PY}\prime}(G) - \delta V_{\mathrm{M}}^{\mathrm{PY}\prime}(g)]g + \left[\frac{Q^2\theta(1-\tau)}{4\beta} - \varepsilon V_{\mathrm{M}}^{\mathrm{PY}\prime}(G)\right]G \\ & + \frac{\gamma^2 V_{\mathrm{M}}^{\mathrm{RY}\prime}(g)^2}{2k_Z} + \frac{\varphi^2 V_{\mathrm{M}}^{\mathrm{PY}\prime}(G)^2}{2k_A(1-\eta)} - \frac{\mu\phi^2 V_{\mathrm{R}}^{\mathrm{PY}\prime}(G)^2}{2k_S(1-\mu)^2} \\ & + \frac{\phi^2 V_{\mathrm{M}}^{\mathrm{PY}\prime}(G)V_{\mathrm{R}}^{\mathrm{PY}\prime}(G)}{k_S(1-\mu)} \end{aligned} \right\} \tag{B21}$$

$$\rho V_{\mathrm{R}}^{\mathrm{PY}} = \max_{\eta} \left\{ \begin{aligned} & [\lambda V_{\mathrm{R}}^{\mathrm{PY}\prime}(G) - \delta V_{\mathrm{R}}^{\mathrm{PY}\prime}(g)]g + \left[\frac{\tau Q^2}{4\beta}\theta - \varepsilon V_{\mathrm{R}}^{\mathrm{PY}\prime}(G)\right]G \\ & + \frac{\phi^2 V_{\mathrm{R}}^{\mathrm{PY}\prime}(G)^2}{2k_S(1-\mu)} - \frac{\eta\varphi^2 V_{\mathrm{M}}^{\mathrm{PY}\prime}(G)^2}{2k_A(1-\eta)^2} + \frac{\gamma^2 V_{\mathrm{M}}^{\mathrm{RY}\prime}(g)V_{\mathrm{R}}^{\mathrm{PY}\prime}(g)}{k_Z} \\ & + \frac{\varphi^2 V_{\mathrm{M}}^{\mathrm{PY}\prime}(G)V_{\mathrm{R}}^{\mathrm{PY}\prime}(G)}{k_A(1-\eta)} \end{aligned} \right\} \tag{B22}$$

进一步，确定 μ 和 η 使式（B21）和式（B22）的右端最大化，得出：

$$\eta^{\mathrm{PY}} = \frac{2V_{\mathrm{R}}^{\mathrm{PY}\prime}(G) - V_{\mathrm{M}}^{\mathrm{PY}\prime}(G)}{2V_{\mathrm{R}}^{\mathrm{PY}\prime}(G) + V_{\mathrm{M}}^{\mathrm{PY}\prime}(G)}, \; \mu^{\mathrm{PY}} = \frac{2V_{\mathrm{M}}^{\mathrm{PY}\prime}(G) - V_{\mathrm{R}}^{\mathrm{PY}\prime}(G)}{2V_{\mathrm{M}}^{\mathrm{PY}\prime}(G) + V_{\mathrm{R}}^{\mathrm{PY}\prime}(G)} \tag{B23}$$

将式（B23）代入式（B19）和式（B20）中化简可得：

$$S^{\mathrm{PY}} = \frac{\phi[2V_{\mathrm{M}}^{\mathrm{PY}\prime}(G) + V_{\mathrm{R}}^{\mathrm{PY}\prime}(G)]}{2k_S}, \; A^{\mathrm{PY}} = \frac{\varphi[V_{\mathrm{M}}^{\mathrm{PY}\prime}(G) + 2V_{\mathrm{R}}^{\mathrm{PY}\prime}(G)]}{2k_A} \tag{B24}$$

将式（B23）代入式（B21）和式（B22）中，化简整理可得：

$$\rho V_{\mathrm{M}}^{\mathrm{PY}} = [\lambda V_{\mathrm{M}}^{\mathrm{PY}'}(G) - \delta V_{\mathrm{M}}^{\mathrm{PY}'}(g)]g + \left[\frac{Q^2\theta(1-\tau)}{4\beta} - \varepsilon V_{\mathrm{M}}^{\mathrm{PY}'}(G)\right]G + \frac{\gamma^2 V_{\mathrm{M}}^{\mathrm{RY}'}(g)^2}{2k_{\mathrm{Z}}}$$

$$+ \frac{\varphi^2 V_{\mathrm{M}}^{\mathrm{PY}'}(G)[V_{\mathrm{M}}^{\mathrm{PY}'}(G) + 2V_{\mathrm{R}}^{\mathrm{PY}'}(G)]}{4k_{\mathrm{A}}} + \frac{\phi^2[2V_{\mathrm{M}}^{\mathrm{PY}'}(G) + V_{\mathrm{R}}^{\mathrm{PY}'}(G)]^2}{8k_{\mathrm{S}}} \tag{B25}$$

$$\rho V_{\mathrm{R}}^{\mathrm{PY}} = [\lambda V_{\mathrm{R}}^{\mathrm{PY}'}(G) - \delta V_{\mathrm{R}}^{\mathrm{PY}'}(g)]g + \left[\frac{\tau Q^2\theta}{4\beta} - \varepsilon V_{\mathrm{R}}^{\mathrm{PY}'}(G)\right]G + \frac{\gamma^2 V_{\mathrm{M}}^{\mathrm{RY}'}(g)V_{\mathrm{R}}^{\mathrm{PY}'}(g)}{k_{\mathrm{Z}}}$$

$$+ \frac{\phi^2 V_{\mathrm{R}}^{\mathrm{PY}'}(G)[2V_{\mathrm{M}}^{\mathrm{PY}'}(G) + V_{\mathrm{R}}^{\mathrm{PY}'}(G)]}{4k_{\mathrm{S}}} + \frac{\varphi^2[V_{\mathrm{M}}^{\mathrm{PY}'}(G) + 2V_{\mathrm{R}}^{\mathrm{PY}'}(G)]^2}{8k_{\mathrm{A}}} \tag{B26}$$

根据式（B25）和式（B26）的形式结构，可以假设 $V_{\mathrm{M}}^{\mathrm{PY}} = a_1^{\mathrm{PY}} g^{\mathrm{PY}} + a_2^{\mathrm{PY}} G^{\mathrm{PY}} + a_3^{\mathrm{PY}}$ 和 $V_{\mathrm{R}}^{\mathrm{PY}} = a_4^{\mathrm{PY}} g^{\mathrm{PY}} + a_5^{\mathrm{PY}} G^{\mathrm{PY}} + a_6^{\mathrm{PY}}$。后续证明过程与上述命题 4.3 的相似，不再赘述。证毕。

推论 4.6 的证明

证明：采用作差法可得：

$$V_{\mathrm{M}}^{\mathrm{PC}*} - V_{\mathrm{M}}^{\mathrm{PN}*} = \frac{\tau Q^4\theta^2(1-\tau)\gamma^2\lambda^2[2\rho(\varepsilon+\rho) + \delta(\varepsilon+2\rho)]}{32\beta^2\delta\varepsilon\rho(\delta+\rho)^2(\varepsilon+\rho)^2 k_{\mathrm{Z}}}$$

$$+ \frac{Q^4\theta^2(1-\tau)(\varepsilon+2\rho)\tau\varphi^2}{32\beta^2\varepsilon\rho(\varepsilon+\rho)^2 k_{\mathrm{A}}} + \frac{Q^4\theta^2\phi^2(1-\tau)[\varepsilon+2\rho-2(\varepsilon+\rho)\tau]}{32\beta^2\varepsilon\rho(\varepsilon+\rho)^2 k_{\mathrm{S}}}, \text{所以当}$$

$\varepsilon + 2\rho - 2(\varepsilon+\rho)\tau \geqslant 0$，即 $\tau \leqslant \dfrac{\varepsilon+2\rho}{2(\varepsilon+\rho)}$ 时，必有 $V_{\mathrm{M}}^{\mathrm{PC}*} - V_{\mathrm{M}}^{\mathrm{C}*} \geqslant 0$。

同理可得：

$$V_{\mathrm{R}}^{\mathrm{PC}*} - V_{\mathrm{R}}^{\mathrm{C}*} = \frac{Q^4\theta^2\tau\gamma^2\lambda^2[2(\delta+\rho)(\varepsilon+\rho)\tau - \delta\varepsilon]}{32\beta^2\delta\varepsilon\rho(\delta+\rho)^2(\varepsilon+\rho)^2 k_{\mathrm{Z}}} + \frac{Q^4\theta^2\tau(\varepsilon+2\rho)(1-\tau)\varphi^2}{32\beta^2\varepsilon\rho(\varepsilon+\rho)^2 k_{\mathrm{S}}} +$$

$\dfrac{Q^4\theta^2\tau(\delta+\rho)^2[2(\varepsilon+\varphi)\tau-\varepsilon]\varphi^2}{32\beta^2\varepsilon\rho(\delta+\rho)^2(\varepsilon+\rho)^2 k_{\mathrm{A}}}$，所以当 $\begin{cases} 2(\delta+\rho)(\varepsilon+\rho)\tau - \delta\varepsilon \geqslant 0 \\ 2(\varepsilon+\rho)\tau - \varepsilon \geqslant 0 \end{cases}$，即 $\dfrac{\varepsilon}{2(\varepsilon+\rho)} \leqslant \tau$ 时，必有 $V_{\mathrm{R}}^{\mathrm{PC}*} - V_{\mathrm{R}}^{\mathrm{C}*} \geqslant 0$。

综上所述，当 $\dfrac{\varepsilon}{2(\varepsilon+\rho)} \leqslant \tau \leqslant \dfrac{\varepsilon+2\rho}{2(\varepsilon+\rho)}$ 时，必然有 $V_{\mathrm{M}}^{\mathrm{PC}*} - V_{\mathrm{M}}^{\mathrm{C}*} \geqslant 0$ 和 $V_{\mathrm{R}}^{\mathrm{PC}*} - V_{\mathrm{R}}^{\mathrm{C}*} \geqslant 0$。证毕。

在表 B1 和表 B2 中，$\varUpsilon_1 = (1+\beta^2)(1-\alpha)^2 + 2\alpha(\alpha+2\beta-2\alpha\beta)$，$\varUpsilon_2 = 1 - 2\alpha(1-\alpha)(1-\beta) + \alpha\tau[2+(1-\alpha)(1-\beta)]$，$\varUpsilon_3 = \{2(1-\alpha)(1-\beta^2) - \tau[(2-\beta^2)(1-\alpha)+\alpha\beta]\}[2(1-\alpha)(1-\tau)+\alpha\beta(2-\tau)]$，$\varUpsilon_4 = 4(1-\tau) - \beta^2(2-\tau)^2$，$\varUpsilon_5 = (5+3\beta^2)(1-\alpha)^2 + 8\alpha(\alpha+2\beta-2\alpha\beta)$，$\varUpsilon_6 = \varUpsilon_2\varUpsilon_4(1-\tau)(\varphi^2 k_{\mathrm{S}} + 2\phi^2 k_{\mathrm{A}}) + \tau\varUpsilon_3(2\varphi^2 k_{\mathrm{S}} + \phi^2 k_{\mathrm{A}})$。

不同销售模式下双渠道绿色供应链的均衡策略

表 B1

模型	DRN 模型	DRY 模型	DPN 模型	DPY 模型
w^*	$\dfrac{Q[1-\alpha(1-\beta)]}{2(1-\beta^2)}$	$\dfrac{Q[1-\alpha(1-\beta)]}{2(1-\beta^2)}$	—	—
p_d^*	$\dfrac{Q(\alpha+\beta-\alpha\beta)}{2(1-\beta^2)}$	$\dfrac{Q(\alpha+\beta-\alpha\beta)}{2(1-\beta^2)}$	$\dfrac{(1-\tau)Q[2\alpha+\beta(2-\tau)(1-\alpha)]}{\Upsilon_4}$	$\dfrac{(1-\tau)Q[2\alpha+\beta(2-\tau)(1-\alpha)]}{\Upsilon_4}$
p_r^*	$\dfrac{Q[(1-\alpha)(3-\beta^2)+2\alpha\beta]}{4(1-\beta^2)}$	$\dfrac{Q[(1-\alpha)(3-\beta^2)+2\alpha\beta]}{4(1-\beta^2)}$	$\dfrac{Q[2(1-\alpha)(1-\tau)+\alpha\beta(2-\tau)]}{\Upsilon_4}$	$\dfrac{Q[2(1-\alpha)(1-\tau)+\alpha\beta(2-\tau)]}{\Upsilon_4}$
Z^*	$\dfrac{Q^2\theta\lambda\Upsilon_1}{8k_Z(1-\beta^2)(\delta+\rho)(\epsilon+\rho)}$	$\dfrac{Q^2\theta\lambda\Upsilon_1}{8k_Z(1-\beta^2)(\delta+\rho)(\epsilon+\rho)}$	$\dfrac{Q^2\gamma\theta\lambda(1-\tau)\Upsilon_2}{k_Z(\delta+\rho)(\epsilon+\rho)\Upsilon_4}$	$\dfrac{Q^2\gamma\theta\lambda(1-\tau)\Upsilon_2}{k_Z(\delta+\rho)(\epsilon+\rho)\Upsilon_4}$
A^*	$\dfrac{Q^2\theta\varphi\Upsilon_1}{8k_A(1-\beta^2)(\delta+\rho)(\epsilon+\rho)}$	$\dfrac{Q^2\theta\varphi\Upsilon_1}{8k_A(1-\beta^2)(\delta+\rho)(\epsilon+\rho)}$	$\dfrac{Q^2\theta\varphi(1-\tau)\Upsilon_2}{k_A(\epsilon+\rho)\Upsilon_4}$	$\dfrac{Q^2\theta\varphi[(1-\tau)\Upsilon_2\Upsilon_4+2\tau\Upsilon_3]}{2k_A(\epsilon+\rho)\Upsilon_4^2}$
S^*	$\dfrac{Q^2\theta\phi(1-\alpha)^2}{16k_S(\epsilon+\rho)}$	$\dfrac{Q^2\theta\phi[(5+3\beta^2)(1-\alpha)^2+8\alpha(\alpha+2\beta-2\alpha\beta)]}{32k_S(1-\beta^2)(\epsilon+\rho)}$	$\dfrac{Q^2\theta\varphi\Upsilon_3}{k_S(\epsilon+\rho)\Upsilon_4^2}$	$\dfrac{Q^2\theta\psi[2(1-\tau)\Upsilon_2\Upsilon_4+\tau\Upsilon_3]}{2k_S(\epsilon+\rho)\Upsilon_4^2}$
μ^*	—	$\dfrac{(3+5\beta^2)(1-\alpha)^2+8\alpha(\alpha+2\beta-2\alpha\beta)}{(5+3\beta^2)(1-\alpha)^2+8\alpha(\alpha+2\beta-2\alpha\beta)}$	—	$\dfrac{2(1-\tau)\Upsilon_2\Upsilon_4-\tau\Upsilon_3}{2(1-\tau)\Upsilon_2\Upsilon_4+\tau\Upsilon_3}$
η^*	—	0	—	$\dfrac{2\tau\Upsilon_3-(1-\tau)\Upsilon_2\Upsilon_4}{2\tau\Upsilon_3+(1-\tau)\Upsilon_2\Upsilon_4}$

不同销售模式下双渠道绿色供应链的产品绿色度和品牌商誉 表 B2

	DRN 模型		DRY 模型
$g_\infty^{\text{DRN}^*}$	$\dfrac{Q^2\gamma^2\theta\lambda\Upsilon_1}{8k_Z\delta(1-\beta^2)(\delta+\rho)(\varepsilon+\rho)}$	$g_\infty^{\text{DRY}^*}$	$\dfrac{Q^2\gamma^2\theta\lambda\Upsilon_1}{8k_Z\delta(1-\beta^2)(\delta+\rho)(\varepsilon+\rho)}$
$G_\infty^{\text{DRN}^*}$	$\dfrac{Q^2\theta\left[(1-\alpha)^2(1-\beta^2)\phi^2k_A+2\varphi^2k_S\Upsilon_1\right]}{16k_Ak_S\varepsilon(1-\beta^2)(\varepsilon+\rho)}+\dfrac{\lambda g_\infty^{\text{DRN}^*}}{\varepsilon}$	$G_\infty^{\text{DRY}^*}$	$\dfrac{Q^2\theta(\Upsilon_5\phi^2k_A+4\varphi^2k_S\Upsilon_1)}{32k_Ak_S(1-\beta^2)(\varepsilon+\rho)}+\dfrac{\lambda g_\infty^{\text{DRY}^*}}{\varepsilon}$

	DPN 模型		DPY 模型
$g_\infty^{\text{DPN}^*}$	$\dfrac{Q^2\gamma^2\theta\lambda(1-\tau)\Upsilon_2}{k_Z(\delta+\rho)(\varepsilon+\rho)\Upsilon_4}$	$g_\infty^{\text{DPY}^*}$	$\dfrac{Q^2\gamma^2\theta\lambda(1-\tau)\Upsilon_2}{k_Z(\delta+\rho)(\varepsilon+\rho)\Upsilon_4}$
$G_\infty^{\text{DPN}^*}$	$\dfrac{Q^2\theta\left[\tau\phi^2k_A\Upsilon_3+(1-\tau)\varphi^2k_S\Upsilon_2\Upsilon_4\right]}{k_Ak_S\varepsilon(\varepsilon+\rho)\Upsilon_4^2}+\dfrac{\lambda g_\infty^{\text{DPN}^*}}{\varepsilon}$	$G_\infty^{\text{DPY}^*}$	$\dfrac{Q^2\theta\Upsilon_6}{2k_Ak_S\varepsilon(\varepsilon+\rho)\Upsilon_4^2}+\dfrac{\lambda g_\infty^{\text{DRY}^*}}{\varepsilon}$

(1) 在 DPN 模型中，通过联立求解 $4(1-\tau)-\beta^2(2-\tau)^2>0$ 和 $2(1-\alpha)(1-\beta^2)-\tau\left[(2-\beta^2)(1-\alpha)+\alpha\beta\right]>0$ 可以得到，零售商制定的佣金比例需要同时满足 $\dfrac{1-\tau}{(2-\tau)^2}>\dfrac{\beta^2}{4}$ 且 $\tau<\dfrac{2(1-\alpha)(1-\beta^2)}{(2-\beta^2)(1-\alpha)+\alpha\beta}$。

(2) 在 DPY 模型中，通过联立求解 $2(1-\tau)\left[4(1-\tau)-\beta^2(2-\tau)^2\right]\Upsilon_2-\tau\Upsilon_3>0$，$2\tau\Upsilon_3-(1-\tau)\left[4(1-\tau)-\beta^2(2-\tau)^2\right]\Upsilon_2>0$ 和 $4(1-\tau)-\beta^2(2-\tau)^2>0$ 得到，零售商制定的佣金比例需要同时满足 $\dfrac{1-\tau}{(2-\tau)^2}>\dfrac{\beta^2}{4}$ 且 $\dfrac{\Upsilon_3}{2\Upsilon_2}<\dfrac{(1-\tau)\left[4(1-\tau)-\beta^2(2-\tau)^2\right]}{\tau}<\dfrac{2\Upsilon_3}{\Upsilon_2}$。

推论 4.7 的证明

证明：根据表 B1 可知，$p_r^{\text{DRN}^*}=p_r^{\text{DRY}^*}$，$p_d^{\text{DRN}^*}=p_d^{\text{DRY}^*}$，$Z^{\text{DRN}^*}=Z^{\text{DRY}^*}$，$A^{\text{DRN}^*}=A^{\text{DRY}^*}$，$g_\infty^{\text{DRN}^*}=g_\infty^{\text{DRY}^*}$，$p_r^{\text{DPN}^*}=p_r^{\text{DPY}^*}$，$p_d^{\text{DPN}^*}=p_d^{\text{DPY}^*}$，$Z^{\text{DPN}^*}=Z^{\text{DPY}^*}$，以及 $g_\infty^{\text{DPN}^*}=g_\infty^{\text{DPY}^*}$。此外，由于 $S^{\text{DRY}^*}-S^{\text{DRN}^*}=\dfrac{(3+5\beta^2)(1-\alpha)^2+8\alpha(\alpha+2\beta-2\alpha\beta)}{32k_S(1-\beta^2)(\varepsilon+\rho)}>0$，所以 $S^{\text{DRY}^*}>S^{\text{DRN}^*}$；由于

$G_\infty^{\text{DRY}^*}-G_\infty^{\text{DRN}^*}=\dfrac{Q^2\theta\phi^2\left[(3+5\beta^2)(1-\alpha)^2+8\alpha(\alpha+2\beta-2\alpha\beta)\right]}{32\varepsilon k_S(1-\beta^2)(\varepsilon+\rho)}>0$，所以 $G_\infty^{\text{DRY}^*}>G_\infty^{\text{DRN}^*}$；

在满足 $\dfrac{1-\tau}{(2-\tau)^2}>\dfrac{\beta^2}{4}$ 且 $\dfrac{\Upsilon_3}{2\Upsilon_2}<\dfrac{(1-\tau)\left[4(1-\tau)-\beta^2(2-\tau)^2\right]}{\tau}<\dfrac{2\Upsilon_3}{\Upsilon_2}$ 的条件下，由于

$A^{\text{DPY}^*}-A^{\text{DPN}^*}=\dfrac{Q^2\theta\varphi\left[2\tau\Upsilon_3-(1-\tau)\Upsilon_2\Upsilon_4\right]}{2k_A(\varepsilon+\rho)\Upsilon_4^2}$，$S^{\text{DPY}^*}-S^{\text{DPN}^*}=\dfrac{Q^2\theta\varphi\left[2(1-\tau)\Upsilon_2\Upsilon_4-\tau\Upsilon_3\right]}{2k_S(\varepsilon+\rho)\Upsilon_4^2}$，

$G_\infty^{\text{DPY}^*}-G_\infty^{\text{DPN}^*}=\dfrac{Q^2\theta\phi\left\{\left[2\tau\Upsilon_3-(1-\tau)\Upsilon_2\Upsilon_4\right]+\left[2(1-\tau)\Upsilon_2\Upsilon_4-\tau\Upsilon_3\right]\right\}}{2\varepsilon(\varepsilon+\rho)k_Ak_S\Upsilon_4^2}$，所以 $A^{\text{DPY}^*}-$

$A^{\mathrm{DPN}^*}>0, S^{\mathrm{DPY}^*}-S^{\mathrm{DPN}^*}>0, G_\infty^{\mathrm{DPY}^*}-G_\infty^{\mathrm{DPN}^*}>0$，即 $A^{\mathrm{DPY}^*}>A^{\mathrm{DPN}^*}$，$S^{\mathrm{DPY}^*}>S^{\mathrm{DPN}^*}$，$G_\infty^{\mathrm{DPY}^*}>G_\infty^{\mathrm{DPN}^*}$。证毕。

推论 4.8 的证明

证明：根据表 B1 中的均衡策略，由于 $w^{\mathrm{DRN}^*}=w^{\mathrm{DRY}^*}$，$p_\mathrm{r}^{\mathrm{DRN}^*}=p_\mathrm{r}^{\mathrm{DRY}^*}$，$p_\mathrm{d}^{\mathrm{DRN}^*}=p_\mathrm{d}^{\mathrm{DRY}^*}$，$Z^{\mathrm{DRN}^*}=Z^{\mathrm{DRY}^*}$，$A^{\mathrm{DRN}^*}=A^{\mathrm{DRY}^*}$，所以仅需证明 α 对 w^{DRN^*}、$p_\mathrm{r}^{\mathrm{DRN}^*}$、$p_\mathrm{d}^{\mathrm{DRN}^*}$、$Z^{\mathrm{DRN}^*}$ 和 A^{DRN^*} 的影响即可。通过求解一阶导数可知，$\dfrac{\partial w^{\mathrm{DRN}^*}}{\partial\alpha}=-\dfrac{Q(1-\beta)}{2(1-\beta^2)}<0$，$\dfrac{\partial p_\mathrm{d}^{\mathrm{DRN}^*}}{\partial\alpha}=\dfrac{Q(1-\beta)}{2(1-\beta^2)}>0$，$\dfrac{\partial p_\mathrm{r}^{\mathrm{DRN}^*}}{\partial\alpha}=-\dfrac{Q(3-2\beta-\beta^2)}{4(1-\beta^2)}<0$；由于 $\dfrac{\partial Z^{\mathrm{DRN}^*}}{\partial\alpha}=-\dfrac{Q^2[1+\alpha(-3+\beta)-\beta]\gamma\theta\lambda}{4k_Z(1+\beta)(\delta+\rho)(\varepsilon+\rho)}$ 难以直接判断正负，所以进一步求解可得 $\dfrac{\partial^2 Z^{\mathrm{DRN}^*}}{\partial\alpha^2}=\dfrac{Q^2(3-\beta)\gamma\theta\lambda}{4k_Z(1+\beta)(\delta+\rho)(\varepsilon+\rho)}>0$，并且令 $\dfrac{\partial Z^{\mathrm{DRN}^*}}{\partial\alpha}=0$，解得 $\alpha=\dfrac{1-\beta}{3-\beta}$，由此当 $0<\alpha\leqslant\dfrac{1-\beta}{3-\beta}$ 时，$\dfrac{\partial Z^{\mathrm{DRN}^*}}{\partial\alpha}\leqslant0$，反之当 $\dfrac{1-\beta}{3-\beta}<\alpha<1$ 时，$\dfrac{\partial Z^{\mathrm{DRN}^*}}{\partial\alpha}>0$；同理，由于 $\dfrac{\partial A^{\mathrm{DRN}^*}}{\partial\alpha}=-\dfrac{Q^2[1+\alpha(-3+\beta)-\beta]\theta\varphi}{4k_A(1+\beta)(\varepsilon+\rho)}$，所以当 $0<\alpha\leqslant\dfrac{1-\beta}{3-\beta}$ 时，$\dfrac{\partial A^{\mathrm{DRN}^*}}{\partial\alpha}\leqslant0$，反之当 $\dfrac{1-\beta}{3-\beta}<\alpha<1$ 时，$\dfrac{\partial A^{\mathrm{DRN}^*}}{\partial\alpha}>0$。由于 $S^{\mathrm{DRN}^*}\neq S^{\mathrm{DRY}^*}$，所以二者需要分别证明。可知 $\dfrac{\partial S^{\mathrm{DRN}^*}}{\partial\alpha}=-\dfrac{Q^2(1-\alpha)\theta\phi}{8k_S(\varepsilon+\rho)}<0$；由于 $\dfrac{\partial S^{\mathrm{DRY}^*}}{\partial\alpha}=-\dfrac{Q^2[5-3\beta+\alpha(-13+3\beta)]\theta\phi}{16k_S(1+\beta)(\varepsilon+\rho)}$，所以进一步求解二阶导数 $\dfrac{\partial^2 S^{\mathrm{DRY}^*}}{\partial\alpha^2}=\dfrac{Q^2(13-3\beta)\theta\phi}{16k_S(1+\beta)(\varepsilon+\rho)}>0$，并且令 $\dfrac{\partial S^{\mathrm{DRY}^*}}{\partial\alpha}=0$，解得 $\alpha=\dfrac{5-3\beta}{13-3\beta}$，由此当 $0<\alpha\leqslant\dfrac{5-3\beta}{13-3\beta}$ 时，$\dfrac{\partial S^{\mathrm{DRY}^*}}{\partial\alpha}\leqslant0$，反之当 $\dfrac{5-3\beta}{13-3\beta}<\alpha<1$ 时，$\dfrac{\partial S^{\mathrm{DRY}^*}}{\partial\alpha}>0$。此外，可证 $\dfrac{\partial\mu^{\mathrm{DRY}^*}}{\partial\alpha}=\dfrac{32(1-\alpha)[\alpha(1-\beta)+\beta](1-\beta^2)}{[(5+3\beta^2)(1-\alpha)^2+8\alpha(\alpha+2\beta-2\alpha\beta)]^2}>0$。证毕。

推论 4.9 的证明

证明：根据表 B1 中的均衡策略，由于 $p_\mathrm{r}^{\mathrm{DPN}^*}=p_\mathrm{r}^{\mathrm{DPY}^*}$，$p_\mathrm{d}^{\mathrm{DPN}^*}=p_\mathrm{d}^{\mathrm{DPY}^*}$，$Z^{\mathrm{DPN}^*}=Z^{\mathrm{DPY}^*}$，所以仅需证明 α 对 $p_\mathrm{r}^{\mathrm{DPN}^*}$、$p_\mathrm{d}^{\mathrm{DPN}^*}$ 和 Z^{DPN^*} 的影响。$\dfrac{\partial p_\mathrm{d}^{\mathrm{DPN}^*}}{\partial\alpha}=\dfrac{Q[2-\beta(2-\tau)](1-\tau)}{\Upsilon_4}>0$；由于 $\dfrac{\partial p_\mathrm{r}^{\mathrm{DPN}^*}}{\partial\alpha}=-\dfrac{Q[2-\beta(2-\tau)-2\tau]}{\Upsilon_4}$，令 $\dfrac{\partial p_\mathrm{r}^{\mathrm{DPN}^*}}{\partial\alpha}=0$，解得 $\tau=\dfrac{2(1-\beta)}{2-\beta}$，由此可知在 $\tau\leqslant\dfrac{2(1-\beta)}{2-\beta}$ 的情况下，$\dfrac{\partial p_\mathrm{r}^{\mathrm{DPN}^*}}{\partial\alpha}\leqslant0$，反之在 $\tau>\dfrac{2(1-\beta)}{2-\beta}$ 的情况下，$\dfrac{\partial p_\mathrm{r}^{\mathrm{DPN}^*}}{\partial\alpha}>0$。

由于 $\dfrac{\partial Z^{\text{DPN}^*}}{\partial \alpha} = \dfrac{Q^2 \gamma \theta \lambda (1-\tau)[2\alpha(1-\beta)(2-\tau)+(2-\beta)\tau-2(1-\beta)]}{k_Z(\delta+\rho)(\varepsilon+\rho)\Upsilon_4}$ 难以直接判断

正负，所以进一步求解二阶导数 $\dfrac{\partial^2 Z^{\text{DPN}^*}}{\partial \alpha^2} = \dfrac{2Q^2 \gamma \theta \lambda (1-\beta)(2-\tau)(1-\tau)}{k_Z(\delta+\rho)(\varepsilon+\rho)\Upsilon_4} > 0$，并且令

$\dfrac{\partial Z^{\text{DPN}^*}}{\partial \alpha} = 0$，得到 $\alpha = \dfrac{2+\beta(-2+\tau)-2\tau}{2(1-\beta)(2-\tau)}$；由于 $\alpha = \dfrac{2+\beta(-2+\tau)-2\tau}{2(1-\beta)(2-\tau)}$ 难以直接判断

正负，所以进一步求解可得 $\dfrac{\partial \alpha}{\partial \tau} = -\dfrac{1}{(1-\beta)(2-\tau)^2} < 0$，所以 $\dfrac{2+\beta(-2+\tau)-2\tau}{2(1-\beta)(2-\tau)}$ 是关于

τ 的减函数；然后令 $\dfrac{2+\beta(-2+\tau)-2\tau}{2(1-\beta)(2-\tau)} = 0$，得到 $\tau = \dfrac{2(1-\beta)}{2-\beta}$；最后通过归纳整理可

得，在 $\tau \leqslant \dfrac{2(1-\beta)}{2-\beta}$ 的情况下，$\dfrac{2+\beta(-2+\tau)-2\tau}{2(1-\beta)(2-\tau)} \geqslant 0$，所以当 $0 < \alpha \leqslant \dfrac{2-\beta(2-\tau)-2\tau}{2(1-\beta)(2-\tau)}$

时，$\dfrac{\partial Z^{\text{DPN}^*}}{\partial \alpha} \leqslant 0$，反之当 $\dfrac{2-\beta(2-\tau)-2\tau}{2(1-\beta)(2-\tau)} < \alpha < 1$ 时，$\dfrac{\partial Z^{\text{DPN}^*}}{\partial \alpha} > 0$；在 $\tau > \dfrac{2(1-\beta)}{2-\beta}$ 的

情况下，$\dfrac{2+\beta(-2+\tau)-2\tau}{2(1-\beta)(2-\tau)} < 0$，所以 $\dfrac{\partial Z^{\text{DPN}^*}}{\partial \alpha} > 0$。同理可证 α 对 $\dfrac{\partial A^{\text{DPN}^*}}{\partial \alpha}$ 和 $\dfrac{\partial S^{\text{DPN}^*}}{\partial \alpha}$ 的影

响。

由于 $\dfrac{\partial \mu^{\text{DPY}^*}}{\partial \alpha} = \dfrac{4[2\alpha(1-\alpha)(1-\beta)+\beta]\Upsilon_4^2(1-\tau)^2\tau}{[2\Upsilon_4(1-\tau)X_1+\tau X_2]^2}$，所以 $\dfrac{\partial \mu^{\text{DPY}^*}}{\partial \alpha} > 0$；由于

$\dfrac{\partial \eta^{\text{DPY}^*}}{\partial \alpha} = -\dfrac{4[2\alpha(1-\alpha)(1-\beta)+\beta]\Upsilon_4^2(1-\tau)^2\tau}{[(1-\tau)X_3-\alpha^2(1-\beta)X_4+\alpha X_5]^2}$，所以 $\dfrac{\partial \eta^{\text{DPY}^*}}{\partial \alpha} < 0$。其中，$X_1 = 1-2\alpha$

$(1-\alpha)(1-\beta)-\tau+\alpha\tau[2-\alpha(1-\beta)-\beta]$，$X_2 = \{\alpha[2-\beta(2-\tau)-2\tau]-2(1-\tau)\}\{-2(1-\alpha)(1-\beta^2)+\tau[2-\beta^2+\alpha(\beta^2+\beta-2)]\}$，$X_3 = 4(1-\tau^2)-\beta^2(2-\tau)(\tau^2+\tau+2)$，$X_4 = \beta^2(2-\tau)^2[2-\tau(1-\tau)]-4(\tau^3-3\tau+2)$，$X_5 = -8(1-\tau)^2(1+\tau)-\beta^3(2-\tau)^2[2-\tau(1-\tau)]+2\beta^2(2-\tau)(1-\tau)(\tau^2+\tau+2)+4\beta(\tau^3-3\tau+2)$。证毕。

附录 C 第 5 章相关证明

推论 5.1 的证明

证明：由于 $\dfrac{\partial Z_1^{C^*}}{\partial \tau} = \dfrac{Q^2 \theta \gamma_1 \Omega_1 \Upsilon}{4k(1-\beta^2)(\rho+\tau+\delta_1)^2(\rho+\delta_2)(\rho+\tau+\varepsilon_1)^2(\rho+\varepsilon_2)}$，其中 $\Upsilon = (1+q)^2(\rho+\tau+\delta_1)(\rho+\tau+\varepsilon_1)[(1+\kappa)(\rho+\delta_2)\eta_1+(1+\chi)(\rho+2\tau+\varepsilon_1)\eta_2] - [(\rho+\tau+\delta_1)+(\rho+\tau+\varepsilon_1)][(\rho+\delta_2)\Theta_1\eta_1+\Theta_2\eta_2]$，所以当 $\Upsilon > 0$ 时，$\dfrac{\partial Z_1^{C^*}}{\partial \tau} > 0$；由于

$$\frac{\partial A_1^{C^*}}{\partial \tau} = \frac{Q^2 \theta \lambda_1 \Omega_1 \{[\kappa+2q(1+\kappa)+q^2(1+\kappa)]\rho+(1+q)^2(1+\kappa)\varepsilon_1-\varepsilon_2\}}{4h_A(1-\beta^2)(\rho+\tau+\varepsilon_1)^2(\rho+\varepsilon_2)}$$，所以 $\dfrac{\partial A_1^{C^*}}{\partial \tau} > 0$；由于 $\dfrac{\partial S_1^{C^*}}{\partial \tau} = \dfrac{Q^2 \theta \mu_1 \Omega_1 \{[\kappa+2q(1+\kappa)+q^2(1+\kappa)]\rho+(1+q)^2(1+\kappa)\varepsilon_1-\varepsilon_2\}}{4h_S(1-\beta^2)(\rho+\tau+\varepsilon_1)^2(\rho+\varepsilon_2)}$，所以

$\dfrac{\partial S_1^{C^*}}{\partial \tau} > 0$；根据命题 5.1 中 $Z_2^{C^*}$、$A_2^{C^*}$ 和 $S_2^{C^*}$ 的值，显然有 $\dfrac{\partial Z_2^{C^*}}{\partial \tau} = 0$，$\dfrac{\partial A_2^{C^*}}{\partial \tau} = 0$，$\dfrac{\partial S_2^{C^*}}{\partial \tau} = 0$。同理可证，$\dfrac{\partial Z_1^{D^*}}{\partial \tau} > 0$（$\Upsilon > 0$ 时），$\dfrac{\partial A_1^{D^*}}{\partial \tau} > 0$，$\dfrac{\partial S_1^{D^*}}{\partial \tau} > 0$；$\dfrac{\partial Z_2^{D^*}}{\partial \tau} = 0$，$\dfrac{\partial A_2^{D^*}}{\partial \tau} = 0$，

$\dfrac{\partial S_2^{D^*}}{\partial \tau} = 0$。证毕。

推论 5.2 的证明

证明：由于 $\dfrac{\partial Z_1^{C^*}}{\partial \chi} = \dfrac{Q^2 (1+q)^2 \Omega_1 \theta \tau \gamma_1 \eta_2}{4k(1-\beta^2)(\rho+\tau+\delta_1)(\rho+\delta_2)(\rho+\varepsilon_2)}$，则 $\dfrac{\partial Z_1^{C^*}}{\partial \chi} > 0$；根据命题 5.1 中 $A_1^{C^*}$、$S_1^{C^*}$、$Z_2^{C^*}$、$A_2^{C^*}$ 和 $S_2^{C^*}$ 的值，显然有 $\dfrac{\partial A_1^{C^*}}{\partial \chi} = 0$，$\dfrac{\partial S_1^{C^*}}{\partial \chi} = 0$；$\dfrac{\partial Z_2^{C^*}}{\partial \chi} = 0$，

$\dfrac{\partial A_2^{C^*}}{\partial \chi} = 0$，$\dfrac{\partial S_2^{C^*}}{\partial \chi} = 0$。同理可证，$\dfrac{\partial Z_1^{D^*}}{\partial \chi} > 0$，$\dfrac{\partial A_1^{D^*}}{\partial \chi} = 0$，$\dfrac{\partial S_1^{D^*}}{\partial \chi} = 0$；$\dfrac{\partial Z_2^{D^*}}{\partial \chi} = 0$，

$\dfrac{\partial A_2^{D^*}}{\partial \chi} = 0$，$\dfrac{\partial S_2^{D^*}}{\partial \chi} = 0$。证毕。

推论 5.3 的证明

证明：由于 $\dfrac{\partial Z_1^{C^*}}{\partial \kappa} = \dfrac{Q^2 (1+q)^2 \Omega_1 \theta \tau \gamma_1 \eta_1}{4k(1-\beta^2)(\rho+\tau+\delta_1)(\rho+\tau+\varepsilon_1)(\rho+\varepsilon_2)}$，所以 $\dfrac{\partial Z_1^{C^*}}{\partial \kappa} > 0$；由

于 $\dfrac{\partial A_1^{C^*}}{\partial \kappa} = \dfrac{Q^2(1+q)^2 \Omega_1 \theta \tau \lambda_1}{4h_A(1-\beta^2)(\rho+\tau+\varepsilon_1)(\rho+\varepsilon_2)}$, $\dfrac{\partial S_1^{C^*}}{\partial \kappa} = \dfrac{Q^2(1+q)^2 \Omega_1 \theta \tau \mu_1}{4h_S(1-\beta^2)(\rho+\tau+\varepsilon_1)(\rho+\varepsilon_2)}$, 所

以 $\dfrac{\partial A_1^{C^*}}{\partial \kappa} > 0$, $\dfrac{\partial S_1^{C^*}}{\partial \kappa} > 0$；根据命题 5.1，显然有 $\dfrac{\partial Z_2^{C^*}}{\partial \kappa} = 0$，$\dfrac{\partial A_2^{C^*}}{\partial \kappa} = 0$，$\dfrac{\partial S_2^{C^*}}{\partial \kappa} = 0$。同

理可证，$\dfrac{\partial Z_1^{D^*}}{\partial \kappa} > 0$，$\dfrac{\partial A_1^{D^*}}{\partial \kappa} > 0$，$\dfrac{\partial S_1^{D^*}}{\partial \kappa} > 0$；$\dfrac{\partial Z_2^{D^*}}{\partial \kappa} = 0$，$\dfrac{\partial A_2^{D^*}}{\partial \kappa} = 0$，$\dfrac{\partial S_2^{D^*}}{\partial \kappa} = 0$。证毕。

推论 5.4 的证明

证明：由于 $\dfrac{\partial Z_1^{C^*}}{\partial \alpha} = -\dfrac{Q^2(1-2\alpha)(1-\beta)\theta\gamma_1 \left[(\rho+\delta_2)\Theta_1\eta_1 + \Theta_2\eta_2\right]}{2k(1-\beta^2)(\rho+\tau+\delta_1)(\rho+\delta_2)(\rho+\tau+\varepsilon_1)(\rho+\varepsilon_2)}$，$\dfrac{\partial A_1^{C^*}}{\partial \alpha} =$

$-\dfrac{Q^2(1-2\alpha)\theta\Theta_1\lambda_1}{2h_A(1+\beta)(\rho+\tau+\varepsilon_1)(\rho+\varepsilon_2)}$，$\dfrac{\partial S_1^{C^*}}{\partial \alpha} = -\dfrac{Q^2(1-2\alpha)\theta\Theta_1\mu_1}{2h_S(1+\beta)(\rho+\tau+\varepsilon_1)(\rho+\varepsilon_2)}$，所以当 $0 < \alpha$

$< \dfrac{1}{2}$ 时，有 $\dfrac{\partial Z_1^{C^*}}{\partial \alpha} < 0$，$\dfrac{\partial A_1^{C^*}}{\partial \alpha} < 0$，$\dfrac{\partial S_1^{C^*}}{\partial \alpha} < 0$；当 $\dfrac{1}{2} \leqslant \alpha < 1$ 时，有 $\dfrac{\partial Z_1^{C^*}}{\partial \alpha} \geqslant 0$，$\dfrac{\partial A_1^{C^*}}{\partial \alpha} \geqslant 0$，

$\dfrac{\partial S_1^{C^*}}{\partial \alpha} \geqslant 0$。 由于 $\dfrac{\partial Z_1^{D^*}}{\partial \alpha} = -\dfrac{Q^2\left[1-\alpha(3-\beta)+\beta\right](1-\beta)\theta\gamma_1\left[(\rho+\delta_2)\Theta_1\eta_1 + \Theta_2\eta_2\right]}{4k(1-\beta^2)(\rho+\tau+\delta_1)(\rho+\delta_2)(\rho+\tau+\varepsilon_1)(\rho+\varepsilon_2)}$，

$\dfrac{\partial A_1^{D^*}}{\partial \alpha} = -\dfrac{Q^2\left[1-\alpha(3-\beta)+\beta\right]\theta\Theta_1\lambda_1}{4h_A(1+\beta)(\rho+\tau+\varepsilon_1)(\rho+\varepsilon_2)}$，所以当 $0 < \alpha < \dfrac{1-\beta}{3-\beta}$ 时，有 $\dfrac{\partial Z_1^{D^*}}{\partial \alpha} < 0$ 和 $\dfrac{\partial A_1^{D^*}}{\partial \alpha}$

< 0；当 $\dfrac{1-\beta}{3-\beta} \leqslant \alpha < 1$ 时，有 $\dfrac{\partial Z_1^{D^*}}{\partial \alpha} \geqslant 0$ 和 $\dfrac{\partial A_1^{D^*}}{\partial \alpha} \geqslant 0$。由于 $\dfrac{\partial S_1^{D^*}}{\partial \alpha} = -\dfrac{Q^2(1-\alpha)\theta\Theta_1\mu_1}{8h_S(\rho+\tau+\varepsilon_1)(\rho+\varepsilon_2)}$，

则 $\dfrac{\partial S_1^{D^*}}{\partial \alpha} < 0$。同理可证 $Z_2^{C^*}$、$A_2^{C^*}$、$S_2^{C^*}$、$Z_2^{D^*}$、$A_2^{D^*}$、$S_2^{D^*}$ 和 α 的关系。证毕。

推论 5.5 的证明

证明：由于 $p_{d1}^{C^*} - p_{d1}^{D^*} = 0$，$p_{d2}^{C^*} - p_{d2}^{D^*} = 0$，$p_{r1}^{C^*} - p_{r1}^{D^*} = -Q(1-\alpha)/4 < 0$，$p_{r2}^{C^*} -$

$p_{r2}^{D^*} = -Q(1+q)(1-\alpha)/4 < 0$，所以 $p_{d1}^{C^*} = p_{d1}^{D^*}$，$p_{d2}^{C^*} = p_{d2}^{D^*}$，$p_{r1}^{C^*} < p_{r1}^{D^*}$，$p_{r2}^{C^*} < p_{r2}^{D^*}$。

证毕。

推论 5.6 的证明

证明：由于 $Z_1^{C^*} - Z_1^{D^*} = \dfrac{Q^2\theta\gamma_1(1-\alpha)^2\left[(\rho+\delta_2)\Theta_1\eta_1 + \Theta_2\eta_2\right]}{8k(\rho+\tau+\delta_1)(\rho+\delta_2)(\rho+\tau+\varepsilon_1)(\rho+\varepsilon_2)} > 0$，则 $Z_1^{C^*} > Z_1^{D^*}$；

由于 $Z_2^{C^*} - Z_2^{D^*} = \dfrac{Q^2(1-\alpha)^2(1+q)^2\theta\gamma_2\eta_2}{8k(\rho+\delta_2)(\rho+\varepsilon_2)} > 0$，$A_1^{C^*} - A_1^{D^*} = \dfrac{Q^2\theta\lambda_1(1-\alpha)^2\Theta_1}{8h_A(\rho+\tau+\varepsilon_1)(\rho+\varepsilon_2)} >$

0，所以 $Z_2^{C^*} > Z_2^{D^*}$，$A_1^{C^*} > A_1^{D^*}$；由于 $A_2^{C^*} - A_2^{D^*} = \dfrac{Q^2(1+q)^2(1-\alpha)^2\theta\lambda_2}{8h_A(\rho+\varepsilon_2)} > 0$，所以

$A_2^{C^*} > A_2^{D^*}$ ；由于 $S_1^{C^*} - S_1^{D^*} = \dfrac{Q^2 \theta \mu_1 \left[(3+\beta^2)(1-\alpha)^2 + 4\alpha(\alpha+2\beta-2\alpha\beta) \right] \Theta_1}{16h_S(1-\beta^2)(\rho+\tau+\varepsilon_1)(\rho+\varepsilon_2)} > 0$ ，则

$S_1^{C^*} > S_1^{D^*}$ ；由于 $S_2^{C^*} - S_2^{D^*} = \dfrac{\left[(3+\beta^2)(1-\alpha)^2 + 4\alpha(\alpha+2\beta-2\alpha\beta) \right] \theta \mu_2 Q^2 (1+q)^2}{16h_S(1-\beta^2)(\rho+\varepsilon_2)} >$

0 ，则 $S_2^{C^*} > S_2^{D^*}$ 。证毕。

推论 5.7 的证明

证明：由于 $g_{1\infty}^{C^*} - g_{1\infty}^{D^*} = \dfrac{Q^2 \gamma_1^2 \theta (1-\alpha)^2 \left[(\rho+\delta_2)\Theta_1 \eta_1 + \Theta_2 \eta_2 \right]}{8k\delta_1(\rho+\tau+\delta_1)(\rho+\delta_2)(\rho+\tau+\varepsilon_1)(\rho+\varepsilon_2)} > 0$ ，所以 $g_{1\infty}^{C^*} >$

$g_{1\infty}^{D^*}$ ；由于 $g_{2\infty}^{C^*} - g_{2\infty}^{D^*} = \dfrac{\theta \eta_2 \gamma_2^2 Q^2 (1+q)^2 (1-\alpha)^2}{8k\delta_2(\rho+\delta_2)(\rho+\varepsilon_2)} > 0$ ，所以 $g_{2\infty}^{C^*} > g_{2\infty}^{D^*}$ 。由于 $G_{1\infty}^{C^*} -$

$G_{1\infty}^{D^*} = \dfrac{Q^2 \theta \lambda_1^2 (1-\alpha)^2 \Theta_1}{8h_A\varepsilon_1(\rho+\tau+\varepsilon_1)(\rho+\varepsilon_2)} + \dfrac{Q^2 \theta \gamma_1^2 \eta_1 (1-\alpha)^2 \left[(\rho+\delta_2)\Theta_1 + \Theta_2 \eta_2 \right]}{8k\delta_1\varepsilon_1(\rho+\tau+\delta_1)(\rho+\delta_2)(\rho+\tau+\varepsilon_1)(\rho+\varepsilon_2)} +$

$\dfrac{Q^2 \theta \mu_1^2 \left[(3+\beta^2)(1-\alpha)^2 + 4\alpha(\alpha+2\beta-2\alpha\beta) \right] \Theta_1}{16h_S\varepsilon_1(1-\beta^2)(\rho+\tau+\varepsilon_1)(\rho+\varepsilon_2)} > 0$ ，所以 $G_{1\infty}^{C^*} > G_{1\infty}^{D^*}$ 。由于 $G_{2\infty}^{C^*} - G_{2\infty}^{D^*} =$

$\dfrac{Q^2 (1+q)^2 \lambda_2^2 (1-\alpha)^2 \theta}{8h_A\varepsilon_2(\rho+\varepsilon_2)} + \dfrac{Q^2 (1+q)^2 \theta \mu_2^2 \left[(3+\beta^2)(1-\alpha)^2 + 4\alpha(\alpha+2\beta-2\alpha\beta) \right]}{16h_S\varepsilon_2(1-\beta^2)(\rho+\varepsilon_2)} +$

$\dfrac{Q^2 (1+q)^2 \gamma_2^2 \eta_2 (1-\alpha)^2 \theta}{8k\delta_2\varepsilon_2(\rho+\delta_2)(\rho+\varepsilon_2)} > 0$ ，所以 $G_{2\infty}^{C^*} > G_{2\infty}^{D^*}$ 。证毕。

命题 5.3、命题 5.4 和命题 5.5 的证明

证明：采用逆向归纳法求解，首先求解绿色技术创新成功后的均衡策略，然后求解绿色技术创新成功前的均衡策略。分别用 W_M^{TCS} 和 W_R^{TCS} 表示制造商和零售商在绿色技术创新成功后阶段的利润最优值函数。W_M^{TCS} 和 W_R^{TCS} 对于任意的 $g_2 \geqslant 0$ 与 $G_2 \geqslant 0$ 均分别满足 HJB 方程：

$$\rho W_M^{TCS} = \max_{p_{d2}, w_2, Z_2, A_2, \phi_2} \begin{bmatrix} p_{d2} D_{d2} + w_2 D_{r2} - (1-\varphi_2)kZ_2^2/2 - (1-\xi_2)h_A A_2^2/2 \\ -\phi_2 h_S S_2^2/2 + F_2 + W_M^{T-CS'}(g_2)(\gamma_2 Z_2 - \delta_2 g_2) \\ + W_M^{T-CS'}(G_2)(\eta_2 g_2 + \lambda_2 A_2 + \mu_2 S_2 - \varepsilon_2 G_2) \end{bmatrix} \quad (C1)$$

$$\rho W_R^{TCS} = \max_{p_{r2}, S_2, \varphi_2, \xi_2} \begin{bmatrix} (p_{r2} - w_2)D_{r2} - (1-\phi_2)h_S S_2^2/2 - \phi_2 kZ_2^2/2 \\ -\xi_2 h_A A_2^2/2 - F_2 + W_R^{T-CS'}(g_2)(\gamma_2 Z_2 - \delta_2 g_2) \\ + W_R^{T-CS'}(G_2)(\eta_2 g_2 + \lambda_2 A_2 + \mu_2 S_2 - \varepsilon_2 G_2) \end{bmatrix} \quad (C2)$$

将式（C2）右端分别对 p_{r2} 和 S_2 求一阶偏导数，由一阶条件可得：

$$p_{r2}^{\text{TCS}} = \frac{1}{2}\left[\beta p_{d2} + Q(1-\alpha)(1+q) + w_2\right], \ S_2^{\text{TCS}} = \frac{\mu_2 W_R^{\text{T-CS}'}(G_2)}{h_S(1-\phi_2)} \tag{C3}$$

为了达到集中决策模型的线上渠道销售价格和线下渠道销售价格，令 $p_{r2}^{\text{TCS}} = p_{r2}^{\text{C}}$ 和 $p_{d2}^{\text{TCS}} = p_{d2}^{\text{C}}$，可以得出：

$$w_2^{\text{TCS}*} = \frac{Q(1+q)\beta[\alpha(1-\beta)+\beta]}{2(1-\beta^2)}, p_{d2}^{\text{TCS}*} = \frac{Q(1+q)[\alpha(1-\beta)+\beta]}{2(1-\beta^2)} \tag{C4}$$

$$p_{r2}^{\text{TCS}*} = \frac{Q(1+q)(1-\alpha+\alpha\beta)}{2(1-\beta^2)} \tag{C5}$$

将式（C4）和式（C5）代入式（C2）中进行化简整理，然后将式（C2）右端分别对 Z_2 和 A_2 的一阶偏导数，由一阶条件可得：

$$Z_2^{\text{TCS}} = \frac{\gamma_2 W_M^{\text{TCS}'}(g_2)}{k(1-\varphi_2)}, A_2^{\text{TCS}} = \frac{\lambda_2 W_M^{\text{TCS}'}(G_2)}{h_A(1-\xi_2)} \tag{C6}$$

将式（C3）至式（C6）代入式（C1）和式（C2）中，化简整理可得：

$$\rho W_M^{\text{TCS}} = \left[\eta_2 W_M^{\text{TCS}'}(G_2) - \delta_2 W_M^{\text{TCS}'}(g_2)\right]g_2 + \frac{\theta(\alpha+\beta-\alpha\beta)^2 Q^2(1+q)^2}{4(1-\beta^2)}G_2$$

$$- \varepsilon_2 W_M^{\text{TCS}'}(G_2)G_2 + \frac{\gamma_2^2 W_M^{\text{TCS}'}(g_2)^2}{2k(1-\varphi_2)} + \frac{\lambda_2^2 W_M^{\text{TCS}'}(G_2)^2}{2h_A(1-\xi_2)}$$

$$- \frac{\phi_2 \mu_2^2 W_R^{\text{TCS}'}(G_2)^2}{2h_S(1-\phi_2)^2} + \frac{\mu_2^2 W_M^{\text{TCS}'}(G_2)W_R^{\text{TCS}'}(G_2)}{h_S(1-\phi_2)} + F_2 \tag{C7}$$

$$\rho W_R^{\text{TCS}} = \left[\eta_2 W_R^{\text{TCS}'}(G_2) - \delta_2 W_R^{\text{TCS}'}(g_2)\right]g_2 + \frac{\theta(1-\alpha)^2 Q^2(1+q)^2}{4}G_2$$

$$- \varepsilon_2 W_R^{\text{TCS}'}(G_2)G_2 + \frac{\mu_2^2 W_R^{\text{TCS}'}(G_2)^2}{2h_S(1-\phi_2)} - \frac{\phi_2 \gamma_2^2 W_M^{\text{TCS}'}(g_2)^2}{2k(1-\varphi_2)^2} - \frac{\xi_2 \lambda_2^2 W_M^{\text{TCS}'}(G_2)^2}{2h_A(1-\xi_2)^2}$$

$$+ \frac{\gamma_2^2 W_M^{\text{TCS}'}(g_2)W_R^{\text{TCS}'}(g_2)}{k(1-\varphi_2)} + \frac{\lambda_2^2 W_M^{\text{TCS}'}(G_2)W_R^{\text{TCS}'}(G_2)}{h_A(1-\xi_2)} - F_2$$

$$\tag{C8}$$

根据式（C7）和式（C8）的形式结构，可以假设 $W_M^{\text{TCS}} = a_2^{\text{TCS}}g_2 + b_2^{\text{TCS}}G_2 + c_2^{\text{TCS}}$ 和 $W_R^{\text{TCS}} = d_2^{\text{TCS}}g_2 + e_2^{\text{TCS}}G_2 + f_2^{\text{TCS}}$，其中 $a_2^{\text{TCS}} \sim f_2^{\text{TCS}}$ 为未知系数。显然有，$W_M^{\text{TCS}'}(g_2) = a_2^{\text{TCS}}$，$W_M^{\text{TCS}'}(G_2) = b_2^{\text{TCS}}, W_R^{\text{TCS}'}(g_2) = d_2^{\text{TCS}}, W_R^{\text{TCS}'}(G_2) = e_2^{\text{TCS}}$。将其代入式（C7）和式（C8）中进行化简整理，根据恒等关系可以确定在契约参数 ϕ_2、φ_2 和 ξ_2 给定情形下的 $a_2^{\text{TCS}} \sim f_2^{\text{TCS}}$，即 $a_2^{\text{TCS}} \sim f_2^{\text{TCS}}$ 含有参数 ϕ_2、φ_2 和 ξ_2。将 $a_2^{\text{TCS}} \sim f_2^{\text{TCS}}$ 代入式（C3）和式（C6）中，可以得到命题 5.3 中关于绿色技术创新成功后均衡策略的结论。

进一步根据命题 5.1 和命题 5.3，令 $Z_2^{TCS^*} = Z_2^{C^*}$、$A_2^{TCS^*} = A_2^{C^*}$ 和 $S_2^{TCS^*} = S_2^{C^*}$，即：

$$\begin{cases} \dfrac{Q^2(1+q)^2(\alpha+\beta-\alpha\beta)^2\theta\gamma_2\eta_2}{4k(1-\beta^2)(\rho+\delta_2)(\rho+\varepsilon_2)(1-\varphi_2)} = \dfrac{Q^2\theta\gamma_2\eta_2\Omega_1(1+q)^2}{4k(1-\beta^2)(\rho+\delta_2)(\rho+\varepsilon_2)} \\[3mm] \dfrac{Q^2(1+q)^2(\alpha+\beta-\alpha\beta)^2\theta\lambda_2}{4h_A(1-\beta^2)(\rho+\varepsilon_2)(1-\xi_2)} = \dfrac{\theta\lambda_2 Q^2(1+q)^2\Omega_1}{4h_A(1-\beta^2)(\rho+\varepsilon_2)} \\[3mm] \dfrac{Q^2(1+q)^2(1-\alpha)^2\theta\mu_2}{4h_S(\rho+\varepsilon_2)(1-\phi_2)} = \dfrac{\theta\mu_2 Q^2(1+q)^2\Omega_1}{4h_S(1-\beta^2)(\rho+\varepsilon_2)} \end{cases} \tag{C9}$$

求解式（C9），可以得到 $\phi_2^{TCS^*} = \dfrac{(\alpha+\beta-\alpha\beta)^2}{1-2\alpha(1-\alpha)(1-\beta)}$，$\varphi_2^{TCS^*} = \dfrac{(1-\alpha)^2(1-\beta^2)}{1-2\alpha(1-\alpha)(1-\beta)}$，

以及 $\xi_2^{TCS^*} = \dfrac{(1-\alpha)^2(1-\beta^2)}{1-2\alpha(1-\alpha)(1-\beta)}$，即命题 5.4 的部分结论。然后将 $\phi_2^{TCS^*}$、$\varphi_2^{TCS^*}$ 和 $\xi_2^{TCS^*}$ 代入上述 $a_2^{TCS} \sim f_2^{TCS}$（含有参数 ϕ_2、φ_2 和 ξ_2）中，解得 $a_2^{TCS^*} \sim f_2^{TCS^*}$。进一步计算可以解得命题 5.5 中 $W_M^{TCS^*}$ 和 $W_R^{TCS^*}$。

接下来，分别用 V_M^{TCS} 和 V_R^{TCS} 表示制造商和零售商在整个运营期间的利润最优值函数。根据式（5.63）、式（5.64）、$g(T^+) = (1+\chi)g(T^-)$ 和 $G(T^+) = (1+\kappa)G(T^-)$，$V_M^{TCS}$ 和 V_R^{TCS} 对于任意的 $g_1 \geqslant 0$ 与 $G_1 \geqslant 0$ 均满足的 HJB 方程分别为：

$$(\rho+\tau)V_M^{TCS} = \max_{p_{r1},w_1,Z_1,A_1,\phi_1} \begin{bmatrix} p_{d1}D_{d1} + w_1 D_{r1} - (1-\varphi_1)kZ_1^2/2 - (1-\xi_1)h_A A_1^2/2 \\ -\phi_1 h_S S_1^2/2 + F_1 + \tau W_M^{TCS}[(1+\chi)g_1,(1+\kappa)G_1] \\ + V_M^{T-CS'}(g_1)(\gamma_1 Z_1 - \delta_1 g_1) \\ + V_M^{T-CS'}(G_1)(\eta_1 g_1 + \lambda_1 A_1 + \mu_1 S_1 - \varepsilon_1 G_1) \end{bmatrix} \tag{C10}$$

$$(\rho+\tau)V_R^{TCS} = \max_{p_{r1},S_1,\varphi_1,\xi_1} \begin{bmatrix} (p_{r1}-w_1)D_{r1} - (1-\phi_1)h_S S_1^2/2 - \varphi_1 kZ_1^2/2 - \xi_1 h_A A_1^2/2 - F_1 \\ + \tau W_R^{TCS}[(1+\chi)g_1,(1+\kappa)G_1] + V_R^{TCS'}(g_1)(\gamma_1 Z_1 - \delta_1 g_1) \\ + V_R^{TCS'}(G_1)(\eta_1 g_1 + \lambda_1 A_1 + \mu_1 S_1 - \varepsilon_1 G_1) \end{bmatrix} \tag{C11}$$

对式（C10）和式（C11）进行求解，求解过程与绿色技术创新成功后的式（C1）和式（C2）的求解过程相似，所以不再赘述。通过求解可得绿色技术创新成功前的均衡策略、产品绿色度、品牌商誉及整个运营期间的利润函数。

将上述证明过程进行整理可得命题 5.3、命题 5.4 和命题 5.5 中的结论。由此，命题 5.3、命题 5.4 和命题 5.5 得证。证毕。

未预期情形的均衡结果

(1) 在未预期情形下，最优线上渠道销售价格为 $p_{d}^{N^*} = \dfrac{Q(\alpha+\beta-\alpha\beta)}{2(1-\beta^2)}$，最优线下渠道销售价格为 $p_{r}^{N^*} = \dfrac{Q[1-\alpha(1-\beta)]}{2(1-\beta^2)}$，制造商的最优绿色技术投资水平和广告投资水平分别为 $Z^{N^*} = \dfrac{Q^2\theta\gamma_1\eta_1\Omega_1}{4k(1-\beta^2)(\rho+\delta_1)(\rho+\varepsilon_1)}$ 和 $A^{N^*} = \dfrac{Q^2\theta\lambda_1\Omega_1}{4h_A(1-\beta^2)(\rho+\varepsilon_1)}$，零售商的最优广告投资水平为 $S^{N^*} = \dfrac{Q^2\theta\mu_1\Omega_1}{4h_S(1-\beta^2)(\rho+\varepsilon_1)}$。其中 $\Omega_1 = 1-2\alpha(1-\alpha)(1-\beta)$。

(2) 在未预期情形下，产品绿色度的最优轨迹为：

$$g^{N^*} = (g_0-g_\infty^{N^*})e^{-\delta_1 t}+g_\infty^{N^*} \tag{C12}$$

其中，$g_\infty^{N^*} = \dfrac{Q^2\gamma_1^2\theta\eta_1\Omega_1}{4k\delta_1(1-\beta^2)(\rho+\delta_1)(\rho+\varepsilon_1)}$ 表示未预期情形下产品绿色度的稳态值。

(3) 在未预期情形下，品牌商誉的最优轨迹为：

$$G^{N^*} = \left[G_0-G_\infty^{N^*}-\frac{\eta_1(g_0-g_\infty^{N^*})}{\varepsilon_1-\delta_1}\right]e^{-\varepsilon_1 t}+\frac{\eta_1(g_0-g_\infty^{N^*})}{\varepsilon_1-\delta_1}e^{-\delta_1 t}+G_\infty^{N^*} \tag{C13}$$

其中，$G_\infty^{N^*} = \dfrac{Q^2\theta\Omega_1(h_S\lambda_1^2+h_A\mu_1^2)}{4h_A h_S\varepsilon_1(1-\beta^2)(\rho+\varepsilon_1)}+\dfrac{\eta_1 g_\infty^{N^*}}{\varepsilon_1}$ 表示未预期情形下产品绿色度的稳态值。

(4) 在未预期情形下，绿色供应链系统在整个运营期间利润最优值函数为：

$$V_{SC}^{N^*} = \frac{Q^2\theta\eta_1\Omega_1}{4(1-\beta^2)(\rho+\delta_1)(\rho+\varepsilon_1)}g^{N^*}+\frac{Q^2\theta\Omega_1}{4(1-\beta^2)(\rho+\varepsilon_1)}G^{N^*}$$

$$+\frac{Q^4\theta^2\Omega_1^2[k(\rho+\delta_1)^2(h_S\lambda_1^2+h_A\mu_1^2)+h_A h_S\gamma_1^2\eta_1^2]}{32\rho k h_A h_S(1-\beta^2)^2(\rho+\delta_1)^2(\rho+\varepsilon_1)^2} \tag{C14}$$

证明：由于考虑绿色技术创新未成功，所以供应链企业仅需要决策绿色技术创新成功前的均衡策略，与命题 5.1 的证明过程相似，不再赘述。

附录 D　第 6 章相关证明

推论 6.1 的证明

证明：由于 $\dfrac{\partial Z_{\mathrm{SF}}^{\mathrm{C}^*}}{\partial \tau} = \dfrac{\gamma\alpha_{\mathrm{F}}\left[(1+\theta)(\pi_{1\mathrm{L}}+\pi_{2\mathrm{L}}+2\pi_{\mathrm{SL}})(\rho+\varepsilon_{\mathrm{F}})-(\pi_{1\mathrm{F}}+\pi_{2\mathrm{F}}+2\pi_{\mathrm{SF}})(\rho+\varepsilon_{\mathrm{L}})\right]}{k\,(\rho+\tau+\varepsilon_{\mathrm{F}})^2(\rho+\varepsilon_{\mathrm{L}})}$，

以及 $\theta > 0$，$\pi_{1\mathrm{L}} > \pi_{1\mathrm{F}}$，$\pi_{2\mathrm{L}} > \pi_{2\mathrm{F}}$，$\pi_{\mathrm{SL}} > \pi_{\mathrm{SF}}$，$\varepsilon_{\mathrm{F}} > \varepsilon_{\mathrm{L}}$，所以 $\dfrac{\partial Z_{\mathrm{SF}}^{\mathrm{C}^*}}{\partial \tau} > 0$；同理可得 $\dfrac{\partial Z_{i\mathrm{F}}^{\mathrm{C}^*}}{\partial \tau} =$

$\dfrac{\gamma\beta_{\mathrm{F}}\{(1+\theta)(\rho+\varepsilon_{\mathrm{F}})\left[\pi_{i\mathrm{L}}+\pi_{\mathrm{SL}}+\chi_{\mathrm{g}}(\pi_{i\mathrm{L}}-\pi_{j\mathrm{L}})\right]-(\rho+\varepsilon_{\mathrm{L}})\left[\pi_{i\mathrm{F}}+\pi_{\mathrm{SF}}+\chi_{\mathrm{g}}(\pi_{i\mathrm{F}}-\pi_{j\mathrm{F}})\right]\}}{h_i\,(\rho+\tau+\varepsilon_{\mathrm{F}})^2(\rho+\varepsilon_{\mathrm{L}})} >$

0；$\dfrac{\partial Z_{\mathrm{SF}}^{\mathrm{C}^*}}{\partial \theta} = \dfrac{\gamma\tau\alpha_{\mathrm{F}}(\pi_{1\mathrm{L}}+\pi_{2\mathrm{L}}+2\pi_{\mathrm{SL}})}{k(\rho+\tau+\varepsilon_{\mathrm{F}})(\rho+\varepsilon_{\mathrm{L}})} > 0$；由于 $\dfrac{\partial Z_{i\mathrm{F}}^{\mathrm{C}^*}}{\partial \theta} = \dfrac{\gamma\tau\beta_{\mathrm{F}}\left[\pi_{i\mathrm{L}}+\pi_{\mathrm{SL}}+(\pi_{i\mathrm{L}}-\pi_{j\mathrm{L}})\chi_{\mathrm{g}}\right]}{h_i(\rho+\tau+\varepsilon_{\mathrm{F}})(\rho+\varepsilon_{\mathrm{L}})}$，

所以 $\dfrac{\partial Z_{i\mathrm{F}}^{\mathrm{C}^*}}{\partial \theta} > 0$；根据命题 6.1 中 $Z_{\mathrm{SL}}^{\mathrm{C}^*}$ 和 $Z_{i\mathrm{L}}^{\mathrm{C}^*}$ 的值，显然有 $\dfrac{\partial Z_{\mathrm{SL}}^{\mathrm{C}^*}}{\partial \tau} = \dfrac{\partial Z_{i\mathrm{L}}^{\mathrm{C}^*}}{\partial \tau} = 0$，$\dfrac{\partial Z_{\mathrm{SL}}^{\mathrm{C}^*}}{\partial \theta} =$

$\dfrac{\partial Z_{i\mathrm{L}}^{\mathrm{C}^*}}{\partial \theta} = 0$。在此基础上，进一步计算整理可得：$\dfrac{\partial^2 Z_{\mathrm{SF}}^{\mathrm{C}^*}}{\partial \tau \partial \chi_{\mathrm{g}}} = 0$，$\dfrac{\partial^2 Z_{\mathrm{SF}}^{\mathrm{C}^*}}{\partial \theta \partial \chi_{\mathrm{g}}} = 0$；由于 $\dfrac{\partial^2 Z_{i\mathrm{F}}^{\mathrm{C}^*}}{\partial \tau \partial \chi_{\mathrm{g}}} =$

$\dfrac{\gamma\beta_{\mathrm{F}}\left[(1+\theta)(\pi_{i\mathrm{L}}-\pi_{j\mathrm{L}})(\rho+\varepsilon_{\mathrm{F}})-(\pi_{i\mathrm{F}}-\pi_{j\mathrm{F}})(\rho+\varepsilon_{\mathrm{L}})\right]}{h_i\,(\rho+\tau+\varepsilon_{\mathrm{F}})^2(\rho+\varepsilon_{\mathrm{L}})}$，所以当 $\dfrac{\pi_{i\mathrm{L}}-\pi_{j\mathrm{L}}}{\pi_{i\mathrm{F}}-\pi_{j\mathrm{F}}} \geqslant \dfrac{\rho+\varepsilon_{\mathrm{L}}}{(1+\theta)(\rho+\varepsilon_{\mathrm{F}})}$

时，$\dfrac{\partial^2 Z_{i\mathrm{F}}^{\mathrm{C}^*}}{\partial \tau \partial \chi_{\mathrm{g}}} \geqslant 0$，反之当 $\dfrac{\pi_{i\mathrm{L}}-\pi_{j\mathrm{L}}}{\pi_{i\mathrm{F}}-\pi_{j\mathrm{F}}} < \dfrac{\rho+\varepsilon_{\mathrm{L}}}{(1+\theta)(\rho+\varepsilon_{\mathrm{F}})}$ 时，$\dfrac{\partial^2 Z_{i\mathrm{F}}^{\mathrm{C}^*}}{\partial \tau \partial \chi_{\mathrm{g}}} < 0$；由于 $\dfrac{\partial^2 Z_{i\mathrm{F}}^{\mathrm{C}^*}}{\partial \theta \partial \chi_{\mathrm{g}}} =$

$\dfrac{\gamma\tau\beta_{\mathrm{F}}(\pi_{i\mathrm{L}}-\pi_{j\mathrm{L}})}{h_i(\rho+\tau+\varepsilon_{\mathrm{F}})(\rho+\varepsilon_{\mathrm{L}})}$，所以当 $\pi_{i\mathrm{L}} \geqslant \pi_{j\mathrm{L}}$ 时，$\dfrac{\partial^2 Z_{i\mathrm{F}}^{\mathrm{C}^*}}{\partial \theta \partial \chi_{\mathrm{g}}} \geqslant 0$，反之当 $\pi_{i\mathrm{L}} < \pi_{j\mathrm{L}}$ 时，$\dfrac{\partial^2 Z_{i\mathrm{F}}^{\mathrm{C}^*}}{\partial \theta \partial \chi_{\mathrm{g}}} < 0$。
证毕。

推论 6.2 的证明

证明：由于 $\dfrac{\partial Z_{\mathrm{SF}}^{\mathrm{D}^*}}{\partial \tau} = \dfrac{2\gamma\alpha_{\mathrm{F}}\left[(1+\theta)\pi_{\mathrm{SL}}(\rho+\varepsilon_{\mathrm{F}})-\pi_{\mathrm{SF}}(\rho+\varepsilon_{\mathrm{L}})\right]}{k\,(\rho+\tau+\varepsilon_{\mathrm{F}})^2(\rho+\varepsilon_{\mathrm{L}})}$，并且 $\theta > 0$，$\pi_{\mathrm{SL}} > \pi_{\mathrm{SF}}$ 以

及 $\varepsilon_{\mathrm{F}} > \varepsilon_{\mathrm{L}}$，所以 $\dfrac{\partial Z_{\mathrm{SF}}^{\mathrm{D}^*}}{\partial \tau} > 0$；同理 $\dfrac{\partial Z_{i\mathrm{F}}^{\mathrm{D}^*}}{\partial \tau} = \dfrac{\gamma\beta_{\mathrm{F}}(1+\chi_{\mathrm{g}})\left[(1+\theta)\pi_{i\mathrm{L}}(\rho+\varepsilon_{\mathrm{F}})-\pi_{i\mathrm{F}}(\rho+\varepsilon_{\mathrm{L}})\right]}{h_i\,(\rho+\tau+\varepsilon_{\mathrm{F}})^2(\rho+\varepsilon_{\mathrm{L}})}$，

并且 $\theta > 0$，$\pi_{i\mathrm{L}} > \pi_{i\mathrm{F}}$ 以及 $\varepsilon_{\mathrm{F}} > \varepsilon_{\mathrm{L}}$，所以 $\dfrac{\partial Z_{i\mathrm{F}}^{\mathrm{D}^*}}{\partial \tau} > 0$；由于 $\dfrac{\partial Z_{\mathrm{SF}}^{\mathrm{D}^*}}{\partial \theta} = \dfrac{2\gamma\tau\pi_{\mathrm{SL}}\alpha_{\mathrm{F}}}{k(\rho+\tau+\varepsilon_{\mathrm{F}})(\rho+\varepsilon_{\mathrm{L}})}$，

所以 $\dfrac{\partial Z_{\mathrm{SF}}^{\mathrm{D}^*}}{\partial \theta} > 0$；由于 $\dfrac{\partial Z_{i\mathrm{F}}^{\mathrm{D}^*}}{\partial \theta} = \dfrac{\gamma\tau\pi_{i\mathrm{L}}\beta_{\mathrm{F}}(1+\chi_{\mathrm{g}})}{h_i(\rho+\tau+\varepsilon_{\mathrm{F}})(\rho+\varepsilon_{\mathrm{L}})}$，所以 $\dfrac{\partial Z_{i\mathrm{F}}^{\mathrm{D}^*}}{\partial \theta} > 0$；根据命题 6.2 中

$Z_{SL}^{D^*}$ 和 $Z_{iL}^{D^*}$ 的值，显然有 $\frac{\partial Z_{SL}^{D^*}}{\partial \tau} = \frac{\partial Z_{iL}^{D^*}}{\partial \tau} = 0$ 和 $\frac{\partial Z_{SL}^{D^*}}{\partial \theta} = \frac{\partial Z_{iL}^{D^*}}{\partial \theta} = 0$。在上述基础上，可以

推出 $\frac{\partial^2 Z_{SF}^{D^*}}{\partial \tau \partial \chi_g} = 0$ 和 $\frac{\partial^2 Z_{SF}^{D^*}}{\partial \theta \partial \chi_g} = 0$；由于 $\frac{\partial^2 Z_{iF}^{D^*}}{\partial \tau \partial \chi_g} = \frac{\gamma \beta_F \left[(1+\theta)\pi_{iL}(\rho + \varepsilon_F) - \pi_{iF}(\rho + \varepsilon_L) \right]}{h_i (\rho + \tau + \varepsilon_F)^2 (\rho + \varepsilon_L)}$，所以

以 $\frac{\partial^2 Z_{iF}^{D^*}}{\partial \tau \partial \chi_g} > 0$；由于 $\frac{\partial^2 Z_{iF}^{D^*}}{\partial \theta \partial \chi_g} = \frac{\gamma \tau \pi_{iL} \beta_F}{h_i (\rho + \tau + \varepsilon_F)(\rho + \varepsilon_L)}$，所以 $\frac{\partial^2 Z_{iF}^{D^*}}{\partial \theta \partial \chi_g} > 0$。证毕。

推论 6.3 的证明

证明：由于 $\frac{\partial Z_{SF}^{D^*}}{\partial \pi_{SF}} = \frac{2\gamma \alpha_F}{k(\rho + \tau + \varepsilon_F)}$，所以 $\frac{\partial Z_{SF}^{D^*}}{\partial \pi_{SF}} > 0$；由于 $\frac{\partial Z_{SF}^{D^*}}{\partial \pi_{SL}} = $

$\frac{2\gamma(1+\theta)\tau \alpha_F}{k(\rho + \tau + \varepsilon_F)(\rho + \varepsilon_L)}$，所以 $\frac{\partial Z_{SF}^{D^*}}{\partial \pi_{SL}} > 0$；由于 $\frac{\partial Z_{iF}^{D^*}}{\partial \pi_{iF}} = \frac{\gamma \beta_F(1 + \chi_g)}{h_i(\rho + \tau + \varepsilon_F)}$，所以 $\frac{\partial Z_{iF}^{D^*}}{\partial \pi_{iF}} > 0$；

由于 $\frac{\partial Z_{iF}^{D^*}}{\partial \pi_{iL}} = \frac{\gamma(1+\theta)\tau \beta_F(1 + \chi_g)}{h_i(\rho + \tau + \varepsilon_F)(\rho + \varepsilon_L)}$，所以 $\frac{\partial Z_{iF}^{D^*}}{\partial \pi_{iL}} > 0$；根据 $Z_{SL}^{D^*}$ 和 $Z_{iL}^{D^*}$ 的值，可知 $\frac{\partial Z_{SL}^{D^*}}{\partial \pi_{SF}} = $

0 和 $\frac{\partial Z_{iL}^{D^*}}{\partial \pi_{iF}} = 0$；由于 $\frac{\partial Z_{SL}^{D^*}}{\partial \pi_{SL}} = \frac{2\gamma \alpha_L}{k(\rho + \varepsilon_L)}$，所以 $\frac{\partial Z_{SL}^{D^*}}{\partial \pi_{SL}} > 0$；由于 $\frac{\partial Z_{iL}^{D^*}}{\partial \pi_{iL}} = \frac{\gamma \beta_L(1 + \chi_g)}{h_1(\rho + \varepsilon_L)}$，所

以 $\frac{\partial Z_{iL}^{D^*}}{\partial \pi_{iL}} > 0$。在上述基础上，可以推知 $\frac{\partial^2 Z_{SF}^{D^*}}{\partial \pi_{SF} \partial \chi_g} = 0$ 和 $\frac{\partial^2 Z_{SF}^{D^*}}{\partial \pi_{SL} \partial \chi_g} = 0$；由于 $\frac{\partial^2 Z_{iF}^{D^*}}{\partial \pi_{iF} \partial \chi_g} = $

$\frac{\gamma \beta_F}{h_i(\rho + \tau + \varepsilon_F)}$，所以 $\frac{\partial^2 Z_{iF}^{D^*}}{\partial \pi_{iF} \partial \chi_g} > 0$；由于 $\frac{\partial^2 Z_{iF}^{D^*}}{\partial \pi_{iL} \partial \chi_g} = \frac{\gamma(1+\theta)\tau \beta_F}{h_i(\rho + \tau + \varepsilon_F)(\rho + \varepsilon_L)}$，所以

$\frac{\partial^2 Z_{iF}^{D^*}}{\partial \pi_{iL} \partial \chi_g} > 0$；由于 $\frac{\partial Z_{SL}^{D^*}}{\partial \pi_{SL}} = \frac{2\gamma \alpha_L}{k(\rho + \varepsilon_L)}$，所以 $\frac{\partial^2 Z_{SL}^{D^*}}{\partial \pi_{SL} \partial \chi_g} = 0$；由于 $\frac{\partial^2 Z_{iL}^{D^*}}{\partial \pi_{iL} \partial \chi_g} = \frac{\gamma \beta_L}{h_i(\rho + \varepsilon_L)}$，

所以 $\frac{\partial^2 Z_{iL}^{D^*}}{\partial \pi_{iL} \partial \chi_g} > 0$。证毕。

命题 6.3 的证明

证明：采用逆向归纳法求解，首先分别用 W_S^{CS} 和 $W_{M_i}^{CS}$ 表示双边成本分担契约下共享供应商和制造商 M_i 在绿色技术创新成功后的利润最优值函数。根据贝尔曼连续动态优化理论，由式（6.54）和式（6.55）可知，W_S^{CS} 和 $W_{M_i}^{CS}$ 对于任意的 $g_{iL} \geqslant 0$（$i = 1, 2$）均满足的 HJB 方程分别为：

$$\rho W_S^{CS} = \max_{Z_{SL}, \phi_{iL}} \left[\begin{array}{l} \pi_{SL}(2D_0 + \gamma g_{1L} + \gamma g_{2L}) - (1 - \lambda_{1L} - \lambda_{2L})kZ_{SL}^2/2 \\ - \sum_{i=1}^{2} \phi_{iL} h_i Z_{iL}^2/2 + \sum_{i=1}^{2} W_S^{CS'}(g_{iL})(\alpha_L Z_{SL} + \beta_L Z_{iL} - \varepsilon_L g_{iL}) \end{array} \right] \tag{D1}$$

$$\rho W_{M_i}^{CS} = \max_{Z_{iL}, \lambda_{iL}} \left\{ \begin{array}{l} \pi_{iL}\left[D_0 + \gamma g_{iL} - \chi_g \gamma(g_{jL} - g_{iL}) \right] - (1 - \phi_{iL})h_i Z_{iL}^2/2 - \lambda_{iL}kZ_{SL}^2/2 \\ + W_{M_i}^{CS'}(g_{iL})(\alpha_L Z_{SL} + \beta_L Z_{iL} - \varepsilon_L g_{iL}) \\ + W_{M_i}^{CS'}(g_{jL})(\alpha_L Z_{SL} + \beta_L Z_{jL} - \varepsilon_L g_{jL}) \end{array} \right\} \tag{D2}$$

将式（D1）和式（D2）右端分别对 Z_{SL} 与 Z_{iL} 求一阶偏导数，由一阶条件可得：

$$Z_{iL}^{CS} = \frac{\beta_L W_{M_i}^{CS'}(g_{iL})}{h_i(1-\phi_i)}, \ Z_{SL}^{CS} = \frac{\alpha_L\left[W_S^{CS'}(g_{iL}) + W_S^{CS'}(g_{jL})\right]}{k(1-\lambda_{iL}-\lambda_{jL})} \tag{D3}$$

将式（D3）代入式（D1）和式（D2）中进行化简整理，可得：

$$\begin{aligned}
\rho W_S^{CS} =& \left[\pi_{SL}\gamma - \varepsilon_L W_S^{CS'}(g_{1L})\right]g_{1L} + \left[\pi_{SL}\gamma - \varepsilon_L W_S^{CS'}(g_{2L})\right]g_{2L} + 2D_0\pi_{SL} \\
&- \frac{\alpha_L^2\left[W_S^{CS'}(g_{iL}) + W_S^{CS'}(g_{jL})\right]^2}{2k(1-\lambda_{iL}-\lambda_{jL})} - \sum_{i=1}^{2}\frac{\phi_{iL}\beta_L^2 W_{M_i}^{CS'}(g_{iL})^2}{2h_i(1-\phi_i)^2} \\
&+ \sum_{i=1}^{2}\frac{\alpha_L^2 W_S^{CS'}(g_{iL})\left[W_S^{CS'}(g_{iL}) + W_S^{CS'}(g_{jL})\right]}{k(1-\lambda_{iL}-\lambda_{jL})} + \sum_{i=1}^{2}\frac{\beta_L^2 W_S^{CS'}(g_{iL})W_{M_i}^{CS'}(g_{iL})}{h_i(1-\phi_i)}
\end{aligned} \tag{D4}$$

$$\begin{aligned}
\rho W_{M_i}^{CS} =& \left[(1+\chi_g)\pi_{iL}\gamma - \varepsilon_L W_{M_i}^{CS'}(g_{iL})\right]g_{iL} - \left[\pi_{iL}\chi_g\gamma + \varepsilon_L W_{M_i}^{CS'}(g_{jL})\right]g_{jL} \\
&+ \pi_{iL}D_0 + \frac{\beta_L^2 W_{M_i}^{CS'}(g_{iL})^2}{2h_i(1-\phi_i)} + \frac{\beta_L^2 W_{M_j}^{CS'}(g_{jL})^2}{h_j(1-\phi_j)} - \frac{\lambda_{iL}\alpha_L^2\left[W_S^{CS'}(g_{iL}) + W_S^{CS'}(g_{jL})\right]^2}{2k(1-\lambda_{iL}-\lambda_{jL})^2} \\
&+ \frac{\alpha_L^2\left[W_{M_i}^{CS'}(g_{iL}) + W_{M_i}^{CS'}(g_{jL})\right]\left[W_S^{CS'}(g_{iL}) + W_S^{CS'}(g_{jL})\right]}{k(1-\lambda_{iL}-\lambda_{jL})}
\end{aligned} \tag{D5}$$

根据式（D4）和式（D5）的形式结构，可以假设 $W_S^{CS} = b_1^{CS}g_{1L} + b_2^{CS}g_{2L}^{CS} + b_3^{CS}$，$W_{M_i}^{CS} = b_4^{CS}g_{iL}^{CS} + b_5^{CS}g_{jL}^{CS} + b_6^{CS}$。显然有 $W_S^{CS'}(g_{1L}) = b_1^{CS}$，$W_S^{CS'}(g_{2L}) = b_2^{CS}$，$W_{M_i}^{CS'}(g_{iL}) = b_4^{CS}$，$W_{M_i}^{CS'}(g_{jL}) = b_5^{CS}$，并将其代入式（D4）和式（D5）中，根据恒等关系确定系数 $b_1^{CS*} \sim b_6^{CS*}$（含有未知参数 ϕ_{iL} 和 λ_{iL}）。然后将 $b_1^{CS*} \sim b_6^{CS*}$ 代入 W_S^{CS} 和 $W_{M_i}^{CS}$ 中，可以解得 $W_S^{CS*} = b_1^{CS*}g_{1L}^{CS} + b_2^{CS*}g_{2L}^{CS} + b_3^{CS*}$ 和 $W_{M_i}^{CS*} = b_4^{CS*}g_{iL}^{CS} + b_5^{CS*}g_{jL}^{CS} + b_6^{CS*}$。最后将 $b_1^{CS*} \sim b_6^{CS*}$ 代入式（D3）中进行化简，可得 $Z_{SL}^{CS*} = \dfrac{2\gamma\alpha_L\pi_{SL}}{k(\rho+\varepsilon_L)(1-\lambda_{1L}-\lambda_{2L})}$ 和 $Z_{iL}^{CS*} = \dfrac{\gamma\beta_L(1+\chi_g)\pi_{iL}}{h_i(\rho+\varepsilon_L)(1-\phi_{iL})}$。

进一步求解绿色技术创新成功前阶段的均衡策略。分别用 V_S^{CS} 和 $V_{M_i}^{CS}$ 表示共享供应商与制造商 M_i 在整个运营期间的利润最优值函数。根据式（6.54）和式（6.55），V_S^{CS} 和 $V_{M_i}^{CS}$ 对于任意的 $g_{iF} \geqslant 0$（$i=1,2$）均满足的 HJB 方程分别为：

$$(\rho+\tau)V_S^{CS} = \max_{S_F, \phi_{iF}}\begin{bmatrix} \pi_{SF}(2D_0 + \gamma g_{1F} + \gamma g_{2F}) - (1-\lambda_{1F}-\lambda_{2F})kZ_{SF}^2/2 \\ -\sum_{i=1}^{2}\phi_{iF}h_i Z_{iF}^2/2 + \sum_{i=1}^{2}V_S^{CS'}(g_{iF})(\alpha_F Z_{SF} + \beta_F Z_{iF} - \varepsilon_F g_{iF}) \\ + \tau W_S^{SC}\left[(1+\theta)g_{1F}, (1+\theta)g_{2F}\right] \end{bmatrix} \tag{D6}$$

$$(\rho + \tau)V^{\mathrm{CS}}_{\mathrm{M}_i} = \max_{Z_{i\mathrm{F}},\lambda_{i\mathrm{F}}} \left\{ \begin{array}{l} \pi_{i\mathrm{F}}\left[D_0 + \gamma g_{i\mathrm{F}} - \chi_{\mathrm{g}}\gamma(g_{j\mathrm{F}} - g_{i\mathrm{F}})\right] - (1 - \phi_{i\mathrm{F}})h_i Z^2_{i\mathrm{F}}/2 \\[2mm] - \lambda_{i\mathrm{F}}kZ^2_{\mathrm{SF}}/2 + \tau W^{\mathrm{CS}}_{\mathrm{M}_i}\left[(1+\theta)g_{i\mathrm{F}}, (1+\theta)g_{j\mathrm{F}}\right] \\[2mm] + V^{\mathrm{CS}'}_{\mathrm{M}_i}(g_{i\mathrm{F}})(\alpha_{\mathrm{F}}Z_{\mathrm{SF}} + \beta_{\mathrm{F}}Z_{i\mathrm{F}} - \varepsilon_{\mathrm{F}}g_{i\mathrm{F}}) \\[2mm] + V^{\mathrm{CS}'}_{\mathrm{M}_i}(g_{j\mathrm{F}})(\alpha_{\mathrm{F}}Z_{\mathrm{SF}} + \beta_{\mathrm{F}}Z_{j\mathrm{F}} - \varepsilon_{\mathrm{F}}g_{j\mathrm{F}}) \end{array} \right\} \tag{D7}$$

　　然后对式（D6）和式（D7）进行求解，求解过程与绿色技术创新成功前的式（D1）和式（D2）的求解过程相似，所以不再赘述。通过求解可得绿色技术创新成功前的均衡策略。最后，将上述证明过程进行整理可以得出命题 6.3 中的结论。证毕。

附录 E 第 7 章相关证明

命题 **7.1** 的证明

证明：分别用 V_M^M 和 V_R^M 表示制造商与零售商的利润最优值函数。采用逆向归纳法，首先求解零售商的最优销售价格，V_R^M 对于任意的 $g \geqslant 0$ 均满足 HJB 方程：

$$\rho V_R^M = \max_p \left[(p-w)(D_0 - \beta p + \gamma g) + V_R^{M'}(g)(\alpha Z - \delta g) \right] \tag{E1}$$

根据一阶条件，将式（E1）右端对 p 求一阶导数，并令其等于零，可得：

$$p^M = \frac{w\beta + g\gamma + D_0}{2\beta} \tag{E2}$$

考虑零售商的反应函数式（E2），V_M^M 对于任意的 $g \geqslant 0$ 均满足 HJB 方程：

$$\rho V_M^M = \max_{w, Z} \left[(w - c_0 - c_1 g + s_1 g)(D_0 - \beta p + \gamma g) - kZ^2/2 + V_M^{M'}(g)(\alpha Z - \delta g) \right] \tag{E3}$$

最大化方程（E3）右端以求解 w 和 Z，解得：

$$w^M = \frac{\beta c_0 + D_0 + (\gamma + \beta c_1 - s_1 \beta)g}{2\beta}, \; Z^M = \frac{\alpha}{k} V_M^{M'}(g) \tag{E4}$$

将 w^M 代入式（E2）中，化简可得：

$$p^M = \frac{\beta c_0 + 3D_0 + (3\gamma + \beta c_1 - \beta s_1)g}{4\beta} \tag{E5}$$

将式（E4）和式（E5）代入 HJB 方程式（E1）与式（E3）中，化简整理可得：

$$\rho V_R^M = \frac{[D_0 - \beta c_0 + (\gamma - \beta c_1 + s_1 \beta)g]^2}{16\beta} - V_R^{M'}(g)\delta g + \frac{\alpha^2}{k} V_M^{M'}(g) V_R^{M'}(g) \tag{E6}$$

$$\rho V_M^M = \frac{[D_0 - \beta c_0 + (\gamma - \beta c_1 + s_1 \beta)g]^2}{8\beta} - V_M^{M'}(g)\delta g + \frac{\alpha^2}{2k} V_M^{M'}(g)^2 \tag{E7}$$

根据式（E6）和式（E7）的形式结构，可以猜测 V_M^M 和 V_R^M 是关于产品绿色度 g 的一元二次函数。因此，假设 $V_M^M = a_1^M(g^M)^2 + a_2^M g^M + a_3^M$ 和 $V_R^M = a_4^M(g^M)^2 + a_5^M g^M + a_6^M$。利用待定系数法可以解得参数 $a_1^{M^*} \sim a_6^{M^*}$，如命题 7.1 中所示。然后将所得结果代入式

（E6）和式（E7）可得 w^{M^*}、p^{M^*} 和 Z^{M^*}，如式（7.7）至式（7.9）所示，进一步将 Z^{M^*} 代入式（7.1）中可以解得产品绿色度的最优轨迹，如式（7.10）所示。证毕。

命题 7.3 的证明

证明：与命题 7.1 的证明过程相似，不再赘述。

推论 7.1 的证明

证明：由于 $\dfrac{\partial g_\infty^{M^*}}{\partial \gamma} = \dfrac{k\alpha^2\beta(D_0 - \beta c_0)\left[4k^2\beta^2\delta(\delta + \rho) + k\alpha^2\beta(\gamma - \beta c_1 + s_1\beta)^2\right]}{\left[4k^2\beta^2\delta(\delta + \rho) - k\alpha^2\beta(\gamma - \beta c_1 + s_1\beta)^2\right]^2}$，所以

$\dfrac{\partial g_\infty^{M^*}}{\partial \gamma} > 0$；由于 $\dfrac{\partial g_\infty^{M^*}}{\partial s_1} = \dfrac{k\alpha^2\beta^2(D_0 - \beta c_0)\left[4k^2\beta^2\delta(\delta + \rho) + k\alpha^2\beta(\gamma - \beta c_1 + s_1\beta)^2\right]}{\left[4k^2\beta^2\delta(\delta + \rho) - k\alpha^2\beta(\gamma - \beta c_1 + s_1\beta)^2\right]^2}$，所以

$\dfrac{\partial g_\infty^{M^*}}{\partial s_1} > 0$；由于 $\dfrac{\partial g_\infty^{M^*}}{\partial c_1} = -\dfrac{k\alpha^2\beta^2(D_0 - \beta c_0)\left[4k^2\beta^2\delta(\delta + \rho) + k\alpha^2\beta(\gamma - \beta c_1 + s_1\beta)^2\right]}{\left[4k^2\beta^2\delta(\delta + \rho) - k\alpha^2\beta(\gamma - \beta c_1 + s_1\beta)^2\right]^2}$，所

以 $\dfrac{\partial g_\infty^{M^*}}{\partial c_1} < 0$；同理可证 $\dfrac{\partial g_\infty^{N^*}}{\partial \gamma} > 0$，$\dfrac{\partial g_\infty^{N^*}}{\partial s_2} > 0$，$\dfrac{\partial g_\infty^{N^*}}{\partial c_1} < 0$。证毕。

推论 7.2 的证明

证明：与推论 7.1 的证明过程相似，所以不再赘述，仅以 $\dfrac{\partial Z_\infty^{M^*}}{\partial \gamma}$ 的证明为例。由于

$\dfrac{\partial Z_\infty^{M^*}}{\partial \gamma} = \dfrac{\alpha\delta(D_0 - \beta c_0)\left[4k\beta\delta(\delta + \rho) + \alpha^2(\gamma - \beta c_1 + s_1\beta)^2\right]}{\left[4k\beta\delta(\delta + \rho) - \alpha^2(\gamma - \beta c_1 + s_1\beta)^2\right]^2}$，所以 $\dfrac{\partial Z_\infty^{M^*}}{\partial \gamma} > 0$；同理可证

$\dfrac{\partial Z_\infty^{M^*}}{\partial s_1} > 0$，$\dfrac{\partial Z_\infty^{M^*}}{\partial c_1} < 0$，$\dfrac{\partial Z_\infty^{N^*}}{\partial \gamma} > 0$，$\dfrac{\partial Z_\infty^{N^*}}{\partial s_1} > 0$，$\dfrac{\partial Z_\infty^{N^*}}{\partial c_1} < 0$。证毕。

推论 7.3 的证明

证明：与推论 7.1 的证明过程相似，所以不再赘述，仅以 $\dfrac{\partial p_\infty^{N^*}}{\partial \gamma}$ 的证明为例。由于

$\dfrac{\partial p_\infty^{N^*}}{\partial \gamma} = \dfrac{\alpha^2(D_0 - \beta c_0)\left[2k\delta(\delta + \rho)(1 - s_2)(3\gamma - \beta c_1) + \alpha^2 c_1(\gamma - \beta c_1)^2\right]}{(1 - s_2)\left[4k\beta\delta(\delta + \rho)(1 - s_2) - \alpha^2(\gamma - \beta c_1)^2\right]^2}$，所以 $\dfrac{\partial p_\infty^{N^*}}{\partial \gamma} > 0$；

同理可证 $\dfrac{\partial p_\infty^{N^*}}{\partial c_1} < 0$，$\dfrac{\partial p_\infty^{N^*}}{\partial s_2} > 0$，$\dfrac{\partial p_\infty^{M^*}}{\partial \gamma} > 0$，$\dfrac{\partial p_\infty^{M^*}}{\partial s_1} > 0$，$\dfrac{\partial p_\infty^{M^*}}{\partial c_1} < 0$。证毕。

参考文献

[1] 周波涛，钱进. IPCC AR6 报告解读：极端天气气候事件变化[J]. 气候变化研究进展，2021，17(6)：713-718.

[2] Xu L L，Wang A H，Yu W，et al. Hot spots of extreme precipitation change under 1.5 and 2℃ global warming scenarios[J]. Weather and Climate Extremes，2021，33：100357.

[3] 袁岳驷，张军伟，杜建军，等. 雾霾污染对中国粮食生产影响及其空间分异[J]. 经济地理，2022，42(2)：172-180.

[4] 沈满洪. 绿色发展的中国经验及未来展望[J]. 治理研究，2020，36(4)：20-26.

[5] 张帆，王丹. 马克思恩格斯绿色发展思想及其当代价值[J]. 学术探索，2022，30(7)：8-15.

[6] 郑红娥. "双循环"格局下消费的阶段性特征研判[J]. 人民论坛，2021，30(4)：12-15.

[7] Wei S，Ang T，Jancenelle V E. Willingness to pay more for green products：the interplay of consumer characteristics and customer participation[J]. Journal of Retailing and Consumer Services，2018，45：230-238.

[8] Hong Z F，Wang H，Yu Y G. Green product pricing with non-green product reference[J]. Transportation Research Part E：Logistics and Transportation Review，2018，115：1-15.

[9] "从'双十一'数据看中国消费高质量转型升级"课题组. 从"双十一"数据看中国消费高质量转型升级[J]. 财政科学，2021，6(11)：47-52，59.

[10] 解学梅，朱琪玮. 创新支点还是保守枷锁：绿色供应链管理实践如何撬动企业绩效？[J]. 中国管理科学，2022，30(5)：131-143.

[11] Dong C W，Liu Q Y，Shen B. To be or not to be green？strategic investment for green product development in a supply chain[J]. Transportation Research Part E：Logistics and Transportation Review，2019，131：193-227.

[12] 朱庆华，窦一杰. 基于政府补贴分析的绿色供应链管理博弈模型[J]. 管理科学学报，2011，14(6)：86-95.

[13] Zhu W G，He Y J. Green product design in supply chains under competition[J]. European Journal of Operational Research，2017，258(1)：165-180.

[14] Zhou N，Fridley D，McNeil M，et al. Analysis of potential energy saving and CO_2 emission reduction of home appliances and commercial equipments in China[J]. Energy Policy，2011，39(8)：4541-4550.

[15] 汪明月，李颖明. 多主体参与的绿色技术创新系统均衡及稳定性[J]. 中国管理科学，2021，29(3)：59-70.

[16] Yang R, Tang W S, Zhang J X. Technology improvement strategy for green products under competition: the role of government subsidy[J]. European Journal of Operational Research, 2021, 289 (2): 553-568.

[17] Dai R, Zhang J X. Green process innovation and differentiated pricing strategies with environmental concerns of south-north markets[J]. Transportation Research Part E: Logistics and Transportation Review, 2017, 98: 132-150.

[18] Galbreth M R, Ghosh B. Competition and sustainability: the impact of consumer awareness[J]. Decision Sciences, 2013, 44(1): 127-159.

[19] Sun Y, Luo B, Wang S Y, et al. What you see is meaningful: does green advertising change the intentions of consumers to purchase eco-labeled products? [J]. Business Strategy and the Environment, 2021, 30(1): 694-704.

[20] McDaniel S W, Rylander D H. Strategic green marketing[J]. Journal of Consumer Marketing, 1993, 10(3): 4-10.

[21] 王继光, 常建红, 齐凯. 供应链间竞争下绿色广告决策研究[J]. 计算机工程与应用, 2020, 56 (20): 251-257.

[22] André F J, Sokri A, Zaccour G. Public disclosure programs vs. traditional approaches for environmental regulation: green goodwill and the policies of the firm[J]. European Journal of Operational Research, 2011, 212(1): 199-212.

[23] 马德青, 胡劲松. 考虑延迟现象的质量改进投入和营销努力动态协同策略[J]. 运筹与管理, 2021, 30(6): 181-190.

[24] 王能民, 杨彤, 乔建明. 绿色供应链管理模式研究[J]. 工业工程, 2007, 10(1): 11-16, 47.

[25] 武春友, 朱庆华, 耿勇. 绿色供应链管理与企业可持续发展[J]. 中国软科学, 2001, 16(3): 67-70.

[26] 白春光, 唐家福. 制造-销售企业绿色供应链合作博弈分析[J]. 系统工程学报, 2017, 32(6): 818-828.

[27] 李佩, 魏航, 王广永, 等. 基于产品质量和服务水平的零售商经营模式选择研究[J]. 管理工程学报, 2020, 34(5): 164-177.

[28] Abhishek V, Jerath K, Zhang Z J. Agency selling or reselling? channel structures in electronic retailing[J]. Management Science, 2016, 62(8): 2259-2280.

[29] Hagiu A, Wright J. Multi-sided platforms [J]. International Journal of Industrial Organization, 2015, 43(10): 162-174.

[30] 王文宾, 蔺婉莹, 陈梦雪, 等. 消费者效用视角下双渠道供应链的产品质量研发模式选择研究[J]. 中国管理科学, 2021, 29(12): 135-144.

[31] 肖伯文, 范英. 新冠疫情的经济影响与绿色经济复苏政策评估[J]. 系统工程理论与实践, 2022, 42 (2): 272-288.

[32] Govindan K, Kaliyan M, Kannan D. Barriers analysis for green supply chain management implementation in Indian industries using analytic hierarchy process[J]. International Journal of Production Economics, 2014, 147(Part B): 555-568.

［33］ Zhu Q H，Sarkis J，Geng Y. Green supply chain management in China：pressures，practices and performance［J］. International Journal of Operations Production Management，2005，25（5）：449-468.

［34］ Hall J. Environmental supply chain dynamics［J］. Journal of Cleaner Production，2000，8（6）：455-471.

［35］ 朱庆华. 绿色供应链管理［M］. 北京：化学工业出版社，2004：4-14.

［36］ 王能民，孙林岩，汪应洛. 绿色供应链管理［M］. 北京：清华大学出版社，2005：30-44.

［37］ Swami S，Shah J. Channel coordination in green supply chain management［J］. Journal of the Operational Research Society，2013，64（3）：336-351.

［38］ 郭炜恒，梁樑. 供应链碳减排成本分摊的合作博弈研究［J］. 预测，2021，40（2）：83-89.

［39］ Giannoccaro I，Pontrandolfo P. Supply chain coordination by revenue sharing contracts［J］. International Journal of Production Economics，2004，89（2）：131-139.

［40］ 杜少甫，杜婵，梁樑，等. 考虑公平关切的供应链契约与协调［J］. 管理科学学报，2010，13（11）：41-48.

［41］ 朱桂菊，游达明. 基于微分对策的绿色供应链生态研发策略与协调机制［J］. 运筹与管理，2017，26（6）：62-69.

［42］ Saad W，Han Z，Poor H V，et al. Game-theoretic methods for the smart grid：an overview of microgrid systems，demand-side management，and smart grid communications［J］. IEEE Signal Processing Magazine，2012，29（5）：86-105.

［43］ Anbarci N. Beautiful game theory：how soccer can help economics［J］. Economic Record，2015，91（294）：399-401.

［44］ 游达明，朱桂菊，岳柳青. 加成定价下低碳供应链生态研发与促销的微分博弈分析［J］. 软科学，2016，30（2）：102-106.

［45］ 马德青，胡劲松. 零售商具相对公平的闭环供应链随机微分博弈模型［J］. 管理学报，2018，15（3）：467-474.

［46］ 朱怀念，刘贻新，张成科，等. 基于随机微分博弈的协同创新知识共享策略［J］. 科研管理，2017，38（7）：17-25.

［47］ 胡劲松，刘玉红，马德青. 技术创新下考虑绿色度和溯源商誉的食品供应链动态策略［J］. 软科学，2021，35（1）：39-49.

［48］ 王威昊，马德青，胡劲松. 产品伤害危机预期下的最优动态广告策略［J］. 中国管理科学，2022，30（2）：204-216.

［49］ Rubel O，Naik P A，Srinivasan S. Optimal advertising when envisioning a product-harm crisis［J］. Marketing Science，2011，30：1048-1065.

［50］ Lu L，Navas J. Advertising and quality improving strategies in a supply chain when facing potential crises［J］. European Journal of Operational Research，2021，288（3）：839-851.

［51］ Mukherjee A，Chauhan S S. The impact of product recall on advertising decisions and firm profit while envisioning crisis or being hazard myopic［J］. European Journal of Operational Research，

2021，288(3)：953-970.

[52] Pasternack B A. Optimal pricing and return policies for perishable commodities[J]. Marketing Science，2008，27(1)：133-140.

[53] Cachon G P. Supply chain coordination with contracts[J]. Handbooks in Operations Research and Management Science，2003，11(Part Ⅱ)：227-339.

[54] Lariviere M A，Porteus E L. Selling to the newsvendor：an analysis of price-only contracts[J]. Manufacturing and Service Operations Management，2001，3(4)：293-305.

[55] Spengler J J. Vertical integration and antitrust policy[J]. The Journal of Political Economy，1950，58(4)：347-352.

[56] 肖迪，潘可文. 基于收益共享契约的供应链质量控制与协调机制[J]. 中国管理科学，2012，20(4)：67-73.

[57] Hou X Y，Li J B，Liu Z X，et al. Pareto and Kaldor-Hicks improvements with revenue-sharing and wholesale-price contracts under manufacturer rebate policy[J]. European Journal of Operational Research，2022，298(1)：152-168.

[58] 王文隆，王福乐，张涑贤. 考虑低碳努力的双渠道供应链协调契约研究[J]. 管理评论，2021，33(4)：315-326.

[59] Raju J，Zhang Z J. Channel coordination in the presence of a dominant retailer[J]. Marketing Science，2005，24(2)：254-262.

[60] 常珊，胡斌，汪婷婷. 考虑促销努力的供应链产能策略及其协调[J]. 系统管理学报，2022，31(4)：619-634.

[61] Ghosh D，Shah J. Supply chain analysis under green sensitive consumer demand and cost sharing contract[J]. International Journal of Production Economics，2015，164：319-329.

[62] 周艳菊，黄雨晴，陈晓红，等. 促进低碳产品需求的供应链减排成本分担模型[J]. 中国管理科学，2015，23(7)：85-93.

[63] Zhou Y W，Guo J S，Zhou W H. Pricing/service strategies for a dual-channel supply chain with free riding and service-cost sharing[J]. International Journal of Production Economics，2018，196：198-210.

[64] 肖群，马士华. 风险厌恶零售商考虑信息预测成本的协调机制[J]. 管理科学学报，2016，19(11)：45-53.

[65] Geng Q，Mallik S. Inventory competition and allocation in a multi-channel distribution system[J]. European Journal of Operational Research，2007，182(2)：704-729.

[66] Beamon B M. Designing the green supply chain[J]. Logistics Information Management，1999，12(4)：332-342.

[67] 但斌，刘飞. 绿色供应链及其体系结构研究[J]. 中国机械工程，2000，28(11)：40-42，4.

[68] 马祖军. 绿色供应链管理的集成特性和体系结构[J]. 南开管理评论，2002，11(6)：47-50.

[69] Jung H，Klein C M. Optimal inventory policies under decreasing cost functions via geometric programming[J]. European Journal of Operational Research，2001，132(3)：628-642.

[70] Zhu Q H，Sarkis J. Relationships between operational practices and performance among early adopters of green supply chain management practices in Chinese manufacturing enterprises[J]. Journal of Operations Management，2004，22(3)：265-289.

[71] Gawusu S，Zhang X B，Jamatutu S A，et al. The dynamics of green supply chain management within the framework of renewable energy[J]. International Journal of Energy Research，2022，46(2)：684-711.

[72] Shi V G，Koh S C L，Baldwin J，et al. Natural resource based green supply chain management[J]. Supply Chain Management，2012，17(1)：54-67.

[73] 王丽杰，郑艳丽. 绿色供应链管理中对供应商激励机制的构建研究[J]. 管理世界，2014，30(8)：184-185.

[74] Berchicci L，Bodewes W. Bridging environmental issues with new product development[J]. Business Strategy and the Environment，2005，14(5)：272-285.

[75] Reinhardt F L. Environmental product differentiation：implications for corporate strategy[J]. California Management Review，1998，40(4)：43-73.

[76] 向东，张根保，汪永超，等. 绿色产品及其评价指标体系研究[J]. 计算机集成制造系统，1999，5(4)：14-19.

[77] 付允，林翎，陈健华，等. 产品生命周期环境友好性评价方法研究[J]. 标准科学，2014，51(7)：13-17.

[78] 曹東，吴晓波，周根贵，等. 制造企业绿色产品创新与扩散过程中的博弈分析[J]. 系统工程学报，2012，27(5)：617-625.

[79] Srivastava S K. Green supply-chain management：a state-of-the-art literature review[J]. International Journal of Management Reviews，2007，9(1)：53-80.

[80] 张浩，汪明月，史文强. 绿色产品零售企业与市场消费者策略选择演化分析[J]. 运筹与管理，2022，31(2)：54-61.

[81] 黎建新，刘洪深，宋明菁. 绿色产品与广告诉求匹配效应的理论分析与实证检验[J]. 财经理论与实践，2014，35(1)：127-131.

[82] Dangelico R M，Pontrandolfo P. From green product definitions and classifications to the green option matrix[J]. Journal of Cleaner Production，2010，18(16-17)：1608-1628.

[83] 向东，段广洪，汪劲松，等. 基于产品系统的产品绿色度综合评价[J]. 计算机集成制造系统，2001，7(8)：12-16.

[84] 张雪平，殷国富. 基于层次灰色关联的产品绿色度评价研究[J]. 中国电机工程学报，2015，25(17)：78-82.

[85] 柳键，周辉. 考虑产品生命周期全过程的产品绿色度综合评价[J]. 科技管理研究，2016，36(19)：60-63.

[86] 江世英，李随成. 考虑产品绿色度的绿色供应链博弈模型及收益共享契约[J]. 中国管理科学，2015，23(6)：169-176.

[87] Zhu G J，Li J L，Zhang Y，et al. Differential game analysis of the green innovation cooperation in

supply chain under the background of dual-driving[J]. Mathematical Problems in Engineering, 2021，1：1-15.

[88] 秦阿宁，孙玉玲，王燕鹏，等. 碳中和背景下的国际绿色技术发展态势分析[J]. 世界科技研究与发展，2021，43(4)：385-402.

[89] Fussle R C, James P. Eco-innovation: a break-through discipline for innovation and sustainability [M]. London: Pitman Publishing, 1996：1-364.

[90] Huber J. New technologies and environmental innovation[M]. Cheltenham: Edward Elgar Publishing, 2004：1-384.

[91] Chen Y S, Lai S B, Wen C T. The influence of green innovation performance on corporate advantage in Taiwan[J]. Journal of Business Ethics, 2006，67(4)：331-339.

[92] 焦长勇. 企业绿色技术创新探析[J]. 科技进步与对策，2001，18(3)：73-74.

[93] 汪明月，李颖明，王子彤. 工业企业绿色技术创新绩效传导及政府市场规制的调节作用研究[J]. 管理学报，2022，19(7)：1026-1037，1091.

[94] 高霞，贺至晗，张福元. 政府补贴、环境规制如何提升区域绿色技术创新水平？——基于组态视角的联动效应研究[J]. 研究与发展管理，2022，34(3)：162-172.

[95] Rennings K. Redefining innovation-eco-innovation research and the contribution from ecological economics[J]. Ecological Economics, 2000，32(2)：319-332.

[96] 汪明月，李颖明. 政府市场规制、产品消费选择和企业绿色技术创新[J]. 管理工程学报，2021，35(2)：44-54.

[97] 汪明月，李颖明，管开轩. 政府市场规制对企业绿色技术创新决策与绩效的影响[J]. 系统工程理论与实践，2020，40(5)：1158-1177.

[98] Li K, Lin B Q. Economic growth model, structural transformation, and green productivity in China [J]. Applied Energy, 2017，187：489-500.

[99] 汪明月，李颖明，王子彤. 技术和市场双重不确定性下企业绿色技术创新及绩效[J]. 系统管理学报，2021，30(2)：353-362.

[100] Hojnik J, Ruzzier M. The driving of process eco-innovation and its impact on performance: insights from slovenia[J]. Journal of Cleaner Production, 2016，133：812-825.

[101] Peng B H, Zheng C Y, Wei G, et al. The cultivation mechanism of green technology innovation in manufacturing industry: from the perspective of ecological niche[J]. Journal of Cleaner Production, 2019，252(10)：119711.

[102] 商波，杜星宇，黄涛珍. 基于市场激励型的环境规制与企业绿色技术创新模式选择[J]. 软科学，2021，35(5)：78-84，92.

[103] Cai X, Zhu B, Zhang H, et al. Can direct environmental regulation promote green technology innovation in heavily polluting industries? evidence from Chinese listed companies[J]. Science of the Total Environment, 2020，746：140810.

[104] 庄芹芹，吴滨，洪群联. 市场导向的绿色技术创新体系——理论内涵、实践探索与推进策略[J]. 经济学家，2020，32(11)：29-38.

[105] Zhang Q, Ma Y. The impact of environmental management of firm economic performance: the mediating effect of green innovation and the moderating effect of environmental leadership[J]. Journal of Cleaner Production, 2021, 292: 126057.

[106] 王旭, 褚旭. 制造业企业绿色技术创新的同群效应研究——基于多层次情境的参照作用[J]. 2022, 25(2): 68-81.

[107] 郭捷, 杨立成. 政府规制、政府研发资助对绿色技术创新的影响: 基于中国内地省级层面数据的实证分析[J]. 科技进步与对策, 2020, 37(10): 37-44.

[108] Xu X, Zhang W, Wang T, et al. Impact of subsidies on innovations of environmental protection and circular economy in China[J]. Journal of Environment Management, 2021, 289: 112385.

[109] 蒋军锋, 李孝兵, 殷婷婷, 等. 突破性技术创新的形成: 述评与未来研究[J]. 研究与发展管理, 2017, 29(6): 109-120.

[110] 邵云飞, 詹坤, 吴言波. 突破性技术创新: 理论综述与研究展望[J]. 技术经济, 2017, 36(4): 30-37.

[111] Hajhashem M, Khorasani A. Demystifying the dynamic of disruptive innovations in markets with complex adoption networks: from encroachment to disruption[J]. International Journal of Innovation and Technology Management, 2015, 12(5): 155-224.

[112] 苏屹, 林周周, 欧忠辉. 基于突变理论的技术创新形成机理研究[J]. 科学学研究, 2019, 37(3): 568-574.

[113] Ritala P, Hurmelinna-Laukkanen P. Incremental and radical innovation in coopetition the role of absorptive capacity and appropriability[J]. Journal of Product Innovation Management, 2013, 30(1): 154-169.

[114] Saunila M, Rantala T, Ukko J, et al. Why invest in green technologies? sustainability engagement among small business[J]. Technology Analysis & Strategic Management, 2019, 31(6): 653-666.

[115] Rennings K. Redefining innovation eco-innovation research and the contribution from ecological economics[J]. Ecological Economics, 2000, 32(2): 319-332.

[116] Lee S H, Park S, Kim T. Review on investment direction of green technology R&D in Korea[J]. Renewable & Sustainable Energy Reviews, 2015, 50: 186-193.

[117] Wong C Y, Boon-Itt S, Wong C W Y. The contingency effects of environmental uncertainty on the relationship between supply chain integration and operational performance[J]. Journal of Operations Management, 2011, 29(6): 604-615.

[118] 唐书传, 刘云志, 肖条军. 考虑社会责任的供应链定价与碳减排决策[J]. 中国管理科学, 2020, 28(4): 99-108.

[119] 杨振华, 冯展斌, 沈强, 等. 竞争供应链中制造商环保技术投资决策研究[J]. 中国管理科学, 2022, 30(7): 164-175.

[120] Bai Q G, Xu J T, Chauhan S S. Effects of sustainability investment and risk aversion on a two-stage supply chain coordination under a carbon tax policy[J]. Computers & Industrial Engineering, 2020, 142: 106324.

[121] Qi G Y, Zeng S X, Tam C, et al. Stakeholders' influences on corporate green innovation strategy: a case study of manufacturing firms in China[J]. Corporate Social Responsibility and Environmental Management, 2013, 20(1): 1-14.

[122] Cui J B, Zhang J J, Zheng Y. Carbon pricing induces innovation: evidence from China's regional market pilots[J]. AEA Papers and Proceedings, 2018, 108: 453-457.

[123] 苏媛, 李广培. 绿色技术创新能力、产品差异化与企业竞争力——基于节能环保产业上市公司的分析[J]. 中国管理科学, 2021, 29(4): 46-56.

[124] Lee K H, Min B. Green R&D for eco-innovation and its impact on carbon emissions and firm performance[J]. Journal of Cleaner Production, 2015, 108(12): 534-542.

[125] 熊勇清, 张秋玥. 中国新能源汽车"非补贴型"政策的研发投入激励研究——基于区域创新氛围的差异性分析[J]. 研究与发展管理, 2022, 34(1): 81-94.

[126] Yakita A. Technology choice and environmental awareness in a trade and environment context[J]. Australian Economic Papers, 2009, 48(3): 270-279.

[127] 郑君君, 王璐, 王向民. 考虑消费者环境意识及企业有限理性的生产决策研究[J]. 系统工程理论与实践, 2018, 38(10): 2587-2599.

[128] Bi G B, Jin M Y, Ling L Y, et al. Environmental subsidy and the choice of green technology in the presence of green consumers[J]. Annals of Operations Research, 2017, 255(1-2): 547-568.

[129] Drake D F, Kleindorfer P R, Van Wassenhove L N. Technology choice and capacity portfolios under emissions regulation[J]. Production and Operations Management, 2016, 25(6): 1006-1025.

[130] Xi S, Lee C. A game theoretic approach for the optimal investment decisions of green innovation in a manufacturer-retailer supply chain[J]. International Journal of Industrial Engineering, 2015, 22(1): 147-158.

[131] 李婧婧, 李勇建, 刘露, 等. 激励绿色供应链企业开展生态设计的机制决策[J]. 系统工程理论与实践, 2019, 39(9): 2287-2299.

[132] Liu Z G, Anderson T D, Cruz J M. Consumer environmental awareness and competition in two-stage supply chains[J]. European Journal of Operational Research, 2012, 218(3): 602-613.

[133] 石平, 颜波, 石松. 考虑公平的绿色供应链定价与产品绿色度决策[J]. 系统工程理论与实践, 2016, 36(8): 1937-1950.

[134] 姜明君, 陈东彦. 公平偏好下绿色供应链收益分享与绿色创新投入[J]. 控制与决策, 2020, 35(6): 1463-1468.

[135] Yang D Y, Xiao T J. Pricing and green level decisions of a green supply chain with governmental interventions under fuzzy uncertainties[J]. Journal of Cleaner Production, 2017, 149: 1174-1187.

[136] Adker J L. Dimensions of brand personality[J]. Journal of Marketing Research, 1997, 34(3): 347-356.

[137] Nerlove M, Arrow K J. Optimal advertising policy under dynamic conditions[J]. Economica, 1962, 29(114): 129-142.

[138] Liu B, Cai G, Tsay A A. Advertising in asymmetric competing supply chains[J]. Production and

Operations Management，2014，23(11)：1845-1858.

[139] Sheehan K，Atkinson L. Revisiting green advertising and the reluctant consumer[J]. Journal of Advertising，2012，41(4)：5-7.

[140] Plambeck E L. Reducing greenhouse gas emissions through operations and supply chain management[J]. Energy Economics，2012，34(3)：S64-S74.

[141] Hartmann P，Ibáñez V A，Sainz F J F. Green branding effects on attitude：functional versus emotional positioning strategies[J]. Marketing Intelligence & Planning，2005，23(1)：9-29.

[142] Yoon H J，Kim Y J. Understanding green advertising attitude and behavioral intention：an application of the health belief model[J]. Journal of Promotion Management，2016，22(1)：49-70.

[143] 孙瑾，苗盼. 近筹 vs. 远略——解释水平视角的绿色广告有效性研究[J]. 南开管理评论，2018，21(4)：195-205.

[144] Chang C C. Feeling ambivalent about going green[J]. Journal of Advertising，2011，40(4)：19-32.

[145] 王财玉，吴波. 时间参照对绿色消费的影响：环保意识和产品环境怀疑的调节作用[J]. 心理科学，2018，41(3)：621-626.

[146] 陈凯，彭茜. 绿色消费态度-行为差距分析及其干预[J]. 科技管理研究，2014，34(20)：236-241.

[147] Li Y，Palma M A，Hall C R，et al. Measuring the effects of advertising on green industry sales：a generalized propensity score approach[J]. Applied Economics，2019，51(12)：1303-1318.

[148] Du S F，Wang L，Hu L，et al. Platform-led green advertising：promote the best or promote by performance[J]. Transportation Research Part E-logistics and Transportation Review，2019，128：115-131.

[149] 李春发，王聪，曹颖颖，等. 低碳产品、定向广告与供应链营销投资策略演化[J]. 中国环境科学，2021，41(10)：4951-4960.

[150] 周熙登. 考虑品牌差异的双渠道供应链减排与低碳宣传策略[J]. 运筹与管理，2017，26(11)：93-99.

[151] Jørgensen S，Taboubi S，Zaccour G. Cooperative advertising in a marketing channel[J]. Journal of Optimization Theory and Application，2001，110(1)：145-158.

[152] Liu G W，Zhang J X，Tang W S. Strategic transfer pricing in a marketing-operations interface with quality level and advertising dependent goodwill[J]. Omega，2015，56：1-15.

[153] 徐春秋，王芹鹏. 考虑政府参与方式的供应链低碳商誉微分博弈模型[J]. 运筹与管理，2020，29(8)：35-44.

[154] 赵黎明，孙健慧，张海波. 基于微分对策的低碳产品供应链营销合作协调机制[J]. 管理工程学报，2018，32(3)：105-111.

[155] Moon W，Florkowski W J，Brückner B，et al. Willingness to pay for environmental practices：implications for eco-labeling[J]. Land Economics，2002，78(1)：88-102.

[156] Liu P，Yi S P. Pricing policies of green supply chain considering targeted advertising and product green degree in the big data environment [J]. Journal of Cleaner Production，2017，164：1614-1622.

[157] 吴玉萍，水源宋，原白云，等. 考虑大数据营销和风险规避的绿色供应链决策与协调[J]. 运筹与管理，2022，31(2)：62-69.

[158] 曲优，关志民，叶同，等. 基于混合 CVaR 的供应链绿色研发-广告决策与协调机制研究[J]. 中国管理科学，2018，26(10)：89-101.

[159] 公彦德，陈梦泽. 考虑企业社会责任和公平偏好的绿色供应链决策[J]. 控制与决策，2021，36(7)：1743-1753.

[160] 曹裕，刘子豪. 无政府激励的绿色供应链管理的可行性分析[J]. 管理工程学报，2017，31(2)：119-127.

[161] Zhang C T, Liu L P. Research on coordination mechanism in three-level green supply chain under non-cooperative game[J]. Applied Mathematical Modelling，2013，37(5)：3369-3379.

[162] 刘俊华，黄悦，王福. 基于联合减排与销售努力的三级低碳供应链成本分担契约选择[J]. 商业研究，2022，65(1)：123-132.

[163] Huang S, Guan X, Chen Y J. Retailer information sharing with supplier encroachment[J]. Production and Operations Management，2018，27(6)：1133-1147.

[164] 郭亚军，赵礼强. 基于电子市场的双渠道冲突与协调[J]. 系统工程理论与实践，2008，28(9)：59-66，81.

[165] Jamali M B, Rasti-Barzoki M. A game theoretic approach for green and non-green product pricing in chain-to-chain competitive sustainable and regular dual-channel supply chains[J]. Journal of Cleaner Production，2018，170：1029-1043.

[166] Rahmani K, Yavari M. Pricing policies for a dual-channel green supply chain under demand disruptions[J]. Computers & Industrial Engineering，2019，127：493-510.

[167] 余娜娜，王道平，赵超. 考虑产品绿色度的双渠道供应链协调研究[J]. 运筹与管理，2022，31(4)：75-81.

[168] Li B, Zhu M Y, Jiang Y S, et al. Pricing policies of a competitive dual-channel green supply chain[J]. Journal of Cleaner Production，2016，112：2029-2042.

[169] Wang L M, Song Q K. Pricing policies for dual-channel supply chain with green investment and sales effort under uncertain demand[J]. Mathematics and Computers in Simulation，2020，171：79-93.

[170] 王桐远，李延来. 零售商信息分享对双渠道绿色供应链绩效影响研究[J]. 运筹与管理，2020，29(12)：98-106.

[171] 周岩，胡劲松，刘京. 考虑公平关切的双渠道绿色供应链决策分析[J]. 工业工程与管理，2020，25(1)：9-19.

[172] Wang J, Wan Q, Yu M Z. Green supply chain network design considering chain-to-chain competition on price and carbon emission[J]. Computers & Industrial Engineering，2020，145：106503.

[173] Li W, Chen J. Pricing and quality competition in a brand-differentiated supply chain[J]. International Journal of Production Economics，2018，202：97-108.

[174] Xu Q Y, Xu B, Bo Q S, et al. Coordination through cooperative advertising in a two-period supply chain with retail competition[J]. Kybernetes，2019，48(6)：1175-1194.

[175] Ma P, Zhang C, Hong X P, et al. Pricing decisions for substitutable products with green manufacturing in a competitive supply chain[J]. Journal of Cleaner Production, 2018, 183: 618-640.

[176] 刘会燕, 戢守峰. 考虑产品绿色度的供应链横向竞合博弈及定价策略[J]. 工业工程与管理, 2017, 22(4): 91-99, 114.

[177] 杨天剑, 田建改. 不同渠道权力结构下供应链定价及绿色创新策略[J]. 软科学, 2019, 33(12): 127-132.

[178] Guo S, Choi T M, Shen B. Green product development under competition: a study of the fashion apparel industry[J]. European Journal of Operational Research, 2020, 280(2): 523-538.

[179] 刘会燕, 戢守峰. 考虑消费者绿色偏好的竞争性供应链的产品选择与定价策略[J]. 管理学报, 2017, 14(3): 451-458.

[180] Hafezalkotob A. Competition, cooperation, and coopetition of green supply chains under regulations on energy saving levels[J]. Transportation Research Part E: Logistics and Transportation Review, 2017, 97: 228-250.

[181] 许格妮, 陈惠汝, 武晓莉, 等. 竞争供应链中绿色成本分担博弈分析[J]. 系统工程学报, 2020, 35(2): 244-256.

[182] Yu J J, Tang C S, Shen Z J M. Improving consumer welfare and manufacturer profit via government subsidy programs: subsidizing consumers or manufacturers[J]. Manufacturing & Service Operations Management, 2018, 20(4): 752-766.

[183] 张艳丽, 胡小建, 杨海洪, 等. 政府补贴下考虑消费者策略行为的绿色供应链决策模型[J]. 预测, 2017, 36(2): 57-63.

[184] 温兴琦, 程海芳, 蔡建湖, 等. 绿色供应链中政府补贴策略及效果分析[J]. 管理学报, 2018, 15(4): 625-632.

[185] 贺勇, 陈志豪, 廖诺. 政府补贴方式对绿色供应链制造商减排决策的影响机制[J]. 中国管理科学, 2022, 30(6): 87-98.

[186] 金基瑶, 杜建国, 金帅, 等. 消费者环境创新偏好下政府环境补贴对供应链绩效的影响——基于本土和FDI生产型企业竞争的视角[J]. 系统管理学报, 2020, 29(4): 657-667.

[187] 江世英, 方鹏骞. 基于绿色供应链的政府补贴效果研究[J]. 系统管理学报, 2019, 28(3): 594-600.

[188] Cohen M C, Lobel R, Perakis G. The impact of demand uncertainty on consumer subsidies for green technology adoption[J]. Management Science, 2016, 62(5): 1235-1258.

[189] 熊勇清, 李小龙, 黄恬恬. 基于不同补贴主体的新能源汽车制造商定价决策研究[J]. 中国管理科学, 2020, 28(8): 139-147.

[190] 曹裕, 寻静雅, 李青松. 基于不同政府补贴策略的供应链绿色努力决策比较研究[J]. 运筹与管理, 2020, 29(5): 108-118.

[191] 曹裕, 李青松, 胡韩莉. 不同政府补贴策略对供应链绿色决策的影响研究[J]. 管理学报, 2019, 16(2): 297-305, 316.

[192] 冯颖, 汪梦园, 张炎治, 等. 制造商承担社会责任的绿色供应链政府补贴机制[J]. 管理工程学报,

2022，36(6)：156-167.

[193] 高鹏，杜建国，朱宾欣，等. 考虑异质性创新的绿色供应链政府补贴策略研究[J]. 软科学，2022，36(6)：25-32.

[194] Meng Q C，Wang Y T，Zhang Z，et al. Supply chain green innovation subsidy strategy considering consumer heterogeneity[J]. Journal of Cleaner Production，2021，281：125199.

[195] Madani S R，Rasti-Barzoki M. Sustainable supply chain management with pricing，greening and governmental tari? s determining strategies：a game-theoretic approach[J]. Computers & Industrial Engineering，2017，105：287-298.

[196] 梁晓蓓，江江，孟虎，等. 考虑政府补贴和风险规避的绿色供应链决策模型[J]. 预测，2020，39(1)：66-73.

[197] 张克勇，张娜. 政府补贴下具互惠偏好的绿色供应链定价与协调[J]. 山东大学学报(理学版)：2022，57(1)：30-41，49.

[198] Pnevmatikos N，Vardar B，Zaccour G. When should a retailer invest in brand advertising[J]. European Journal of Operational Research，2018，267(2)：754-764.

[199] 徐琪，郭丽晶. 成本分担机制下共享供应链产品质量水平与及时交货水平最优激励策略[J]. 管理工程学报，2022，36(1)：228-239.

[200] Voros J. An analysis of the dynamic price-quality relationship[J]. European Journal of Operational Research，2019，277(3)：1037-1045.

[201] 徐琪，杨玉莹. 基于双边平台匹配努力的共享供应链动态定价策略研究[J]. 运筹与管理，2022，31(6)：82-90.

[202] 赵道致，原白云，徐春秋. 低碳环境下供应链纵向减排合作的动态协调策略[J]. 管理工程学报，2016，30(1)：147-154.

[203] 张彦博，寇坡，张丹宁. 企业污染减排过程中的政企合谋问题研究[J]. 运筹与管理，2018，27(11)：184-192.

[204] De Giovanni P. A joint maximization incentive in closed-loop supply chains with competing retailers：the case of spent-battery recycling[J]. European Journal of Operational Research，2018，268(1)：128-147.

[205] 马德青，胡劲松. 考虑利他行为偏好的动态闭环供应链微分博弈[J]. 系统管理学报，2020，29(5)：974-986.

[206] Jørgensen S，Taboubi S，Zaccour G. Retail promotions with negative brand image effects：is cooperation possible[J]. European Journal of Operational Research，2003，150(2)：395-405.

[207] 张旭梅，陈国鹏. 存在品牌差异的双渠道供应链合作广告协调模型[J]. 管理工程学报，2016，30(2)：152-159.

[208] 叶欣，周艳菊. 考虑商誉的双渠道供应链动态定价与联合减排策略[J]. 中国管理科学，2021，29(2)：117-128.

[209] 许明辉，刘晚霞. 制造商竞争环境下基于要素品牌战略的动态合作广告研究[J]. 管理工程学报，2019，33(3)：162-169.

[210] Zhang J, Gou Q L, Liang L, et al. Supply chain coordination through cooperative advertising with reference price effect[J]. Omega, 2013, 41(2): 345-353.

[211] 陈东彦, 于浍, 侯玲. 考虑延时效应的供应链动态合作广告策略研究[J]. 管理科学学报, 2017, 20(9): 25-35.

[212] Sethi S P. Deterministic and stochastic optimization of a dynamic advertising model[J]. Optimal Control Applications and Methods, 1983, 4(2): 179-184.

[213] 聂佳佳. 供应链竞争下基于微分对策的合作广告模型[J]. 系统管理学报, 2011, 20(5): 578-588.

[214] Chutani A, Sethi S P. Dynamic cooperative advertising under manufacturer and retailer level competition[J]. European Journal of Operational Research, 2018, 268(2): 635-652.

[215] 孙健慧, 张海波. 绿色供应链协同创新合作策略研究[J]. 工业工程, 2020, 23(4): 53-60, 92.

[216] 关志民, 曲优, 赵莹. 考虑决策者失望规避的供应链协同绿色创新动态优化与协调研究[J]. 运筹与管理, 2020, 29(5): 96-107.

[217] 李娜, 马德青, 胡劲松. 基于利他偏好的绿色供应链动态均衡分析[J]. 系统工程学报, 2021, 36(6): 798-816.

[218] Zhang Q, Tang W S, Zhang J X. Who should determine energy efficiency level in a green cost-sharing supply chain with learning effect[J]. Computers & Industrial Engineering, 2018, 115: 226-239.

[219] Liu G W, Gao H, Zhu G W. Competitive pricing and innovation investment strategies of green products considering firms' farsightedness and myopia[J]. International Transactions in Operational Research, 2021, 28(2): 839-871.

[220] Chen S, Su J F, Wu Y B, et al. Optimal production and subsidy rate considering dynamic consumer green perception under different government subsidy orientations[J]. Computers & Industrial Engineering, 2022, 168: 108073.

[221] Wang Y L, Xu X, Zhu Q H. Carbon emission reduction decisions of supply chain members under cap-and-trade regulations: a differential game analysis[J]. Computers & Industrial Engineering, 2021, 162: 107711.

[222] Xia L J, Bai Y W, Ghose S, et al. Differential game analysis of carbon emissions reduction and promotion in a sustainable supply chain considering social preferences[J]. Annals of Operations Research, 2022, 310(1): 257-292.

[223] 王一雷, 夏西强, 张言. 碳交易政策下供应链碳减排与低碳宣传的微分对策研究[J]. 2022, 30(4): 155-166.

[224] 向小东, 李翀. 三级低碳供应链联合减排及宣传促销微分博弈研究[J]. 控制与决策, 2019, 34(8): 1776-1788.

[225] 姜跃, 韩水华, 赵洋. 低碳经济下三级供应链动态减排的微分博弈分析[J]. 运筹与管理, 2020, 29(12): 89-97.

[226] 陈山, 王旭, 吴映波, 等. 低碳环境下双渠道供应链线上线下广告策略的微分博弈分析[J]. 控制与决策, 2020, 35(11): 2707-2714.

[227] 王道平，王婷婷. 政府奖惩下供应链合作减排与低碳宣传的动态优化[J]. 运筹与管理，2020，29（4）：113-120.

[228] 王道平，王婷婷. 政府补贴下供应链合作减排与促销的动态优化[J]. 系统管理学报，2021，30（1）：14-27.

[229] Zhang Q, Zhang J X, Tang W S. Coordinating a supply chain with green innovation in a dynamic setting[J]. 4OR-A Quarterly Journal of Operations Research，2017，15(2)：133-162.

[230] Song H H, Gao X X. Green supply chain game model and analysis under revenue-sharing contract[J]. Journal of Cleaner Production，2017，170：183-192.

[231] 夏西强，朱庆华，刘军军. 上下游绿色研发模式对比分析及协调机制研究[J]. 系统工程理论与实践，2021，41(12)：3336-3348.

[232] 李小燕，王道平. 碳交易机制下考虑竞争和信息非对称的供应链协调研究[J]. 运筹与管理，2021，30(11)：47-52.

[233] Hong Z F, Guo X L. Green product supply chain contracts considering environmental responsibilities[J]. Omega，2019，83：155-166.

[234] Yang H X, Chen W B. Retailer-driven carbon emission abatement with consumer environmental awareness and carbon tax: revenue-sharing versus cost-sharing[J]. Omega，2018，78：179-191.

[235] 桑圣举，张强. 参照价格效应下的绿色供应链协调机制[J]. 系统管理学报，2020，29(5)：994-1002.

[236] 周艳菊，胡凤英，周正龙. 零售商主导下促进绿色产品需求的联合研发契约协调研究[J]. 管理工程学报，2020，34(2)：194-204.

[237] 王兴棠. 绿色研发补贴、成本分担契约与收益共享契约研究[J]. 中国管理科学，2022，30(6)：56-65.

[238] Taboubi S. Incentive mechanisms for price and advertising coordination in dynamic marketing channels[J]. International Transactions in Operational Research，2019，26(6)：2281-2304.

[239] 陈粟粟，张帆，李冬冬. 基于绿色技术研发的绿色供应链微分博弈及协调模型[J]. 中国管理科学，2022，30(8)：95-105.

[240] 叶同，关志民，陶瑾，等. 考虑消费者低碳偏好和参考低碳水平效应的供应链联合减排动态优化与协调[J]. 中国管理科学，2017，25(10)：52-61.

[241] EI Ouardighi F. Supply quality management with optimal wholesale price and revenue sharing contracts: a two-stage approach[J]. International Journal of Production Economics，2014，156：260-268.

[242] Liu G W, Yang H F, Dai R. Which contract is more effective in improving product greenness under different power structures: revenue sharing or cost sharing[J]. Computers & Industrial Engineering，2020，148：106701.

[243] 杨天剑，蒋秀秀，张跃军，等. 血汗工厂供应链中价格、绿色努力和服务水平的协同管理[J]. 管理学报，2020，17(2)：307-316.

[244] 叶同，关志民，赵莹，等. 广告和低碳竞争下基于低碳商誉的供应链动态优化与协调[J]. 管理学

报，2018，15(8)：1240-1248.

[245] 李小燕，李锋. 竞争环境下基于双重微分博弈的低碳供应链动态优化与协调[J]. 运筹与管理，2021，30(7)：89-94.

[246] 刘丛，黄卫来，杨超，等. 竞争环境下制造商激励共享供应商创新的决策研究[J]. 系统工程学报，2020，35(1)：105-119.